水処理工学の基礎（上）

丹保　憲仁
小笠原　紘一

北海道大学 工学部旧校舎「白亜館」
（絵／坂元 輝行）

はじめに

　先に「都市・地域水システムの歴史と技術」(鹿島出版会、2012年)という表題で、丹保の55年余の水研究の成果をまとめて上梓することができました。また同年秋には、PHPサイエンス・ワールド新書から「水の危機をどう救うか－環境工学が変える未来」を出版して、水システムの来し方、未来について学んだ成果を世に届けることができました。しかし、筆者らの狭義の専門である水処理／水質変換工学については、先の2書では主題の性質上、総論的な記述に止めざるを得ませんでした。筆者らは北海道大学工学部衛生(環境)工学科の丹保研究室(第一講座)等を拠点として60年にわたって水の勉強をしてきました。半世紀以上にわたって、近代水システムの形成・普及に努力してきた歴史的時間の末に、最近では技術の研究も水システムの技術構築／運用の基本よりは、できあがったシステムの維持管理(Management)とシステム／プロセス構成因子の詳細な計測評価(Informatics)に注目が集まってきているようです。

　また、途上国に成熟した既成技術を持っていけば、水ビジネスが成り立つといった自己肯定型発想が緊張感もなく産業界に広がります。水システムは技術システムです。本当の技術を基礎から立ち上げて持ち続け、革新的に展開できない産業社会は、いずれ破綻に瀕するでしょう。マニュアルを使うことができたとしても、マニュアルを日々新たに作ることができない技術社会は、速やかに衰退していくことでしょう。マニュアルを創る能力は、基礎のしっかりした経験豊かな技術者のみが持ち得るものです。そのための出発点となる水処理工学の基礎を自身の勉強を振り返って後学のためにまとめてみたいと思います。

　30年近く前に「浄水の技術」(技法堂出版)を一緒に書いて土木学会出版賞を戴いた小笠原紘一君とまた連れだって、オールドボーイの頭と手の体操を「水道公論」のご支援でさせて貰うことにしました。学生さんや若い研究者、また他分野から来て水処理を学ぼうとする皆様の基礎的な理解に役に立つことができれば幸いです。更に詳細な各論は、現役の研究者／技術者の日々の営みに期待したいと思います。

　この本は、水道公論連載講座の5章までの33回分をまとめて、上巻として出版して頂くことになったものです。講座は現在も34回以降に進み、第6章から続いて進行しています。今までの分をまとめると500ページほどの本になるとのことですの

で、水道新聞社の御好意で、一段落させて単行本（前巻）にして頂きました。日本水道新聞社のご支援、とりわけ新聞事業部長の磯部光徳さんと出版企画事業部の嶋本裕樹さんのお手配りに深甚の感謝をいたします。

　本文中に収めた様々な研究を共に進めてきた、北大工学部丹保研の歴代の助教授、助手、大学院生、研究生、学部卒業論文生のみなさんの長年の努力傾注の成果の一つがこの本であり、真摯な努力に感謝し、その後の長年にわたるご厚誼に御礼申し上げます。また、札幌市の故岡本成之水道・下水道局長、東京水道の故藤田博愛利根川建設本部長はじめ、多くの札幌水道、東京水道の先輩・仲間、さらには国内外のIWA、AWWA、フランスの旧リオネーゼ、フロリダ大学などの仲間のご厚誼に感謝いたします。元気で連載を続け、さらに500ページほどの下巻ができるならば望外の幸いです。

目　次

はじめに

第1章　水惑星地球 ……………………………………………… 2

1.1　地球上の水の存在 …………………………………………… 2
　　　太陽系の諸惑　水惑星地球　地球の水の由来　水の循環
1.2　水循環のスペクトル ………………………………………… 8
　　　水循環のスペクトル　水処理操作
1.3　流域と水システム …………………………………………… 11
　　　流域の構成　都市地域の代謝　水環境区と環境湖

第2章　水の性質と不純物 ……………………………………… 20

2.1　水分子 ………………………………………………………… 20
　2.1.1　水の構造と性質 ………………………………………… 20
　　　水分子の構造　水と氷の密度と構造　水の三態と潜熱／顕熱
　2.1.2　自然界での水の状態と不純物 ………………………… 28
　　　水素イオン（濃度）指数　酸化還元電位　水の質と不純物
　　　コロイド懸濁液　溶解性成分
2.2　ヒトと水 ……………………………………………………… 38
　2.2.1　ヒトの水代謝 …………………………………………… 38
　　　代謝とは　ヒトの水収支　水代謝の社会システム化
　2.2.2　毒物とリスク（水質基準）…………………………… 40
　　　ヒトの疫学的安全確保の古典的水質基準
　　　微量汚染による健康リスク制御　リスク評価の機序
　　　動物試験によるリスクの評価　許容リスクレベル　最大許容値の算出
　　　わが国の水道水質基準
2.3　生態系と水 …………………………………………………… 55

2.3.1 溶存酸素管理 ………………………………………………………55
       水中の溶存酸素不足　Streeter-Phelps の式　BOD 試験と COD、TOC
       BOD 基準の好気性生物処理過程の Eckenfelder 表現
   2.3.2 物質循環と汚濁 ………………………………………………………63
       炭素、窒素などの自然循環と汚濁現象　有機物の合成（資化）と分解
       窒素の循環　硫黄の循環

第 3 章　水処理のプロセスとシステム ……………………………72

3.1 処理性の評価法 ………………………………………………………………72
    水処理システム　分離と調整のプロセス　水中不純物の処理性評価機序
3.2 物理的性質の差（粒径差）による分離機序機構 …………………………77
    物理的性質差と操作場　不純物の寸法分布と除去限界
    理化学的機序によるコロイドの不安定化処理／分離
    粒内拡散型界面処理の上限寸法　イオン交換
3.3 化学的性質差による分離機序 ………………………………………………93
    平衡と Le Chatelier の原理　熱力学的系と熱力学の基本 3 法則
    エネルギーとエンタルピー　エントロピーと自由エネルギー
3.4 無害化と不純物濃度 …………………………………………………………105
    濃度の表示　必須元素と微量元素　消毒／殺菌／滅菌
    中和と無害化処理
3.5 水質変換マトリックスによる処理性評価 …………………………………113
    都市地域水代謝システムにおける水質状態／制御性の評価
    水質表示のためのマトリックスの構成
    TOC/E260 比と分子量分画による 2 次元の処理性評価
    水質変換マトリックス　不純物濃度とプロセス選定
    一般有機物の除去性　疑似 2 成分系としての一般有機物の除去率推算式
3.6 水処理システムの構築 ………………………………………………………139
    処理プロセスを結合してシステムへ
    プロセス／システム構成のダイナミックス

第4章　固液分離プロセス ……………………………………… 148

4.1　沈殿と浮上（重力による分離） ……………………………… 148
4.1.1　沈殿 ………………………………………………………… 148
沈殿の分類　単一粒子の沈降基本式　抵抗係数の決定と沈降の諸法則
球以外の粒子形の補正　自由沈降粒子群の沈降分離
粒子群の沈降速度分布測定　凝集沈降　凝集沈降の実験的評価
干渉沈降と成層沈降　高濃度粒子群の沈降
成層沈降の状態を表現する諸理論　水平流沈殿池除去の基本理論
最小水深の設定　凝集性粒子群沈殿池の設計　池内の乱流と偏流
水平流沈殿池の構成と池内構造物　上昇流式沈殿池の特性
フロックブランケット沈殿池　濃縮沈殿池

4.1.2　浮上 ………………………………………………………… 230
浮上処理概説　懸濁粒子と気泡の結合
固体と気体の集塊粒子浮上速度　浮上処理用の薬品
溶解空気浮上法　空気溶解と気泡析出　溶解空気浮上法の操作要件

4.2　ろ過 ………………………………………………………………… 251
4.2.1　内部ろ過 …………………………………………………… 252
粒状ろ材　固定層の流れ　流動層の流れ
固定層（ろ床）による懸濁質除去機構
懸濁物輸送過程　懸濁物付着過程　懸濁物抑留の動力学
抑留懸濁質によるろ過損失水頭　ろ層の構成　水流によるろ層洗浄
重力式ろ過池の操作時の流れ　緩速ろ過と急速ろ過

4.2.2　表面ろ過（ケーキろ過） ………………………………… 319
水処理操作からの固形濃縮物　ケーキ（脱水）ろ過機
ケーキろ過の理論　ろ過前処理

第5章　粒径／粒質の調整と固液分離プロセス ……………… 346

5.1　コロイドの凝集機構 ……………………………………………… 346
凝集操作　コロイドの集合と分散　コロイドの運動
コロイドの光学的性質　荷電コロイドの安定と不安定
凝集のエネルギー障壁と衝突の駆動力　臨界凝集ゼータ電位

　　　　凝集速度　粒子間結合力と高分子による架橋凝集　凝集剤
　　　　アルミニウム凝集剤　金属塩による懸濁質凝集のパターン
　　　　天然着色水の凝集処理　米国東部の着色水の凝集例
　　　　アルミニウムアコ錯体と色コロイドの相互集塊の機序
　　　　生成したアルミニウムフロックの構造　多成分系の凝集
　　　　ジャーテスト　フロック形成補助剤
　　　　活性ケイ酸とポリシリカ鉄凝集剤　急速混和池
5.2　フロック形成 ··· 444
　　　　設計理論の歴史的展開　フロックの構造密度　フロック密度測定法
　　　　フロック密度関数　フロック形成過程の理論的記述
　　　　フロック形成操作制御図によるフロッキュレータの設計
　　　　接触フロック形成　急速混和池とフロック形成池
5.3　ペレットフロック形成（造粒沈殿法）·································· 521
　　　　ペレット流動層による高濁水の高速分離
　　　　ペレット流動層による高濁色度水の処理
5.4　気固複相の凝集・フロック形成 ·· 550
　　　　気固コロイドの集塊　気固集塊生成の動力学
索引 ·· 580

第1章
水惑星地球

第1章
水惑星地球

1.1 地球上の水の存在

　地球は「水の惑星」と呼ばれています。地球は太陽を中心とする惑星系（太陽系）で水が液体で大量に存在しているただ一つの星です。ハビタブルゾーンといわれる太陽から1億5千万kmの絶妙な距離にあり、かつ、引力で水などの気体を保持し続けることができる適当な質量をもっています。図1.1は太陽系の諸惑星の太陽からの距離とその大きさを相対的に描いたものです。

1.1.1 太陽系の諸惑星

　太陽に最も近い水星（地球型惑星：岩石型、太陽からの平均距離0.387AU：0.579億km）は、平均表面温度が－170～＋430℃で、高温のため水が蒸発して気体分子となり、星の質量が小さい（地球の0.055倍）ために引力が小さく、水分子は大気として留まっていることができずに宇宙空間に逸散してしまいます。月はさらに質量が小さいので、地球と同じハビタブルゾーンにありながら、水などを大気で保持することはできません。水星から金星（太陽からの平均距離0.7233AU、表面温度平均＋480℃、地球との質量比0.81倍）、地球（1.00AU、平均表面温度＋17℃）、火星（1.5237AU、平均表面温度－45℃、質量比0.11倍）までが、小惑星帯の内側にある内惑星と呼ばれ、地球と同じような岩石型の惑星（地球型惑星）で、水の存在がわずかながらでも予想されています。

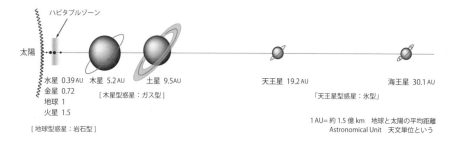

図1.1　太陽系と地球

金星までは温度が高すぎ、火星は温度が低すぎて水が液体では存在しません。火星は地中に氷の形で水があるようですが、大気中の水分子は星の質量が小さいために徐々に失われたと考えられています。

注）1AU（天文単位）は地球と太陽の距離で1.496億km。

木星（5.2025AU、−120℃）と土星（9.5549AU、−180℃）、天王星（19.2148AU、−210℃）、海王星（30.1104AU、−220℃）は、外惑星と呼ばれます。これらの星は

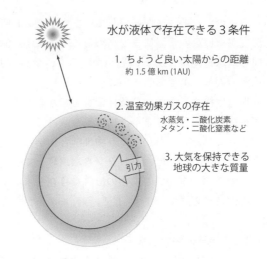

図1.2 水が液体で存在できる条件

密度が地球の0.13〜0.30倍と小さいのに、質量が地球の318倍（木星）から17.1倍（海王星）と大きく、高密度の低温のガス体として存在していると考えられています。木星と土星は木星型惑星（ガス型巨大惑星）、天王星と海王星は海王星型惑星（氷型巨大惑星）に分類されます。これらの星はガス体が凍るなどした核を持つと考えられていますが、地球のような固体表面を持っておらずガス体で覆われています。

1.1.2 水惑星地球

太陽系の諸惑星の中で、地球だけが地表面に大量の液体の水を保持し続けていられるのは、太陽からの距離1AU（1.496≒1.5億km）が程よい位置であり、その表面温度が平均して+17℃程度に保たれていて、水が液体としても存在でき、同時に、地球の質量（$6×10^{24}$kg：火星の9倍ほど）による重力加速度G＝1は、気体分子を拘束する力を持ち、水蒸気となった水分子も宇宙空間に飛び出していくことなく引き止められるためです。

地球上に常温で水が液体として存在できる条件を構成しているもう一つの要因が、大気中の水蒸気や炭酸ガス（二酸化炭素）、メタン、二酸化窒素などのいわゆる温室効果ガスといわれる大気の衣です。この衣によって地表から宇宙空間に放射される熱の一部が地表に戻り蓄えられます。これらのガスがなければ大気は−8℃とな

り、凍ついた地球になってしまいますが、これらのガスの温室効果によって、地表温度が＋17℃の常温にまで高められています。温室効果ガスの濃度が高すぎると、同じ地球型惑星であるにもかかわらず、金星のように表面温度が＋480℃にもなる灼熱の大気になってしまいます。

地球は極めて微妙な3条件のもとで水の惑星となり、水を媒体として太陽エネルギーを地球のさまざまな活動に振り分けて、生物の繁栄を見る星、ハビタブルな星になりました。したがって、物理学と化学は宇宙に通じる汎用の基礎科学ですが、今のところ生物学は、ハビタブルな地球上でのみ通用するローカル科学に止まっています。宇宙空間での生物の痕跡や存在を求めて生物科学は汎用性を得ようとして研究が続けられています。

1.1.3 地球の水の由来

ハビタブルな地球を特徴付ける液体の水は、どのようにして地球上に現れ存在しているのでしょうか。地球は「水の惑星」といわれますが、海の質量（1.4×10^{21} kg）は、地球全質量（6.0×10^{24} kg）の0.023％にしか過ぎません。しかしながら、地球上の水の存在状態比を示す**表1.1**のように、海水が全水量の圧倒的な97.3％を占めています。淡水はわずかに2.7％で、その大半は極地などの氷河に存在しており、生態系や人間社会系で活用される循環系の水資源は、河川水・湖沼水・浅い地下水などを中心とした0.01～0.02％程度にしか過ぎません。

表1.1 地球上の水の存在量

地球の水の存在状態	存在量	存在比
全水量	136×10^7 km^3	100 %
海水の総量	132.3×10^7 km^3	97.3 %
淡水の総量（地表）	3.67×10^7 km^3	2.7 %
水蒸気（大気中）	13×10^3 km^3	0.001 %
河川水	1.25×10^3 km^3	0.0001 %
湖沼水	125×10^3 km^3	0.009 %
深層までの地下水	835×10^4 km^3	0.61 %
土壌成分	67×10^3 km^3	0.005 %
氷（極・氷河）	2.92×10^7 km^3	2.14 %

また、この表をグラフで表すと図1.3の様になり、水の存在状態がよくわかります。

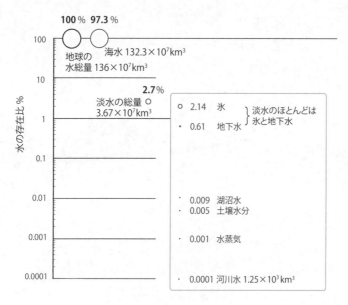

図1.3　地球上の水の存在

　地球が持っている水がどのようにして獲得されたかの起源について色々の研究が進んでいます。概括的に言えば、地球が形成される過程で材料となった微惑星の中に、水酸基の形で水を含む鉱物や元々氷の形で存在していたものが、微惑星が衝突合体しての地球形成過程で、水が生成、蓄積されたと考えられています。圧倒的に大きな割合を占める海水量の起源は、太陽系のダイナミクスの形成過程で、46億年前に始まる微惑星の衝突によって地球が形成された時の材料となった「コンドライト隕石に由来」する、「彗星の主成分であるH_2Oに由来」する、「原始太陽円盤ガスに由来」するなどといった様々な議論が行われています。

1.1.4　水の循環

　水惑星「地球」の淡水は、太陽エネルギーによって常に再生循環することによって、地球上の生命/環境を維持し続けています。図1.4は様々な循環のうち、人や生態系の維持の基本となる身近な水文大循環を模式的に描いたものです。空中の水蒸気は平均的滞留時間が10日間という短い時間で降水として地上に戻り、地表水/地

下水となって生物を育みます。

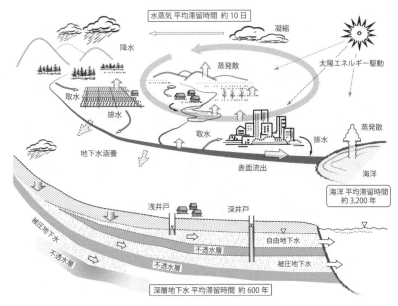

図1.4　水文大循環

　図1.5は、SpiedelとAgnew（1982）の示した地球全体の水の諸フラックスの総計値です。海が圧倒的な大きさで水循環の基盤となる貯留容量を持っていて、海洋の平均深さは3,8000mにもなり、蒸発量との関係では3,200年近くの平均滞留時間を持つことになります。水系を取り扱うに際しては、水の地球上における循環の大きさ（Flux、フラックス、km³/km²/年、mm/年などの値）が基礎的な知見として必要になります。

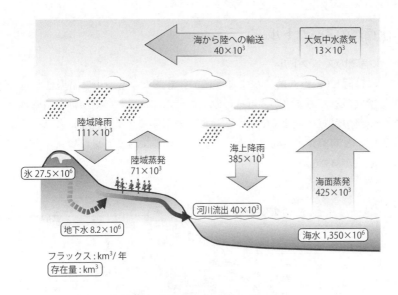

図1.5　全地球の水循環フラックス

　我々が依存できる持続可能な基本的水資源は、この水文循環フラックスの一過程にある河川水や比較的短時間で涵養される地下水などに限られ、平均滞留時間が600年ほどと言われている流動速度が極めて小さい深層地下水や化石水などの非循環型地下水や数千年以上の滞留時間を持つ氷河水などを対象にするわけにはいきません。現代の緑の革命を支えた世界の穀倉地帯の少なからぬ地域が、長い滞留時間を持つ深層地下水の貯蓄を30〜50年という短時間で大量に汲み上げ消費してしまう取り崩し型の使用に大きく依存したことによって、揚水量の減少や地下水位の低下、枯渇などの現象に直面しています。日々の収支が定常的に釣り合う、大気圏と交流する滞留時間が年オーダー以下の循環型水資源と異なる特性を持つことに注意しなければなりません。

　水にもフロー型（日々の循環）水資源利用と長期にわたり貯蓄された深層地下水の短期的一時的利用の両者があることを知るべきです。後者は、短期間で採取しようとする蓄えられた化石資源の非再生型（ストック消費型）利用と同じです。人の活動に使用できる地下水は、地層の比較的浅い位置を流れる循環型地下水に限られるべきで、化石水や非循環型に近い深層の貯留地下水を、短期間に使い尽すような農業や都市の無理な用水利用は、持続可能を求める社会では考えてはならないことです。

1.2 水循環のスペクトル

1.2.1 水循環のスペクトル

地球上には図1.6に模式的に示すように、さまざまな水使用は階層性を持つ水サイクルで構成されていますが、近代の水システムには、この階層性を明確に取り扱おうとする発想がありませんでした。地球上の水サイクル（循環）には、サイクル時間（周期）とサイクル空間（スケール）の異なる、さまざまな質（ギャップ）と量を持つ循環があります。

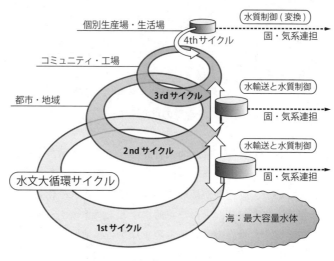

図1.6 水循環のスペクトル

水利用/排除（水代謝）を考える場合の基本となる第1番の水サイクルは、図1.6に示したような水文大循環サイクル(Hydrological Cycle)です。一般に、「水循環」と限定なしに言われているのは、多くの場合に、ここでいう第1サイクルの「水文大循環」を縮めて言っていることになります。われわれが使っている都市や地域の"水使い"システムの主体は、第1サイクルの上に乗っている第2サイクルの水循環です。近代上下水道は、第2サイクルの技術です。近代の水文明では第3、第4サイクルの技術が、第1、第2サイクルに比べるとずいぶん貧弱でした。例えば、水俣病が何故発生したかを考えてみると、第4サイクルの製造工程のところで、製造プロセス運用の際の物質収支をきちっと合わせる操作をしなかったからです。質

と量が限定された広がりしかない生産現場の第4サイクルでは、プロセスに関与する少数しかない成分の移動を把握することは単純であり、環境工学の基本である物質収支を取って評価することができるはずです。本来は、第4サイクルに止まるべき水銀が、第2，第3サイクルでも処置されず、制御し難い第1サイクルの水循環経路である沿岸や内湾の生態濃縮系に組み込まれて蓄積され、あのような凄まじい被害を出すことになってしまいました。循環サイクルの階層を明確に特定せず、「環境工学の第一の基本であるシステムの物質収支の明確化」が担保されなかった典型例です。

　レイチェル・カーソン（Rachel L. Carson）が「沈黙の春（Silent Spring）」（1962年）を発表してから半世紀、有機・無機の微量汚染が近代水システムの存在を脅かし続けています。飲用から雑用まで、すべての用途に一括して飲用可能水を供給し、雑多な汚物を「浄水」に混ぜ込んで人工廃棄物「下水」を作り出し、再び一括して下流側に排除することによって生活環境を快適に保つというバルク（一括）輸送型の近代都市水システムは、有機・無機の微量汚染のリスクに関して弱点をさらし続けます。基本的には第4サイクルで処理を進めるべき微量汚染物質の封じ込めが不完全なまま、第2サイクルの歴史的水使いである都市/地域水システムに放出し、さらに、開放系システムの第1サイクル側にも排除の口が開いている状態で、問題を処理するのは極端に困難なことです。しかも、面的汚染が問題となる農薬や自然由来の微量無機汚染などは、第3あるいは第4サイクルで処置すべき問題ですが、工学や農学系の水使いが、第2サイクルまでしか設計・運用されていない状況下での制御は困難を極めます。都市用水、環境水の質的要求が厳しくなってくると、第2サイクルにおける都市を通過する全水量の高度処理を全微量成分にまで目配りして不断に行なうことが求められます。最高度の水質改善を、最大水（処理）量に対して常時遂行しなければならない一括輸送型近代水システムが内包する宿命的な難しさです。

　天水を集めて家庭や地域で使うのは、第3サイクルの話ですが、第2サイクルとどこかで接続します。また、第4サイクルともどこかで接続します。し尿の処理処分は本来第4サイクルの話ですが、現代の下水道では第2サイクルに直結し、短絡して第1サイクルともリンクします。こうした諸サイクルの責任分担と交差問題を将来の水システムでどのように考えるか、どのサイクルにどの成分の収支を取り扱わせるかをもう少し精密に議論しなければならないと思います。

1.2.2　水処理操作

　近代上下水道は人々の健康を守り生活環境の快適さを保つため、第1サイクルである水文大循環に「飲み口を付け、吐き口を開く」第2サイクルの水循環をつかさどる系として発達してきました。図1.7に示すように、水文大循環のサイクルと上下水道系を主体とする第2サイクルをつなぐ水道原水の取水点と都市排水の放流点では、「市民の健康要求と水環境保全の質要求を同時に満たし、水利用が水質の利用と同等であることを持続的に確保する」ために、ほとんどの場合、水処理操作が不可避なものとして行なわれます。

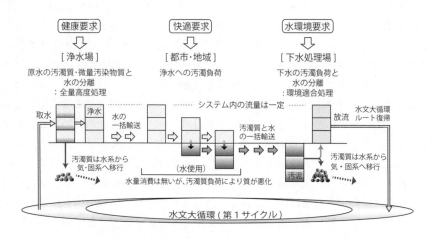

図1.7　近代都市水システム（第2サイクル）

　水処理とは、「ある物質を水系に存在させておくよりは、固系あるいは気系に移行させることによって水環境の相対的価値を高める、または維持させるため」として行われる操作ということができます。環境工学の操作の基本は、「対象とする成分の厳密な物質収支の維持」と「輸送や相変化を行う際のエネルギー消費と利用空間の最小化」ですから、水処理システムもこの原則を満たすように設計されます。水系の好ましくない成分を固系・気系に移行させることによって、水の価値を守る水処理という考え方を基本に、この講座を進めていきます。

　そうはいっても、ローマに始まり近代に至る都市水システムは長い歴史の中で、そのほとんどの成立基盤を水文大循環（第1サイクル）に委ね、良質水源確保を前提として、大量水輸送システムを中心に据えて展開してきたので、都市水代謝システムが水処理に依存する度合いは、歴史をさかのぼるほどに小さくなります。水処

理はローマや江戸ではほとんど皆無でした。近代に至り、人口が増大して人間集団間の干渉が激しくなってくると、輸送システムだけでは都市、地域における必要な水環境の質の確保が困難となり、不経済となって、自然の持つ質回復能力の仕組みを学びとりながら、その仕組みの人為化と効率化（コンパクト化）を図り、**表1.2**の様に工学的水質変換システムを工夫し、システムを開発してきました。その極端な現行例として、水処理システムを核に据えて、雨水集収系に下水再生水と海水淡水化水までを全面的に加えて成立させた、シンガポールのエネルギー多消費型の都市/地域水代謝システム施設群を挙げることができます。詳細については丹保の前著作、「都市・地域水代謝システムの歴史と技術」（鹿島出版会）と「水の危機をどう救うか：環境工学が変える未来」（PHPサイエンス・ワールド新書）を参照ください。

表1.2　自然の質回復能と水処理システム

自然界	自然の能力	人為化	新知見・研究	水処理システム開発
砂礫層	濁質捕捉	砂ろ過	砂層表面生物ろ過膜 ⇩ 人工ろ過膜試行	緩速ろ過法 急速ろ過法
湖沼 河川	沈殿	水溜	静穏連続流	普通沈殿池
			粒径成長	薬品沈殿池
			沈降装置	傾斜板沈殿池など
	有機物分解		曝気：微生物増殖 高濃度微生物反応	接触生物膜処理法 浮遊生物処理法
	化学的酸化		金属酸化	除Fe・除Mn法
生体	浸透・透析	海水淡水化 超純水製造	不純物分離と膜特性	膜ろ過法

1.3　流域と水システム

1.3.1　流域の構成

　水問題を考える場合、第1サイクルの水文大循環が都市や地域の全ての水システム成立の基盤となります。雨や雪などとなって地上に戻ってくる水は、山に降り、林に降って森林を育み、農業が使い、都市が使うことを繰り返しながら海へと流れていきます。最も上流の山から海に向かって低い方へと自然に下っていく、流動方向が明確な河川や地下水の流れを中心に構成される自然/生態系システムを流域

(River basin) と言います。人類は長い歴史的時間と空間を「流域」に依存し、流域の自立性/独立性の中で文明を育みながら生きてきました。江戸時代の藩は流域を基準として構成され、独自の文化や産業を育んできたように思います。近代日本は、流域を鉄道や高速道路などの近代的交通手段で串刺しに貫き、中央集権的近代国家を形成してきました。現代日本は、海を越えて食料と原料を獲得し、製品を輸出して成り立っています。

　「流域」は図1.8に示すように、環境を構成する三つの基本的な特性空間（領域）から成り立つと考えると分かりやすいと思います。図は、丹保が1986年日本学術会議の第1回環境工学シンポジウムの基調講演で、地球上のさまざまな活動を3領域に特性化することによって、人類の活動が理解されやすくなるとして提案したものです。「流域」は、この三つの特性空間（領域）が、上下流に明確な移動の方向性を持つ河川軸によって一体的に構造化されることで、上流から沿岸/海洋に至るまで、人類活動を含む生態系の普遍的な存在基盤となっています。

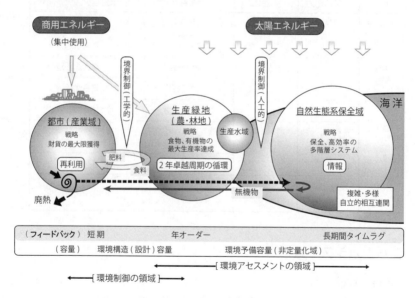

図1.8　環境を構成する三領域

人間は都市/産業域と生産緑地という空間で経済活動を営み、財貨（GDP）を稼ぎ出します。都市/産業域は食料を作らず、緑を育まず、財貨の獲得を主目的とする空間ですから、ここでの活動を支える食料の大半は、有機物生産を目的とする陸域の生産緑地と有機物生産性が高い海の生産緑地である沿岸海洋域から供給されることになります。この生産域の諸活動を駆動させるのは太陽エネルギーです。農地に対して20世紀後半、大量の化石エネルギーの投入によって「緑の革命」が進み、食料生産量が増大することによって、急増する地球人口を今まで支えてきました。生産緑地のうち森林は、太陽エネルギーへの依存度が圧倒的に大きく、化石エネルギーを多く使用する農地とは、駆動エネルギーの構成が異なっています。

　生産緑地は1粒のタネから、できるだけたくさんの実を収穫したいと考える領域です。近代では、太陽エネルギーを基本としながら商用エネルギーを適切に加えて、できるだけ効率よく植物の増殖を進めようとしています。このことから都市/産業域と有機物生産域（緑地）の二つの空間を中心に文明は成り立っていると考えられがちですが、この二つの領域の外縁に、自然生態系保全域という領域が、人類の生存にとって不可欠なものとして存在していることを忘れてはなりません。この領域は、人間活動を中心に成立した都市/産業域や生産緑地と異なり、人が関与しない自然本来の微妙な重層的生態系を保持しようする領域であり、前二者とシステムの成り立ちが違います。太陽エネルギーと水を多層/多段に使って、10億年という長い時間をかけて徐々に進化してきた微妙な平衡のうえに成り立つ多様な自然生態系の領域ですから、人が無用に触らないのが最良の戦略となります。

　流域でいえば、一般には、上流に自然保全域が存在します。例えば、都市の水源保全林に相当するようなもので、良好な自然生態系が周縁になければ、生産緑地も含めた都市域の活動は安定的には成立しません。流域最下流の沿岸部や海洋も大きな生態系保全域であり、かつ、沿海部は海洋生物の生産域であり、外洋や深海の環境と流動的につながる自然生態系でもあります。陸上の都市/産業域と生産緑地における人間活動が、総合的に海洋の状況に大きく影響します。しかしながら、地球規模で流動する巨大で複雑な環境を持つ海洋の観測やモニタリングを進めてみても、その情報をフィードバックして陸域を明快に制御することは極めて困難です。後述する、流域における自立（律）的な都市地域水代謝系のクローズド化の議論がどうしても必要になってきます。都市/産業域と生産緑地の水システムが活動の核となる保全域を含めた「総合的流域管理」（Integrated basin management）が必要になるでしょう。

1.3.2 都市地域の代謝

　都市地域の代謝機能とは、「市民に家庭生活・職業活動・レクリエーションなどを営むに足る必要充分な物質とエネルギーを供給し、その廃棄物/残渣を市民の生活に支障なく処分すること」です。これを色々な方法でどう保つかということが環境工学の主題です。

　「都市（産業域）の有機物代謝」は、有機物生産を支える「生産緑地」との間の年単位の物質収支（食料と肥料）で賄われます。「都市/産業域」「生産緑地」の存続は、それを背後で支える「自然生態系保存域」の安定した存在の下で確かなものとなります。「都市/産業域」「生産緑地」「自然生態系保存域」からなる、地球上の特性化された三領域をつなぐのが「水文大循環」であり、地理学的には「流域」です。「流域における人（はびこりすぎた）と生態系との共生」を図るために「人の代謝をどの様に制御するか」が、これからの時代に人類が生存していくための鍵となります。地球人口が飽和に近付く100億人の世界と近代が始まったころの生物と人との関係がなんとか保たれていた人口10億の世界とでは、流域の存在基盤に大きな違いができてきます。

　時間の流れの中では、近代になると大河の上下流に都市が連坦して成立し、流域都市群が出現してきました。上流都市が河川に排出する汚濁が、下流都市の水利用の障害となることへの対応として、下水道放流水の処理が必須のものとして本格的に行われるようになったのは、20世紀も中葉になってからのことです。ヨーロッパ大陸の中心部を流れるライン川支流のルール川などでは、工業地帯での汚染が特に激しく、水利用との競合解消のために水質管理の強化が求められ、1960年代になって、先進的な流域水管理システムの進化が見られるようになりました。

　人口密度が$10^2/km^2$から$10^3/km^2$へと高密度状態になってくると、流域における上流集団の水利用に対する下流集団への干渉が重大問題化してきて、従来の上下水道や農業用水利秩序が地域共存の足かせとなり始め、次の時代に向かってのさまざまな新しい基本的な技術の開発が必要になってきます。

① 「人の最少飲用可能水需要（50 l/人/日）とその他用水の供給」
② 「食料自給用水の確保」
③ 「自然生態系多様性の保持」

の3条件を基本に問題を考えることになるでしょう。

　これからのあらゆる水システムは、「自らに課して、代謝のあらゆる過程と結果についての責任は、全て自分で取る」という考えを前提に、水文大循環のサイクル内で自立化を最も高めた形で、システムを設計し運用するということが不可欠にな

ります。都市/地域の水利用と排除（水代謝）を「原因者責任の原則（Polluters・Users pay principle)」で行うことです。

1.3.3 水環境区と環境湖

これを具現する方策の原理として、丹保が1970年代から提唱してきた**図1.9**に示すような「水環境圏（区）」の基本概念について述べます。

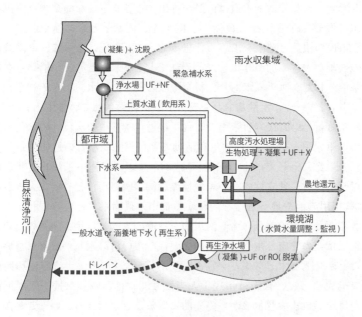

図1.9 水環境圏（区）

水環境圏（区）の考え方は、流域内に存在する高人口密度の各々の都市が、生物個体が自ら体内で行っているように、最小のエネルギー消費と最小の環境負荷となるようにそれぞれの水代謝を自立させ、自然河道（流）と下流域都市、農業との共生を図るための基礎的構造を造るという提案です。閉鎖化水代謝（Non-discharge policy）と駆動エネルギー最小化（Energy minimum）、自分の代謝には自分が責任を持って金を払う（Polluters pay principle）、そして公私協働型（Public private partnership）を達成できるような都市水代謝が、地球環境制約のもとで人々と自然の間の共生に向かわなければならない時代に、持続可能（Sustainable）な新文明の基盤として必要になります。

近代上下水道は、「清浄な水を豊富かつ低廉に供給すること（上水道）」、「汚水を収集し、雨水浸水を防止して、雨水と汚水をともに公共水域に放流すること（下水道）」、「その際に下流の汚濁防止のために処理を行うこと（20世紀に下水道に付加された役割）」を行うように設計された環境衛生施設です。全ての用途に飲用可能水を供給することを原則とする上水道は、最上の水質を全ての用途（総体の水需要量：300 l/人/日など）に供給する、十分な量の上質の水資源がある時にのみ成り立つシステムです。そして、下水道は市民が排出するさまざまな廃棄物を住民の都合次第で上水に混ぜて作られる「下水（汚水）」を、雨水とともに速やかに下流域に一括排除し市民の快適と健康を求める仕組みです。20世紀になって、下流域の水質汚濁防止の役割が大きく加わりました。それでも上下水道とも、一括輸送を特徴とする量を基準としたシステムであり、料金徴収の際も、上水、下水それぞれ「1 m^3に付きいくら」という、「水量基準」でシステムは経営されています。

　近代の次に来る新しい時代（質基準の時代：後近代：共生の次代）の水代謝系の構成は現在の上下水道とは異なり、「生存活動ごとに"必要な質の適切な量"の水を、それぞれの用途に応じて最小の輸送／処理エネルギーで運用される質と量の配分系と再循環系を持ち、独立性の高い環境境界制御（水処理）と必要な大きさの貯留緩衝／水質監視用の池や地下水盆を内蔵する都市水代謝系」となるでしょう。この場合、できるだけ多くの割合の清澄河川水を下流の人々と自然生態系のために河道に残し、都市は人の健康と生存のための必要最小限の清澄水しか取水しないように心がけることが必要です。ダブリン宣言、リオデジャネイロ・サミットの時代から求められてきたように、都市は市民1人当たり50 l/日といった量の飲用可能水（上質水）だけを、自然清澄水域から優先的に取ることができるということが一つの目安になります。市民は域内の雨水と使用済みの排水を都市用水として再生し、全ての非飲用途の水に充てます。使用済みの排水（下水）を適切なレベルまで「生物処理＋物理化学処理」して近隣の環境湖（または地下水盆）に蓄えたものを、再生地下水（井戸）系や非飲用水供給系で再利用します。21世紀に入って膜処理という新しい高度水処理技術が発展してきたことから、高レベルの再生水を「環境湖（または地下水盆）」という名前の貯留域に溜めて、生物体と同様に飲用以外の用途に繰り返し使うことが可能になっています（**表1.3**）。

表1.3　水代謝系の変化

```
[ 近代の水代謝系 ]　一括輸送・量を基準としたシステム
        上水道　清浄・豊富・低廉な水の供給 ( 用途に無関係 )
                上質水資源が豊富にあるときのみ成立
   ↓    下水道　汚水収集し汚濁防止処理、雨水による浸水防止
                20 世紀に負荷された役割

[ 次代の水代謝系 ]　質・共生を基準としたシステム
                生存活動に応じた必要な質と適切な量の水供給
                用途に応じた最小輸送・処理エネルギー運用
```

　環境湖の水が、魚など水棲生物の健全な生息を担保し、底泥を汚さないといった積分型の質管理ができて、かつ水処理の成果が常時観測と市民の親水挙動で保証できれば、この水をそのまま海に流し込んでしまうのはもったいないことになります。もう一回、地下水に戻して、井戸などで汲み上げて飲用以外に使うことができます。また、都市の夜、昼の使用水量と排出水量の変動を環境湖などで調整できます。さらに都市域に降った全ての雨を都市水システム水源として回収できます。循環再利用時の環境湖の塩類蓄積を防ぐために、洪水/強降雨時に池水を洪水河川にオーバーフローさせる、または水の再生回路に NF/RO 膜を用いた脱塩処理を施すこともできます。環境湖では再生水量と需要水量との時間変動の調整を行うとともに、都市域内で継続的で精密な水量/水質のモニタリングができます。広域な自然系の下流域に、経済的にも技術的にも容易でない大量のモニタリングシステムを配置しなくても、個々の都市の環境湖の日々の技術管理で、流域の水システムの質量の高度管理が明確にできることになります。気候変動で水資源量に変動や不足が生じても、正常な自然水を最初の上質水の50 l の飲用途にとっておくのに困難はなく、変動への対応は飲用以外の残りの250 l の水の再生回数を少し高めること（エネルギー系の付加的寄与）によって確保すればよく、渇水被害は無くなります。

第1章　参考文献

- 丹保憲仁「都市地域水代謝システムの歴史と技術」鹿島出版会（2012年）
- 丹保憲仁「水の危機をどう救うか：環境工学が変える未来」PHPサイエンス・ワールド新書（2012年）
- 生駒大洋、玄田英典　「地球の海水の起源」　地学雑誌116　1）pp169〜210 200

第2章

水の性質と不純物

第2章
水の性質と不純物

2.1 水分子

2.1.1 水の構造と性質

「水、この不思議なもの」、地球表面の70%を占めている水については、多くの優れた研究があり、今も水のさまざまな構造や挙動について、多くの先端的な研究が続けられています。ここでは、これから述べる不純物制御と除去についての質変換技術の展開に必要な基礎的知識にとどめて話を進めます。様々な水処理操作の基本として必要な水の個々の特性については、各段の処理のところで述べることにします。

水は、水素（H）が2原子と酸素（O）が1原子からなる H_2O（分子量18）といった分子式を持つ化合物とされています。水素にも酸素にもさまざまな同位体（質量数［陽子数＋中性子数］が異なる元素）があり、一口に水といっても、軽水素 H（質量数1）、重水素 D（質量数2：陽子1＋中性子1）、三重水素 T（質量数3：陽子1＋中性子2）と結合した軽水（H_2O）、重水（D_2O）、三重水（T_2O）など様々な水があります。ここでは、水の99.985%と圧倒的な量を占める軽水 H_2O いわゆる普通の水を対象に考えます。酸素にも質量数が16、17、18の3種類の安定同位元素があり、水素同位体と組み合わせると、さらに多くの軽水/重水/三重水が存在します。酸素の主要核種は^{16}O［陽子8，中性子8］で、天然状態では99.726%を占めています。

少ない割合でしか存在していない酸素と水素の同位体の組み合わせを考えると、総計して18種類の水があることになります。ちなみに、原子番号とは、その元素が持つ陽子数のことです。

(1) 水分子の構造

水分子の構造を模式的に描くと図2.1(1)、(2)のようになり、これを球で近似すると直径は3Å程度になります。常温で液体となる物質の分子直径としては特異的に小さく、単原子分子のネオン（2.8Å）よりもわずかに大きく、アルゴン（3.4Å）よりわずかに小さい寸法です。このことは、水が溶媒として、さまざまな低分子の

物質を容易に溶かし込むことができる一つの理由となります。

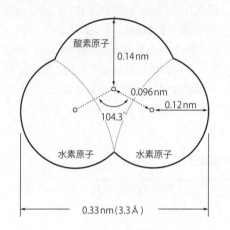
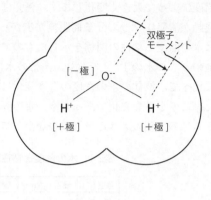

図2.1(1)　水分子(H₂O)の形状と双極子　　図2.1(2)　水分子(H₂O)の形状と双極

　水分子は酸素電子側が負に、水素原子側が正に帯電しており、一つの水分子が正と負の両方の極を持つ双極子といわれる構造をしています。この双極子モーメントによって、水は常温（20℃）で80.4といった高い比誘電率（Dielectric constant）を示します。ちなみに、アルコールは16～31、ガラス5.4～9.9、木材2.5～7.7、ゴム2.0～3.5、空気1.0といった値を示します。

　比誘電率は、真空中の原子あるいは分子が、外部電場によってどのように応答するかの値を1として、相対的にある物質の電場応答（分極）の大きさを示す無次元量で温度によって変化します。

　水分子の水素原子は、自分自身の酸素原子としっかりと結合しているだけではなく、近隣の水分子の酸素原子ともゆるい結合をしています。水素原子の電子が、時々隣の水分子の酸素原子の方に移動していくことによって、隣り合った水分子同士を引きつけることになります。このようなゆるい結合を水素結合といいます。最も外側の軌道の電子を共有する共有結合 O–H と O‥H といった形の水素結合が組み合って、水分子は H–O‥H の構造を示し、液体の水の物性を支配しています。水素結合の強さは、分子が電子を共用して成立している共有結合(150～50kJ/mol 程度)に比べると、はるかに弱い（8～40kJ/mol 程度）結合ですが、粒子間の相互ポテンシャル（引力）であるファン・デル・ワールス力（後に凝集処理の項で詳述します）よりは大きな結合力を持ち、分子と分子を緩く引きつける力をもっています。

このことによって、水はある種の粘っこさを示します。水の粘性といわれるもので、温度によって大きく変化します。例えば、温度0℃の水が20℃に上昇し、水分子の運動が活発になって分子間距離が広がってくると半分に減じてしまいます。**表2.1**は水の温度と粘性の関係を示したものですが、熱帯の25℃の水の粘性係数は、寒冷地の0℃の水の1/2であり、熱帯の水はさらさらと感じられます（**図2.2**）。それに比べて、液体の水の密度の温度変化は、粘性の変化ほど大きくありません。しかし、この小さな変化であっても、水の固体としての氷が、液体の水よりも軽いことが地球の水圏の大きな特性につながってきます。

表2.1　水の密度と粘性の温度変化

温度 (℃)	密度 (g/cm^3)	粘性係数 (Pa·s)	動粘性係数 (cm^2/s)
(氷) 0	0.9168	—	—
0	0.9998	0.01792	0.01792
5	1.0000	0.01519	0.01519
10	0.9997	0.01308	0.01308
15	0.9991	0.01140	0.01141
20	0.9982	0.01005	0.01007
25	0.9971	0.00894	0.00897
30	0.9957	0.00801	0.00804
40	0.9922	0.00656	0.00661
50	0.9881	0.00549	0.00556
60	0.9832	0.00469	0.00477
70	0.9778	0.00406	0.00415
80	0.9718	0.00357	0.00367
90	0.9653	0.00317	0.00328
100	0.9584	0.00284	0.00296

＊動粘性係数＝粘性係数/密度　　粘性係数 Pa·s=g/cm·s

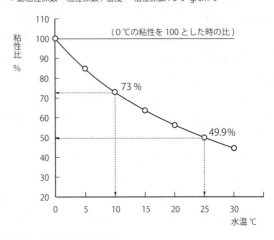

図2.2　水の粘性と水温

液体の水は、いくつかの水分子が集まってクラスターを構成していると言われることがあります。これは水素結合による水分子群の集塊と考えられており、クラスターの大小で良い水かどうかが決まるといった俗説すらあります。実際には、定常的なクラスターというものは存在せず、10^{-12}秒くらいの周期で分子が離合集散を繰り返しているようで、それよりもはるかに短い時間で現象を見れば、確かにある大きさのクラスターがあるのかもしれません。水のクラスターは、高速で離合集散を繰り返すダイナミックな現象のようです。

　またこの水素結合のために、水の100℃の沸点や0℃の融点は、同程度の分子量を持つ炭化水素のメタンが沸点－161℃と融点－183℃、エタンが－89℃と－183℃、二酸化炭素が－78.5℃と－56.6℃などとマイナスの低い沸点と融点を持っているのに比べ、水は特異的に高い温度の沸点/融点を持っています（**表2.2**）。

表2.2　炭化水素の沸点など

		分子量	沸点 ℃	融点 ℃
水	H_2O	18	100	0
メタン	CH_4	16	-161	-183
エタン	C_2H_6	30	-89	-183
二酸化炭素	CO_2	44	-56.6	-78.5

⑵　水と氷の密度と構造

　水の示す特異な性質が、地球上の生態系に大きな影響を与えます。その一つが、普通の物質は、その固体の密度は液体より大きいのに、水の場合は、固体の氷の密度の方が液体の水より小さく、さらに、同じ液体なのに4℃の時に最高密度が出現するということです。そのために、冬に氷は池の表面に生成し、池の中で魚が生存できるということになります。

　図2.3は、大気圧下での氷と水の温度による密度変化を示したものです。

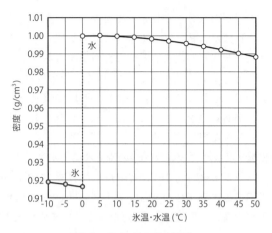

図2.3 氷と水の密度変化

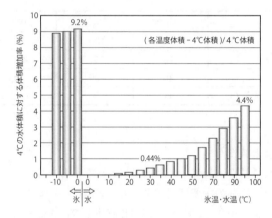

図2.4 氷温・水温と体積増加率の変化

　図2.4は、4℃の水の体積に対する各温度での水の体積膨張の様子を表したものです。0℃の水が0℃の氷になったとたんに体積が1割ほど増加します。水道管内の水が凍結したときに管が破損したり、ガラス瓶の水が凍ると瓶が簡単に割れたりするのはこのためです。
　このような現象が生じるのを模式的に説明してみましょう。図2.5のように、氷では水分子が水素結合によって正四面体構造を作り整然と並び、氷の結晶中には多くの隙間ができます。温度が上がって熱運動が激しくなって液体になると、結晶配

列が壊れ、水分子が入れ子構造になって絡み合い状態になり、4℃に上昇するまで密度が増すと考えられます（図2.6）。それ以降は、温度上昇による水分子の熱運動のさらなる活発化で分子間距離が開き、他の通常の物質の液体と同じように、密度が低下していきます。常温の水の密度は1 cm³がほぼ1 gの質量であり、1 m³の容量の水は、ほぼ1 tonの重量を持っていますので、水量を表すのに水100トンなどと、しばしば容量と質量が同義であるかのように使われます。

氷の結晶は生成条件が異なると、10種類もの異なる構造の氷ができることが知られています。最も普通に見られる氷の構造は、図2.5に示す水素結合 O-H‥O による正四面体配位で、水分子間に空隙が広く存在します。圧力が高い場合には、空隙の少ない高密度の氷や水素結合がゆがんだ結晶型が不規則な氷になります。

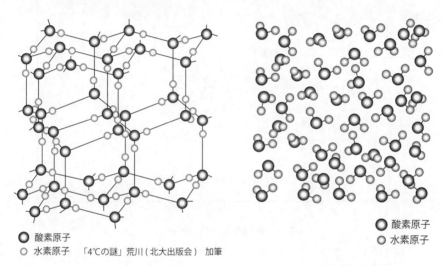

● 酸素原子
○ 水素原子　「4℃の謎」荒川（北大出版会）　加筆

図2.5　氷と水の密度変化

● 酸素原子
○ 水素原子

図2.6　水の構造模式

寒い冬や極地の海洋でも魚や水中生物が生存し続けられるのは、水面が氷に覆われていても、その下に凍らない水があるからです。しかも、水底には一番密度の大きな4℃の暖かい水塊が存在する場合が多く、水圏の生態系が安定状態を持続できる基となっています。

春になって氷が溶けて表面の冷たい水が4℃にまで暖まって最高密度になると沈み込みが始まり、水体の密度勾配がなくなってきて、水面を吹き抜ける風力などによって水塊の上下混合（オーバーターン）が容易に起こるような不安定な状況にな

ります。この混合は、底層に沈んでいた栄養塩類を水面近くにまで上昇させ、陽光の下で植物性プランクトンの大増殖を促します。続いて植物性プランクトンを餌にする動物性プランクトンが増え、それらを捕食する魚類や水中ほ乳類の大繁殖が始まります。水と氷の密度の温度変化のもたらす自然の妙です（図2.7）。

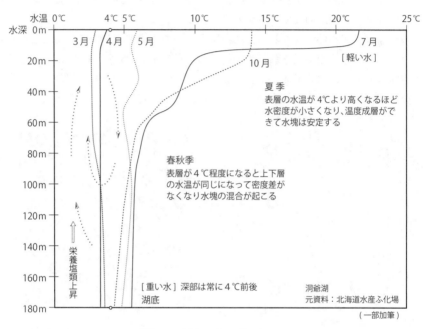

図2.7　水塊のオーバーターン

(3)　水の三態と潜熱/顕熱

　温度を高めて大気圧下で100℃になると、水分子の熱運動による運動エネルギーが、分子間の引力のエネルギーよりも大きくなって水素結合が切れ、水分子は気体（水蒸気）になって分散してしまいます。この最終段階で液体の水構造を保っている水素結合を切るのに、1ｇの水当たり539calという大きな熱エネルギーの投入を必要とします。これを「気化の潜熱」といいます。同じように、氷としてしっかり結合している固体の水分子に熱を加えて水分子の振動を活発化させ、液体の水として分子が動けるようにするために、1ｇの水当たり80calの「溶解の潜熱」が必要です。これは0℃の氷を0℃の水にするための熱量です。このような、温度が変わらないままで状態を変化させる為に必要な熱量を潜熱（Latent heat）といいます。

それに対して、同じ状態の水の温度を上昇させるように働く熱量を顕熱（Sensible heat）といい、水 1 g の温度を 1 ℃上昇させるのに必要な顕熱量が「熱量単位 1 cal」です（図2.8）。熱量単位は SI 単位では、1 cal＝4.1819J（20℃）になります。エネルギー一般については次項で述べます。

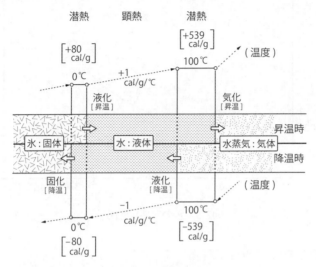

図2.8　水の潜熱・顕熱

　水は温度と蒸気圧に応じて、図2.9の状態図が示すように、気体/液体/固体の三つの状態をとります。1 気圧の場合の気化と溶解の潜熱は上述のとおりですが、−10℃といった低温では、氷は解けて液体になることはなく、直接水蒸気（気体）になります。固体が気体に直接変化する現象を昇華（Sublimation）といいます。また、水の三態が特別な状態になる臨界点という状況が、温度374℃、圧力218気圧に存在し、温度/圧力がその点を超えると、液体と気体の区別が付かない状態になり、単一相の超臨界水（Super critical water）となります。常温では80といった高い値をとる比誘電率が10程度にまで下がり、有機溶媒の値近くになって、比誘電率 2 ～ 3 程度の油分などの有機物をよく溶かす性質を持つようになります。反対に、普通の水に溶けた無機物は溶けなくなります。この値が近いものほどよく混ざり合うと言われています。臨界水に酸素を入れると水中燃焼がおこり、汚染物質の湿式燃焼処理が可能になり、諸成分の溶解性が大きく変化します。様々な新しい技術が超臨界域とそれに近づく亜臨界域で試みられます。このような状態は、深海底で起

きている様々な地球化学的反応の条件でもあります。また、発電の熱効率を高めるために、超臨界ボイラーが火力発電所で広く用いられています。

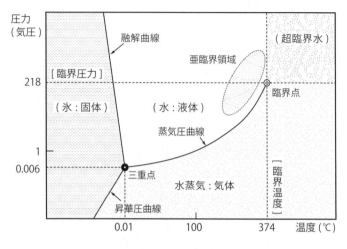

図2.9 水の三態状態図

2.1.2 自然界での水の状態と不純物
(1) 水素イオン（濃度）指数：pH

水の性質（状態）を考える場合に重要な基本因子として、水のpH（水素イオン指数：Power of hydrogen）という用語がしばしば出てきます。水の酸性かアルカリ性かの程度を示す指標で、水と不純物の状態の相互関係を支配する地球化学的/生物化学的現象の基本となる重要な因子です。わずかな量ですが水の一部は、H^+（水素イオン）とOH^-（水酸基イオン）の陽イオンと陰イオンに分かれています。このわずかに解離している水中のH^+とOH^-の各々のモル濃度を乗じたものは、常に10^{-14} $(mol/l)^2$となります。

つまり、

$[H^+] \times [OH^-] = 10^{-14}$ $(mol/l)^2$

であり、pHとは、この場合の$[H^+]$イオンのモル濃度の指数の逆数として定義されており、$[H^+] = 10^{-x} mol/l$のxの数値のことです。

例えば、$H^+ = 10^{-5} mol/l$の場合、pHは5で、その場合、$OH^- は10^{-14}/10^{-5} = 10^{-9}$ mol/lしかないことになり、H^+はOH^-の10^4倍（10,000倍）もあることになります。H^+は酸性、OH^-はアルカリ性を示すと考えられますので、この場合は、H^+が優勢

で酸性の水ということになります。H^+とOH^-がそれぞれ10^{-7}mol/lと等しい時には、両者の積は10^{-14}(mol/l)^{2}ですから、酸性でもなくアルカリ性でもなく、中性のpH＝7となります。pHは対数表示ですから、数値が1上がり下がりすると、濃度は10倍ずつ変化します。蒸留水などの純粋な水は、pH7の中性と思われがちですが、蒸留水を大気にさらすと、大気中の二酸化炭素CO_2が水に溶け込んで重炭酸（HCO_3^-）となり、pH5.6といった弱酸性の水になります。したがって、蒸留水は弱酸性を示しています。降雨のpHがこの数値より低いと、大気中の硫酸や塩酸などの酸性物質が付加的に溶込んでいると考えられ、酸性雨が降ったということになります。

水素イオン指数の定義式は、次の**式2.1**のように書かれます。

$$pH = \log_{10}\left(\frac{1}{[H^+]}\right) \quad —(2\cdot1)$$

$[H^+]$：水素イオン濃度 mol/l

式2.1　pHの定義式

先述のようにpH＋pOH＝14の関係があります。pOHは、水酸化物イオン指数を表しています。

同じような言葉に、水のアルカリ度という指標があります。詳しく言えば、これは水のpH緩衝能（Buffering capacity）の一つの表現ですが、試水のpHを硫酸などの強酸で、pH4.8まで低下させるのに必要な酸の量を炭酸カルシウム（$CaCO_3$）mg/lに換算した値で表示したものです。

水の中に大気中の二酸化炭素が溶け込んで、水は弱酸になっていますが、石灰などの硬度成分が溶け込んでいる硬水の場合には、水をpH4.8の値にまで下げるのに大量の強酸が必要になります。アルカリ度は酸に対する抵抗性の量的大きさを表す数値で、山の高さをpH（標高：強度指標）とすると、アルカリ度はその高さに至るまでの裾野の広さ、あるいは山道の長さ（距離：容量指標）に相当します。有機酸などの弱酸や高い硬度を含んでいると、高アルカリ度を示します。蒸留水は，ほとんどアルカリ度がありません。酒の発酵などでは、反応の進行過程で発生する有機酸によって、しばしばアルコール発酵に適切なpH領域以下にまでなってしまいますが、硬度（アルカリ度）が高い水を使用すると、酢になってしまう前でpHの低下を防ぐことができます。その結果、アルカリ度の高い水はアルコール反応を

深く進行することができるので、有名な酒醸造地帯の宮水などとして珍重されます。現在では、pHの自動制御によって、いかなる水でも適切なpH状態に発酵条件を維持し続けることができるようです。人工あるいは任意のアルカリ度形成と言ってよいのでしょうか。

(2) 酸化還元電位：OR電位（Oxidation-Reduction potential）

水の基本的状態を知るもう一つの重要な判断指標に、酸化還元電位があります。その水が酸化、または還元状態にあるのか、そのレベルはどの程度かを見るための指標（強度指標：Intensity factor）です。後に詳述しますが、金属などの無機イオンの存在状態の評価や質変換処理、腐食制御、有機成分に関する微生物反応の環境評価と処理条件の設定に重要な役割を果たします。市販されている多くの水素イオン濃度計（pHメーター）は、ほとんどの場合、電極を酸化還元電位（ORP）用に換えることによってOR電位も測定できるようになっています。

環境中では、酸化還元電位が低いということは、酸素を消費する有機物が多いということになります。好気性の水域では、酸化還元電位が＋300mV強といった数値を示します。嫌気性の微生物の生存には－300mV以下といった条件であることが望まれ、嫌気細菌の培養培地では－330mVといった値が推奨されています。酸素の酸化還元電位は＋820mV、水素では－420mVですから、水の酸化還元電位は、＋820mVから－300mVの範囲にあることになります（図2.10）。

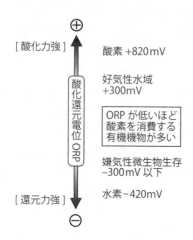

図2.10　酸化還元電位

酸化還元電位を理解するために、少々煩雑ですが定義を説明します。特定物質（例えば鉄類）のある状態下の酸化還元電位 E の定義式は、ネルンスト（Nernst）の式として知られ、特定物質の酸化型活量［ox］と還元型活量［red］の比とその物質系に固有の標準酸化還元電位 E_0 から、V（ボルト）単位で次のように表現されます。

$$E = E_0 + \frac{2.303RT}{nF} \log\left(\frac{[ox]}{[red]}\right) \fallingdotseq E_0 + \frac{0.059}{n} \log\left(\frac{[ox]}{[red]}\right)_{25℃} \quad —(2\cdot2)$$

E_0：標準酸化還元電位 V
R：気体定数 8.314 $JK^{-1}mol^{-1}$
T：絶対温度 K
n：酸化還元反応で授受される電子数
F：ファラデー定数 96,485 クーロン/mol（mol 当たりの電子の電荷）
[ox]・[red]：酸化物・還元物の活量

式2.2　酸化還元電位の定義式（Nernst の式）

　酸化物と還元物の濃度と活量は、希薄系の場合、反応物質の濃度 C mol/l で記述できますが、溶液濃度が高くなると、分子間に相互干渉が起きて反応効果が低下しますので、モル濃度 C に活量係数（Activity coefficient、γ＜ 1 ）を掛けた数値（活量：Activity）を用いて式を計算します。活量とは、ある特定物質のうち反応に寄与する部分が占める割合のことです。
　標準酸化還元電位 E_0 は、標準水素電極（SHE）の極限環境（25℃で水素イオン活量が 1 ）の電位を 0.0mV として、対象とする固体と溶液との電位差 V を示すもので、標準電極電位ともいいます。実際の計測にあたっては、標準カロメル電極（SCE）や銀－塩化銀電極などの取り扱いが容易な電極を用いて計測し、例えば、カロメル電極電位と水素電極との差 248mV などの補正を加えて E_0 とします。水環境の現象を扱う際などには、自然界での基準として、pH＝ 7 の電位を「中間酸化還元電位 E_0' 」として用い、対象物質の示す中間酸化還元電位 E' を求めます。これを単に酸化還元電位（ORP）と表現することがあります。**図2.11**に代表的な物質の酸化還元電位を示します。

電極反応	$E_0(V)$	
$Cs^+ + e^- \rightleftarrows Cs(s)$	−3.026	
$Al^{3+} + 3e^- \rightleftarrows Al(s)$	−1.662	
$2H_2O + 2e^- \rightleftarrows H_2(g) + 2OH^-$	−0.828	
$Zn^{2+} + 2e^- \rightleftarrows Zn(s)$	−0.762	B
$Cr^{3+} + 3e^- \rightleftarrows Cr(s)$	−0.74	
$Fe^{2+} + 2e^- \rightleftarrows Fe(s)$	−0.440	
$Cd^{2+} + 2e^- \rightleftarrows Cd(s)$	−0.403	
$2H^+ + 2e^- \rightleftarrows H_2(g)$	0.000	
$Cu^{2+} + 2e^- \rightleftarrows Cu(s)$	+0.340	
$O_2(g) + 2H_2O + 4e^- \rightleftarrows 4O^-(aq)$	+0.70	
$Fe^{3+} + e^- \rightleftarrows Fe^{2+}$	+0.771	A
$O_2(g) + 4H^+ + 4e^- \rightleftarrows 2H_2O$	+1.229	
$Cl(g) + 2e^- \rightleftarrows 2Cl^-$	+1.36	
$Au^{3+} + 3e^- \rightleftarrows Au(s)$	+1.498	

(上向き矢印 大:還元剤の働き(酸化されやすい)、下向き矢印 大:酸化剤の働き(還元されやすい))

(s):固 (g):気 (aq):液

図2.11 物質単体の反応の標準電極電位

　大きな標準酸化還元電位（E_0）値を示す反応は、水素電極反応の$E_0 = 0.000V$から大きく離れる金属ほど、右辺から左辺に状態が移行するのが容易ではなく、水溶液中で安定に存在します。つまり、正の大きな値をもつ物質ほど酸化力が強く（還元力が弱い）、反応は右向きに進みやすい性質を持ちます。また、負の大きな値をもつ物質は還元力が強く（酸化力が弱い）、反応は左向きに進みやすくなります。この表が示すように、金は$E_0 = +1.498V$といった大きな数値を持ち、安定度が高く、貴金属(Noble metal)といわれます。それに対し、アルミニウムは$E_0 = -1.662V$という低い標準酸化還元電位を示し、水に溶けやすく、卑金属（Base metal）と称されます。標準酸化還元電位E_0を比較することによって、様々な物質の酸化還元反応に対応する状況を分類できます。高いE_0を示す物質Aは、低いE_0を示す物質Bを酸化させます。Aは酸化剤、Bは還元剤ということになります。

(3) 水の質と不純物

　水の基本的性質をいう場合でさえも、pHとかアルカリ度といった不純物の存在を考えた指標が入ってきます。酸化と還元状態を示す酸化還元電位ORPも混入している物質によって規定されます。特別な場合を除いて、われわれは純粋の水を扱うことがありません。実際に使う水は、純粋な水にさまざまな不純物が溶け込んだ状態で存在しています。水中の不純物をその起源と処理性を考える際の手がかりなどで分類すると、図2.12のように例示することができます。一般に水質と言っているのは、これらの「不純物の種類と濃度」で特徴づけられた狭義の水の質ということになります。

　水中の不純物は、その存在状態によって固体、液体、気体の三状態に分けられますが、その寸法に応じて、懸濁質とコロイド質、溶解質に大別されます。環境調査や水道の水質試験などでは、不純物の大きさを懸濁性成分と溶解性成分に二分して表現します。0.45 μm のろ紙（フィルター）を通過する成分を溶解性、ろ紙の上に止まる成分を懸濁性とする約束になっています。懸濁性成分は水中の濁度として表されるような物質群に対応します。このような懸濁性成分は、主に雨による有機質や無機質の土壌の流出、都市や産業廃水からの有機、無機の諸成分の排出に由来します。

不純物の区分＼起源		懸濁性成分	コロイド性成分	溶解性成分				
				ガス体	非イオン性	陽イオン性	陰イオン性	
無機起源	無機性土壌岩石	砂・粘土他の無機性土壌	粘土, SiO_2 Fe_2O_3, Al_2O_3 MnO_2	CO_2		Ca^{2+}, Mg^{2+} Na^+, K^+, Fe^{2+} Mn^{2+}, Zn^{2+}	HCO_3^-, Cl^-, SO_4^{2-}, NO_3^- CO_3^{2-}, OH^-, $HSiO_3^-$, $H_3BO_3^-$ HPO_4^{2-}, $H_2PO_4^-$, F^-	
	大気			N_2, O_2, CO_2 SO_2		H^+	HCO_3^-, SO_4^{2-}	
有機起源	動植物の死がい	有機性土壌表土有機性廃物	植物性色素有機性廃物	N_2, O_2, CO_2 NH_3, H_2S CH_4, H_2 臭気成分	植物性色素有機性廃物	Na^+, NH_4^+, H^+	HCO_3^-, Cl^-, NO_2^- NO_3^-, OH^-, HS^-	
	動植物の生物体	魚類, 藻類微生物	ウイルス細菌・藻類					
	化学工業製品			DDT, BHC, PCBなどの石油化合物が主体				
不純物の寸法		mm〜μm	μm〜nm	nm〜Å				

図2.12　水中の不純物とその起源

1 μmから1 nmぐらいの大きさを持つ物質（粒子）をコロイドと呼びます。0.45μmのろ紙を通過できない粒子を懸濁質とする一般の水質試験などの定義によると、1 μmから1 nmの大きさを持つ粒子であるコロイド成分は、溶解性成分の側に入ることになります。しかし、後述するように、水質制御や水処理操作では、コロイド粒子群を凝集させることなどを中心操作の一つとして位置付けていることからも判るように、水質制御/水質変換工学の場合には、コロイドを粒子と考える立場をとり、コロイドを懸濁液（Colloid suspension）として扱い、その挙動を管理します。これは、凝集操作が広範囲な寸法の不純物処理に対応でき、より寸法が小さな不純物のみを対象とする吸着などの処理と明確に区分できるからです。

ここで、参考までに長さの単位の表示の仕方を図2.13に示しておきます。

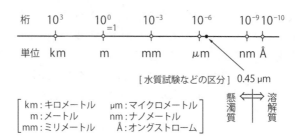

図2.13 長さの単位と桁数の差など

(4) コロイド懸濁液

水中のコロイド成分の種類は非常に多く、粘土粒子などの無機の濁質（$\mu m = 10^{-6}$ m）などの粗コロイドや色度で表される有機着色成分（泥炭地水中のフミン質などで、大きさは10 nm $= 10^{-8}$ m）などの微コロイド、細菌（μm）やウイルス（nm）などの微生物などがこのグループに属し、浄水処理や下水処理対象の代表的な成分になっています。このようなコロイドの懸濁液をビーカーなどに採って細い光線を当てると、光道が白く浮き出るチンダル現象を示します。また顕微鏡下では、コロイド粒子が熱運動する水分子に衝突されて、ランダムに動き回るブラウン運動現象が見られます。この現象は、普通の光学顕微鏡でコロイドを見るのは難しく、限外顕微鏡や電子顕微鏡が必要になります。

このようなコロイド粒子の特徴は、その表面に帯びている同じ種類の電荷（表面荷電、表面電位）によって粒子相互が反発し合い、水中で安定に分散懸濁することです。自然水中のコロイド粒子は、中性のpHで負荷電を帯びているものが多く、

粘土やガラス粉末、シリカ、細菌、多くの有機物、血球などがあります。これらの粒子は、+20〜+30mV の表面電位（ζ：ゼータ電位、粒子表面の荷電状況を規定する代表電位の一つ）を帯びており、相互に反発しあって安定に懸濁しています。一般に、ゼータ電位が0mV（等電点）に近い−10mV から+10mV 以下になると、粒子間の反発力が減少して、ファン・デル・ワールス力によってお互いに凝集するようになります（図2.14）。

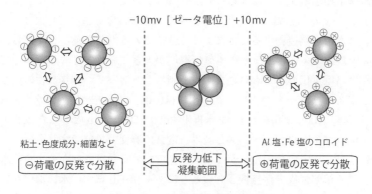

図2.14　コロイドの分散と凝集

　アルミニウム塩や鉄塩の水和コロイドは、pH によって帯びる荷電の正負と大きさが異なっており、酸性側の不溶域では正荷電、アルカリ性側では負荷電を示します。急速ろ過法の主操作である凝集処理は、多価の正荷電を持ったアルミニウムや鉄のコロイド（重合している多価正荷電水和錯体）によって、自然系に安定に存在している粘土、色度、細菌などの負コロイド粒子の電荷を中和して反発力を失わせ、粒子を集塊させて除去する操作です。後に凝析と凝集処理の項で詳述します。

(5)　水溶液：溶解性成分

　コロイドを含む溶液は、懸濁液として扱うことが水処理操作では適切であることを述べましたが、それでは本当の意味での溶解性成分を抱える溶液とは、どのようなものでしょうか。径が3Å程度の水分子とあまり大きさが違わない大きさのイオン（巨大高分子はコロイド寸法ですが）が、水中で水分子と隣り合って、均一に混在している状態を想定すると良いと思います。さきに述べた様に、このときに水分子の径が3Åと小さな寸法であることが、様々な分子と均一溶液を作る際に有利に働きます。

これら成分のうち、無機成分の多くは、正イオンあるいは負イオンとなって水中に分散しています。食塩NaClは水の中で、Na^+イオンとCl^-イオンに解離していると言われていますが、実は$Na(H_2O)_8^+$と$Cl(H_2O)_4^-$といった水分子と結合した水和イオンになっています。食塩の結晶を構成するNa^+とCl^-は、強力なイオン結合によって結ばれていて、それを分離することは容易でありませんが、食塩を水の中に入れると、それぞれのイオンが水分子と水素結合して、正荷電の水和Naイオンと負荷電の水和塩素イオンに容易に分かれてしまいます。このような水和反応（Hydration）は、多くの水処理や生体反応の中で大きな役割を占めています。

　イオンは水中を熱運動することによって帯びている電荷を運びますから、溶解性無機イオン成分が多いほど、水の電気伝導度が大きくなります。したがって、水の電気伝導度（電気伝導率ともいいます）を測ると、溶けている無機物の濃度を推定することができます。ちなみに、純水はほぼ$0.05 \sim 1\,\mu s/cm$、蒸留水$1 \sim 10\,\mu s/cm$、水道水（日本）$100 \sim 250\,\mu s/cm$、下水再生水$400 \sim 600\,\mu s/cm$といった数値が想定されます。μsはマイクロジーメンスと読み、電気伝導度の単位です。

　水中に溶けている成分の全てがイオンになっているわけではなく、自然水中でも非イオン性の溶解性成分が無機と有機ともに多々存在します。水に溶けないものの代表として、生物難分解性の複雑な有機物（メタン・エタン類等の化合物、石油、DDT、BHC、PCBなど）や分解性があっても未分解の有機物（BOD成分など）など多岐にわたります。

　メタン（CH_4）やエタン（C_2H_6）の類は、水にほんのわずかしか溶けない疎水性物質（基）です。しかし、メタンやエタンの水素1個を水酸基OHに置き換えたメタノールCH_3OHやエタノールC_2H_5OHのようなアルコール類は、水にどのような割合にでも容易に溶けてしまいます。これは、水分子と水素結合しやすい親水基のOHをもっているからです。しかし、OHを持っているアルコール類も炭素Cの数が多くなってくると、例えば、直鎖型のnブチルアルコール$CH_3 3 CH_2OH$（図2.15）では、100mlの水に7.7gしか溶けません。疎水性のCH_2の数が大きくなってn=15といった数になってくると、疎水性を示すCH_3と親水性のOH基が長い鎖の両端に位置して、一方は水分子と結合し（溶け込み）、他方は油脂類（衣類の汚れなど）と結合し、油脂を衣類からはがして水に溶け込ませるような洗剤として働く界面活性剤になります。また、糖類などでは、単糖のグルコース$C_6H_{12}O_6$は炭素の数が多くても、OH基を5個も持っており、水分子と水素結合を作って大量に溶解します（図2.16）。また、SH^-やNH^{2-}などの極性の強い成分を持つ物質も水に良く溶けます。

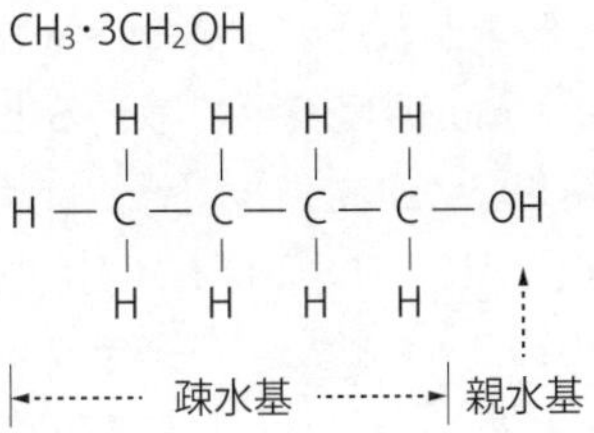

図2.15 ノルマルプチルアルコールの構造式 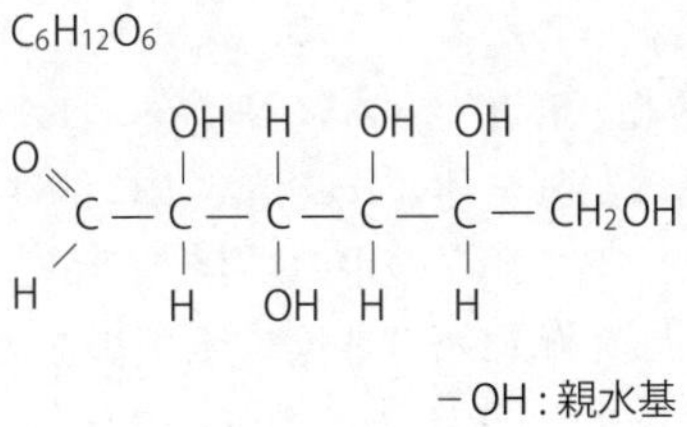　　**図2.16** グルコースの構造式

　今ひとつの溶解成分は、水中の溶解ガスです。それは、空気の主成分である酸素、窒素、炭酸が大きな割合を占めますが、いずれも溶解度が低く、空気中に21％もある酸素が、水に10mg/lしか溶けられません。この溶存酸素は水中の好気性呼吸する多くの微生物や動物などによって容易に消費され、嫌気化/低酸素濃度化現象が起こり、水質汚濁の第一に挙げられる水域の酸素不足問題が発生し、多くの水中生物の生存を困難にさせてしまいます。水中の酸素がなくなり嫌気化すると、メタンや硫化水素ガスが生成されて好気性生物は死滅し、水の自然環境は崩壊します。

　水中にどのぐらい気体分子が溶け込めるかは、温度と気体の圧力によって決まります。溶解する成分の気相の分圧 p [atm] と、液相中の溶質ガスのモル分率 x は、ヘンリー（Henry）の法則

$p = Hx$

の関係によることが知られており、それぞれの気体の比例常数（ヘンリー定数 H [atm/モル分率]）を知ることによって、溶解度の大小が定量化されます。**表2.3**は様々な気体のヘンリー定数を示す表で、気体の溶解度は、固体の場合とは逆に、温度の上昇とともに減少することを示します。

表2.3　各種ガスの水に対するヘンリー定数

$H \times 10^{-4}$ (atm/mol fraction)

	0℃	10℃	20℃	30℃
空気	4.32	5.49	6.64	7.71
O_2	2.55	3.27	4.01	4.75
CO_2	0.0728	0.104	0.142	0.186
N_2	5.29	6.68	8.04	9.24
H_2S	0.0268	0.0367	0.0483	0.0609
CH_4	2.24	2.97	3.76	4.49

表からわかるように、大気中に20％も存在している酸素が、その4倍の78％もある窒素の倍近くも水に溶けることができ、結果として、mol濃度表示で考えると、酸素は空気全体の1.66倍も水に溶け込みます。その結果、ガス溶解度 [mg/l] は、大気圧下で10℃の水の場合、N_2が23.2, O_2 54.3, CO_2 2318, H_2S 5112, CH_4 32.5といった値になります。水中のN_2/O_2の比は、大気中の4/1と大きく異なり、おおよそ1/2と大きく逆転します。二酸化炭素、硫化水素の非常に大きな溶解度が、時として、水中生態系の挙動に深刻な問題をもたらすことになります。

2.2 ヒトと水

2.2.1 ヒトの水代謝

(1) 代謝とは

全ての生物は、その生存を支えるために外界（環境）との間で物質のやり取りをします。その過程を物質代謝（Metabolism）といいます。代謝にかかわる物質に応じて、水（分）代謝、炭素代謝、窒素代謝、アミノ酸代謝等々があり、生体内の物質変化の過程まで含めて、さまざまな代謝の物質収支が論じられています。

都市と地域水システムの最小要素は、個々人が必要とする水を食物や飲み物として体外の環境から取り込み、不要なものをし尿や汗などとして体外に排出することですから、生物個体が環境との間で営む物質代謝の収支を水に主点をおいて論ずる事がスタートになります。しかし、水そのものの挙動も重要ですが、水は生体内外の諸器官や空間をつなぐための媒体（Media）として、化学物質や熱・エネルギーなどの諸要素の保存と輸送、変化の諸過程と複雑にからみながら、生体や生物集団維持のための最も重要な基底的な役割を担っています。

(2) ヒトの水収支

ヒトは体重当たり、胎児で90％、新生児75％、成人男子60％、60歳以上で50％以下と年齢に応じて減少する体液を持っていて、体重の50〜80％を占めています。女性は男性に比べて筋肉が少ないので、体重に対する体液比は少なめになります。体液は、細胞内液（体重の40％ほど）と細胞外液（体重の20％ほど）に分かれます。細胞外液は、さらに細胞と細胞の間隙にある間質液（体重の15％ほど）と血管やリンパ管の中にある管内液（体重の5％ほど）に分かれます。体重60kgの成人男性では、全体液量は36lほどですから、細胞内液量24l、細胞外液量12l程度ということになります。体重60kgの成人の体液の摂取と排出の収支は、1日あたり各2.6lほどです。摂取の内訳は、食物から1.0l、飲料水1.2l、代謝水（体内での食物の代謝

過程で生ずる水分）0.4l といった大きさであり、排出の内訳は、尿1.5l、糞便0.1l、不感蒸泄1.0l（肺呼吸から0.4l と皮膚から0.6l）と体温調整による発汗などです。

　1日当たり環境から2.6l ほど摂取された新鮮水に、腎臓で1日150l ぐらい再生される水が加わり、体内水の99％もが再生（循環）水由来で存在し、1.5l が尿となって排出されます。体液量が36l とすると、全体内水は150/36＝4.1回/日の割合で、ろ過され回収されて循環することになります。一日2.6l の新鮮水が供給されるとすると、体内水36l が入れ替わる時間、つまり、体内滞留時間は14日ほどで、総循環回数は60回弱になります。細胞内液量に10％以上の変化があれば生理障害を起こすといわれていますので、正常時の細胞内液量の変化はあまり大きくないと考えて、入れ替わりの主体を細胞外液量12l と考えると、滞留時間は5日弱ということになります。人間は補給水なしでは数日間生きるのが精一杯のようです。図2.17

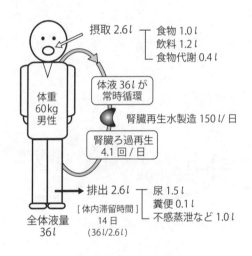

図2.17　ヒトの水収支

(3)　水代謝の社会システム化

　人口密度が高まってくると、ヒトや家族が孤立して住む状況から、漁猟や農耕、防御などの能力を高めるために、複数の家族が集まり10人、20人といった集落が形成されていきます。水の利用と廃棄の仕組みも、個人の井戸と便所の関係から集団の居住域におけるヒト相互の関係を考慮した社会化が始まります。自分達の排出した汚物が仲間に害を及ぼすことがないように、用水の取得位置を上流に求め、汚物を集団の生活境界外に捨てるようになります。集落が大きくなると、地域に上流と

下流の関係が発生します。村落共同体の便益と秩序と安全を高めるために、水代謝の社会システム化が起こります。図2.18の様に上流の尾根筋などから引いてきた綺麗な水をみんなに配ろう、目の前に汚物やごみを散らかしては困るから、集めて居住域から離れた下の谷筋（制御境界外）へ捨てようと考えます。これらの取り組みが上下水道（都市の代謝機能）の始まりです。

都市の代謝機能とは、「市民に家庭生活・職業活動・レクリエーションなどを営むに足る必要充分な物質・エネルギーを供給し、その廃棄物や残滓を市民の生活に支障なく処分すること」です。これをどのような方法でどう保つかということが、環境工学の主題となります。

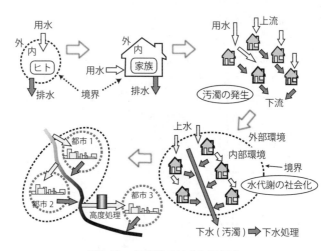

図2.18　水代謝の社会システム

2.2.2　毒物とリスク（水質基準）

(1)　ヒトの疫学的安全確保の古典的水質基準

1970年代までの水道水（飲用水）の水質基準は、自然の水循環に乗って伝播され、上下水道などの都市水施設を介して、ヒトの代謝に直接関わって障害を発生させるような成分についての制御目標を設定していました。廃水の処理（放流）基準では、ヒトの飲用基準を最上位の目標値としながらも、環境での変化を考えに入れ、それぞれの時代背景や利用条件を加味して決められてきました。それは、後述するBOD（生物化学的酸素要求量）やOD（溶存酸素不足量）による制御、窒素やリン、硫黄の循環/制御、急性慢性の毒物制御などに関する項目についてのものです。

疫学的安全を考える場合、60兆個（体重1kgあたり1兆個）ぐらいあるというヒトの細胞とそれらが構成する諸器官による代謝やヒトに共生している同じような数（100兆個とも言われる）の細菌や酵素などの代謝排出も重要になってきます。これまで、病原菌やウイルスなどによる多くの疫病がしばしば人類を襲いました。14世紀の黒死病、18世紀のコレラとチフスの蔓延などは、蒙古帝国のユーラシア大陸諸地域の統合、大英帝国の世界覇権確立の過程で生じたパンデミックス（Pandemics）です。

　1960年代頃までの水質安全の最重要因子は、広域的な疫病から人々を守ることと消化器系伝染病を防御することでした。この段階の最終期になる昭和末期（1970年代）までの水道水の水質基準は、現代の微量汚染化学物質の環境リスクまでを考慮した基準に比べると、極めて少ない項目でしかありません。端的に言えば、水質制御の目標は、糞便由来の細菌などの水系伝搬による消化器系伝染病の危険排除に主眼が置かれ、加えて、急性毒性と蓄積性毒性よる被害を経験したことのある重金属類と水利用に障害や不快をきたさない水の常識範囲を示したものでした。わずかに、界面活性剤やフェノールなどの有機化学物質が顔を見せますが、発泡や臭気の発生を抑制するためのものでした。次の時代の化学物質による微量汚染の最初の顔見せのようなものです。レイチェル・カーソンの「沈黙の春」（1962年）が世に出てしばらくした後、わが国の基準もトリハロメタン問題に対処して変わろうとしていましたが、まだ水質基準の基本構造には手が付けられていませんでした。大きな変革は平成を待つことになります。

(2) 昭和の水質基準

　昭和の時代まで使われてきた，水道水の水質基準（昭和41年厚生省令第11号）**表2.4**を振り返ってみます。

表2.4 昭和年代の水道水質基準項目

[26項目 昭和54年 1979年] 単位は ppm 以下

項目	基準値	項目	基準値	項目	基準値
アンモニア性窒素及び亜硝酸性窒素	同時不検出	銅	1.0 ppm	フェノール類	0.005 ppm
硝酸性窒素	10 ppm	鉄	0.3 ppm	陰イオン活性剤	0.5 ppm
塩素イオン	200 ppm	マンガン	0.3 ppm	水素イオン濃度	pH5.8~8.6
有機物等		亜鉛	1.0 ppm	臭気	異常でない
(過マンガン酸カリウム消費量)	10 ppm	鉛	0.1 ppm	味	異常でない
一般細菌	100個/ml	六価クロム	0.05 ppm	色度	5度以下
大腸菌群	不検出	砒素	0.05 ppm	濁度	2度以下
シアンイオン	不検出	弗素	0.8 ppm		
水銀	不検出	カルシウム・マグネシウム等(硬度)	300 ppm		
有機燐	不検出	蒸発残留物	500 ppm		

　第1のカテゴリーは、「病原生物に汚染され、または病原生物に汚染されたことを疑わせるような生物、もしくは物質を含むものでないこと」ということで、直接的には、
①腸内細菌の代表である「大腸菌群が検出されない」こと、
②水源域の一般的環境条件が悪く、糞便性汚染が存在するような状況がないように「一般細菌が1 mlの検水中に100個以下」であること、
などが求められています。
　さらに、
③排泄物に由来するアンモニア性窒素や亜硝酸硝性窒素、硝酸性窒素、塩素イオン、有機物の指標である過マンガン酸カリウム消費量が一定値以下である、
という間接的評価が加えられます。
　第2のカテゴリーは、「急性/亜急性毒物」関連の項目で、シアンイオン、水銀、有機リン（農薬）が検出されないことが求められます。これらの項目に対する基準値は、公定法での検出下限値を示すもので、かつては、不検出と表現されていました。
　第3のカテゴリーは、水系に存在する金属類で、その物質による着色や沈殿物などによって、
①「水使用の阻害」となる銅、鉄、マンガン、亜鉛や
②「慢性毒性による障害」などが知られている鉛、六価クロム、ヒ素、フッ素について、それぞれの許容値以下である、
ことが求められます。

また、
③塩類濃度が高い水や、カルシウム、マグネシウム濃度が高く、蒸発して沈殿物が析出したり石けんが溶けにくくなったりする無機成分群の高濃度障害も歴史的に制御の対象となっていました。
④最後のカテゴリーは、水が強酸性や高アルカリ性でないという pH5.8～8.6 の条件、異常な臭気や味がないこと、濁りや色（度）が低いといった「異常でない常の水」とヒトが考える条件を決めているものです。

現在の基準に比べて、水道法が制定された昭和32年（1957年、水質基準制定は翌年で29項目）から引き続いて、糞便汚染防止による水系伝染病制圧が色濃く出ています。現在の水質基準は、このカテゴリーに微量汚染物質の生涯摂取による毒性評価の項目が加わっています（**表2.5**）。

表2.5　水質基準の分類

	カテゴリー	特　徴
水質基準制定以来の評価	① 病原微生物	病原微生物汚染の指標 流域に糞便汚染がない環境を期待
	② 急性・亜急性毒性	摂取後短時間で人体に影響 排出源の常時監視が必要
	③ 水使用阻害・慢性毒性	金属類による着色や析出、沈殿 重金属類などによる慢性毒
	④ 異常でない常の水	五感が清浄と認め得る水 基礎的性状
新評価	⑤ 微量汚染物質 　生涯摂取毒性	微量化学物質健康リスクの知見集積 測定技術の進歩で微量物質の評価可能に 1992年水質基準改定から導入

⑶　微量汚染による健康リスク制御への規範拡大

1962年レイチェル・カーソンの「沈黙の春」が世に出て、発癌性や環境変異原性などを示す有機・無機の微量汚染物質（Micro-pollutants）の蓄積性毒性問題が知られるようになりました。特に1970年代に入って、それまで考えられてこなかった農薬や可塑剤、薬品などに由来する汚染や複合汚染が、重要な問題として認識されるようになりました。近代上下水道が最初に力を発揮したのは、消化器系伝染病の抑止でした。しかし、発癌性微量成分の人体に対するリスクの問題は、それまでの

「感染症の危険を回避する水質基準上の安全」を主目的とした急性の危険を避けるための、いわば古典的衛生学上の安全とも言うべき性格のものとは意味を異にして、生涯という長期に及ぶ新たな健康危険管理の必要性を訴えています。「リスク認識と評価」問題の出現とそれに対応する新技術と新制度を創造することが求められる新たな問題です。

この新旧二つの安全問題にまたがって、水道自身が有害物質を作り出すリスク発現現象として起こったのが「トリハロメタン問題」です。

世界的にみて原水水質の劣化が著しい国際河川ラインの最下流に位置するオランダのロッテルダム水道のルーク博士（Dr. J. J. Rook）が、1972年にライン川の水からクロロホルム（$CHCl_3$：塩素3個がメタン CH_4 の三つのHと置き替わったトリハロメタンの一種）を検出し、しかもそれが、水道が取水し塩素処理（殺菌）することによって、さらに新たなクロロホルムが生成されることを報告して注目を集めると同時に、世界中の水道界に衝撃が走りました。

砂ろ過などの水処理では、水中の細菌類を1〜2桁ほど除くことができますが、さらに水道水の安全を高めるために、ろ過水に塩素を注入して、給配水系統での細菌などの微生物汚染を制御するのが近代水道の定法でした。浄水処理における処理対象成分のうち、自然由来で、かつ量的に大部分を占めるのは、懸濁成分（濁度）と有機成分（フミン質類：色度）です。後述しますが、米国で急速ろ過法が開発され、その後、この方法が世界で広く用いられるようになった理由の一つが、緩速砂ろ過法では自然水系の卓越した安定有機成分である微生物由来のフミン質類（色度のうちでも特に低分子部分）を除けないことにあったと考えます。その一方で、急速砂ろ過法は、細菌などの微生物汚染の除去が、緩速砂ろ過法に比して十分でないことから、水処理工程の最後に塩素殺菌処理が加えられ、これが疫学的安全の確保のための定法として広く用いられてきました。原水に含まれる微生物代謝廃物（フミン質類）の除去と浄水の疫学的安全の最後の切札と考えてきた塩素殺菌の二つの基本操作の狭間で発生したのが、クロロホルムなどの微量塩素化有機化合物の人為的形成問題でした。しかも、安全であるはずの近代水道の浄水プロセスが、自ら危険を作り出していたという意味で、都市水システムの運用に大きなインパクトを与えました。

1986年には米国環境保護庁（USEPA：Environmental Protection Agency）が、**表2.6**に示すような項目を挙げて、飲料水の新しい安全基準を作って水道水（飲用）の水質を制御し、従来の水質基準を全面的に修正したいと「The Safe Drinking Water Act Amendments of 1986」を提案しました。

表2.6　米国環境保護庁

Contaminants Required to be Regulated Under the Safe Drinking Water Act Amendments of 1986

Volatile Organic Chemicals	Nitrate	Carbofuran
Trichloroethylene	Selenium	Alachlor
Tetrachloethyrene	Silver	Epichlorohydrin
Carbon tetrachloride	Fluoride	Toluene
1,1,1,-Trichloroethane	Aluminum	Adipates
1,2-Dichloroethane	Antimony	2,3,7,8,-TCDD (Dioxin)
Vinyl choloride	Molybdenum	1,2,3-Trichloroethane
Methylene chloride	Asbestos	Vydate
Benzen	Sulfate	Simazine
Monochlorobenzene	Copper	Polyaromatic hydrocarbons (PAHs)
Dichlorobenzene	Vanadium	Polychlorinated biphenyls (PCBs)
Trichlorobenzene	Sodium	Atrazine
1,1-Dichloroethylene	Nickel	Phthalates
trans-1,2-Dichloroethylene	Zinc	Acrylamide
cis-1,2-Dichloroethylene	Thallium	Dibromochloropropane (DBCP)
	Beryllium	1,2-Dichloropropane
Microbiology and Turbidity	Cyanide	Pentachlorophenol
Total coliforms		Pichloram
Turbidity	**Organics**	Dinoseb
Giardia lamblia	Endrin	Ethylene dibromide(EDB)
Viruses	Lindane	Dibromomethane
Standard plate count	Methoxychlor	Xylene
Legionella	Toxapene	Hexachlorocyclopentadiene
	2,4-D	
Inorganics	2,4,5-TP	**Radionuclides**
Arsenic	Aldicarb	Radium-226 and -228
Barium	Chlordane	Beta particle and photon radioactivity
Cadmium	Dalapon	Radon
Chromium	Diquat	Gross alpha particle activity
Lead	Endothall	Uranium
Mercury	Glyphosphate	

Note: MCL=Maximum Contaminant Level

　表中の微生物汚染と濁度（Microbiology and Turbidity）、無機物（Inorganics）などは、従来の伝統的衛生工学の指標ですが、揮発性有機化学物質（Volatile organic chemicals）や微量有機化合物（農薬などOrganics）、放射性物質（Radionuclides）は、まさしく「沈黙の春」が提起した、微量有機汚染などの環境リスクにどう対応するかという水質制御技術の歴史を変えることになる目標の提案であったと思います。

　この提案を契機に、許容最高汚染濃度MCL（Maximum contaminant level）に対する危険性（Risk）の確率的な評価が始まります。その後、各項目についての検討が世界的に進み、この評価手法が、国連保健機構（WHO）の基準や米国環境保護庁（USEPA）の基準、ヨーロッパ（EU）の基準、日本の基準など世界の飲料水の水質評価と制御目標の主流になりました。

　このように多くの項目（現在ではもっと増えています）に対して、mg/lレベルの古典的歴史的な安全基準値に比べてはるかに低濃度の$\mu g/l$からng/lといったレベルで飲料水水質を評価することになりました。発癌性などの蓄積性毒性物質の人

体曝露について、生涯摂取リスク評価にまで踏み込んで水質を規制し、かつ水を作るという大変なことを始めることになりました。「1日20lの水を70年間飲み続けて100万人に1人（10^{-6}のリスク）、あるいは10万人に1人（10^{-5}のリスク）が癌を発症する危険を否定できない」といった濃度レベルで制御することが求められています。対象とする汚染物質の項目数は、環境での調査、観測が進むにつれて次第に増加し、評価の困難な内分泌撹乱物質（Endocrine disruptor：俗称、環境ホルモン）までもが対象とされるに至ります。現在では、50項目にもなる水道水の水質基準が定められています。

(4) リスク（危険度）評価の機序

微量有機成分の慢性毒性、蓄積性毒性の評価は極めて難しく、米国のNational Academy of Scienceが1977年に示した飲料水の危険について考える場合の四原則は、次のようになっています。

①適切な試験法を採用すれば、動物実験の結果を人の安全評価に用い得る。
②毒性物質の長期的な影響についての許容値を設定し得るような方法はない。
③実験動物に多量に毒性物質を投与する方法は、人に対する発癌性を発見するのに適当な方法である。
④物質の毒性は安全か否かよりも、人に対する危険性の有無で論じられるべきである。

これらの諸原則は、発癌性のような長時間にわたり蓄積されて発現する毒性効果を論ずる場合に、明確な最大許容濃度を定めることが難しいことを意味します。絶対の安全ということはなく、危険をどの程度まで許容するかというリスクヘッジの問題として、現状の科学知識の中で論じることができるに過ぎないことを意味します。微量放射性物質の許容摂取量についても同じことが言えます。（図2.19）

微量有機成分の慢性毒性、蓄積性毒性評価法の原則
National Academy of Science, USA 1977

① 動物実験の結果
　動物実験結果による安全評価は有効
② 長期暴露許容値
　毒性物質の長期的影響の許容値設定法は無い
③ 動物実験の手法
　毒性物質多量投与動物実験は適当
④ 人体影響の評価
　毒性の安否ではなく、危険性の有無で評価

図2.19　水質リスク評価の考え方

⑸ 計測手段の開発/普及

　計測手段の開発と精度の向上などが急速に進んでいます。計測そのものが目的化されるような問題点を含みながらも、微量汚染成分の危険性（リスク）の評価ということが次第に社会に受け入れられるようになってきました。極めて高価な計測器が工夫されましたが、汎用性の高い質量分析機系の進歩によって有機微量成分の計測手段が成熟し、無機物質も多成分の同時高精度分析が可能になるなど、1980年代に始まったリスクを考えての水質管理が、さまざまな計測手法の急速な発達と普及によって、具体的な形で実務的に取り上げられ使われるようになりました。

　その反面、水道で供給される飲用可能水の3/4は、このような微量成分を含んだ新水質基準項目とはほとんど関係のない非飲用の目的に使われています。評価と水質改善の技術問題を詳細に革新的に論ずるのは良いとしても、近代上下水道システムの下では、微量汚染成分の混入しない清澄な原水をできるだけ確保したいために、最上流域の水を下流の大都市がほとんど抱え込んでしまうことになっています。その結果、中流以下の河川の水量が激減し、ほとんど下水放流水だけが河道を流れるという極端な状況が下流域で発生します。1986年にUSEPAが提案した「The Safe Drinking Water Act Amendments」に始まるヒトに対する「リスク制御と管理」という全く新しい水質管理体系と全用途へ飲用水を供給し続けるという近代に至る水道の歴史的常識が、限られた水環境の下でどこまで折り合いを付け続けられるか疑問であり、人類の未来の足かせとならなければ良いがと思わざるを得ません。図2.20

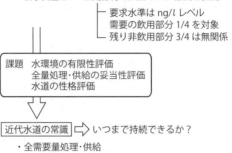
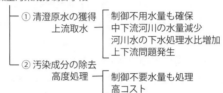

図2.20　近代水道とリスク制御

(6) 動物試験によるリスクの評価

　適切な試験法を採用すれば、動物実験の結果を人の安全評価に用いることができるということが、リスク評価の最初の約束事になります。安全というのは科学的には危険の反対ということになり、危険（リスク）の程度は、人自身の疾病等の衛生統計から求められることもありますが、多くの場合には、適切に計画された動物実験の結果を基に推定されます。特に、多種多様な化学物質の生物（最終的にはヒト）へのリスクは、多数の小型動物を用いた実験から類推されます。ヒトと同じ哺乳動物であるラットやマウスを多数使った実験が一般的ですが、メダカなどの魚も大量の集団が必要な実験では用いられています。遺伝子に変異を与えるかどうかといったレベルの試験では、カリフォルニア大学のエイメス（Bruce Ames）教授が発案した、サルモネラ菌を使ったエイメス（Ames）試験が環境変異原性試験として広く使われています。発癌性などの予備的な検討（スクリーニング）にも使われますが、発癌とリスクの発生機構が異なることがあり、直ちに両者は対応しません。有名な例は、豆腐などの防腐剤として使われたフリルフラマイド（AF2）は、エイメス試験では高い変異原性があり、染色体異常をきたすとして使用が中止されまし

たが、発癌性についての議論は決着していないようです。

　変異原とは、発癌の原因になることがあり、生殖細胞を通じて子孫に悪影響を与えるような化学物質や放射線などの物理的要因のことです。環境中にはこのような物質や要因が存在しており、これらを総称して環境変異原と呼び、変異を起こさせる性質や作用の強さを変異原性といいます。

　急性毒性のようなものであれば、ヒトが飲んで死亡や障害を起こすに至る毒物の量を比較的容易に決めることが出てきます。例えば、青酸カリなどの急性毒物に対しては、動物実験で得られた危険となる値（致死量）に、ある安全率を掛けて最大許容汚染濃度（MCL：Maximum contaminant level）を定めることが比較的容易にできます。多くの場合、マウスやラットなどの小動物にさまざまな量の毒物を投与して、障害が現れたときの摂取量を体重1 kg当たりに換算し、さらにヒトの標準体重（日本人であれば50kg）に引き戻し、しかるべき安全率（Safety factor、10〜100倍程度）を見込んで許容量とします。

　発癌性や蓄積性の慢性毒性を論ずる場合に、現象を生じさせるような環境濃度で長期間の投与実験を多数の動物について行ってリスクを推定する必要があります。しかしながら、膨大な数のこのような実験や観測を長期にわたって行い、直接的に数値を設定することは不可能に近く、アメリカ科学アカデミーの言う第2の意見「長期の毒物の摂取による人体影響の許容値を直接的に求める方法はない」ということになります。そこで、第3の意見の「多量の毒物を動物に投与する高濃度毒性試験の結果を用いて、微量で長期にわたる発癌性物質の危険を（限定された時間内で）推定評価する」ことになります。

　急性毒性の場合と違って、微量有害成分の毒性による障害は、時間をかけて発生する性質のものであり、「慢性や蓄積性毒性の毒物」と「障害」の関係（Dose-response relation）を動物実験で求めるには、毒物供与（Dose）の大きさは濃度だけではなく、供与継続時間を加味した積算摂取量でなければなりません。摂取量と時間を掛けた累積量（Accumulated dose）が必要となり、暴露量（累積量）［＝環境濃度×暴露時間（または、摂取量×摂取時間）］と障害発現の関係を実験で求めることになります。しかしながら、実験に用いることができる動物の数と実験可能な継続時間の制約の下で障害（Response）を見出すためには、実際に問題となるよりもはるかに高い濃度領域での生物実験を行なわざるを得ません。

　メダカならいざ知らず、ネズミであっても100匹のうち1匹に癌が発生する確率（10^{-2}）でも実験は大変で、まして発癌確率10^{-3}や10^{-4}を直接確認するには、千匹とか万匹という数のネズミで暴露実験を行った後で解剖し、発癌ネズミが1匹いる

かどうかを見いだそうとするのは不可能に近いことです。実際には、何億円もの費用をかけて多くの実験を行い、沢山のネズミを犠牲にしても、図2.21の10^{-1}〜10^{-2}といった発現確率を示す高暴露量の実験結果の点がいくつか取れるにしか過ぎません。

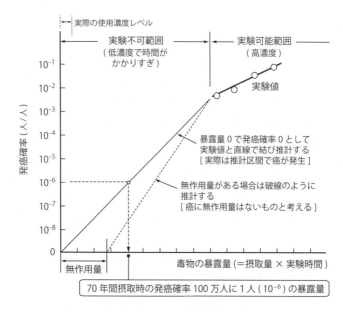

図2.21　発癌リスクに関する動物実験の考え方

　発癌性物質の許容リスクレベルは飲料水の場合、「1日2lの水を70年間飲み続けて癌になる確率が、100万人に1人（10^{-6}）以下の濃度」でありたいとされていますから（MCL：Maximum contaminant level）、実験値（実施可能な時間で影響の出る高濃度領域の実験結果）と暴露量ゼロで発癌ゼロの原点を何らかの関数でつないで示される「暴露量−発癌確率線（関数：Dose-response function）」の上で、10^{-6}の発癌確率に対応すると考えられる暴露量を推定します。さらに、この暴露量を求めようとする確率（リスク）を発現する濃度に引き戻し、この濃度に「安全率」と「飲料水に対する環境の割り当て率」を掛けて飲用水の許容濃度とします。実験値と原点を直線で結ぶのが一番簡単な内挿推定法ですが、生体の遺伝子（DNA）は傷つけられてもある程度であれば修復能力があるので、ある量までのわずかな化学物質や放射線の暴露であれば障害につながらないという無作用量という考え方もあ

ります。図の実線と点線で示したような二つの内挿法です。この中間に様々な遺伝子障害の機序を考えたリスクモデルによる様々な内挿関数があります。10^{-2}といった実験で求められたリスクから原点を目指して内挿線を引く際、10^{-6}といった原点に極めて近いあたりの暴露対発癌（Dose-Response）の数値は、内挿の仕方によってかなり異なる許容暴露量を示します。

　無毒性量（NOAEL：No observed adverse effect level）あるいは最小作用量（LOAEL：Lower observed adverse effect level）のいずれかを動物実験から導き出して許容一日摂取量（Acceptable daily intake）を求めますが、内挿線からの推定ではこの両者を区別できません。

　微量化学物質や放射線による発癌性に対する許容値は、安全かどうかではなく、危険の程度がどのくらいであるかどうかが、さまざまな実験とリスク関数を用いた想定値によって提案されます。このように許容値は、いくつかの仮定を置いてようやく導き想定できるほどの難しい事柄です。図2.22

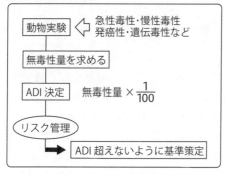

図2.22　許容一日摂取量（ADI）とリスク管理

(7) 許容リスクレベルの考え方

　発癌性物質の許容リスクを考える際に、WHOやUSEPAなどは10^{-6}（生涯摂取時に100万人に1人）の発癌リスクを基本にしています。これが何故かということに論拠を挙げて明確に説明できる人はいないと思います。ひどく乱暴なことを想定すれば、10^{-3}（1,000人に1人）では自分は癌になりそうだと皆が不安になりますが、10^{-5}から10^{-6}位の危険になると、そのぐらいなら自動車事故に比べれば少ないし、おそらく自分には降りかかってこないだろうと思う数字ではないでしょうか。10^{-8}なら日本人全体で1人という危険度であり、この水準で環境管理するのは無理な数字であるとも考えられます。そうなると10^{-6}あたりが、社会のコンセンサスを得られるリスク低減目標かなと納得する人も多いのではないでしょうか。科学の中に紛れ込む感覚的な数値の存在を抱えながらリスク（安全）問題は始まります。図2.23

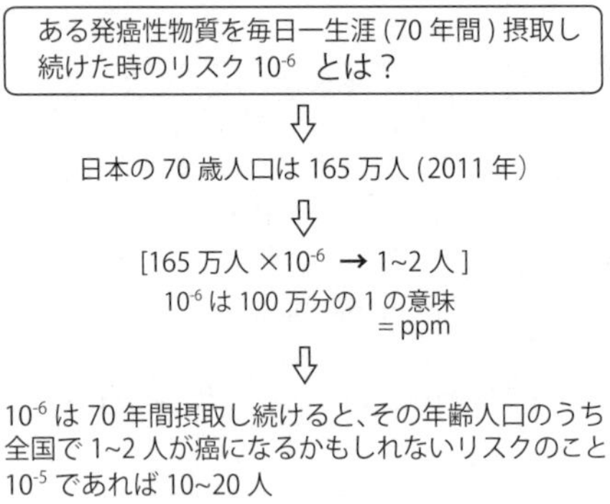

```
ある発癌性物質を毎日一生涯(70年間)摂取し
続けた時のリスク 10⁻⁶ とは？
          ⇩
日本の70歳人口は165万人(2011年)
          ⇩
[165万人 × 10⁻⁶ → 1~2人]
 10⁻⁶ は 100万分の1 の意味
            = ppm
          ⇩
10⁻⁶ は 70年間摂取し続けると、その年齢人口のうち
全国で1~2人が癌になるかもしれないリスクのこと
10⁻⁵ であれば 10~20人
```

図2.23　リスクレベルの例

　その一方、環境におけるその物質に対する全暴露量（全摂取量（RfD））の内、飲料水からヒトが摂取する割合がどのくらいであるかの「割り当て率」を想定しなければなりません。動物実験は通常全摂取量を評価しますから、ヒトの活動に引き当てると食事、呼吸、その他からの摂取と水からの摂取割合がどのくらいかを知らねばなりません。その数値を求めるだけで生理学の大実験です。いつもすべての物について実験値を求めるわけにいきませんから、多くの場合、便法として全摂取量の10%が飲料水経由と仮定して計算します。

　「安全率」については、不確実係数（Uncertainty factor）という考え方で余裕

を見込みます。不確実係数は安全率（Safty factor、安全係数）とも言います。発癌性のない物質については、実験動物とヒトの違いで10倍の不確実性（安全率）を見込み、発癌性の疑いがある長期暴露試験（慢性）の結果を用いるときには、さらに10倍して総計100倍の不確実性を見込みます。ヒトの試験結果がなく、長期暴露試験も行われていないようなときには、1,000倍の安全率をみます。また、極めて強力な発癌性物質については、許容値を0とするように考えますが、計測法の進歩によって測定下限値がどんどん小さくなっており、実務的には試験法を規定して、許容値0を測定下限値以下と称します。発癌性物質が複数存在すると、その双加的/相乗的影響を的確に評価することは難しく、「複合汚染」の一般的な評価法がないために、現実には単一物質ごとの規制がようやく実行されているにすぎません。

⑻ 最大許容値の算出

ある化学物質の飲用水中の最大許容濃度（MCL：Maximum contaminant level）は、これらのことをさまざまに加味して、次のような式で求められます（式2.3）。「日々2lの水を生涯（70年間）飲み続けた体重50kgの成人が、ある確率で癌を発症する（例えば100万人に1人）ことを否定できない値」として計算します。

$$最大許容濃度(mg/l) = \frac{無毒量(mg/kg/日) \times 50(kg, 成人体重)}{不確実係数 \times 2(l/日)} \quad —(2\cdot3)$$

式2.3　最大許容濃度式

これが、水道水の基準値となります。米国ではこれを目標最大許容濃度（MCLG、Maximum contaminant level goal）として位置づけていますが、成分によっては、実務的に処置しようとするレベルの最大許容汚染濃度（MCL、Maximum contaminant level）と分けて考えることがあります。発癌性物質の場合、両者は同じ数値をとります。世界保健機構（WHO）やヨーロッパ連合（EU）、日本では水質基準値そのものとして扱っています。

⑼ わが国の水道水質基準

リスク管理を考えに入れたわが国の水道水質基準は、ようやく平成15年5月30日厚生労働省令第101号によって新たな項目が加えられ、大幅に基準項目を増やして50項目として改訂されました。その後、項目の増減などの変更があり、現在の基準

は**表2.7**の様になっています。

表2.7　水道水質基準（平成27年4月）

水道水質基準項目(51)と基準値　　[単位：mg/l 以下]　　平成27年4月1日施行

項目	基準値	項目	基準値	項目	基準値
一般細菌	100個/ml	ジクロロメタン	0.02	ナトリウム	200
大腸菌	不検出	テトラクロロエチレン	0.01	マンガン	0.05
カドミウム	0.003	トリクロロエチレン	0.01	塩化物イオン	200
水銀	0.0005	ベンゼン	0.01	カルシウム、マグネシウム等（硬度）	300
セレン	0.01	塩素酸	0.6		
鉛	0.01	クロロ酢酸	0.02	陰イオン界面活性剤	0.2
ヒ素	0.01	クロロホルム	0.06	蒸発残留物	500
六価クロム	0.05	ジクロロ酢酸	0.04	ジェオスミン	0.00001
亜硝酸態窒素	0.04	ジブロモクロロメタン	0.1	2-メチルイソボルネオール	0.00001
シアンイオン	0.01	臭素酸	0.01		
硝酸態窒素及亜硝酸態窒素	10	総トリハロメタン	0.1	非イオン界面活性剤	0.02
		トリクロロ酢酸	0.2	フェノール類	0.005
弗素	0.8	ブロモジクロロメタン	0.03	有機物（全有機炭素(TOC)）	3
ホウ素	1.0	ブロモホルム	0.09		
四塩化炭素	0.002	ホルムアルデヒド	0.08	pH値	5.8以上8.6以下
1,4-ジオキサン	0.05	亜鉛	1.0	味	異常でないこと
シス-1,2-ジクロロエチレン及トランス-1,2-ジクロロエチレン	0.04	アルミニウム	0.2	臭気	異常でないこと
		鉄	0.3	色度	5度以下
		銅	1.0	濁度	2度以下

　平成15年の水質基準の大幅見直しで、水質基準以外に、水道水中で検出の可能性がある水質管理上留意すべき項目を「水質管理目標設定項目」、毒性評価が定まらない物質や水道水中での検出実態が明らかでない項目を「要検討項目」として設定し、水質基準を補完する形で常時監視、検討がなされるようになりました。

　平成27年4月1日現在、水質管理目標設定項目には、26項目85物質（アンチモン、ウラン、ニッケル、1.2ジクロロエタン、トルエン、二酸化塩素、農薬類60物質、残留塩素、硬度、マンガン、濁度、従属栄養性細菌、アルミニウムなど）が挙げられています。その動向が危険レベルに達しそうな状況になれば、水質基準に追加され制御されることになります。

　要検討項目には、水質基準項目や管理目標項目に分類できない47項目（銀、バリウム、モリブデン、アクリルアミド、塩化ビニル、有機すず、ブロモクロロ酢酸、アセトアルデヒド、アニリンなど）をあげ、知見収集などが行われています。しかしながら、**表2.6**に示したUSEPAの構成分類に比しての成分群分類の特徴付けが、いささか不明確な憾みがあります。

　図2.24はこれまでの水質基準の変遷を示したものです。

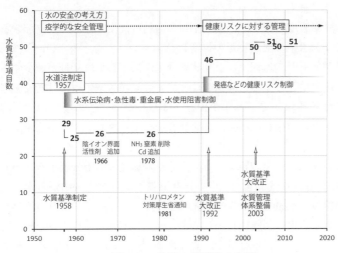

図2.24 水道水質基準の変遷

2.3 生態系と水

2.3.1 溶存酸素管理

(1) 水中の溶存酸素不足（OD：Oxygen deficit）

　自然水系での汚濁現象の最も基本（普遍）的なものが、水中の溶存酸素（DO：Dissolved oxygen）の不足です。酸素は空気中に20％強もありながら、水中にはわずか10ppm（0.001％、10mg/l）しか溶けることができません。そのために、水中に普遍的に生存する好気性生物活動の基となっている溶存酸素濃度の不足が、容易に生じてしまいます。しかも、その不足を生じさせる原因が、生活系廃水中の最大量の成分である生物分解性有機物（生物化学的酸素要求成分 Biological oxygen demand：BOD 成分）であることから、河川などの淡水域や沿岸部の海水域が被る水質汚濁の代表的現象として数多く発生することになります。このような局所的な酸素不足が、水質汚濁における水環境制御の最初の課題となりました。水中の溶存酸素不足概念（Oxygen deficit concept：OD 概念）の始まりです。

　水中の溶存酸素が不足すると、本来、好気性（Aerobic）であるはずの自然水域生態系に悪影響を与えることになります。極限では溶存酸素がなくなり、水塊は嫌気性（Anaerobic）となって一般の水棲生物を死滅させてしまいます。そこで、この水質の劣化程度を溶存酸素不足概念に基づいて評価しようとする取り組みが、

1940年代に始まります。

　水中の溶存酸素濃度の大小が、水棲生物の活動可能度をどの程度支配するかを考えてみましょう。水中の酸素不足の影響は、エベレストなど8,000m級の山での酸素不足（気圧が地上の30％程度になり酸素分圧が低下して酸素量が減少する）が、ヒトの生存を危険にさらすのと同様のことです。しかも空気中には20％強もある酸素が、水中では飽和状態でもわずか10mg/lほどしか溶け込めないので、溶存酸素の減少は、水中生物の生存に直接的に悪影響を与えるクリティカルな現象になります。

　そこで水質管理は、水中の諸々の有機成分や無機成分の酸素要求量（Oxygen demand）および消費され減少した水中の溶存酸素不足量と空気中から水中に溶解してくる酸素補給量（Reaeration：再曝気）との収支を考えて、水中の溶存酸素濃度をあるレベル以上に保つように行われます。水道の原水に使うような河川では、環境基準AA類型あるいはA類型で、溶存酸素濃度DO7.5mg/l以上、水産用でA類型のDO7.5mg/l、あるいはB、C類型の5mg/lレベル以上、農業用水などにしか使わない水域ではD類型のDO2mg/l以上などに保とうとするのが、わが国の公共用水域汚染制御の主たる考え方になっています。

　現今のわが国の「公共用水域の水質汚濁に係る環境基準」のうち、湖沼を除く河川の「生活環境の保全に関する環境基準」は、表2.8のように定められています。

表2.8　生活環境の保全に関する環境基準（河川）

類型	利用目的の適応性	水素イオン濃度 pH	生物化学的酸素要求量 BOD	浮遊物質 SS	溶存酸素 DO	大腸菌群数 MPN/100m
AA	水道1級 自然環境保全	6.5以上 8.5以下	1mg/l以下	25mg/l以下	7.5mg/l以上	50以下
A	水道2級 水産1級 水浴	同上	2mg/l以下	同上	同上	1,000以下
B	水道3級 水産2級	同上	3mg/l以下	同上	5mg/l以上	5,000以下
C	水産3級 工業用水1級	同上	5mg/l以下	50mg/l以下	同上	—
D	工業用水2級 農業用水	6.0以上 8.5以下	8mg/l以下	100mg/l以下	2mg/l以上	—
E	工業用水3級 環境保全	同上	10mg/l以下	ごみなどの浮遊がないこと	同上	—

⑵ ストリータ・フェルプス（Streeter-Phelps）の式

　溶存酸素による環境質評価/制御の概念は、米国公衆衛生局（USPHS、United States Public Health Service：現在の米国環境保護庁USEPA、United States Environmental Protection Agencyの前身）の初代のシンシナティ研究所長ストリータ博士（H. W. Streeter）と丹保が1960代初め在籍していたフロリダ大学の衛生工学研究所の創始者フェルプス教授（E. B. Phelps）の二人によって定式化されました。生物化学的酸素要求量（BOD）を生物分解性の汚濁成分を示す指標として用いるもので、水系の酸素収支を表現する基本式として、今日まで世界中で使われています。

　式2.4は、図2.25に示される様な水域のある点にBOD負荷を与えた場合に、経過（流下）時間とともに水中の溶存酸素量（DO）がどのように変化するかを記述する溶存酸素垂下曲線（Oxygen sag curve）の基礎的な表現式です。ストリータ・フェルプス式と言われています。

$$\frac{dD}{dt} = K_1 L - K_2 D \qquad —(2\cdot4)$$

D：飽和溶存酸素濃度 D_{SATU} からの酸素不足量 (mg/l)
t：時間（日）
L：水のBOD (mg-O_2/l)
K_1：脱酸素係数 (t^{-1})
K_2：再曝気係数 (t^{-1})

式2.4　Streeter-Phelps 式

　この表現で重要なことは、水質の汚濁レベルを酸素不足量（OD）で表現し、汚濁成分指標として酸素不足を誘発する有機物量に相当する生物化学的酸素要求量（BOD）を用いて酸素の収支を扱おうとしていることです。

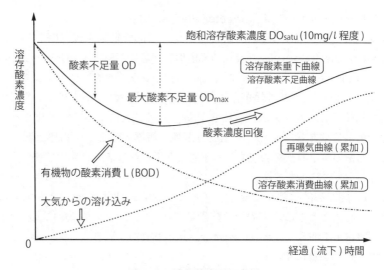

図2.25 溶存酸素垂下曲線

　水中の生物分解性の有機物（$L : BOD mg/l$）が微生物に取り込まれ、微生物が増殖する際に水中の酸素が利用されて、CO_2とH_2O、フミン質類などの微生物代謝廃物を生ずる反応が起こります。有機物の酸化速度は、生物分解性有機物濃度（BOD）の一次反応で示されます。**式2.4**の右辺第1項の$K_1 L$です。

　有機物の分解速度は、酸素消費速度と比例する関係にあり（**式2.5**）、水中で好気性微生物によって酸化分解された有機物量は、その際に使われた酸素量と比例すると考えます。水中の多種多様な生物分解性の有機物量をBOD試験で求められる酸素消費量という簡単な無機物量で置き換え、さらに、この酸素消費量を水中の複雑な酸素不足現象と直接結び付けることによって、簡単で巧みな定式化が行われました。

$$\text{有機物分解速度}\left[\frac{d(\text{有機物量})}{dt}\right] = \text{定数} \times \text{酸素消費速度}\left[\frac{d(\text{必要酸素量})}{dt}\right] \quad —(2\cdot5)$$

t：時間

式2.5　有機物分解速度と酸素消費速度の関係

ストリータ・フェルプスの水質汚濁評価の基本的概念は、流水の局所的な溶存酸素不足が、水環境劣化の最初に現れる顕著な事象であることに立脚しています。わが国のように河川が急流で、再曝気係数 K_2 が非常に大きな河川環境では、河川水の酸素不足が具体的に問題となるのは、有機性廃棄成分が大量に流れ込み、水量が少なく流れが緩やかで水が滞留するような感潮河口部の河川がほとんどを占めます。流程が急流河川で、溶存酸素量が飽和に近い状態になっているのが普通の我が国では、酸素収支の概念とは関係なく、BOD を生物分解性有機物濃度の総合指標として環境基準を定めています。環境基準の類型 AA、A、B などで、BOD 値が 1、2、5 mg/l 以下であることなどとしているのは、生物分解性有機物の河川での減少が、$dL/dt = -K'L$ といった BOD の 1 次反応であることを示すに過ぎません。これは、ストリータ・フェルプスの酸素不足概念と関わりのない有機成分の減衰式です。ここで、K' は BOD 減衰係数（t^{-1}）であり、一般的に、沈殿、吸着、生物分解などの減衰現象を総括的に一つの現象として扱われています。

(3) BOD 試験と COD、TOC

　BOD 試験は、19世紀末の英国にその起源を持ち、試料を100～200ml ほどの培養瓶に取り、20℃で5日間培養して、微生物による水中酸素の消費量を求めます。試験温度と試験時間は共に英国の河川の水温と滞留時間を想定した一種のシミュレーション指標であり、BOD_5（5日間 BOD）と書かれます。生物分解性の有機物の全量を推定しようとする場合には、極限 BODu（Ultimate BOD）、全酸素要求量 TOD、あるいは100日間培養 BOD などが使われますが、分解に長時間を要することになります。試験に時間がかかってくると、第1段 BOD と呼ばれる炭素系の酸素消費だけではなく、硝化反応による窒素系の酸素消費（第2段 BOD）も加わり、無機の還元性の物質も関与してくることになります（図2.26）。

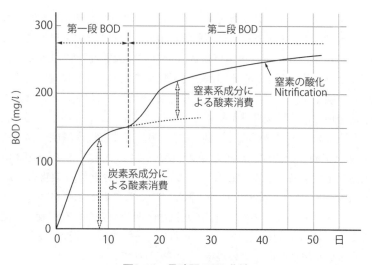

図2.26　長時間 BOD 曲線

　水中には10mg/lほどしか酸素が溶けられませんので、有機物成分が濃厚な試料ではすぐに無酸素状態になります。そこで、水中の飽和酸素濃度（10mg/l）の範囲内で試験が終始進行できるよう、酸素要求量が5〜6mg/lになるように原試料を何段階かに薄めて試験を行います。一つの BOD_5 試験を行うに際して、T＝0日とT＝5日それぞれの酸素量測定のための希釈倍率を変えた数本以上の試料が常に必要になります。

　有機物量そのものを示すのであれば、物質収支を直接的に把握できる全有機炭素量（TOC：Total organic carbon、mg/l）計測が最も明確で直接的な指標と考えられます。連続測定も可能な優れた TOC 計測装置が国産化され市販されています。TOC を基本に置いた有機成分の水質評価方式について、丹保等が開発した「水質マトリックス」評価法の項で詳述します。

　BOD の代替法あるいは迅速法として、COD（化学的酸素要求量：Chemical oxygen demand）試験が広く使われています。COD 試験には2種類あり、化学的酸化剤として、重クロム酸を用いる方法と過マンガン酸カリウムを用いる方法です。前者は酸化力が強いので、有機物のほとんどを酸化しますが、後者は酸化力が弱く一部の酸化にとどまり、数値も前者より小さく出ることになります。いずれも水中の有機物を酸化分解する際に消費した酸化剤を酸素量に換算して表現するもので、単位はmg/l、またはppmを用います。

現在使われているCOD試験のうちで、TOCにほぼ対応するのが、重（二）クロム酸化学的酸素要求量（COD_{Cr}：Chemical oxygen demand Cr）です。この方法は世界標準として用いられているものです。わが国では、従来から過マンガン酸カリウム消費量COD_{Mn}を用いて、湖沼や海洋などにおける有機物濃度を酸素消費量として示そうとしていますが、総有機物量の一部の酸化分しか表現できません。国際的な標準法となっている重（二）クロム酸COD_{Cr}と異なって、有機物総量の収支を論ずる基礎指標とはなり難いために、水質評価指標のアキレス腱となり、わが国の公定試験結果が国際的通用性を欠くことになってしまいました。

⑷ BOD基準の好気性生物処理過程のエッケンフェルダー表現

環境基準に挙げられている指標は、水中の懸濁成分（SS：Suspended solids）とDO、BOD（海域ではCOD）、大腸菌群、pHです。懸濁成分は水の外観を悪くし、微生物の増殖をも疑わせ、下水を環境に処理放流する際の主制御対象となっており、水から除かれて固系に分離移行させられます。その主成分はSSとBODです。図2.27に示す現今の下水処理の主法として広く用いられている標準活性汚泥法の例を参考に、有機物の処理プロセスを説明します。懸濁成分SSの多くは沈殿で除かれます。BOD成分も懸濁性成分は生物凝集で、溶解性成分は好気性微生物反応で微生物フロックに糾合され、その一部は微生物の栄養成分として細胞生成に使われるとともに、エネルギーを得るために水と二酸化炭素に分解されます（資化）。固形化されたBOD成分（生物フロック）は最終沈殿池で沈殿分離され、最終的には余剰懸濁成分（汚泥）として（下）水系から分離されます。

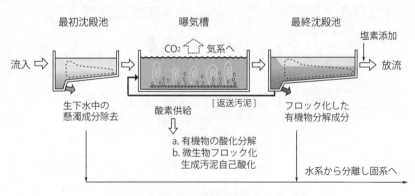

図2.27　標準活性汚泥法

ストリータ・フェルプスによって定式化された酸素不足と自然水域の汚濁発生機序の一連の流れの上で考えると、汚濁を防止するためには、放流水域の酸素不足をもたらすBOD成分を放流前に取り除いておかなければならないことになります。そのために、好気性の微生物反応槽で有機物を懸濁体化（微生物フロック化）させて沈殿分離する方法を基本とする水質管理が広く行われることになりました。このような処理場流入下水のBODを主指標とした好気性微生物による処理システム設計の基本となる理論が、エッケンフェルダー（W. W. Eckenfelder）らによって1960年代頭初に集大成されました。このことによって「有機物（BOD成分）の酸化分解による減少」や「微生物の増殖による溶解性及び懸濁性BOD成分の汚泥化（微生物フロック化）と生成汚泥の自己酸化」、「BOD成分の酸化分解のために必要な酸素量（供給速度）」の三者を定式化し、処理場機能と物質収支を流入下水のBODを主指標として評価・設計できるようになりました。自然水系での酸素消費（OD）と溶存酸素濃度管理（DO管理）と同様に、下水処理場では生物化学的酸素要求量（BOD）をカギに、水質汚濁現象と下水処理をともに酸素当量による表現系で一貫して扱うことが可能になりました。現在の自然流域の水質管理と下水処理技術の酸素基準の設計/運転体系は、水系全体にわたる好気性状況維持のための水環境管理の基本体系です。Streeter-Phelps-Eckenfelder体系と言って良いでしょう。図2.28

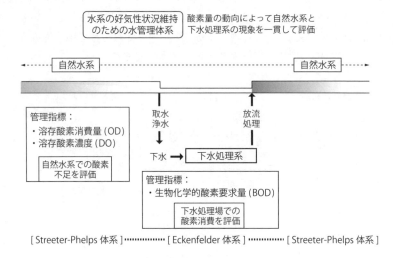

図2.28　酸素を指標とした水系一貫管理

2.3.2　物質循環と汚濁

(1)　炭素、窒素などの自然循環と汚濁現象

　人為的汚染を BOD や酸素不足量（OD）などで代表して表現できるのは、水や炭素 C、窒素 N、硫黄 S などの地球上における循環過程において、酸素 O が常に密接的に関わっているからです。その循環過程で人の生活に不都合な現象が生ずると、我々はそれを汚濁と認識して問題を環境技術的に解決しようとします。

　有機物由来の窒素系の汚濁負荷のうち、生活系由来のものではアンモニア性窒素（NH_3-N）が多くを占めています。酸素が常にある自然系の中では酸化が進み、最終的に硝酸性窒素（NO_3-N）にまで酸化されて安定化します。有機物が分解する過程で放出するリンや硫黄も、自然の循環過程の中で、さまざまな問題を発生させます。

　ヒトは有機物の塊であり、その元となる細胞数は、ヒト本体だけで60兆個（体重60kg）ほどと言われています。体の各器官は細胞で構成され、そのさまざまな器官が組み合わさって人体ができあがっています。人体と環境との間で、さまざまな代謝がおこなわれる際の基底にあるのは、各種細胞の代謝（Metabolism）です。代謝活動を細胞レベルで観てみると、同化作用（Anabolism）と異化作用（Catabolism）が、生体と環境を介して連続的かつ循環的に行われています。

　同化作用は、細胞が光や化学的なエルネエルギーなどを獲得して有機物を合成する吸熱反応（Endothermic reaction）で、異化作用は、有機物などの基質を分解してエネルギーを取り出す発熱反応（Exothermic reaction）です。この二つは相互に組み合わさって循環の輪を構成します。同化作用の代表的なものが、植物の光合成（Photosynthesis）と細菌などが行う無機の酸化還元反応（Mineral oxidation reduction）による有機合成です。前者は、地球上の植物とそれを食べて生存している動物にとって、生態系構成の最も基本となる反応であり、後者は、アンモニアを亜硝酸、硝酸へと酸化させたり、2価の鉄やマンガンを3価の水酸化物に酸化させたり、硫化水素を硫黄に酸化したり、硫酸塩を硫化水素に還元し、さらに硫酸にまで酸化するような、様々なバクテリアが自然の循環系の中で営む反応です。

(2)　有機物の合成（資化）と分解

　光合成反応の模式的な総括式を挙げると、**式2.6**のような吸熱反応になり、太陽光と、二酸化炭素と水から地球上に大量の有機物と酸素をもたらします。

$$6CO_2 + 6H_2O = C_6H_{12}O_6(\text{有機物}) + 6O_2 - 650 \, (cal/mol) \quad —(2\cdot6)$$

式2.6　光合成反応の例

　異化作用は、細胞を栄養物質として用い、細胞が持っているエネルギーを使った有機物の酸化反応や還元反応によって有機物の分解を進めます。これには好気性分解（Aerobic decomposition）と嫌気性分解（Anaerobic decomposition）の二つの型があります。大気中の酸素や水中の溶存酸素などによって細胞の脱水素反応を進めるのが前者であり、酸素以外の化合物（水素受容体：Hydrogen acceptor）によって行うのが後者で、発酵とか腐敗現象と言われるものです（**図2.29**）。

　好気性環境下では、炭素の分解過程を酸素消費概念でBODを指標にして環境管理をします。**表2.9**

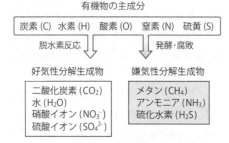

図2.29　好気性分解と嫌気性分解

　好気性条件の下での有機物分解過程における諸成分の濃度が、時間とともにどのように変化するかを描くと、**図2.30**に示す様になります。水中に存在している生物分解性の成分（BODあるいは炭素濃度Cで表す）を水中微生物が資化（生体化）することによって細胞生成が進み、微生物量（活性汚泥、濁り、SS）が増加していきます。反応過程で、一部は二酸化炭素となって空気中に放散されます。生成増加した微生物は、時間の経過とともに次第に分解して減少に転じます。微生物の代謝過程でアンモニアが発生しますが、アンモニアの生成量は基となる微生物量の減少とともに少なくなります。生成したアンモニアは、最終的には酸化されて硝酸性窒素となって安定化します。同時に、微生物の分解とともにフミン質類などの安定な有機廃物（化学的酸素要求量COD、炭素濃度Cなどで示される）が、ある平衡値にまで増加していきます。この量は筆者らの実験結果では、初期基質（BOD成

分）の炭素量（炭素濃度mg/l）の3～5％を持つフミン質着色成分（フミン質類）を生成するようです。この有機着色廃成分を含む水を塩素消毒することによって、クロロフォルムなどのトリハロメタン類が生成します。水の生物化学的状態と安定度について、各成分の時間経過による増減過程と都市水系のそれぞれの状態とを対応させて略述すると、**図2.30**の横軸下段のようになります。この変遷をフロー図にすると**図2.31**のようになります。

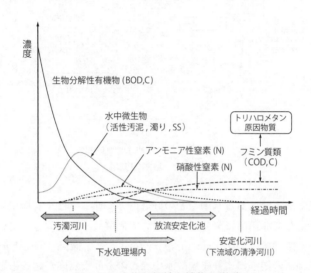

図2.30　生物分解性有機物の挙動

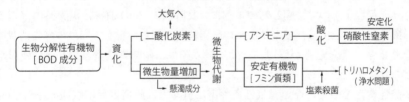

図2.31　生物分解性有機物の挙動フロー

　細胞を構成する炭素に次いで多い無機元素（水分を除く）は、窒素Nが7～10％、リンPが2～3％となっており、硫黄S、塩素Clなどがそれに続きます。これらの元素の挙動は、水環境に大きな影響を与えます。次に、環境に出た窒素や硫黄のサイクルが、水循環の第1、第2サイクルでどのような挙動をするかを概観してみましょう。

(3) 窒素の循環

窒素の環境系における循環を概観すると**図2.32**の様になります。

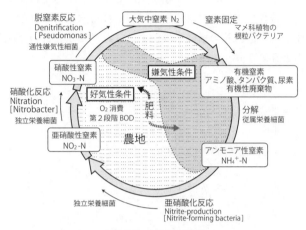

図2.32　窒素の循環

　大気中や酸素が十分にある水中などの好気性の条件下では、有機窒素やアンモニアは酸素と反応して亜硝酸に酸化され、次いで硝酸にまで酸化されていきます。この反応は、亜硝酸細菌（Nitrite-forming bacteria）と硝酸菌（Nitrobacter）の好気性無機栄養性細菌の働きによります。水中でこのような反応が起こると溶存酸素が消費されます。有機炭素の酸化よりも少し遅れて、このような窒素の酸化反応がゆっくり進行しますので、**図2.26**のように、長時間の BOD 曲線は炭素系由来の第一段の酸素消費曲線上に、窒素系由来の酸素消費が遅れて重なる二段の酸素消費曲線になります。窒素肥料が作物に有効に働く際は、硝酸性窒素（NO_3-N）の形が主体となります。

　硝酸性窒素を酸素のない嫌気性条件下に置くと、脱窒素反応（Denitrification）が起こって、N_2（気体）に還元されて大気に放出されます。水田の底部の嫌気化した土壌中では脱窒素反応が起こり、土壌中の硝酸の蓄積が和らげられます。大陸諸国の都市と農地を貫流して繰り返し水利用が行われるような流域の河川水や地下水では、硝酸性窒素濃度が高くなる傾向にあります。幼い子供が、硝酸性窒素濃度の高い水を直接飲むだけではなく、このような水を飲んだ母親の乳を飲んだ場合でも、チアノーゼ症状を生じさせるメトヘモグロビン血症の危険が知られています。牛乳の場合でも同様の危険にさらされます。日本でも、肥料由来と想定される高濃度の

硝酸性窒素が、地下水などから検出される場合があります。

　窒素肥料や堆肥の施与の上限値として、地下水に流出する硝酸性窒素の濃度を10 mg/l以下にするような管理が一般に行われています。

　ヨーロッパの大河川下流の水道や地下水を水源とする水道で、高濃度の硝酸イオンを含む原水を利用せざるを得ない場合は、浄水処理の前工程として嫌気的脱窒素処理を行っています。さらに、同じ水系で繰り返し水利用が行われるような水域では、窒素濃度の高い下水や産業排水を放流する前に、好気性の硝酸化反応と嫌気性の脱窒素反応を重ねたシステムで窒素濃度を低くする処理が行われています。ヨーロッパの多くの下水処理場やルール河の処理場群などでは、このような処理システムを常置して運用しています。

　自然水系では、窒素濃度が10^0 mg/l（1 mg/l）レベルになると、水が停滞するような水域や内湾、湖沼などで藻類の発生を招き、いわゆる富栄養化現象が顕在化して、水利用にさまざまな障害を与えます。特に、閉鎖性の内湾や湖沼で富栄養化障害を発生する元として、窒素と並んで制御が必要とされるリンは、窒素より一桁低い10^{-1} mg/l（0.1 mg/l）レベル以下に水域の濃度を抑えることが求められます。

　リンの除去は、活性汚泥法あるいはその変法で一定程度できますが、アルミニウム塩や鉄塩水酸化物との錯体形成による凝集沈殿処理でさらに効率良く行うことができます。その一方で、リンは国際的に有限な非再生資源であるために、肥料のリン成分枯渇に対処することが重要視され、活性汚泥法の汚泥からの回収を目指す研究が進んでいます。しかしながら、リンを直接的に回収するだけではなく、汚泥に濃縮された状態で利用するなどの資源循環型のシステムとしてどのように扱うかが重要な課題となります。

⑷　硫黄の循環

　水系の有機物循環の一部として注意しておかなければならないものに、硫黄の循環があります。図2.33は、水系の周辺における硫黄の循環を描いたものです。

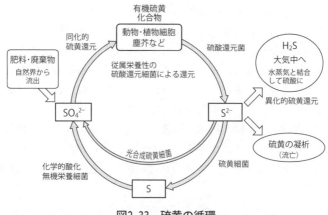

図2.33 硫黄の循環

　嫌気性状態に置かれた有機物や動植物の残渣は、水の存在下で硫酸還元菌によって硫化水素を発生させ悪臭を発し、酸化されて硫酸となって高い腐食性を示し、環境で大きな問題となります。また硫黄細菌によって還元されて硫黄粒子として析出し汚染海域における青潮を発生させる等、様々な障害を起こします。

第2章　参考文献
2.1　水分子
・丹保憲仁「都市地域水代謝システムの歴史と技術」鹿島出版会（2012年）
・丹保憲仁、小笠原紘一「浄水の技術：安全な水をつくるために」技法堂出版（1980年）
・荒川ひろし「4℃の謎：水の本質を探る」北海道大学図書刊行会（1991年）
・カウズマン/アイゼンバーグ（関修三/松尾隆祐訳）「水の構造と物性」みすず書房（1975年）
・北野康「新版水の科学」NHKブックス729（1995年）
・伊勢村壽三「水の話」（化学の話シリーズ6）培風館（1984年）
・上平恒「水とは何か：ミクロに見たその振る舞い」講談社ブルーバックス（1977年）
・ルナ・B・レオポルド/ケネス・S・デイビス「水の話」（日本版監修竹内均）タイム　ライフ　インターナショナル（1968年）
・丹保憲仁「上水道」土木学会新体系土木工学88巻　技報堂出版（1980年）
・Degremont「Water Treatment Handbook 6 th edition（volume 1）」Degremont

water and environment（1991年）
・James M. Montgomery、Consulting Engineers, Inc.「Water Treatment Principle & Design」John Wiley & Sons（1985年）

2.2 ヒトと水
・菱沼典子、北村聖「人体の構造と機能」放送大学教育振興会（2005年）
・伊藤寛志、平井直樹「生理学チャート（チャート基礎医学シリーズ）」医学評論社（1999年）
・Rachel Carson「Silent Spring」Houghton Mifflinn（1962年）
・丹保憲仁、小笠原紘一「浄水の技術：安全な水をつくるために」技法堂出版（1980年）
・丹保憲仁編著「水道とトリハロメタン」技法堂出版（1983年）
・Edward Calabrese, et. al「Safe Drinking Water Act」Lewis Publishers（1989年）
・丹保憲仁「都市地域水代謝システムの歴史と技術」鹿島出版会（2012年）
・厚生労働省水道整備課「水道基準の改正について」日本水道協会（1992年）
・国包章一外監訳「WHO飲料水質ガイドライン（3版）第1巻」日本水道協会（2008年）
・石館守三編「生活環境と発癌：大気・水・食品」朝倉書店（1979年）
・中西準子「環境リスク学：不安の海の羅針盤」日本評論社（2004年）
・Bruce Ames et. al「Ranking Possible Carcinogenic Hazard」Science236（1987年）

2.3 生態系と水
・Earle Phelps「Stream Sanitation」John Wiley（1944年）
・William Eckenfelder、Donald O'Conner「Biological Waste Treatment」Pergamon Press（1961年）
・William Schlesinger「Biogeochemistry: An analysis of global change」Academic press（1991年）
・丹保憲仁「水環境工学における成分の流れと収支の評価」土木学会論文集363（1985年）
・丹保憲仁外「好気性生物化学プロセスからの代謝廃成分の挙動と性質(1)」下水道協会雑誌18巻210号（1981年）

第3章

水処理の
プロセスと
システム

第3章
水処理のプロセスとシステム

3.1 処理性の評価法

(1) 水処理システム

　第1章1.2水循環のスペクトルの項で述べたように、ヒトの健康と水環境の質を確保するためには、常に、水質を持続的に利用できる状態に維持しておかなければなりません。水の利用とは、水そのものを消費することではなく、水の質を利用することですから、図1.6の水循環の各サイクル間を移動する水の利用や排除の際には、各々のサイクルが期待する水質に変換することが必要になります。この水の移動過程で水質変換を担うのが水処理操作です。その代表的な例が浄水処理と下水処理です。

　自然の大循環である第1サイクルから取水し飲用にまで質が高められた水は、第2サイクルで都市の家庭用水や活動用水に利用されます。都市で使われることによって水に汚濁成分が加えられ質が低下します。しかし、そのまま第1サイクルに戻すと、水環境の悪化に直接つながってしまいますので、質を高めた上で水を返さなければなりません。質を高めることの基本は水中の望ましくない不純物を取り除くことであり、取り除いた不純物を水系から切り離して、気系や固系に然るべき形で移動させてしまうことです。このように水処理とは、環境における水系の相対的な価値を高め、かつ維持するために、ある物質をそのまま水系に保持することなく、気系や固系の流れに乗せてしまうための操作ということができます。ほとんどの場合、この操作は水が各サイクルの境界（連接点）を越えるときに必要となります（図3.1）。

　環境工学における各種操作の基本原則は、「対象成分の厳密な物質収支の維持」と「輸送や相変化を実行する際のエネルギー消費と利用空間の最小化」ですから、水処理システムもこの原則を満たすように設計されます。

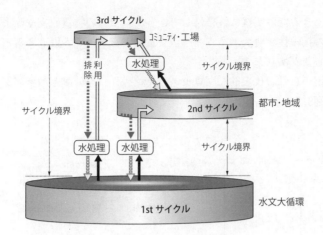

図3.1 水循環スペクトルと水処理

　水処理システム（System）は、利用水質と処理される水（原水、排水）の不純物濃度の間の水質ギャップを埋めるために、様々な水処理プロセス（Process）を適切に組み合わせて作り上げられます。水処理は、利用する液相（水）から固相や気相へ不純物を移動させることですから、システムは固/気相への負荷が、なるべく少なくなるように設計されます。処理プロセスとは、ある作用原理に基づいて、まとまった一つの過程として取り扱うことができる物理的、化学的、物理化学的または生物化学的操作のことで、単位操作（ユニットオペレーション：Unit operation）とも呼ばれます。

⑵　分離と調整のプロセス

　水処理に用いられるプロセスをその操作の特性によって分類すると、「水中の不純物を除去（固/気系に移動）する分離プロセス（操作）群」と「不純物サイズ成長操作や無害化操作などを行う存在状態の調整プロセス群」になります。水処理の基本は分離操作ですが、その前処理としての不純物サイズの成長操作が、水処理システムの構成にとって非常に重要になります。この代表的なものに、急速ろ過法の凝集や活性汚泥法の曝気槽での生物フロック形成などがあります。また、不純物濃度が小さい希薄系の水処理では、不純物を水系から除くことなく水中に残したままで、ヒトや環境に害を与えないように改質する消毒や中和操作なども行われます。

　多くのプロセスを総合的なシステムにまできちっと組み上げていくためには、各

プロセスをできるだけ明確に性格付して、各プロセスの物質収支や除去特性、隣接プロセスとの接続性、所要エネルギー消費量などをシステム構成要素として一貫して評価する必要があります。

水処理に用いられる代表的なプロセス（単位操作）を分離と調整のグループ別に列挙すると**図3.2**のようになります。

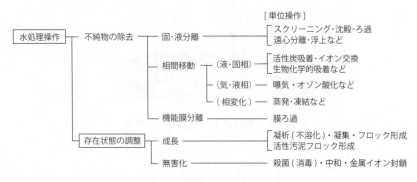

図3.2　水処理の単位操作の分類

(3)　水中不純物の処理性（Treatability）評価機序

　水中の不純物の存在状態とプロセスの有効性を結びつけて、不純物の処理性（あるいは自然での変化性）を評価しようとするときに考えるべき事項は、「不純物の寸法」、「不純物の化学反応性」、「不純物の濃度」の三つになるでしょう。

　処理プロセス選択の第一段階は、不純物寸法の分布情報とその分離手段との対応に関する検討です。水分子は$Å=10^{-10}m=10^{-7}mm$のオーダー（3Å）の大きさを持っています。水処理はさまざまな不純物を水から外す操作ですから、不純物と水分子の寸法の相違が大きいか小さいかがまず問題になります。水中にある不純物のうちで、砂粒子や巨大浮遊物は、mmからcm（$10^{-3}〜10^{-2}m$）といった寸法で、水分子3Åの100万倍（10^6）の大きさの差となり、その両者を隔てる寸法の差で両者を容易に分離することができ、沈殿やろ過といった重力/慣性力などを駆動力（エネルギー）とするプロセスが使われます。分離操作は分離したいと考える物質相互（ここでは水と不純物）の違いを見出して、その差に着目して分離手段を講ずるわけですから、寸法が大きく違うのであれば、寸法の差が最初に着目すべき分離操作因子になります。

　コロイド成分や高分子物質などは寸法が小さく、水分子に近づいたとはいえ、ま

だかなりの寸法差があり、この寸法差（1,000～1万倍）に物理化学的性質や化学的性質の差異も加えて、より的確に分離を進めます。溶解性不純物では寸法差がほとんどありませんから、物質の化学的性質の差そのものに着目して不溶化（凝析）を進め、水分子との寸法差を拡大する操作に持ち込んで、最終的に調整された成分の寸法差などで分離します。

一方、希薄系においては、伝統的（Conventional）な水処理システムでは、寸法差に着目しての分離が難しい溶解性成分に対して、水や他の無害な不純物成分との化学的性質の違いを利用して、障害を発生する成分の無害化を進め（希薄系）るか、障害成分に集塊操作を導入して水分子との寸法差を発生/拡大させて、固系や気系に移行させて水系を保全する操作を行います。図3.3

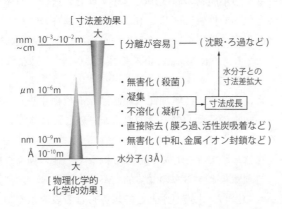

図3.3　水分子との性質差による分離手段検討の概念

膜分離法が21世紀に入って広範囲に使える技術になってきました。MF（精密ろ過：Micro-filtration）膜とUF（限外ろ過：Ultra-filtration）膜では、膜の細孔径を小さくして微粒子の通過を止めて固液分離を行いますが、機能性膜分離の進歩は20世紀末頃から溶解性の有機物/無機塩類まで直接除くことができるNF（ナノろ過：Nano-filtration）膜や海水淡水化用のRO（逆浸透：Reverse osmosis）膜まで作ることができるようになりました。物理的寸法差に化学的性質差まで加味した分離がÅの寸法の不純物にまで直接適用できるようになったということは、分離の革命であろうと思います。20世紀までの水処理技術が、地球科学的な機序を学ぶことによって人間社会に導入された生態学的（Ecological）技術であったのに対して、膜分離技術は、動植物の生体が日々の営みを続ける際の生体代謝の全ての質/量分

離を営む生理学的（Physiological）分離法で、生物個体の代謝と同じ次元と精度を持った究極の分離技術を社会基盤システムが持ったことになります。基本的に、不純物の寸法による分離が卓越した手法とはいえ、水分子サイズになってくると、膜と不純物と水分子との親和性といった物理化学因子が意味を持ってきます。後の章で詳述します。

不純物の存在と分離性の関係を総合的に位置づけようとすれば、不純物寸法と不純物の性質を組み合わせた2次元の表示が必要になりにます。このような状態表示は、常識的に物質を分類し性格付けする方法（例えば有機懸濁性物質）などとして用いられており、後の節で「2次元マトリックス」として理解しやすく整理した形で提示します。

さらに、処理したいと考える不純物の濃度が、処理プロセス選択に関係してきます。処理対象成分の寸法と化学的性質に応じて用いる除去や調整のプロセスが選ばれますが、その成分がどの程度の濃度を持っているかが、プロセス選択のもう一つのカギとなります。g/l、mg/l、$\mu g/l$、ng/lと不純物濃度が大きく異なれば、採用できるプロセスも異なってきます。

対象成分の濃度まで考えに入れると、処理性の評価は「不純物寸法」、「不純物の化学的性質」に加えて「不純物の濃度」の三つの要素を考慮した3次元のマトリックス系として表現されることになりそうです。

一般に、除去対象不純物は単独で存在しているのではなく、他の様々な成分と混合して存在しています。処理対象とする水の総体的な不純物濃度は、産業排水や都市下水のような高濃度なものから、水道原水として用いられる表流水や地下水などの清澄なものまで様々です。したがって、水処理システム全体としては、不純物個々の成分濃度だけではなく、処理する水の総体の不純物濃度が、個々の成分の除去プロセス選択に大きな影響を与えることになります。様々な成分や濃度からなる水質に対して、プロセス選択をどのように行うかがシステムを考える場合に不可欠なことになります。諸プロセスを積み重ねて水処理システムを構築する方法については、後に実例を交えて原則から論じます。ここでは、総合的な水処理システムの構成を「濃度の高い成分から」そして「不純物寸法の大きな成分から」順次一段ずつ積み重ねる形でプロセス選択を進めていくことによって、「処理対象成分とその適切な処理プロセス選択」を「最少のエネルギー使用と環境負荷」で経済的に的確に行うことができるであろうことを述べます。図3.4

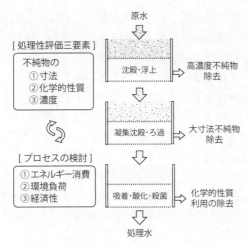

図3.4 処理性評価三要素とプロセス選択

3.2 物理的性質の差(粒径差)による分離機序・機構

(1) 物理的性質差と操作場

　不純物の物理的性質の差によって、水から不純物を有効に分離することができるのは、

①不純物の寸法が水分子の寸法(3Å)に比してはるかに大きく、水分子の集合を連続体と考えることができ、

②不純物の密度が水の密度1 g/cm³と適切な大きさで隔たっている(大きいか小さいか)場合です。

③時として、不純物の電磁気的性質などが特徴的な値を持っている場合にも、それを物理的性質差として分離に利用できます。

　物理的分離プロセスを適切に選択して設計するためには、分離を駆動する「場」がどのようなものであるかが重要です。地上の自然水系であれば、当然のことながら分離操作の駆動の場は重力場で、不純物の寸法と水分子との密度差が意味を持つことになります。「石は水に沈み木は浮かぶ」という現象が自然界における代表的なものです。同じ石でも寸法が小さくなって5 μm以下程度の粘土粒子くらいの寸法になると、密度差はあっても沈み方が遅くなり、そのままでは分離し難くなります。粒子の寸法が小さいために沈降速度が極めて小さくなるためです。小さいままでは装置の除去効率が悪いので、後の第5章で述べるように、物理化学的反応を用いて

凝集操作を加えて不純物を集塊させ、沈降分離が容易になるように粒子の寸法を大きくする調整（成長）操作を施します。あるいは、遠心分離器やサイクロンのような高速回転場で遠心力を働かせ、通常の重力場よりもはるかに大きな力を利用して分離します。遠心分離器では高速回転によって、地上の数千倍の重力加速度をかけて、沈降速度を高めることができます。さらに、細胞などのμmといった小寸法で密度が1 g/cm³に近い粒子のような場合には、極めて沈降性が悪いために、重力加速度Gの数万倍の大きな遠心力場を作ることができる超遠心分離器が用いられます（**表3.1**）。また、密度差の小さな粒子に気泡を付着させて粒子と気泡を一体化させ、水との密度差を大きくして浮上させて除去する溶解空気浮上法があります。さらに、磁気粉末と粒子とを凝集させた集塊を磁場に流入させて磁気分離をし、その後で磁気粉末を回収再利用するといった分離場に磁力を使うことも実用化しています。

表3.1 沈降速度の例

重力加速度と沈降速度	寸法 μm	密度 g/cm³	重力加速度：G		
			地表 1 G	遠心分離 1,000 G	超遠心分離 20,000 G
			沈降速度 cm/min		
粘土粒子	5	2.5	0.12	120	—
生体細胞	10	1.08	0.026	26	520

ストークスの式による　水温：20℃

(2) 水中の不純物寸法

自然水中に存在している一般的な不純物を寸法によって並べると、シルトや藻類の10〜100μm、粘土や細菌の1μm、ウイルスの0.2μm、フミン質（色度成分）0.001μm等となっており、微量有機汚染物質といわれる農薬などは、0.0001μmぐらいの寸法のものが多く存在します。**図3.5**は、その寸法差10^6倍の広い幅にまで除去対象成分が分布していることを模式的に描いたものです。

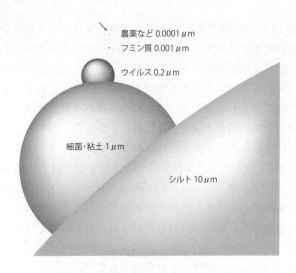

図3.5　水中不純物の相対的寸法の比較

　水中の様々な不純物は、各々がある粒度分布を持って水中に存在していますが、その分布領域の大略を表に示すと、**図3.6**の①段目のようになります。

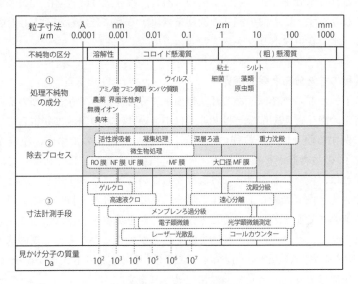

図3.6　不純物の寸法と処理プロセス

各々の不純物寸法に対応して用い得る有効な除去プロセスを第②段に示します。また、その不純物寸法を計測する手段にどのようなものがあるかを第③段に記します。詳細については、後で説明することにします。粒子寸法が0.00Xμm位までの寸法であれば、粒子径でその大きさを表現するのが一般で、これまで様々な粒径計測の手段が工夫されてきました。近年はこれらの基本的な計測手段に、コンピュータによる計測や記録手法が開発工夫され、自動化かつ高速化が進み、粒子群の粒径分布を短時間に高精度で計測できるようになりました。

　10^{-8}m（0.01μm）位よりも小さな粒子になると粒子径ではなく、液体クロマトグラフィーやゲルクロマトグラフィー（Exclusion chromatography）などによって見かけ分子量分布を計測し、分子の質量でその物体の大きさを表わすことが広く行われています。したがって、実際の粒径との対応は、概略の見かけのものになってきます。この場合、クロマトグラフィーですから、その検出器を種々選ぶ（TOC連続測定、紫外部/可視部/赤外部吸収や放射線吸収など）ことによって、不純物（被除去物質）の大きさ（質量）の分布と合わせて、物質の化学的/物理化学的特性の分布まで計測することができます。分子量が小さくなって水分子と不純物粒子の寸法差が小さくなってくると、分離を進行させるには、物理化学的/化学的な性質の差が、寸法の性質差よりも優先して大きな意味を持ち始めます。最終的に溶解性物質に分類される水分子寸法に近い不純物（溶質）の分離は、化学的性質差を利用することになります。この間の相互の関連を表現する為に丹保らが工夫したのが、後に述べる「水質変換マトリックス」の考え方です。

(3) 不純物の寸法分布と除去限界

　水中の不純物群の粒径は、ある寸法幅の中に分布を持って存在しているのが普通です。特定の微生物や細菌などは、非常に小さい寸法幅の領域に分布していて、その成分に関する限りは単一粒径の集団として扱って良いのですが、粒径が異なる様々な粒子/微生物群が存在する中で、その寸法を性質差として利用して除去を考えるとすれば、粒径分布を考えなければならないことになります。そのような粒子群をある分離手段で除去しようとする場合、ある寸法分布を持った除去対象成分の何処から何処までをどの程度除くことができるかを算出しなければなりません。どこからどこまで、どれだけの不純物を除くことができるかを考える際の基本となる数値が「除去限界」(Cutoff level)です。これは「その値よりも大きな粒子は、100％除かれる限界除去寸法」として一般に定義されます。

　自然系の粒径分布を表す関数として、正規分布と対数正規分布の二つがよく用い

られます。粒子寸法と一口に言っても、分布を持った粒子群の寸法表現は、計測法や使用目的によって様々です。計測を1方向の径（定方向径）dによって行ったとしても、表面積が問題になる反応系ではdを2乗した2次の表面積径nd^2、質量等を問題にする場合には3乗した3次の体積径nd^3の各々の個数nの分布から、平均値や標準偏差などの数値を求めることが必要になります。図3.7は石英砂の粒径分布を、1次、2次、3次径の分布として示した一例です。

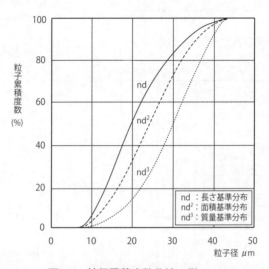

図3.7　粒径累積度数曲線の例

　粒径分布が平均値を挟んで左右対称となる正規分布（ガウス分布）で的確に表現できる場合は少なく、小径側に粒子の多くが存在するなど、しばしば分布に歪みが出てきます。時として指数関数やポアソン分布で表現されます（図3.8）。多様な粒径分布を数学的な分布関数などでの表現を用いて明確に示すのは困難のようですが、自然現象の多くは正規分布を基に、正規分布からの歪み（Skew）の補正を加えることによって表現することが可能な場合が多いようです。対数正規分布はその代表例でしょう。図3.9は、石英の粉末粒子の1方向粒径の分布を対数正規プロットした例で、直線で分布が良く表現されている例です。1方向径とは、図3.10に示すように、粒子の方向や凹凸に関係なく、粒子の投影面を同じ方向に計測した径のことで、統計径の一種です。粉砕した粒子の分布を良く表すRosin-Rammler分布式がよく知られています。式3.1に示す形の実用指数式で、粒径dより大きな粒子の存在割合（％）を示します。

第3章　水処理のプロセスとシステム　81

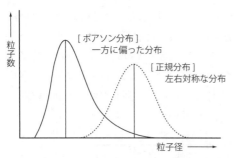

図3.8 正規分布とポアゾン分布

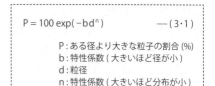

$$P = 100 \exp(-bd^n) \quad —(3\cdot1)$$

P：ある径より大きな粒子の割合(%)
b：特性係数（大きいほど径が小）
d：粒径
n：特性係数（大きいほど分布が小）

式3.1 ロジン・ラムラー
　　　（Rosin-Rammler）分布

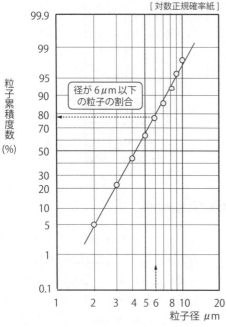

図3.9 対数正規分布の例

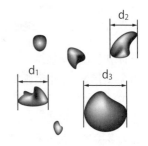

図3.10 1方向径（定方向径）

　分布の形を表すのに，確率分布、対数確率分布または様々な特定の表現を工夫するのは何故なのでしょうか。われわれは，座標上の2点を直線で結ぶようなプロットなら、正確にその状態を認知できます。同じように、一点と一つの角度で規定される直線についても同じように正確に状態を認知できます。これはある現象が直線的に関連付けられる「線形的である」ということです。そのため様々な関数を作っ

て，プロットが理解しやすい直線になるように工夫します。これを線形化すると言います。線形化したデーターは単純に足し合わせることができて、感覚的に違和感がありません。人間は非線形の現象を直感で瞬時に正確に評価できないことによるのでしょうか。対数を取るなどということの初歩的な理解です。

　ある寸法分布を持って存在している不純物を除こうとするとき，ある分離手段を選択して、分布のどこまで除去するかを考えなければなりません。除去限界寸法（Cutoff level）の設定です。膜分離など処理手段によっては、除去限界をシャープに設定でき、かつ設定する限界以上の寸法の不純物の除去を確実に期待できるプロセスがあります。このような膜プロセスに精密ろ過（MF膜）法などがあり、その除去特性は分子の質量で表現され、分画分子3,000 Da 以上の粒子のほとんどを完全に除去できるといった性能を持っています（図3.11）。

　その一方で、分離寸法に分布幅を持っていて、ほとんど完全に除去できる除去限界寸法以上の成分と一定の割合で除去率が期待できる除去限界寸法以下の成分とが加算されて評価される沈殿分離のような操作があります。後の第4章で述べる沈殿池の表面負荷率（Over flow rate：W_0 cm/min）は、「その池で100％除去できる最少沈降粒子速度」として定義される除去限界寸法の粒子で、処理流量 Q cm^3/min を沈殿池の表面積 A cm^2 で割って得られる沈降速度の値 W_0 =（Q/A）cm/min として算出できます。しかしながら、沈降速度 W が W_0 よりも小さな粒子も除去率 r=W/W_0 だけ除去されて、粒径分布の相当の部分が除去対象になります。このような場合、操作変数として不純物の粒径（沈降速度）分布と沈殿池の表面負荷率設定の両者が相互に大きなウエイトを持って関連します（図3.12）。粒子の沈降速度を上げて除去効率を高めるために、分布をより大きな寸法側へ変えようとして導入されるプロセスが第5章で詳述する凝集とフロック形成です。

　シャープな除去限界を持つ深層ろ過や表面ろ過、膜ろ過のような分離プロセスは、前処理を経て希薄となった成分のより精密な分離処理に採用されることが多く、分離成分の質量当たりの処理エネルギー消費は一般に高めになります。それに対して、沈殿や粗ろ過などの前処理は、分離限界のシャープさよりは原水成分の総体の量的除去（濃度低下）を主眼として、システムの前段に置かれており、これには低エネルギー消費率で低濃度化を達成するといった隠された目標が存在しています。

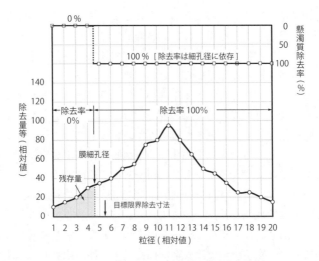

図3.11　膜による除去指標の相対的関係

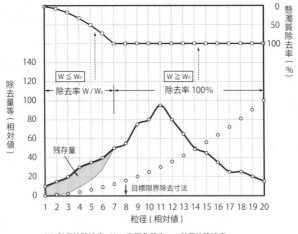

W：粒子沈降速度　　W_0：表面負荷率　　○：粒子沈降速度

図3.12　沈殿池における除去指標の相対的関係

(4) 物理化学的機序によるコロイドの不安定化処理/分離

　純粋に物理的と考えられる分離機序に次いで，物理化学的/電気化学的な粒子の離合集散も水処理プロセスの理解のためには重要です。コロイド寸法でナノ粒子に至る微小粒子が，懸濁系で存在している場合に大きな意味を持ってきます。

コロイド粒子の安定を支配する最大の条件は、粒子表面付近に分布する水中のイオンが、図3.13のように電気2重層（Electric double layer）を形成して存在していることです。粒子の安定とは、粒子がお互いに合体することなく反発し合い、各々単独で水中に分散して存在する状態のことです。2つのコロイド粒子が接近すると、それぞれの粒子表面の電気2重層の電気的条件によって、粒子が反発しあって安定に分散状態を維持するか、電気的反発力が小さく不安定になって粒子が相互に引き合って合体し、寸法を成長（集塊、凝集）させて自ら水と分離していくようになるかが決まります。この粒子表面の電気的性質による粒子の挙動は、現代の水処理システムの中で最も広く用いられている化学的あるいは生物化学的凝集操作の基本的な分離調整機構です。Derjaguin-Landau と Verwey-Overbeek がそれぞれ1940年代に独立に論じた成果に基づき、今日一般に DLVO 理論と言われる機序によってその機構が説明されています。個々の水処理プロセスの凝集操作については、後の5章など関連の節で詳述することにして、ここではコロイド粒子の安定と不安定を考える際の基本となる界面電気化学的現象について考えてみることにしましょう。

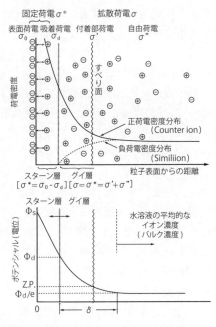

図3.13　グイ・スターン電気2重層モデル

水中の固体表面に電荷を帯びた粒子（帯電粒子）を置くと、系全体を電気的中性の状態にしようとする自然原理が働き、帯電粒子の個体表面電荷を中和するように水中の反対荷電（対）イオン（Counter ion）が集まってきて、電気２重層を構成すると考えます。コンデンサーのように表面電荷と対イオンが２列に並ぶモデルをヘルムホルツ（Helmholtz）が考えて、電気２重層という名前がつきました。しかしながら、水中のイオンは常に熱運動をして拡散しようとしますので，反対荷電（対）イオンは固体表面電荷に引かれて、粒子表面付近では高濃度で存在しますが、熱運動によって拡散し、固体表面から離れるにしたがって水溶液の平均的なイオン濃度にまで希薄になります。したがって、ヘルムホルツの２重層のように固定的ではなく、反対荷電（対）イオンは拡散して、動的平衡を保って分布する拡散２重層ができると考えます。この場合、粒子の表面電荷と同じ符号を持つ同荷電イオン（Similion）は、粒子表面から十分遠いところでは、反対荷電イオンと等量で電気的中性が保たれていますが,粒子表面では反発されて電荷ゼロとなる形で反対(対)荷電イオンと逆向きの拡散分布をします。反対荷電（対）イオンの粒子近傍濃度は、粒子の表面電荷の大きさに応じて変化し、溶液の平均値（バルク濃度）よりもはるかに大きな値となりますが、同荷電イオンは溶液の平均値（バルクの濃度）から固体界面の０までしか変化できません。したがって、コロイド粒子の不安定化に主たる役割を果たすのは反対荷電（対）イオンということになります。このような形の２重層を Gouy-Chapman の拡散２重層モデルと称します。しかしながら、ヘルムホルツモデルのように、粒子表面に特異的に配列する対イオンの存在を無視すると現象を十分に表現できないことが判ってきて、粒子表面の特異（選択的）吸着層（Stern layer）を考慮することが必要になります。特に、高荷電あるいは高分子の反対荷電(対)イオンが存在するときにこのモデルが有用です。これをグイ・スターン（Gouy-Stern）電気２重層モデルといいます。図3.13はマイナスに荷電したコロイド粒子のグイ・スターン電気２重層モデルの概念図です。

　図3.13の下段の図は、電気２重層の表面電位分布を示すもので、粒子の表面電位 Φ_s、グイ・スターン層境界電位 Φ_d、ゼータ電位 Z.P.（ζ）と拡散境界層の厚さ δ の４つの特性値で一般に表現されます。拡散境界層の厚さ δ は、グイ層の電位が境界層電位の Φ_d/e になるまでの境界層からの距離を示します。これらの内で実測が容易な指標は，粒子に付着して動く水と静止（バルク）水の間に生ずるすべり面上に生ずるゼータ電位であり、電気２重層の性質を表す代表電位として広く使われており，市販の自動計測計をはじめ、目的に応じた様々な計測手段が提案されています。

　電気２重層中の電位分布は、水中のイオン濃度が増すにしたがって、図3.14の様

に変化します。イオン濃度の増大につれて、拡散層の電位と厚さが減じ、それとともに動的平衡状態にあるスターン層の電位も低下します。図の（0）から(1)のようにイオン濃度を高めていくと、スターン層電位は極限では0に近づき、ゼータ電位 ζ も0に近づきます。ゼータ電位0の状態を等電点（Isoelectric point）といい、コロイド粒子間に電気的な反発力が働かなくなり、粒子間引力（ファン・デル・ワールスの力）などで容易に集塊するようになります。この場合、先に述べたように、対イオンの果たす役割が圧倒的で、同荷電イオンの作用はしばしば無視される程度の大きさにとどまります。ポテンシャル低下に及ぼす反対荷電イオンの効果は、多価イオンほど強く（Shultze-Hardyの原子価法則：後述）、さらに高分子イオンであれば(2)のように、スターン層のポテンシャルが逆転する Φ_{d2} のところまで対イオンのスターン層への特異吸着が進みます。一般的な単純イオンでは、このような荷電逆転は起こらないのが普通で、イオン濃度を増してもゼータ電位は等電点までしか変化しません。

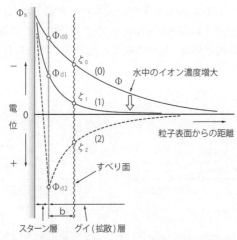

図3.14 界面電位分布のイオン強度増加による変化

水溶液中の粒子はそれぞれ上述のような電気2重層に囲まれており、溶液全体としては電気的中性状態にありますが、粒子と粒子が近づくと電気2重層が重なり合って、粒子相互に反発力が働くようになります。相互に働く力を考える場合には図3.15に示すように、

①粒子相互間に働く電気的反発ポテンシャルと

② 粒子間に働くロンドン・ファン・デル・ワールス（London-van der Waals）力に基づく吸引ポテンシャルの
③ 合成ポテンシャルのエネルギー障壁（Emax）を越えて、

　粒子の持つ運動エネルギーによって、大きな負の値を示す吸引ポテンシャルの付着集塊領域にまで、粒子が到達できるか否かが検討の対象になります。つまり、粒子同士の集塊の可否は、コロイド寸法の粒子であれば、合成ポテンシャルエネルギー③の丘の高さ（E_{max}）を粒子の相互接近を駆動する運動エネルギーの大きさ以下にまで、低くすることができるかどうかにかかっています。

　コロイド寸法の粒子であれば、ブラウン運動のエネルギーが衝突合一の駆動エネルギーとなり、$E_K=3KT/2$（ここで、K：ボルツマン定数、T：絶対温度）の運動エネルギー以下にまで、合成ポテンシャルエネルギーの障壁丘の高さ（E_{max}）を低くすることができるどうかにかかっています。これが「除去（凝集）限界条件」ということになります（図3.16）。

　個別の操作については後に論じますが、多くの実験結果から、実務的にはゼータ電位を絶対値で10mV以下に持ち込めば、この条件が満たされるように思います。用水処理や廃水処理、汚泥処理、自然の凝集反応に広く認められる「限界操作条件」です。

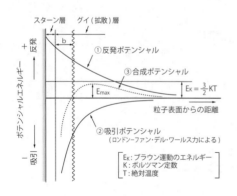

図3.15　粒子表面の相互作用のエネルギー

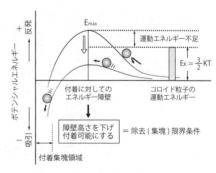

図3.16　粒子付着とエネルギー障壁

(5) 粒内拡散型界面処理の適用上限寸法

　活性炭吸着やイオン交換などの固液相間移動による水中不純物除去は、固相の吸着剤の内部に網目状に存在している細孔の内表面での物理化学反応あるいは化学反応によって、水中不純物の除去が行われます。コロイド寸法の下限から溶解性領域までに被除去物質（吸着物質）の寸法分布が広がります。液体クロマトグラフィーなどによって計測され、不純物寸法を分子量で一般に表現する領域です。このような寸法の不純物の除去限界や除去率は、不純物の化学的性質に影響されます。水分子よりも活性炭などの吸着剤との親和性が高い場合には、その固体界面に吸着されることになります。後の章でプロセスの詳細を述べますが、吸着処理やイオン交換処理が進行するのは、活性炭やイオン交換剤内部の細孔表面ですから、不純物質（吸着物質）がまず細孔内に拡散しながら侵入し、吸着点やイオン交換点にまで到達できなければなりません。

　図3.17に活性炭の細孔構造の模式図を示します。活性炭の内部にはμmオーダーのマクロ孔が立体的に縦横に走り、マクロ孔壁には、さらに10^{-2}～10^{-4} μmほどの細孔（ミクロ孔）が網の目状に配列しています。ミクロ孔の内表面積は活性炭1gあたり700から1,400 m^2にも及び、細孔内表面積のほとんどを占めていますが、分子の質量が1,000 Daオーダー以上のような高分子成分は、細孔内に拡散進入できないため有効な吸着処理ができません。したがって、「粒内拡散型界面処理」を考える際の第一の限界条件は、有効な細孔内拡散ができない限界粒子径（拡散進入不能限界径）以上の不純物粒子をこの処理対象にしないということになります。この処理対象からはずされた粗粒径の不純物粒子群は、凝集沈殿ろ過のような前処理が必要になります。

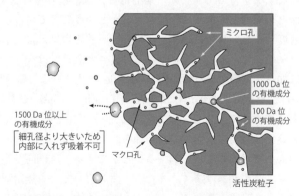

図3.17　活性炭細孔の構造と吸着減少の模式図

活性炭吸着は物理化学的界面反応ですから、被吸着質が細孔内を拡散移動した上で、吸着剤粒子の界面（ほとんどは細孔内表面）に吸着固定されなければなりません。このような吸着反応が、どの程度まで進行するか（吸着平衡）を定量的に表現する静的な方法として、吸着等温線（Adsorption isotherm）による評価方法があります（後章で詳述します）。液系の被除去成分濃度がC mg/lの時に、活性炭に吸着する成分量 q mg/g（活性炭）がどのようになるかの関係を定式化して、吸着しやすさを定量的に表現します。様々な関係式が理論的あるいは実験的に作られてきました。この関係は、温度条件によって変わりますので、一定の温度下でのC–q関係を示すもので、吸着等温線（式）と称されます。一例として、次のような、広く使われるフロイントリッヒ（Freundlich）型の実験式（**式3.2**）があります。

$$q = aC^{1/n}$$

または

$$\log q = \log a + \frac{1}{n} \log C \quad —(3\cdot2)$$

 q：活性炭1gあたり吸着成分量 (mg/g)
 C：水中の吸着成分濃度 (mg/l)
 a, n：実験定数

式3.2 フロイントリッヒの吸着等温式

ここまで除去成分の寸法が小さくなってくると、活性炭界面（内表面）への吸着量（Extent of adsorption）の大小（q–C関係）について、物質の化学構造に伴う化学的性質が大きな意味を持ってきます。端的にいえば、吸着物質（Adsorbate）が水と活性炭表面との間でどのように分配されるかということです。水と吸着物質の親和性（水溶解度）が高い物質は吸着され難く、吸着処理は効果が小さいということになります。一般的に、溶液（水）への溶け易さと吸着量は、逆比例関係にあることが定性的に知られています（Lundelius's rule）。また、より疎水性の強い物質の方が、吸着が容易であることが知られており（Traube's rule）、これは Lundelius's rule の1例と考えてもよいでしょう。細孔内拡散が可能ならば、有機物の分子量が高いほど、高い平衡吸着量を示すことが知られています。

不純物寸法の大小で平衡吸着量を論ずることができるのは、同じ系列の化合物であることに留意する必要があります。また、イオン化している無定形物質では、等電点において最も良く吸着が進むことが知られています。また、極性の強い物質(Polar solute）は、極性の強い物質と引き合いますが、OH基、COOH基、NO_3基、NO_2基、CN基、NH基などを持つ化合物は水分子と引き合い（水に溶け易い）、活性炭が多少の極性を持っていても、強い吸着性を発揮できないようです。特に、砂糖やOH基を多く持っている極性の強い化合物は、殆ど吸着しません。このように、活性炭吸着は物理化学的性質に強く支配されます。物理化学的反応支配といっても良いでしょう。図3.18

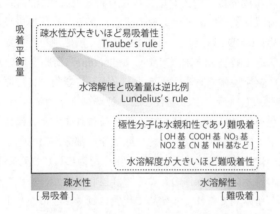

図3.18　吸着物質の性質と活性炭吸着の関係

(6) イオン交換

　同じ細孔ネットワークを持つ粒内拡散型界面処理でも、合成樹脂や天然のゼオライト粒子などのイオン交換体の吸着平衡の大小を支配するのは、化学反応そのものになります。

　交換体は、交換体の官能基の持つ静電的な力によって、陽イオンを交換吸着できる陽イオン交換体（Cation exchanger）と陰イオンを交換吸着できる陰イオン交換体（Anion exchanger）に分かれます。交換体の交換可能なイオン基の種類が、交換吸着可能な被吸着物質の種類を決め、交換体の単位体積に含まれるイオン基の総数が吸着平衡量を決めます。酸性基を持つ陽イオン交換樹脂とアミン系などの官能基を持つアルカリ性の陰イオン交換樹脂などが代表的なものです。

　除去性を支配する基本は化学的性質であり、交換体表面のイオン固定層の官能基（イオン交換基）と液側（バルク）にある被除去物質のイオン群が拡散2重層を構成し、前項で述べたと同じように、反対荷電イオンが高濃度で固定層の前面に分布し、結果としてイオン交換吸着が進んで水から除かれます。先の電気2重層の所で

も述べた様に、交換されるイオンは、電荷の大きなものほどよく交換吸着されやすいことが知られています。また、希薄系においては、水和を含めたイオン半径の小さなものほど吸着され易いという物理的性質も若干影響するようです。温度による交換吸着量の変化は、通常の温度範囲では無視できる程度であり、活性炭吸着のように等温線で評価するようなことはされていません。

　吸着は細孔内拡散現象ですから、被除去イオンの粒子径が大きくて細孔に入れない限界粒子径以上の成分は、除去対象にはなり得ません（図3.19）。分子量の大きなフミン質（負荷電粒子）を陰イオン交換樹脂、あるいは活性炭吸着で除こうとすれば、あらかじめ1,000Da以上の成分を凝集で除く前処理を行ったり、イオン交換樹脂の細孔径を大きく作ったMR（Macro molecular）樹脂を用いたりします。また、天然の陽イオン交換体であるゼオライト（沸石）を用いて、原子炉廃汚染水のセシウム^{137}Csを除去しようとする場合など、純粋のセシウムイオンのみであれば、問題なくイオン交換反応で容量一杯まで交換吸着されますが、錯体などを構成している大きな分子量の成分があれば、単純に除けない部分が出てきます。大きな分子量の錯体や微粒子に吸着しているCsなどを除くためには、あらかじめ前処理操作が必要です。後のイオン交換操作のところで詳述しますが、イオン交換もプロセスからシステムへと組み立てられて、始めて現実に働くことになります。

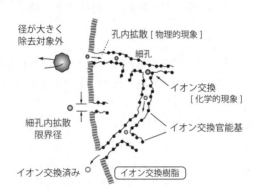

図3.19　イオン交換の概念

3.3　化学的性質差による分離機序

　被除去成分の寸法が、水分子の大きさ3Åに近づいてくると、水から不純物を分離する際に、水と被除去物質の差異を考える際の主点は化学的性質差ということになります。前節で述べた吸着処理でも、活性炭吸着の物理化学的機序がイオン交換吸着になると、処理平衡は化学的当量関係を中心にプロセスが評価されました。ここでは、溶液内の真の溶質分子と水分子との化学的性質差を主体に、目的に応じた化学反応を進行させてその差異を際立たせ、いかに的確に効率よく溶質を分離するかの検討の基礎となる観点について説明します。化学反応は物理学的、あるいは物理化学的反応と違って、どちらかと言えば個別独立的に事柄が進みます。あるグループとして共通した機序で反応が説明できますが、ほとんどの場合、反応が進行する条件は、個々の化合物についてそれぞれの特徴があります。化学と物理学という学問の扱い方の特徴的な違いです。

(1)　平衡とル・シャトリエの原理

　化学反応はほとんどの場合、可逆性を持って反応が進行し、環境条件に応じて平衡状態が決まってきます。水処理の場合、水環境の状態を評価する指標の酸化還元電位やpH等の他に、様々な環境因子が反応の機序と平衡状態を決める働きをします。とりわけ、処理後の水質などの最終平衡状態を決めている主要素は、反応にあずかる物質A、B、C、Dの濃度関係です。例えば、$aA+bB+\cdots \rightleftharpoons cC+dD+\cdots\cdots$のような形で、AとBなどが反応してCとDなどといった生成物ができるとします。ここで、a、b、c、dはそれぞれ反応に関与している物質A、B、C、Dの物質の濃度（モル数）です。このような場合、成分A、B、……の濃度のいずれが増加しても平衡は右方向に進んで成立し、C、D、……の濃度のいずれかが増加すれば平衡は左に進みます。反応物質の濃度変化に対応して、平衡点が移動する現象をル・シャトリエ（Le Chatelier）の原理といいます。このような、可逆反応の平衡状態は、質量作用の法則（Low of mass action）として**式3.3**で定義されます。

$$\frac{[C]^c[D]^d\cdots}{[A]^a[B]^b\cdots} = K \qquad —(3\cdot 3)$$

[A],[C] 等：反応物質，生成物質の濃度
希薄系では mol/l で表現
a,c 等：物質のモル数
K：平衡定数

式3.3　ル．シャトリエの原理に基づく可逆反応の平衡状態式

　一般に、濃度補正のための活量係数γをモル濃度に掛けて補正した活量（Activity）を用いて計算します。平衡定数 K の大小で化学反応の平衡点が諸成分の濃度（活量）に応じて決まります。水処理では、前処理などで生成した反応物の存在状態が、分離や調整の対象となります。

　水処理で固体や気体を水から分離する場合に、中心的な機序を示すのが、成分の水溶解度であることを先に述べました。基本的には質量作用の法則にのっとって、反応物質（固体）と溶解しているイオン間の平衡定数、すなわち溶解度積（Solubility product）を定義し、諸成分の水溶解量と水からの析出量を計算します。硬度処理/重金属除去/除鉄/除マンガン/リン除去/凝集などの操作の基本に関わる化学反応です。個々の操作については、酸化還元電位（ORP）に関わる現象も pH に関わる現象も、基本的には質量作用の法則による表現形と考えることができます。

⑵　熱力学的系と熱力学の基本 3 法則

　様々な動力機械の作動や化学反応の機序を記述する際に基本となるのは、熱力学（Thermodynamics）です。ここでの論考は水処理の技術を中心に展開していきますが、化学反応という水質変化/変換の基礎の部分を論ずるにあたって、近代科学の基礎をなしている熱力学について少し触れておきます。動力機械の諸動作から始まって、化学反応の進行や地球のエネルギー収支まで熱力学を通じてものを考えなければならないことが、環境技術や工学の面でも多々存在します。水処理もその一つであり、周辺の基礎科学に少し目を配って、理解の幅と深さを広げてみます。

　熱力学は、諸操作の平衡条件がどのような物理学的な機序で決まってくるかを論ずる学問で、古典的には"平衡系の熱力学"として成立しました。蒸気機関が発明され動力として世に現れてきた18世紀末、経験的に作られたエンジンの作動の燃焼効率を考えることが科学的に始まりました。カルノーの仮想熱機関（カルノーサイクル）の研究などを始めとして、熱とエネルギーの収支を総合して考える研究が進

み、クラジウスによる熱力学第1法則と第2法則の定義によって、エントロピー概念という機械熱力学を超えた科学の基本としての熱力学が、1850年代には成立することになります。さらにこの考え方は、ヘルムホルツによる自由エネルギーの概念とギブスの化学ポテンシャルの定義にまで進み、化学反応の平衡を含む広い領域の現象を記述する学問へと発展していきます。さらに、ボルツマンやマクスウェルが展開した統計力学の成果も組み込んで、機械熱力学から化学熱力学への展開が計られ、熱力学は近代自然科学の最重要な学問になります。ニュートンの慣性の法則（力学）とマクスウェルの電磁気学の法則と並ぶ古典的科学の最重要法則になりました。

熱力学は、現象を考える場として、図3.20に示す様に、孤立系（Isorate system）と閉鎖系（Closed system）、開放系（Open system）の三つの状態を想定します。孤立系は外界から完全に独立した系で、エネルギーも物質もその系内に止まって、総合的収支に変化がありません。一般的に言えば仮想系であって、実際の近傍の環境には対応する系はありません。強いていえば、宇宙全体が一つの系を成していると考えると、これを孤立系ということもできるでしょう。想定はされてもリアリティのない系です。閉鎖系は、系の境界を通じて熱/エネルギーの出入りはありますが、物質は境界内に止まって内部循環によって質変化をする系です。開放系は、エネルギーと物質とが相互に関連し合いながら共に境界を越えて出入りし、他の系とも関係してくる系です。

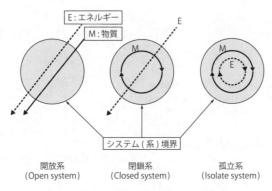

図3.20　環境（熱力学的）の3つの系

熱力学の第1法則は、閉空間においては外部と物質、熱、エネルギーの出し入れがない限り、熱とエネルギーの総量に変化はないというネルギー保存則であり、第2法則は、エントロピーの法則で、エネルギーの質を説明する法則です。様々な定

義式と表現が成される熱力学の最も広く応用される基本法則です。第3法則は、絶対温度 T = 0（K：ケルビン）でエントロピーが零となり、絶対温度 T = 0 K（零ケルビン）よりも低い温度はなく、温度の絶対基準が0Kであるとするエネルギーレベルの基準を定める法則です。**図3.21**

```
第1法則  エネルギー保存の法則
        [ 閉空間ではエネルギー総量は一定に保存される ]

第2法則  エントロピーの法則
        [ エネルギーの質を説明する法則 ]
        [ 熱は高いほうから低い方向へ流れる ]
            （エントロピーが増大する）

第3法則  エネルギーレベルの基準を定める法則
        [ 絶対零度 (0K：零ケルビン) でエントロピーは零 ]
        [ 絶対零度よりも低い温度はない ] (0K=-273.15℃)
```

図3.21　熱力学の3つの系

(3)　エネルギーとエンタルピー

　熱力学の第1法則によれば、「エネルギーは創られたり消滅したりすることはなく」、システム境界を出入する熱、あるいは仕事は、系内の全エネルギー量に見合った変化をもたらすことになります。したがって、第1法則を表す関係式は、**式3.4**で表現されます。

```
dE = dq + dw                    ―(3・4)
    dE：内部エネルギー (Internal energy) の変化量
    dq：システムが環境から取り込む熱量の変化量
    dw：環境がシステムに与える仕事の変化量
```

式3.4　熱力学第1法則の定義式

```
H = E + PV                      ―(3・5)
    H：エンタルピー
    E：内部エネルギー
    P：系の圧力
        （水処理の場合、大気圧で一定）
    V：系の体積
```

式3.5　エンタルピーの定義式

　反応前後の体積変化を無視できる場合には、$dw \fallingdotseq 0$ が仮定でき、体積一定のもとで吸収された熱量は $dE \fallingdotseq dq$ となり、内部エネルギーの変化量に等しいことになります。熱が系に入ってくる場合には、qは正の値をとり（吸熱反応：Endothermic reaction）、逆に出ていく場合には負の値をとります（発熱反応：Exothermic reaction）。

水処理操作の多くは大気圧下で行われることが多く、一定圧力のもとで反応が進行するとするのが一般的で、このような環境での熱力学的な状態はエンタルピー（Enthalpy）式3.5で定義されます。

　ある状態1と2を考えた場合、定圧下で吸収される熱量（エンタルピーの変化）は、状態1と2の間で式3.6の関係が成立します。これを一般化すると、温度と圧力Pが一定の条件下では、エンタルピーの変化量 $\Delta H = q_p$ となります。エンタルピーの変化は、定圧の下でやりとりされる熱量ということになります。ΔH が正の場合は吸熱反応、負の場合には発熱反応となります。

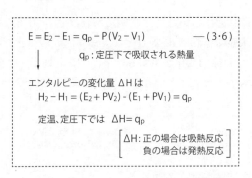

式3.6　状態1と2のエンタルピー変化

　系のエンタルピーを計測することは難しく、反応の平衡状態を考える場合には、エンタルピーの変化量 ΔH、あるいは反応で増減する熱量 q を計測するか、既知の化学物質の標準エンタルピーのデータベースから、進行する化学反応の反応物と生成物の各存在状態下での標準エンタルピーの総和の差を求めて算出します。標準圧力1気圧の下で安定な単体から様々な化合物（例えば、H_2O や $CaCO_3$ など）を生成するのに必要な標準エンタルピー cal/mol（J/mol）は、理科年表などに記述されています。次項で述べるギブス自由エネルギーやエントロピーの標準状態の数値も同様にデータベースとして記述されています。

(4) エントロピーと自由エネルギー

　熱力学の第2法則は、システムの状態を表すエントロピー $S = q/T$（単位、J/K または cal/K）を定義することによって説明できます。つまり、絶対温度 T のシステムが熱量 q を受けたとき、システムのエントロピーは q/T だけ増すことを意味します。仕事は平衡状態でない系においてのみ行われ、平衡状態になれば何事も起

こりません。そこで、平衡の状態を知り、現在の状態からの隔たりを知れば、系がどの方向に変化していくかを知ることができます。

システムの全エントロピーの変化量 dS は、システム内部のエントロピーの変化量 d_iS とシステムと環境の間のエントロピーの流量 d_eS の和、
$dS=d_iS+d_eS$
となります。環境から流入エネルギーを q とすると、流入（増加）するエントロピーは
$d_eS=dq/T$
となります。

システム内が平衡状態あるいは可逆状態にあれば $d_iS=0$ となりますが、自然状態あるいは不可逆状態にあれば $d_iS>0$ となります。このことを別な表現で記述すれば、「ある独立系で自発的変化が生ずるとき、エントロピーは常に増大する」（クラウジウス Clausius の不等式）ということになります（**式3.7**）。

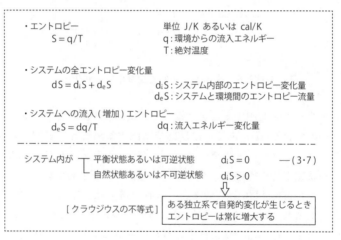

式3.7　クラウジウスの不等式

現象を挙げて第2法則を例示すると、
①外から仕事を加えず、熱を低温の物体から高温の物体に移動させることはできない（熱は温度の高い方から低い方に流れる）。

つまり、低温の水に含まれる大量の熱量（高エントロピー水）を少量の水に自然に移行させ、高温の水（低エントロピー水）を作ることはできないということにな

ります（クラウジウスの原理）。低温の熱を集めて高温の熱を得るには、ヒートポンプ等のように外部から仕事を加えることによって、初めて大量の低温の熱を高温の物体に移すことが可能になります。

②外部からエネルギーを供給せずに、永久に運動を続ける永久機関を作ることはできない。

つまり、仕事によって発生した熱をシステム内部で回収して、それを熱源として次々と仕事を続けることはできない（第2種の永久機関の不可能）等があげられます（図3.22）。

熱量、機械的仕事などのエネルギーEや質量Mのようなものは保存則にしたがいますが、エントロピーSは保存されず、放置すると増加して極大に向かいます。系が平衡に向かうとき、ポテンシャルエネルギーは最小値をとり、エントロピーは極大に向かうことになります。

①[クラウジウスの原理]
　外部から仕事を加えずに
　熱を低温の物体から高温の物体に
　移動することはできない

②[第2種永久機関不可能]
　外部からエネルギーを加えずに
　永久に仕事を続けることはできない

図3.22　熱力学第2法則

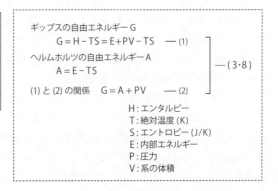

式3.8　自由エネルギーの式

環境工学システムのような一般の反応系では、反応がどのように自発的に進むかを考えるに際して、自由エネルギー（Free energy）の概念を使います。平衡点でポテンシャルエネルギーは最少になり、エントロピーが最大に向かうという状態変化を説明できる関数として、次に述べるような自由エネルギーの導入が検討されます。エネルギーとエントロピーの双方を加えた示量性指標として、等温等圧過程下ではギッブスの自由エネルギー（Gibbs free energy）

$$G = H - TS = E + PV - TS$$

を定義して、反応の自発的進行の判定を進めます。ここで、Hはエンタルピー（T：絶対温度K）、Sはエントロピー（J/K）です。いま一つ、等温等積過程を評価す

る示量性指標ヘルムホルツの自由エネルギー（Helmholtz free energy）
$A=E-TS$
を定義すると、ギブスの自由エネルギーとヘルムホルツの自由エネルギーの関係は
$G=A+PV$
と書かれます。環境系では反応の進行の場が P と T を変数として行われるのが普通であり、等温等圧過程を評価するギブスの自由エネルギーが多くの場合に用いられます。**式3.8**

　等温・等圧下（T と P 一定）で、考える反応の自由エネルギーの変化は
$\Delta G = \Delta H - T\Delta S$
となります。
　ここで、$\Delta H = q-w+P\Delta V$ であり、ゆっくりとした系変化を仮定すると、環境からのエネルギー供与はロスがほとんどないと考えた際の最大仕事量 w_{max} にほぼ等しくなると想定できるので、$\Delta G = -w_{max}+P\Delta V$ となります。
　圧力に抗して起こる体積変化により無駄となる $P\Delta V$ 部分を環境から獲得した仕事 w_{max} から差し引いた有効仕事量 $W_{effective}$ によって ΔG が決まり、$\Delta G = W_{effective}$ の値が負の場合はプロセスが進行し、零であれば系は平衡状態にあり、正であれば逆方向にプロセスは進行することになります（**式3.9**）。自由エネルギーを評価するには、変化の基準となる標準状態25℃（298.15K）、1気圧における標準生成エンタルピー ΔH^0（kJmol^{-1}、cal/mol）、標準エントロピー S^0（Jmol^{-1}K^{-1}）、標準生成自由エネルギー ΔG^0（kJmol^{-1}）などを様々な元素化合物の状態に応じて求められたデータベースから知ることができます。理科年表（熱化学の部）や合田健編著：水質環境科学、p51〜55，丸善1985などを参照してください。

$$\begin{aligned}
&\text{等温・等圧下での自由エネルギー } \Delta G \text{ の変化} \\
&\quad \Delta G = \Delta H - T\Delta S \quad\quad\quad\quad\quad\quad\text{——(3・9)} \\
&\quad\quad \text{ここで } \Delta H = q - w + P\Delta V \\
&\text{ゆっくりとした系変化を仮定すると} \\
&\quad \Delta G = w_{max} + P\Delta V \\
&\quad\quad\quad \Delta G \text{ は } W_{effective} \text{ によって決まる} \\
&\quad\quad\quad\quad W_{effective} = W_{max} - P\Delta V \text{ 損失部分} \\
&\quad\quad\quad \Delta G = W_{effective} \\
&\quad\quad\quad q\text{:環境からの流入エネルギー} \\
&\quad\quad\quad w\text{:系内の仕事量} \\
&\quad\quad\quad W_{max}\text{:環境から獲得した最大仕事量} \\
&\quad\quad\quad W_{effective}\text{:有効仕事量} \\
\\
&\left[\begin{array}{l} \Delta G < 0 \quad \text{プロセスは進行} \\ \Delta G = 0 \quad \text{平衡状態でプロセスは停止} \\ \Delta G > 0 \quad \text{プロセスは逆行(自然には起こり得ない)} \end{array}\right]
\end{aligned}$$

式3.9　自由エネルギーとプロセスの進行

　化学反応による自由エネルギーの変化について、$aA + bB \rightleftarrows cC + dD$ といった可逆反応を例に考えると、反応の自由エネルギーの変化量 ΔG は反応物 A, B と生成物 C, D の濃度(活量)[A, B, C, D]と反応に関与する物質のモル数 a、b、c、d から**式3.10**によって求められます。

$$\begin{aligned}
&\text{可逆反応 } aA + bB \rightleftarrows cC + dD \\
&\text{における自由エネルギーの変化量 } \Delta G \text{ は} \\
&\quad \Delta G = \Delta G^0 + RT \ln\left\{\frac{[C]^c[D]^d}{[A]^a[B]^b}\right\} \quad\text{——(3・10)} \\
&\quad\quad [A], [C]\text{:反応物質、生成物質の濃度} \\
&\quad\quad a, c\text{:それぞれの物質のモル数} \\
&\quad\quad R\text{:気体定数 }(8.31 J/K\cdot mol = 9.11 cal/K\cdot mol) \\
&\quad\quad T\text{:絶対温度 }(K) \\
&\quad\quad \Delta G^0\text{:標準自由エネルギー} \\
&\quad\quad\quad (\text{標準状態 298.15K、1atm での} \\
&\quad\quad\quad\quad \text{自由エネルギー変化量})
\end{aligned}$$

式3.10　化学反応による自由エネルギーの変化

反応の平衡点では、$\Delta G = 0$ になるので、
$\Delta G^0 = -RT\ln\{[C]^c[D]^d/[A]^a[B]^b\}_{平衡}$ ということになり、先に述べた平衡定数は
$K = \{[C]^c[D]^d/[A]^a[B]^b\}_{平衡}$ ということになります。
　このことは標準自由エネルギーの変化量 ΔG^0 は、平衡定数 K が計測できれば、
$\Delta G^0 = -RT\ln K$
で算出できることになります。熱力学的性質と反応の平衡状態を結ぶ相互関係です。

式3.11

$$\Delta G^0 = -RT\ln\left\{\frac{[C]^c[D]^d}{[A]^a[B]^b}\right\}_{平衡} \quad —(3\cdot 11)$$

平衡定数 K

$$\Delta G^0 = -RT\ln K$$

式3.11　熱力学性質と反応の均衡

$$1W = 1J/s = 1N\cdot m/s = 1kg\cdot m^2/s^3 \quad —(3\cdot 12)$$

W：ワット

$$仕事率 = \frac{仕事}{時間}$$

式3.12　ワット（仕事率）

（参考）『地球のエネルギー収支と熱的数値』
　われわれが現実的にかかわる一番大きなエネルギー物質系は地球であろうと考えます。参考のために地球を反応容器として、そのエネルギー系と物質循環系を考えておけば、その中での経済系/社会系/都市系/環境系/自然生態系/工学系など、様々な人の都合による境界を想定して地球を見るときに、それらの基になる総合系としての地球を理解し易くなると思います。
　地球には177,000TW（テラワット）＝177PW（ペタワット）＝177×10^{15}W の太陽エネルギーが降り注ぎ（流入し）、それと同じ量が地球から宇宙空間へ流出しています。その流入出の間に地球内部では、性質を変化（回復）させながら物質が循環し続けて系の秩序が保たれている閉鎖系と考えることができます。その循環を駆動しているのが、177,000TW の大きさで地球に到達する太陽エネルギーです。ワット W は、$1W=1J/s=1N\cdot m/s=kg\cdot m^2/s^3$ で示される仕事率（＝仕事/時間）の単位です（**式3.12**）。
　図3.23にその概略の数値を示しますが、地球に流入する太陽エネルギーの放射温度は6,000K であり、宇宙空間へ再放射する地球エネルギーの放射温度は265K です。この温度差の分だけ低下するエネルギー質の消費（エントロピー S の増大）を使って、地球上の物質循環と質変化（地球上の仕事）を駆動し、地球の秩序を保っていることになります。熱力学の第2法則の地球規模の理解です。エントロピー S は熱力学の第2法則で定義されるエネルギーの質で、エネルギー量 Q をその場の

温度 T で割った値 S=Q/T で定義（一つの表現）され、数値が小さいほど質の良いエネルギーと考えて良いことになります。地球生態系は図3.24に示すように177,000 TW の巨大なエネルギーで駆動されている閉鎖系です。

流入するエントロピー $S_{流入}$ = 177,000TW/6,000K = 29.5TW/K であり、

流出するエントロピー $S_{流出}$ = 177,000TW/265K = 667.9TW/K となるので、その差（エントロピー増加率）ΔS = 638.4TW/K ほどエントロピーを増大させて地球が成り立っていることになります。

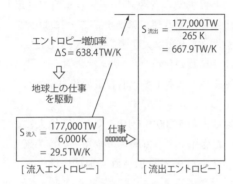

図3.23　地球のエントロピー増加

図3.24に示すように社会経済システムは、12〜13TW の化石エネルギー等の集中的な利用によって駆動されています。地球に流入する太陽エネルギー量に比して一万分の一にも満たないわずかな大きさにしかすぎません。しかし、近代社会の経済システムは、都市/産業域の境界を通じてエネルギーも物質も出入りできる開放形と考えて良く、厳密な境界収支を考えることなしに、系の収支の量的拡大が経済価値を持つ開放型の成長系として近代社会は大きくなりました。しかしながら、この小さなエネルギー消費率の増加であっても、太陽エネルギーを100万年のオーダーで少しずつ蓄えた化石エネルギーを300年ほどの短時間に放出することによって、少しずつ増えた温室効果ガスが、地球表面温度を290K（17℃）から0.5％ほどの1.5K 以上押し上げるようになり、地球気候変動が生ずるとして近代産業社会は大騒ぎになっています。

近代の地球は、太陽エネルギーの日々の収支と、100万年オーダーで蓄えられた地質年代的エネルギー（化石エネルギー/原子力エネルギー）の極短時間での放出の併用で運用されています。太陽エネルギーのほかに、地球自身が生み出す（地殻

の放射性崩壊に由来する）地熱が44TWほどあるようです。また太陽や月などの天体の引力によって誘起される潮汐エネルギーが3TWほどあります。

太陽エネルギーのうち150TWほどは、森林や畑のバイオマスとして固定され、森林では50〜100年ほど、田畑では1〜2年といったサイクルで再生されており、この周期での循環利用が可能となります。田畑でのバイオマス固定量は10〜12TW前後に過ぎません。近代が始まる前までは、日々の太陽エネルギー収支と数十年で平均化するバイオマスエネルギー循環の収支で社会が運転されていました。エネルギー革命/産業革命によって、1800年代以降の近代社会は、これまで長い時間をかけて地球が蓄えてきた非再生型の資源ストックの短期取り崩しである化石エネルギーの利用で日々の社会システム運用にあてることによって、この直近の300年くらいの限定された短時間内で人類は大膨張を果たしました。

近代経済システムは、高質の化石/原子力エネルギーの僅か10〜12TWの集中利用システムで回っています。エネルギー消費量の絶対量では、太陽エネルギーに比べて1万分の1にも満たない大きさです。エントロピーの小さい高質の化石エネルギーの集中利用が、地球人類を200年で10億人から70億人にまで増殖させました。近代の持つエネルギー的意味です。太陽エネルギーのうち30％ほどが、大気（6％）、雲（20％）、地表（4％）によって反射されて地球には入ってきません。この太陽エネルギーに対する反射エネルギーの割合をアルベド（Albedo：反射能）といいます。図3.24

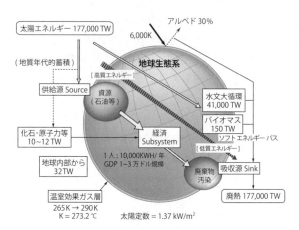

図3.24　地球生態系と経済システム

3.4 無害化と不純物濃度

(1) 濃度の表示

水中の不純物濃度の表現にはいろいろな形式があります。mg/l とか $1\,ppm$ が水質基準等にしばしば使われる実用単位です。基本的には、mg/l という質量を基準とする単位で液体の物質濃度を表現します。低濃度の液体（水溶液）では、$1\,mg/l ≒ 1\,ppm$ ですが、$1\,mg/l$ と $1\,ppm$ は同じではありません。特に高濃度になってくると、どちらの単位を使うかによって操作や評価が異なってきます。筆者の経験した中で、非常に高い懸濁質濃度を持っている中国の黄河の水について考えてみましょう。黄河の濁質濃度は、信州大学渡辺義人氏（繊維学部）によると、下流の鄭州で年平均 $37,550\,mg/l$ と報告されています。それは年平均で $40\,g/l$、洪水時では $150〜200\,g/l$ にも達し、我々が扱う自然水域の世界最高濃度の水質成分であろうかと思います。このくらいの高濃度になると、$200\,g/l$ はもはや $200,000\,ppm$ ではなく、$200,000\,mg/l$ は $178,094\,ppm$ ということになります（**式3.13**）。

```
① 粘土粒子を 200 g/l 含む水の場合
   粘土粒子の密度 2.6 g/cm³ とすると
   200 g の体積    200/2.6 = 77 cm³
   試料 1 l の質量  {(1,000 − 77)×1} + (77×2.6) = 1,123 g/l
   200 g/l 濃度    200/1,123 = 0.178094 = 178,094 ppm
                *[ppm は質量/質量、体積/体積などの比で無次元数]

② 粘土粒子を 20mg 含む水の場合
   20 mg の体積    0.02/2.6 = 0.0077 cm³
   試料 1 l の質量  {(1,000 − 0.0077)×1} + (0.0077×2.6) = 1000.01 g/l
   20 mg/l 濃度    0.02/1000.01 = 19.9998 ppm
                  20 ≒ 19.9998
   * 希薄系では mg/l と ppm を意識しないで使用
```

式3.13　濃度単位の意味

このような高濁質濃度の水に対して、丹保・王は第5章で述べる凝集処理の超高濃度対応技術としてペレット集塊（凝集）法を研究開発し、凝集処理の高濃度側への普遍的な展開を可能にしました。

化学反応論的に量の関係を言うときには、mol/l という濃度表示が一般に使われます。先のル・シャトリエの法則のところで示したように、分子と分子が反応する際には、反応にあずかる分子の数を問題にしますので、物質量 mol を単位としたモル濃度 mol/l を用いることになります。1モル（mol）は分子量（原子量）（例

えば、炭素Cの原子量12)にグラム(g)を付けた質量（炭素の場合12g）と定義され、1 molの物質量中には個々の物質の分子量に関係なく、アボガドロ数（Avogadro constant）として知られる $N_A ≒ 6.022 × 10^{23}$ 個/molの分子が存在します。重量モル濃度は、反応に関与する分子の数を表現する濃度です。

SI単位系では、質量だけが基本単位のキログラム（1 kg）で定義され、その1,000分の1がグラム(g)として表示されます。長さはメートル（1 m）、圧力はパスカル（1 Pa）、エネルギーはジュール(j)、仕事量はワット（W）が基本単位です。10進法では接頭語をつけて、キロメートル1 km = 1,000m などと表現します。単位をどこにとるかはそれぞれ違うにしても、10進法では10倍毎、あるいは10分の1毎に接頭語を付けて表示します（表3.2）。また、非常に大きな数あるいは小さな数を表す場合には、10進法でなく3桁ごとに接頭語を替えて表します。たとえば、メガワット1 MW = 10^6 W などと表現されます（表3.3）。

表3.2　10進法での単位の接頭語

倍数	接頭語	記号
10^{-3}	ミリ	m
10^{-2}	センチ	c
10^{-1}	デシ	d
10^{1}	デカ	da
10^{2}	ヘクト	h
10^{3}	キロ	k

＊$10^0 = 1$ が基準

表3.3　3行刻みの単位接頭語

倍数	接頭語	記号
10^{-6}	マイクロ	μ
10^{-9}	ナノ	n
10^{-12}	ピコ	p
10^{-15}	フェムト	f
10^{-18}	アト	a
10^{-21}	ゼプト	z
10^{-24}	ヨクト	y

＊$10^0 = 1$ が基準

倍数	接頭語	記号
10^{6}	メガ	M
10^{9}	ギガ	G
10^{12}	テラ	T
10^{15}	ペタ	P
10^{18}	エクサ	E
10^{21}	ゼタ	Z
10^{24}	ヨタ	Y

＊$10^0 = 1$ が基準

(2) 必須元素と微量元素

生物が生体の維持のためにどうしても摂取する必要がある元素を必須元素といいます。水素H、炭素C、窒素N、酸素Oの生体構成の4主要元素の他、カルシウムCa、カリウムK、ナトリウムNa、マグネシウムMg、鉄Fe、リンP、硫黄S、塩素Clの8元素が、栄養学では必須な主要ミネラルとされています。さらに、微量で必須とされる微量必須元素として、マンガンMn、コバルトCo、ニッケルNi、クロムCr、モリブデンMo、セレンSe、銅Cu、亜鉛Zn、アルミウムAl、ケイ素Si、バナジウムV、ホウ素B、フッ素F、ヨウ素I、ヒ素As などが挙げられます（表3.4）。

表3.4 生体維持のための元素

主要元素	必須元素	微量必須元素	
水素 H	カルシウム Ca	ホウ素 B	ニッケル Ni
炭素 C	カリウム K	フッ素 F	銅 Cu
窒素 N	ナトリウム Na	アルミニウム Al	亜鉛 Zn
酸素 O	マグネシウム Mg	ケイ素 Si	ヒ素 As
	鉄 Fe	バナジウム V	セレン Se
	リン P	クロム Cr	モリブデン Mo
	硫黄 S	マンガン Mn	ヨウ素 I
	塩素 Cl	コバルト Co	

　必須元素の働きは濃度依存性です。不足すれば欠乏症となって健康維持が難しくなり、過剰に摂取すると中毒症状や健康障害が発生してしまいますので、適量の摂取が必要になります。適量な範囲であれば、薬や健康サプリメントとして有用とされます。生体は環境との間で日々出し入れする元素の摂取/排出/蓄積の微妙なバランスによって成り立っており、ある元素が明確に不足となる病気であれば、元素は薬として投与され、過剰であれば摂取制御などの治療が行われることになります。巷間健康に良いとして進められている自然食品/サプリメントの類は、起点となる個体の代謝/蓄積量の評価が難しく、過不足なく供給することは容易でありません。生体影響のない程度の幅の限度内で使用される健康食品などとして世に出ているレベルのものであれば、効き目はあまりないのかもしれません。微量汚染成分の極端な低濃度を水質基準値として採用することは、摂取のベースとなる環境値をフラット化する意味では重要であろうと思います。いずれにしても一般には、水質制御で微量元素の濃度管理をするのは、病気の原因となる過剰側の制御に限られます。

　地球上の諸元素の海水面下10マイル（≒16km）までの岩石圏、水圏、気圏における存在割合について、米国のクラーク（Frank W. Clarke）が推定したクラーク数が、金属汚染や微量元素問題の出現を考える時に参考になります。岩石圏にある質量が全体の93.06％を占めますが、水圏にも6.91％あり、気圏に0.003％あります。現実に水系に存在している量（濃度）は、それぞれの元素（化合物）の水溶解度の大小に関係してきますが、地殻における絶対量の大小を基礎知識として知っておくことが有用です。筆者の適当な理解を描けば、環境を構成する濃度レベルの元素や資源として濃度を高めて利用する元素、存在量はわずかでも機能性材料資源として貴重な元素、時には毒物になる元素などに分けて理解することもできそうです（表3.5）。

表3.5 クラーク数

順位	元素	クラーク数 (%)		順位	元素	クラーク数 (%)	
1	酸素	49.5	環境元素	26	タングステン	0.006	
2	ケイ素	25.8		27	リチウム	0.006	
3	アルミニウム	7.56		28	セリウム	0.0045	
4	鉄	4.7		29	コバルト	0.004	
5	カルシウム	3.39		30	錫	0.004	
6	ナトリウム	2.63		31	亜鉛	0.004	
7	カリウム	2.4		32	イットリウム	0.003	希少元素
8	マグネシウム	1.93		33	ネオジウム	0.0022	
9	水素	0.87		34	ニオブ	0.002	
10	チタン	0.46	資源元素	35	ランタン	0.0018	
11	塩素	0.19		36	鉛	0.0015	
12	マンガン	0.09		37	モリブデン	0.0013	
13	リン	0.08		38	トリウム	0.0012	
14	炭素	0.08		39	カリウム	0.001	
15	硫黄	0.06		40	タンタル	0.001	
16	窒素	0.03		41	ホウ素	0.001	
17	フッ素	0.03		42	セシウム	0.0007	
18	ルビジウム	0.03		43	ゲルマニウム	0.0007	
19	バリウム	0.023		44	サマリウム	0.0006	
20	ジルコジウム	0.02		45	ガドリニウム	0.0006	
21	クロム	0.02		46	臭素	0.0006	
22	ストロンチウム	0.02		47	ベリリウム	0.0006	
23	バナジウム	0.015		48	プラセオジム	0.0005	
24	ニッケル	0.01		49	ヒ素	0.0005	
25	銅	0.01		50	スカンジウム	0.0005	

　1％以上も存在量のある元素は環境を構成している主元素であり、人は常にその豊富な存在量の下で生存しているという意味で環境（基本）元素とでもいえます。一方、わずかな量でも特別な存在形態や生体部位への影響等が問題となることがあります。アルミニウムの脳への蓄積が原因と疑われたアルツハイマー症候群や鉄の欠乏からくる貧血症などです。

　1％にも満たない元素は、鉱物資源として濃縮した上で、文明の基幹的資源として歴史的に使われてきました。0.002～0.0005％といった稀少存在量の元素は、近年の高度技術に必要な資源として脚光を浴び、高度な濃縮/精製技術を用いて新素材の特徴的資源として使われます。

　資源元素の例として亜鉛を考えてみます。亜鉛は紀元前から黄銅の原料として用いられ、近年は亜鉛引き鉄板（トタン：吐丹）などとして、また電池や顔料として広く用いられてきました。水環境や食品から摂取される亜鉛が一定量以上になると、人体の必須微量元素でありながら健康被害が問題となります。日本人の1日当たりの平均的な必要量は男性8㎎、女性6㎎と言われており、上限の30㎎を超えないような濃度が推奨されています。不足すると、味覚障害や精子形成減少、無月経、免疫機能の低下、傷の回復遅延などの欠乏障害の症状が見られるようになります。

　このように亜鉛は生体維持のための酵素活性に重要な元素ですが、100㎎を超え

る摂取が生ずるような高濃度になると、皮膚の刺激、身体の麻痺、呼吸器障害などの疾病を引き起こすことが知られています。亜鉛による障害は鉛やカドミウムなどの不純物の混在による場合も少なくありません。3 mg/lを超えると水の白濁現象が発生することから、その抑制のために飲料水の基準値は、1.0 mg/l以下であるとされており、健康障害が基準策定のための基礎数値にはなっていません。鉄、マンガンの着色障害を生じないレベルで水質基準値が定められていると同様の状況と考えられます。

鉄では0.3 mg/l、マンガンでは0.05から0.1 mg/lが着色障害を生じさせないための水質許容値と考えられていますが、必須元素として摂取の上限値はそれぞれ50 mg/日（女性40 mg/日）、11 mg/日が想定されていて、その多くは食品から摂取されます。毒性を発するのは、さらに高い濃度域の自然環境としては異常な濃度レベルであり、産業公害などでマンガンの長期摂取による神経症などの報告があります。

また、ヒ素はリンと似た物理化学的性質を持っているために、生物資源元素としてのリンと挙動を共にし易い毒物として扱われることが多い稀少元素です。ヒ素単体が生体に有用であるとは一般に考えられておらず（無毒の有機化合物として、極く微量で有用との報告がある）、微量でも発癌性が疑われる毒物として扱われます。

最初にヒ素の毒性が報告されたのは、1964年に報告された台湾の井戸水に由来する黒足病（Black foot disease）です。その後、土呂久鉱山公害、森永ヒ素ミルク中毒、近年のバングラデシュの広汎な井戸水汚染などが発生しています。皮膚の着色から始まり、膀胱、肺、皮膚癌の発生に至る数多くの様々な重大健康障害が報告され、典型的な蓄積性毒物の一つと考えられています。古来、暗殺用毒物や石見銀山ねずみ取りなどの急性/慢性毒薬として知られています。同じような挙動（パターンの害）を示すものとして、放射性物質による被曝が考えられます。

図3.25は、水中の汚濁成分の効用と障害の発生パターン、制御の関係を概括したものです。個々の物質の障害の発生と制御の方法については、WHO飲料水質のガイドライン等を参照してください。

化学物質	水中濃度						
	1μg/l	10μg/l	100μg/l	1mg/l	10mg/l	100mg/l	1g/l
硬度	超軟水(腐食性)			[利用に適切な水質 (軟水)]	→	石けん能力低下、スケール形成	
銅			殺藻剤	[利用に適切な水質]	着色/不味	着色沈殿物障害	
鉄/マンガン			[利用に適切な水質]		着色/味覚障害	着色沈殿物堆積障害	機能障害型
亜鉛			[利用に適切な水質]		不快味	白色沈殿物	
鉛			[利用に適切な水質]		[鉛中毒(亜急性)]		
水銀	[利用に適切な水質]		蓄積性毒性		[水銀中毒(亜急性)]		
ヒ素	[利用に適切な水質]		蓄積性毒性(発癌性)	[慢性毒性(神経障害/皮膚疾患等)]	[急性毒性(嘔吐/下痢/皮疹)]		
シアン	[利用に適切な水質]			[急性毒性(発癌性/蓄積性無)]			強毒性型
DDT	[健康リスク無視可能]		殺虫剤としてリスク/便益検討の上で使われる(生物濃縮あり)				
シマジン	[健康リスク無視可能]		発癌性(遺伝毒性無)				
パラチオン	[健康リスク無視可能]			コリンエステラーゼ活性阻害(主に食物より)			
トリクロロエチレン	[健康リスク無視可能]			弱い変異原性			
硝酸/亜硝酸イオン			[健康リスク無視可能]		制御目標域 →	[メトヘモグロビン血症]	健康リスク型

図3.25 水中汚濁成分の効用と障害の発生パターン例

　環境工学や水処理では、様々な濃度と特性を持った物質を取り扱います。水質を表示する際に、有効数字何桁までを書くか、その時の単位にどのような値を使うかが大切になります。たとえば、BOD試験で滴定に用いた試薬の量を割り算すれば、何桁もの数字が出てきます。しかし、一般には有効数字の3桁目は、ほとんど意味を持ちません。BOD≒7.575mg/*l*などと言うことは無理で、BOD≒7.58mg/*l*等と書いて、3桁目は精度を保証できませんと示すかですが、7.6mg/*l*と書く方がよいと思います。最近は自動計器の精度の高いものがありますので、目的に応じて高い桁数が使われることがありますが、一般には特別なことと考えた方がよいでしょう。また、桁が違う計測値が様々にあるときには、信頼できる有効数字3桁を求めて、掛ける10^{-2}とか10^4として桁を調整することになります。

(3) 消毒/殺菌/滅菌

　ある化学物質が、様々に濃度が変わってくることによって、水利用の際の障害成分であったり毒物であったり、低濃度領域では無害であったり、最小限の微量が必須量であったりするといった成分の濃度依存効果について前項で説明しました。また、発癌性物質や放射線などについては、有害の閾値を明確に決めることの難しさについて、第2章の毒物とリスク(評価)のところで説明しました。これらの様々な化学物質や放射性物質と並んで、人に危険を与える大きな古典的な水質因子グ

ループの一つの細菌やウイルスなどによる微生物感染症があります。特に水を経由しての激烈な感染症であるコレラ、腸チフスなどによる消化器系急性感染症の大伝染 (Pandemics) は、大英帝国の世界化に伴ってインド亜大陸に始まり、西洋/東洋/アメリカ/アフリカに瞬く間に広がって、17世紀から18世紀の世界を震撼させた歴史的出来事でした。

　図3.6に概略示したように、細菌は$10^0\mu m$、ウイルスは$10\sim 100 nm$ ($10^{-2}\sim 10^{-1}\mu m$) のオーダーの寸法を持つ親水性の微粒子です。ヒトや動物により汚染された都市下水中の大腸菌数は$1 l$当たり10^8個のオーダー、また都市の雨水流出水は10^6 個$/l$ のオーダー、水道原水となるような河川水が$10^4\sim 10^3$個$/l$ といった報告例があります。細菌などの微生物は、河川や湖沼における自浄作用と表現される紫外線/貧栄養/他の生物による摂取などの影響で減少しますが、適温の汚水中では急激に増殖して、疫学的な健康脅威レベルの濃度になってしまいます。人の水利用に際して、飲用水としての要求水準は、$10^1\sim 10^0$個$/l$ 以下でありたいというレベルが求められています。

　細菌の寸法を仮に径$1\mu m$の球で近似し、密度を水に近い$1\ g/cm^3$と少なめに見積もると、一個の細菌の質量は、$0.52\times 10^{-12}g$ ($=0.52\times 10^{-9}mg$) 程度ということになります。この条件における様々な水中の細菌の個数濃度と質量濃度の対応表を作ると、次のような見当の値になるでしょう (**表3.6**)。

表3.6　直径1μmと仮定した細菌の個数濃度と質量濃度

密度:$1g/cm^3$と仮定

個数濃度(個/l)	10^8	10^7	10^6	10^5	10^4	10^3	10^2	10^1
質量濃度	50	5	0.5	0.05	5	0.5	0.05	5
	μg/l				ng/l			pg/l

　水処理の基本は、好ましくない不純物を水系から除くことですから、先ず分離操作が用いられます。下水や雨水、河川水に含まれる細菌類は、好気/嫌気の微生物処理、凝集/沈殿、様々なろ過処理などの固液分離プロセスによって、他の諸成分とともに水系から除去されます。後に述べますが、地球科学/生態学的原理に基づく在来の水処理プロセスでは、単体でおおむね2桁 (2 digit, 2 log) 前後の除去率を得ることができます。しかしながら、原水/原排水の濃度が高い場合には、どうしても除去されずに残る細菌等が存在します。さらに、濃度が$10^{-1}mg/l$以下といった低濃度成分になると、在来型水処理システムの有効性は必ずしも良くありませ

んので、除去をあきらめて微生物が毒性を発揮できないように殺してしまおうとする処理を行います。

水処理では高濃度の微生物を状態に応じて、先ず諸分離プロセス/システムで除去による濃度低下を試み、2〜4桁ほど細菌類の濃度を低下させます。その後で、残った10^3〜10^2個/l程度以下の細菌類などを塩素/オゾンなどの殺菌剤添加や紫外線照射などによって10個/l程度以下の残存細菌数（活性のある）となるように、2、3桁ほど減少させるような殺菌操作を行います。

このように、人体に危害を及ぼさない程度にまで細菌等の微生物を殺す操作を殺菌あるいは水道等では消毒操作（Disinfection）と称します。一方、高温で細菌やウイルスなどを完全に死滅させるまで処理する操作を滅菌（Sterilization）と称し、病院などで医療器具などの安全のために行います。

分離法の中でも、ナノ分離膜/逆浸透膜処理を行うと、細菌やウイルス等を固液分離操作だけで、ほぼ完全に除くことができます。

殺菌処理は、水中の高濃度の細菌類を固液分離して低濃度化した後に生物活性を失わせるもので、無害化処理の代表です。したがって、無害化した細菌類などの残体（死骸とでもいうべきもの）は水中に残りますので、高濃度の細菌類などが存在している状態で、殺菌剤/紫外線/放射線などを適用する処理を強行すると、残体の2次的な生体/環境影響が発生する恐れがあります。時には、高濃度懸濁質（生菌や残体）による殺菌操作障害が懸念されます。殺菌操作は除去を先行させて低濃度化が確保された後で、始めて適切に行えると考えます（図3.26）。殺菌プロセスの作動原理と操作の詳細については、後の章で説明します。

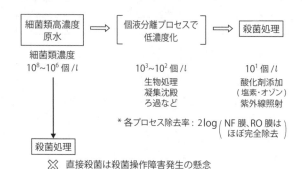

図3.26　殺菌処理の原則

⑷ **中和と錯体形成による無害化処理**

酸性/アルカリ性の強い水を中和して、pHが6から8といった中性の水に調整することが多くの場合に行われます。除去プロセスを伴わない最も普通の無害化/調整処理です。また、鉄やマンガンなどが管類や装置から微量溶出して水に着色障害を発生させるような場合、リン酸塩を添加して鉄やマンガンとリン酸の錯体を形成させることによって、発色を防ぐことができます。ボイラー用水システムの水質制御に広く用いられてきたアルカリ度調整や金属錯体形成は、除去プロセスを伴わない無害化/調整処理の1例です。

3.5 水質変換マトリックスによる処理性評価

⑴ **都市地域水代謝システムにおける水質状態/制御性の評価**

都市化の進んだ近代社会の流域では、水代謝システムが利水点で取り出すことのできる水質（水質落差）と水量は、常に利水後の水質回復の程度と関連付けて定められなければなりません。さもないと、流域の水質/環境は一方的に悪化して、発展途上国の多くの河川で生じているような大規模な環境破壊が進んでしまいます。残念なことに、現在に至っても水質の利用を回復と一対に考えて水システムを組むという基本が、先進国でも一般化しているとはいえません。水質回復の可能性を利用に先だって評価し、都市/地域水代謝システムを組むといった研究も計画手法も、丹保が1970年代半ばに問題を提起し研究を始めて半世紀近くになる今日でも、充分に成熟しているとは言い難い状況です。様々な先端的/伝統的な水技術の優れた提案であっても、利水/廃水/環境を総体的に通貫する水質評価の基本的仕組みを持つことによって、始めて有効なものになると思います。

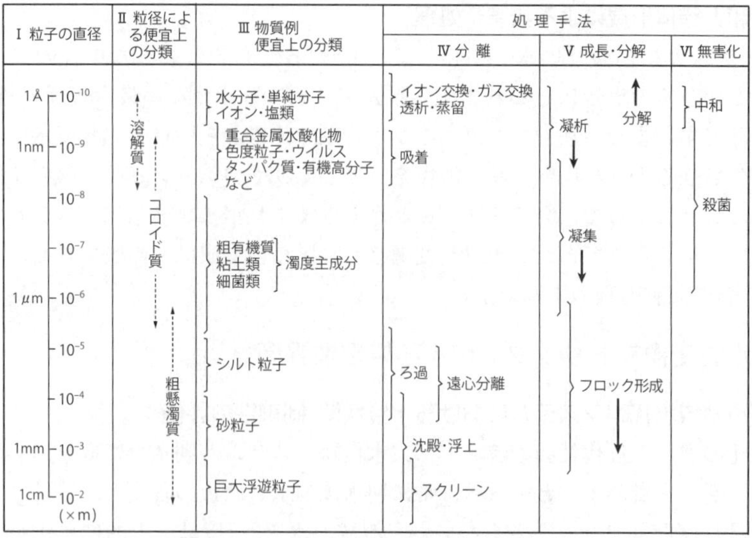

I 粒子の直径	II 粒径による便宜上の分類	III 物質例 便宜上の分類	処理手法		
			IV 分離	V 成長・分解	VI 無害化
1Å − 10^{-10}	溶解質	水分子・単純分子 イオン・塩類	イオン交換・ガス交換 透析・蒸留	凝析 / 分解	中和
1nm − 10^{-9}		重合金属水酸化物 色度粒子・ウイルス タンパク質・有機高分子 など	吸着		
− 10^{-8}	コロイド質				殺菌
− 10^{-7}		粗有機質 粘土類 / 濁度主成分 細菌類		凝集	
1μm − 10^{-6}					
− 10^{-5}	粗懸濁質	シルト粒子	ろ過 / 遠心分離	フロック形成	
− 10^{-4}					
1mm − 10^{-3}		砂粒子	沈殿・浮上		
1cm − 10^{-2} (×m)		巨大浮遊粒子	スクリーン		

図3.27 不純物寸法と対応処理プロセス

　水質の評価を処理性と結び付けて一般化するための最も粗い見方の1つが、丹保（1964年）が学位論文等（水道協会誌502号）で示した**図3.27**のような固液/気液分離特性に重点を置いた分類とその処理性との対応です。アメリカ留学時代の仲間であったカリフォルニア工科大学のモーガン博士（Prof. J. J. Morgan）が、彼の名著 Aquatic Chemistry の詳細図に発展させ、今では多くの文献に様々に工夫された同様の図が載っています。この章の諸節でいろいろ述べてきたように、都市水代謝に関わる一般的な成分の場合、不純物寸法が数μm程度以上の大きさでは、その処理性の判断を粒径によって行うことがほぼ可能であり、それより分子質量が小さく10^4 Daオーダー以下になると、物理化学的/化学的性質が次第に重要になり、単純な分子レベルでは化学的性質そのものが処理性の支配因子になってきます。

　不純物寸法と化学的水質因子の組み合わせを用いて水質状態を評価しようとする最も単純で常識的な組み合わせは、**図3.28**のように示すことができます。水中不純物を化学的性質について無機質と有機質とに分け、寸法については懸濁性と溶解性にそれぞれ2分し、合わせて4つのグループ（要素）として認識しようとする方法です。もっともらしく言えば、2次元の4要素マトリックスということになります。

化学的性質 \ 不純物寸法	懸濁性成分	溶解性成分
無機物	○	△
有機物	○	□

（印は処理性など）

図3.28　成分分類の一般的表現例

(2) 水質表示のためのマトリックスの構成

このような考え方を一歩進めて、想定される人工系/自然系の水質成分の挙動を最小限の要素数のマトリックスで表現したのが、次に述べる一連の水質マトリックス（Water quality matrix）と水質変換マトリックス（Water quality conversion matrix）です。

マトリックスの各列を適当な方法(機械的/光学的分析、ゲルクロマトグラフィーなど) によって分級された不純物寸法で区分します。この分級割の幅の設定は、環境における水中不純物の寸法の特徴的な分布状態と後述する水質変換操作の除去限界（Cutoff level）とを加味して、水質表示/水質変換マトリックスに共通な分割幅にそろえ、共通した要素分割でマトリックス群を作ります。また各行を構成する水質因子群の選定に当たっては、

①できるだけ総合性の高い水質因子を重視（先行）して用い、
②物質収支を明確にとることを重点に置いて、
③最小限の水質因子数に押さえて、

マトリックス要素数を実用可能な最小数となるようにまとめます。

図3.29は丹保が1970年代以来用いてきた標準的なマトリックスで、要素分割の最少基本数と考えてきたものです。各要素（i行j列）の物質量は、各要素成分の試験法の示す基本的な濃度 C_{ij}、あるいは質量 M_{ij} で表示されます。

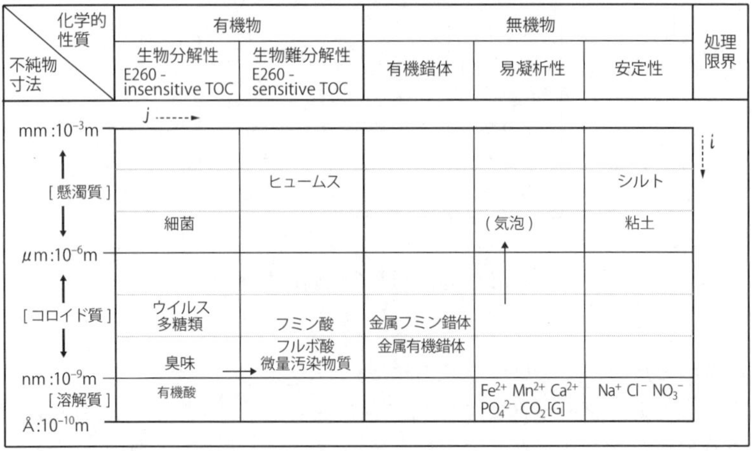

化学的性質＼不純物寸法	有機物		無機物			処理限界
	生物分解性 E260 - insensitive TOC	生物難分解性 E260 - sensitive TOC	有機錯体	易凝析性	安定性	
mm :10⁻³m ［懸濁質］	j	ヒュームス			シルト	i
	細菌			(気泡)	粘土	
μm :10⁻⁶m ［コロイド質］	ウイルス 多糖類	フミン酸	金属フミン錯体 金属有機錯体			
	臭味	フルボ酸 微量汚染物質 →				
nm :10⁻⁹m ［溶解質］ Å :10⁻¹⁰m	有機酸		Fe^{2+} Mn^{2+} Ca^{2+} PO_4^{2-} CO_2[G]		Na^+ Cl^- NO_3^-	

図3.29　標準的水質マトリックス

　水質因子数（水質試験項目数）を増大させると、測定や操作のための時間と費用が大きく増加することになります。また、操作因子数の増大は、物質収支やエネルギー収支を明らかにして系を運用する上で、大きな困難を伴うことになります。したがって、基本的な系の運用は一般性の高い主要因子を中心に行うこととし、様々な特殊、あるいは微量な因子は、必要に応じてサブマトリックスを立てて運用することになります。処理プロセスをシステムに組み上げていく際のマトリックス/サブマトリックスの順位の構成は、プロセスをシステムに組み上げていくときの「高濃度成分から」、「不純物寸法の大きな成分から」処理するという一般的な構成順序の整理で、多くの場合、物質系/情報系ともに矛盾なく満たされると考えています。

⑶　TOC/E260比と分子量分画による2次元の処理性評価

　水質変換マトリックス（Water quality conversion matrix）は、上述のような水質表示マトリックスの水質要素 C_{ij} が、考える水質変換プロセスによってどれだけ除去され得るかを示すもので、マトリックス要素は除去率 R_{ij} で表示されます。無機物に関しては、図3.29に示したように、個々の成分（あるいは成分グループ）に対して容易に表現することができます。

　都市水システムでの有機物群の挙動を表現するのに、BOD、あるいはCODといった一般有機物指標を用いることが、ストリータ/フェルプス/エッケンフェルダーの体系で歴史的に用いられてきましたが、あまりにも総括的に過ぎて成分挙動の評

価が十分でありませんでした。また、個々の有機物、あるいは有機物群を分析して積算する方式では、個々の分析に手間と時間がかかり過ぎ、しかも、下水などで在来の分析手法で同定される有機物量は、総量の50から70％以下にとどまり、総括して系の物質収支を正確にとることは難しいようです。

そこで、丹保・亀井（1976、1977、1978）らは一般有機物の収支を明確にとるために、全有機炭素量（Total organic carbon：TOC mg/l）を主指標にとり、260nmと220nmの紫外部吸光度を有機物の特性を表す副指標として一般有機成分の性格付けを行い、さらにゲルクロマトグラフィーによる分子量分布の情報を加えて有機物の寸法別の挙動を表現するマトリックス要素を表現することを提案しました。

都市下水や下水の凝集沈殿処理水、活性汚泥法による好気性下水処理水、さらにはそれらの残存成分を活性炭吸着した処理水それぞれのSephadex G15ゲルによるクロマトグラムを示したものが図3.30です。筆者らが最初期（1970年代）に行った分子量分画クロマトグラフィーです。蒸留水と0.1N-NH_4OHの2段押し出しをすることによって、試料の物質収支を取ることができました。G15ゲルは一般有機物のある部分に吸着性を持つために、2段押し出しが必要です。20倍濃縮の下水10mlをゲルカラムの上面に置き、最初に水 H_2O を次に NH_4OH 溶液を流入させて濃縮試料をゲルカラムに押し込みます。1,500Da以上の高分子部分は、カラム中のゲル粒子の間隙を素通りしてゲルカラム下端から最初に流出します（ゲル粒子充填空隙体積：Void volumeに相当する量です）。分子の質量が小さな有機物は、ゲルカラムを流下しながらも充填されているゲル粒子個々の内部細孔に拡散侵入し、また再拡散で押し出し液に戻ることを繰り返し、その分だけゲルカラムからの流出が遅れます。分子量の小さなものほど遅れてカラムから流出することになります。

図中では、分子の見かけの質量を書いてカラムを流出してくる成分の大きさを表示しています。水処理システムを組む場合、構成プロセスのシークエンスを分子の質量の大きな成分から順にとる原則に則って、凝集分離/好気性微生物分解そして最後に活性炭吸着を行い、それぞれの処理プロセス前後のゲルクロマトグラムを求めます。図はそれを合成して示したものです。各画群のDOC（Dissolved organic carbon）を縦軸の下方側に、260nmの紫部吸光度E260を軸の上にとってクロマトグラムを表示しています。

クロマトグラムの1フラクションは10mlで、押し出されてくるフラクション番号と対応する見かけの分子の質量をあらかじめ分かっている多糖類等の標品で検定しておいて、有機物の見かけ質量を推定しています。図ではこのようにして検定した見かけの質量Daを横軸にとって有機不純物質の大きさを示します。

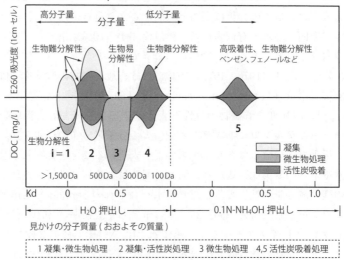

図3.30 都市下水の処理プロセスの除去性

　下水中の一般有機物は、紫外部260nmに吸収を示す4個の画群（i＝1：≫1,500Da、2：1,000～500Da周辺、4：150Da周辺、5：ゲルに吸着性を示す画群）と260nmに吸収を示さない3：500～300Da周辺の画群に大別されます。

　紫外部260nmに吸収を示さないDOC（E260非発現性）は、生物分解性をもつ有機物でBOD物質に対応します。それに対して、1、2、4、5群の紫外部吸光を示すDOC（E260発現性）は生物難分解性成分で、高分子の1,500Da以上の1群の成分は凝集処理でよくとれますが、2群のもう少し小さな1,000から500Da周辺の成分は、凝集処理除去率が充分に得られません。もっと小さくなって4、5群の成分は活性炭吸着によってようやく除かれます。生物難分解性成分は、在来の水質表記で「COD-BOD」と記述される物質になります。3群のような生物分解性の成分（E260非発現性）は、凝集や吸着の対象にはなりません（**表3.7**）。

表3.7 下水中の一般有機物の分画とその特性

分画区分	260nm 紫外部吸光特性	処理性
1群 ≫1,500Da	E260 発現性 [生物難分解性 (CODcr - BOD)]	凝集処理
2群 1,000~500Da 周辺		凝集・活性炭吸着処理
4群 150Da 周辺		活性炭吸着処理
5群 ゲル吸着成分		
3群 500~300Da 周辺	E260 非発現性 [生物易分解性 (BOD)]	生物処理

　1cmセル紫外部吸光度（E260）とTOCmg/lの比（TOC/E260）をとると、生物分解性のない泥炭地水は30〜60の値をとります。下水の場合、この値は500といった数値になり、生物処理によって50ぐらいの値になるまで分解が進みます。丹保が米国化学会年会のフミン質のシンポジウム（1987）でこのことを明らかにした後、仲間である米国のE教授等（1993）がこの逆数 E253（1 m）/TOC を SUVA（Specific UV absorbance）と称して提案し、その後、多くの人が自然水中などでの生物難分解性有機物の存在を示す指標として使っています。丹保らは1970年代から、分子量分布とTOC/E260を使った2次元マトリックスが処理性を明確に示すことを明らかにし、亀井はこの研究で1975年工学博士（北海道大学）の学位を得ています。

　基本的な研究では分光光度計を用い、硝酸などの妨害が入らないでフミン質の吸光度が一番大きくなる260nmを用いましたが、その後、実用に当たっては安価な253nmの短波長吸光度計が一般には用いられます。筆者らが使ってきたTOC（mg/l）/E260（1 cm）比を用いると、泥炭地水で30から50、下水で500などの生物分解性成分とフミン質などの生物難分解性分の存在が大きな数値差で明示的に理解できます。

　一方、SUVA=E260（1 m）/TOC（mg/l）は、単位TOCの吸光度という意味で有機物の性格表現が直截的になる半面、1mセルの吸光度といった通常扱わぬ数値を元に、フミン質の5から6、非フミン質で3以下といった大くくりの表現しかできない難点があり定量性に欠けます。紫外部吸光度E260とTOCmg/lの比を使ってのマトリックス的評価については後述します。

　自然水系や都市水系では、フミン質や炭水化物などの一般有機成分が卓越成分です。有機物の量的主成分である一般有機成分の挙動や処理性を明確に記述するため

に、ゲルクロマトグラフィーによる分子量分画を行い、E260に吸光を持つ成分と持たない成分に2分して処理性を見てきましたが、水中有機物の種類は合成/自然を問わず膨大な数で、しかも微量で存在しています。農薬等の微量化学物質を同定するには、液体/ガスクロマトグラフィーに質量分析計（マススペクトロメータ）を検出器とするガスマス、液マス等を駆使することになります。これらの微量有機物は、量的主成分である一般有機物の挙動の陰に隠れて動きます。微量有害金属についても一般有機物の存在下に挙動するのが普通です（図3.31）。

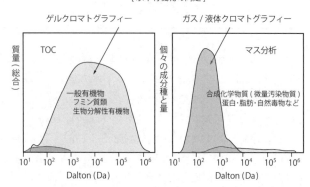

図3.31　様々なクロマトグラフィーの適用範囲

⑷　水質変換マトリックス

　図3.32は、生態学的/地球科学的な質変換過程を模した従来型（Conventional）の水処理システム（プロセス）について、水中不純物の存在状態と対応処理プロセスの関係を描いた2次元の水質変換マトリックスです。微生物処理や凝集処理、活性炭吸着処理、凝析処理、イオン交換処理等の在来型の水処理システムが、どのような不純物成分（要素）の除去と対応し得るかの総体を示しています。

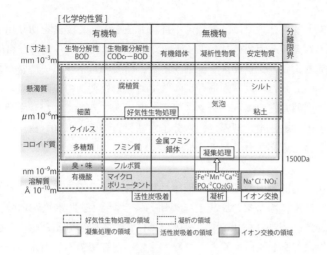

図3.32 水質変換マトリックス

　図3.33は、生理/生体学的な分離機序を模して運用される機能膜処理について、水中不純物の性質（存在状態）と分離に有効な膜の種類の関係を描いたマトリックスです。膜分離の機能は、基本的に分離限界寸法（分子量）で表現されますので、寸法だけで処理性を表示する1次元の表現で良いのかもしれません。もちろん、2次的には膜と水と不純物それぞれの親和性のような化学的性質が、機能性にデリケートに影響してきます。

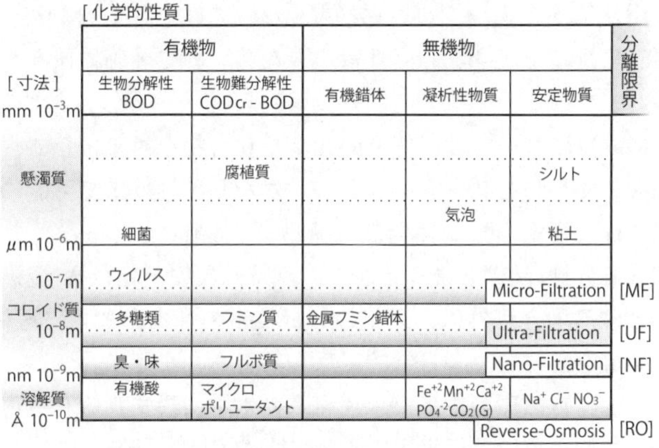

図3.33 機能膜の水質変換マトリックス

第3章 水処理のプロセスとシステム

水質変換マトリックスでは、縦軸に不純物寸法をとって要素を切り出しますが、水処理システムを組み上げていく場合には、「高濃度成分から先に、粗成分から先に」除去が進むようにプロセスを配列すると、所要のエネルギー消費が少なくなると考えられるので、処理段階が進むにつれて対象水質要素の範囲が絞られてきて、現実には、濃度軸方向のマトリックス要素分割はあまり多くはなりません。図では粒子寸法を1桁（1 digit）刻みで、水分子寸法付近の1 Å（10^{-10}m）から、最も粗い水中の懸濁物と考えられる砂や有機物片の1 mm（10^{-3}m）までの7桁をとっています。

不純物の化学的性質の分類は、有機物と無機物に分けることは当然として、さらにその中を分けるに際して、歴史的に運用してきた水処理/水質管理の指標との対応が、実際的には重要になります。そのために化学物質の分類とは少し違い、対応させる質変換過程を念頭に置くことになります。溶存酸素不足が水系の健全状態を損なう最大の因子であるとして、OD（Oxygen deficit）概念で水環境管理を行い、有機物の処理を生物化学的に行っている現在の都市/地域水システムの質管理では、「BOD、COD」といった有機物指標との関連性も重要になります。

BODとCODを指標として有機物を分類すると、生物分解性有機物はBODで表され、もう一方の生物難分解性有機物は、化学的酸素要求量CODから生物分解性有機物量の指標であるBODを差し引いた（COD-BOD）で表されることになります。ここで用いられるCODは、全有機物量の酸化に必要な酸素当量O_2を表すCODですから、有機物全量が確実に全量酸化されて無機化することが必要です。このCODは、国際的な公定法ともいえる重（二）クロム酸COD_{Cr}でなければなりません。日本の公定法である過マンガン酸カリウムCOD_{Mn}法は、酸化力が不充分で、全有機物量（O_2当量）を表せない（分解できない）ので評価に使うわけにはいきません。

溶解性の無機成分については、個々の元素や化合物を対象にして、その存在量を同時に分析把握して挙動を制御することが、かなりの程度まで可能になってきました。しかし、多様な構造を持つ揮発性有機物（Volatile organics）を個々にその挙動までを考慮して分析/制御しようとしても、特殊な安定化合物（発癌性物質など）を個別に対象とする場合以外は、近年の分析技術の進歩を考えても極めて高価/精密で膨大な作業量を必要とし、日常的には容易でありません。

そこで筆者らは、自然環境や都市水代謝系の水中に含まれる有機物主成分の挙動を定量的に評価するために、従来用いられてきたCOD、BODに代わる新しい指標を工夫しました。それは、物質収支をより明確に取り得て、かつ様々な水質変換プ

ロセスの選択と運転の指標となる成分情報でなければなりません。その手段として、不純物寸法をゲルクロマトグラフィーや膜分級によって分画表示するとともに、有機物量をより直截に表現するために全有機炭素濃度（Total organic carbon : TOCmg/l）を主指標として用い、各分割成分の性質を生物易分解性と生物難分解性に分画して評価/同定し、自然系や都市/地域系の水循環での有機主成分を総合管理するためのマトリックス表現を考えました。一方、発癌性や毒性が問題となる多種類の生物難分解性、揮発性の特定有機物（微量有機成分）については、無機有害物質と同じように、個々に同定して挙動を追うことが必要になります。液体/ガスクロマトグラフィー質量分析の普及/発達はそのことを可能にしています。

生物易分解性と難分解性の有機物（TOC）を見分けるために、前項で述べたように、溶解性有機炭素量（DOC、Dissolved organic carbon）を「紫外部吸光度（260nm）を示さない成分（E260非発現 Insensitive）と紫外部吸光度を示す成分（E260発現 Sensitive）」に2分して、それぞれを生物易分解性と生物難分解性のTOCとして扱い、自然系にある有機物を疑似2成分系として扱うことを考えました。また、筆者らは2重結合/3重結合等を構造の本体に持ち、紫外部の260nmのE260吸光度を示すような不飽和化合物を生物難分解性の有機物の代表としました。原論文ではE260の吸光度を指標として用いましたが、一般には安価な単波長の吸光度計を用いる253（E253）の吸光度をその後の研究者は用いるようになりました。この領域の波長は、硝酸系の干渉を最小にして自然水系の有機物の吸収を最も感度良く測り得る波長領域です。硝酸系の挙動は、紫外部220nm吸光度（E220）を同時に計測することによって容易に把握されます。懸濁系の分離操作は一般に容易であり、紫外部吸光度は溶解系についてのみ計測が可能であることから、処理性評価のための一般有機物の存在量や挙動表示の際には、0.45μm通過のろ過試料のDOC（溶解性有機炭素）でTOCを代表します。

このような評価を行う際の第1の成分群は、炭水化物や脂肪族有機酸などに代表される生物易分解性の有機物群であり、E260吸光度を示さない有機炭素（TOC）量として定量され、在来指標ではBOD成分にほぼ対応します。

第2の成分群は、生物難分解性の有機物群で、清澄な自然水系では腐植質類が量的主体を成します。自然系/都市地域水代謝系に存在する有機物の量的主成分は、下水などに含まれる生物分解性の有機物とその分解成分である腐植質類などの生物難分解性成分がほとんどを占めています。腐植（フミン）質類などの生物難分解性有機成分は、生物体が腐敗/分解する代謝の最終産物として土壌系を経て河川へ流出する有機物や下水処理を経て安定化された放流水などに含まれる有機物がほとん

どを占めています。これらは生物難分解性の自然有機物群（Natural organic matters、NOM）とも定義されます。不均一で複雑な構造を持った有機物質群で、「水の色度」とも称される茶褐色の物質群です。これらは多くの場合に腐植（フミン）質類と総称され、200から20,000Daと広範囲の分布を示し、炭素50％、酸素40％、水素と窒素が5％弱程度の平均組成を持ちます。図3.34

```
水系有機物群の主体

[第1群] 生物易分解性成分 ( E260 非吸光 TOC )
    炭水化物・脂肪族有機酸など
    BOD 成分

[第2群] 生物難分解性成分 ( E260 吸光 TOC )
    腐植 ( フミン ) 質類など
      ├ 自然系由来 → 生物体の腐食/分解の代謝最終産物
      └ 下水系由来 → 下水有機物処理の代謝最終産物
    NOM (Natural organic matters) とも定義される
    水の色度発現 ( 茶褐色 200~20,000Da )
    トリハロメタン類生成物質
```

図3.34　自然系、都市代謝系における水系の有機物群

　図3.35は好気性微生物を少量シーデング（種付け）した水槽に、グルコース（糖）を繰り返し添加しながら微生物分解を繰り返して生成/蓄積した微生物代謝廃物と石狩泥炭地の着色水中の腐植質の赤外線吸収スペクトルを比較したものです。グルコース代謝水中の物質と泥炭地着色水の物質とが、ほとんど同じ物であることが分ります。このような好気性微生物分解では、流入原廃水中の生物分解性有機物の3～5％程度が代謝廃物の生物難分解性のTOC（NOM：腐植質類）として生成します。したがって、好気性の下水処理場では充分な処理を行っても、原廃水のTOCの3～5％は代謝廃物による腐植質の形で液系に残り、TOC基準の除去は95～97％が限度ということになります。嫌気性微生物分解（発酵）過程での腐食質生成量は一桁小さく、0.5％弱ほどになるようです（**表3.8**）。このような成分は紫外部260nmに吸光をよく示し（E260sensitive）、TOCmg/lと1cm石英セルで測った紫外部260nm吸光度の比（DOC/E260）が、30～50の成分として性格付けることができます。腐植質の1,500Da超の高分子成分（フミン酸類など）で、（DOC/E260）≒30、1,000Da以下の低分子成分（フルボ酸類など）では（DOC/E260）≒50といった値を示すようです。

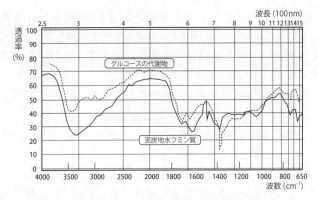

図3.35 泥炭地水有機物とグルコース好気性分解代謝物の赤外スペクトル

表3.8 生物難分解性の代謝廃成分（TOC）の生成

	生物分解性TOCに対する代謝廃成分TOCの生成率
好気性処理	3〜5%
嫌気性処理	約0.5%

＊好気性処理のTOC除去率は95〜97%が上限

　図3.36は、ある試料中に生物易分解性と難分解性の成分が、どのくらいの割合で存在しているかを求めるための図です。

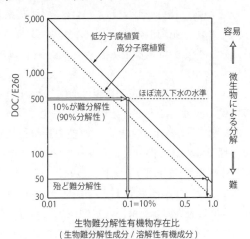

図3.36 自然系生物難分解性有機物存在比

第3章　水処理のプロセスとシステム　**125**

例を（DOC/E260）＝500といった指標値を示した有機排水にとります。図の白矢印をたどっていくと、全有機物量 DOCmg/l（低分子腐植質）のうち0.1＝10％が、E260発現性の有機物（腐植質：生物難分解性）であることが示されています。したがって、残りの90％の有機物は、さらに微生物によって分解され得る成分ということになります。流入下水はこれに近い値を示します。逆に、（DOC/E260）が30～50に近い水が観測されれば、これは生物難分解性のフミン質類を含んでいるだけなので、さらに微生物処理を施しても河川の自浄作用に期待しても、さらなる水質改善はないことを意味します。

このようにして現在、都市/地域水代謝系で BOD 成分として扱われている濃度10～100mg/l といった廃水中の有機第1主成分に対して、その数％の腐植質が生物難分解性有機物の第2主成分として問題になります。この有機第2主成分は、微生物分解を経た清澄な水中（林地流出水/湿地・湖沼水）に数mg/l～数十μg/lのオーダーで存在し、殺菌の為に加えられた塩素と反応してクロロホルムなどのトリハロメタン類を生成します。微量有機汚染問題発生の嚆矢となった原因成分です。また、味や臭い、農薬などの発がん性物質などのμg/l～ng/lオーダーの微量汚染物質(Volatile micro-organic pollutants など）の挙動や処理を考える場合、常に自然水中に卓越して存在している基底有機（主）成分として、このような腐植質の存在/挙動を考えに入れておく必要があります。農薬等の活性炭吸着量を規制する重大な影響成分になります。

また、水質変換マトリックスの第3列に示した「有機錯体」はこのような腐植質類と多価金属イオンなどが強い錯体を形成して、自然系/処理系であたかも腐植質そのもののように挙動します。泥炭地の地下水中の鉄、マンガンは有機錯体として安定に存在している場合が多く、単純な金属イオンのように、曝気などで不溶化して沈殿分離させることができません。

図3.30で、グループ1の高分子側の E260発現性 DOC は、DOC と E260の比が30くらいの値を保って中央の横軸上で上下対象形の分布をします。またグループ2以下の低分子側では DOC と E260の比が50といった値を持つ対象形になります。グループ1と2の凝集処理で除かれる部分と、グループ2と4の活性炭吸着で除かれる部分は、ともに紫外部吸光度 E260発現性（Sensitive）の DOC で、腐植質類（NOM）と考えられるものです。それに対して、グループ3に分画される DOC は、紫外部吸光度 E260非発現性（Insensitive）の微生物易分解性成分で、好気性微生物処理によってほぼ完全に除かれます。グループ1で E260値の30倍を超える DOC 部分は、**図3.36**から推算できる生物分解性の高分子で、分解速度がやや遅い

ものの長時間の微生物処理で除くことができる成分です。グループ5は分子量が過大でなければ吸着処理で除かれます。

自然系の成分と対比してみれば、森林などから平時に流出してくる腐植成分は、グループ2、4、5などが主体で、DOC/260が50といった値をとります。地表での滞留時間が長い自然湖沼の水には、さらに高分子のグループ1の腐植質が加わります（長時間貯留でフミン質の重合が進むと考えられます）。泥炭地や湿原の水では高分子成分が主体となり、DOC/E260の値は30に近づきます。降水があり湿地/沼地の溢流や地表部の腐植の堆積したA_1層からの表面流出が増えると、河川水でも高分子腐植成分が増し、凝集処理によるTOC総体の除去率が良くなります。都市下水などが加わると、グループ1や3などに紫外部吸光度E260非発現の糖類などの生物分解性有機物が大量に加わり、全試料のDOC/E260の値が300〜500といった数値になります（図3.37）。このような数値の水に対しては微生物処理が有効に働きます。これらの知見と先に述べてきた水処理の典型的なプロセス/システムの運用について、図3.32、図3.33の水質変換マトリックスをどのように使うかについて次に説明します。

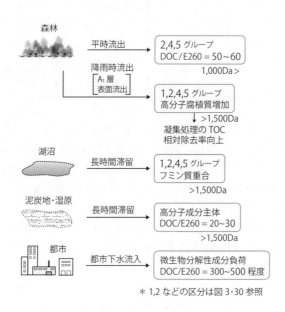

図3.37　腐食成分の流出

第3章　水処理のプロセスとシステム　**127**

(5) 水質変換マトリックス運用の詳細

　在来型の水処理のうち、好気性微生物処理は図3.32の点線で囲った成分を水系から分離し、不純物を汚泥として固系に引き出します。マトリックスの1行から3行に位置する懸濁性成分（粒径mm～μm）は、無機有機を問わず活性汚泥フロックや生物ろ床礫表面の既存のバイオマスに物理的あるいは物理化学的に捕捉/吸合され（Biosorption, Bioflocculation）て固形化し分離されます。さらに、第1列の生物分解性成分のうち、4～7行の溶解成分もバイオマスに吸収/吸着されて固形化するとともに、生物化学反応によって分解され、バイオマスを増殖させる形で固系に移行します。一方、微生物処理を行う一般の下水処理場は、2～5列に属する生物難分解性成分や無機成分のうち、5～7行の成分は除去できず放流水中に流出し、4行の成分の除去性も十分ではないようです。表3.9

表3.9　水質変換マトリックスの運用(1)

（図3・32　水質変換マトリックス）

範　囲	性　状	操　作	処　理
図3・32点線囲み	—	好気性微生物処理	不純物を汚泥化し水系から除去(一部を除く)
1-5列：1-3行	粒径mm-μm 無機・有機成分	バイオマス 捕捉/吸合	固形化分離
1列：4-7行	溶解性生物分解性成分	バイオマス 吸収/吸着/増殖	分解・個液分離
2-5列：5-7行	生物難分解性・無機成分	下水処理	処理できず放流

　下水道ができて処理場が稼働しても、河川水質がよくなっていないという苦情がある場合もあり、極端な場合は、下水道が河川を汚濁しているとさえいわれることがあります。その理由は、2～5列のコロイド成分以下の、特に5行以下の成分についての除去が多くの場合に十分でないため、大量の下水を集めて処理する放流点下流では、住民が問題を感じることがあるためと思います。

　また、凝集処理を基本的機能とする急速ろ過システムが、今日まで浄水処理の主流を占めています。この処理は図3.32中の内ぼかしの四角枠に包まれている範囲にあるコロイド成分以上の大きさの物質のほとんどを除くことができることから、世界中で広く用いられてきました。今日の凝集処理はほとんどの場合、先ず、アルミニウム塩か鉄塩を原水に加え、加水分解して生成したアルミニウム/鉄水和錯体の正荷電のコロイドによって、水中にある負荷電の汚濁成分のコロイド粒子（粘土、腐植質、細菌、藻類、寄生虫卵など）の荷電を中和してコロイド粒子間の電気的反

発力をなくします。その上で、撹拌によって粒子を相互に衝突させ、mmオーダーのフロックにまで架橋集塊させて粒径を大きくし、沈殿/ろ過で分離して固系に移行させる処理です。水に添加されたアルミニウム塩（硫酸アルミニウムなど）は、加水分解して$Al_8(OH)_{20}^{4+}$といったような正高荷電コロイド粒子となり、一部は水和反応が進んで$Al(OH)_3 \cdot (H_2O)_3$といった中性のアルミニウム水和物の微粒子になり、両者が協同して凝集/フロック形成を進行させます。

除去対象となる負荷電のさまざまなコロイド粒子は、粘土粒子（μm）、フミン酸粒子（10,000〜1,000Da）、フルボ酸粒子（500〜100Da）など様々に大きく異なる寸法を持っています。アルミニウムの正高荷電水和錯体は600Da程度であり、低分子の腐食質であるフルボ酸に対して、アルミニウム水和錯体粒子の方が大きいために、アルミニウム凝析物が核になって色度成分吸着型の集塊を形成しなければなりません。このため多量のアルミニウムが必要となり、操作が有効に行なわれません（図3.38）。

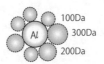

（各成分とも密度一定／球形と仮定）

図3.38　フルボ酸類の凝集模式

この低分子腐植質（NOM）の場合は凝集ではなく、図3.30に示したような活性炭吸着によって除かれるべき成分となります。さらに分子量の小さな微量汚染物質（Micro-pollutants、Volatile organic matter）も同様に活性炭吸着成分となり、マトリックスの2列6〜7行で対応することになります。したがって、凝集処理の低分子側の限界は、有効に作用するアルミニウム・ポリマー（アコ錯体：$Al_8OH_2O^{4+}$など）の600Daよりも少し大きな1,500Da位であろうかと思います。粘土成分などに関しては、少量の高荷電アルミニウム・ポリマーによる荷電中和と架橋材として適量の凝析した中性アルミニウム水和物の両方の存在が条件となり、この条件を満たす中性pH付近で操作が容易に進行します。

高分子の腐植質は粘土などに比して粒子径が小さく、比表面積が大きいために負の総荷電量が大きくなり、荷電中和用に正高荷電アルミニウム・ポリマーの大量の存在が必要となります。さらに荷電中和されたコロイドの集塊維持（フロック化）の

ための架橋物質として凝析した中性アルミニウム水和物が、同時に必要となります。この条件はpH6.0〜6.5といった弱酸性領域で満たされます。凝集では凝集剤と被凝集物質の種類に応じて適切なpH制御が必要となりますが、詳細は5章を参照してください。これらのことから、凝集処理が対応できる一番小さい粒子寸法は、凝集剤の高荷電アルミニウム・ポリマー（600〜800Da）よりもやや大きな1,500Da程度であることを筆者らは多くの実測例から確かめています。

高荷電のアルミニウム・ポリマーをあらかじめ安定に作って置くことができると、凝集操作に極めて有効です。ポリ塩化アルミニウム（PACl：日本ではパックPACと言い習わしていますが、国際的にはPACは粉末活性炭 Powdered activated carbon の略称）の単核錯体［$Al_2(OH)nCl_{6-m}$］$_m$（$1 \leq n \leq 5$，$m \leq 10$）を安定に作り置くことに成功したのが大明化学の伴繁男氏で、戦後の日本水道界の最大の発明の一つです。伴氏は特許を公開し誰もが広く使うことを可能にされたので、その使用は一挙に日本に広がり、在来の硫酸アルミニウムに代わり、現在に至るまでほとんどすべての水道/用廃水処理が、その恩恵に浴しています。1978年国際水道協会（IWSA）世界会議が京都で行われた折、同僚のIWSA科学技術評議会委員のフランスのリオン水道会社のフィッサンジー氏（後の委員長）にパックを紹介し、サンプルを贈呈したことからこの日本の発明は世界に広がり、多くの追試が行われPAClとして世界共通の財産になりました。

凝集剤に正荷電の合成有機高分子ポリマーを用いると、高濃度懸濁液の濃縮沈殿に有効であることが知られていますが、このようなポリマーの分子量は数千から数万に及ぶので、集塊させることができる負荷電粒子の寸法の下限界は、数万ダルトン（Da）といったレベルの高分子凝集剤の寸法を超えたところにあるということになります。粘土以上の粗濁質や腐食土（Humus）、家畜の糞、凝集したコロイド塊といったμm以上の寸法を持つ粗い粒子についてのみ有効な凝集剤です。

凝集処理は第1列の親水性の物質群（E260非発現成TOC）に対して有効性が低く、不純物寸法が大きな第1列第1〜3、4行の成分に対してはかろうじて有効なものの、5行以下の成分に対してはほとんど無力であり、マトリックス要素にある多糖類、有機酸、アルコールなどは凝集処理の対象とはなり得ず、微生物処理によらざるを得ません。このマトリックス要素（低分子のE260非発現TOC）は、**図3.32**の点線で囲まれた下水などの微生物処理が有効に働く領域で、低濃度系では緩速砂ろ過がこの領域の成分に対応します。第1列（E260非発現TOC）の第4行、5行の親水性コロイド成分に対しては、微生物凝集が時としては的確に対応できないことがあります。特に、第5行の多糖類は微生物代謝中間生成物として処理水中にか

なりの量残存していることがあり、物理化学的凝集でも除去しがたく、活性炭吸着でもその親水性（E260非発現TOC）であることとコロイド領域寸法であるため、細孔内への拡散除去が期待できず、配水系に漏出して管内での微生物再発生（Re-growth）の源となります。オランダではAOC（Assimilative organic matter）として表現される当該成分が、塩素殺菌を行わない場合の配水管内で微生物の再発現を生じさせないよう、いかにして処理系で除去するかが浄水の水質管理の最大の眼目となっています。廃水や用水の高度処理系で、活性炭吸着系からリークして来る最も扱いにくい成分群です。**表3.10**

表3.10 水質変換マトリックスの運用(2)

(図3·32 水質変換マトリックス)

範　囲	性　状	操　作	処　理
図3·32内ぼかし枠	コロイド成分以上の粒径	凝集	ほとんど除去
1列:1-4行	粒径mm～0.1μm	凝集	4行目はかろうじて可
1列:5行以下	多糖類・有機酸等 低分子E260非発現TOC	生物処理 (低濃度系:緩速ろ過)	凝集不可
1列:4-5行	親水性コロイド	下水処理	処理できないことあり
1列:5行	微生物代謝中間生成物	操作困難	配水系に漏出 微生物再発生

　前述のように、通常の浄水処理と下水処理の連携で標準的に処理できる水中不純物群は、第1列の（BOD：E260非発現TOC）と第2列から第5列までの有機物（E260発現性の生物難分解性）と無機物のうち、第6行、7行を除く成分であることがマトリックス上で理解されます。

　第2列以後の第6行と7行の成分は、通常の都市水代謝系の処理では除かれずに水系に残ります。無機物のうち第4列第6～7行の成分は、多荷の金属イオンやリン酸イオンなどであり、化学反応によって不溶化（凝析：Precipitation）してコロイド寸法にまで成長させ、後は凝集操作によって集塊させて沈殿/ろ過で分離します。地下水の硬度処理、重金属処理などに広く使われてきた処理で、水処理工学では凝析操作と称されるプロセスですが、水道界では特殊処理と言い習わしてきました。しかしながら、鉱工業廃水処理や地下水を取水源とする処理場では通常使用されている主処理であり、水道界の「業界用語」ともいえる特殊処理の用語は、少なくとも科学技術用語としては不適切のように思われ、これからは使わない方が良い

と思います。

　第3列の有機錯体は、第2列5、6行の生物難分解性有機物と第4列の重金属などの無機物との錯化合物です。この成分はE260発現の腐植質と同様の処理で除去されます。強力な過マンガン酸カリウムやオゾンなどの酸化剤を用いて、有機鉄/マンガンなどを強制的に金属水酸化物にして分離することもあります。また、E260発現TOC（生物難分解性有機物）である腐植質低分子成分（低分子NOM、フルボ酸類）や微量有機汚染物質（Micro organic pollutant : Volatile organics）などが、この第2列6、7行のマトリックス要素に含まれます。活性炭吸着が対応できる成分群で、図3.30にその操作のあらましを説明しました。

　水処理は操作時間（反応の継続時間：滞留時間）の長短によって、処理できる成分に異なりが出ます。生物分解性の低分子成分でも、臭いや味の成分は水中で分解され無機化されるのにやや時間を要します。生物分解性であっても易分解性ではありません。難分解性ではなくても遅分解性成分と考えられます。そこで、一旦活性炭に吸着固定しておいて活性炭内表面でゆっくり時間をかけて分解させればよいことになります。多糖類も同様な扱いが可能であり、量的には多くを望めませんが、粒子表面での微生物による収着と連続再生が行われて長期の活性炭ろ過塔の運用が可能になります。生物活性炭吸着塔といわれる操作で、アンモニア系の硝化では細孔内も活用されます。これらのさまざまな活性炭処理は、現在、高度処理と称しているシステムの中心に位置するプロセスです。

　最後に残ったのが、第5列第7行の安定な無機イオン類です。最も大量で代表的なのが海水/かん水のNaイオンやClイオンなどです。地下水に累積するNO_3イオンなどもその仲間に入ります。水分子と大きさも変わらず、水和イオンであったりして分離の一番難しい成分です。蒸発法の海水淡水化のように、気系に一旦蒸発させた水を凝結回収し、不純物を濃縮された状態で原水側に残す相変化で、水本体を動かして分離操作をするいささか強引な方法やイオン交換法などが用いられてきました。最もエネルギー的に困難な操作と言うことができます。煮ても焼いても食えないマトリックス要素ということができるかもしれません。20世紀末になって、RO膜/NF膜が実用化されて、ようやく除去に汎用性を持ちえるようになった要素です。表3.11を参照してください。

表3.11 水質変換マトリックスの運用(3)

(図3・32 水質変換マトリックス)

範囲	性状	操作	処理
2列：6-7行	溶解性生物難分解性有機物	吸着	活性炭処理
3列：5-6行	生物難分解性有機物と 4列の重金属の錯化合物	吸着 金属酸化	活性炭処理 固液分離
4列：6-7行	多価金属イオン リン酸イオンなど	凝析→成長	固液分離
5列：7行	無機イオン	蒸発 膜ろ過	RO/NF膜分離

　前述の水質変換マトリックスは、不純物成分を除去することを念頭に表現しました。一方、希薄系の場合には、殺菌操作による微生物の無害化、キレート剤を用いた金属イオンなどの不活性化（封鎖）などの処理がしばしば行われますが、水処理の本質（主体）は、不純物を水系から除去して固気系へ移行することにあると考えます。

　分離機能膜処理の水処理マトリックスを示すと図3.33のようになります。在来型水処理システムの場合に比べて、分離要素は「不純物の寸法/分子サイズと除去に用いられる分離機能膜の分離限界寸法（Cutoff level）」であり、原理的には直截です。1次元で表現すると図3.39のように示されます。

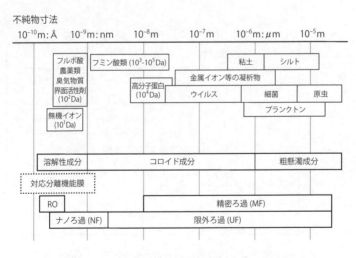

図3.39 水中不純物寸法と対応する分離機能膜

この図からも分かる様に、膜分離はコロイドよりも小さな不純物の除去に特徴ある分離特性を発揮します。機能膜分離は処理フラックスが低いこと、一般にエネルギー消費率が在来法に比して大きく、さらに分子量が小さくなってくると駆動のためのエネルギー消費率がより大きくなってくることから、高濃度の粗懸濁質を予め在来の沈殿ろ過で取り除いて、低分子量成分に対応するのが得策です。また、コロイド質の除去を行う場合でも、凝集処理で不純物寸法を大きくしておくことによって、膜ろ過を効率よく進めることができます。

(6) 不純物濃度を考えてのプロセス選定

水中の不純物の存在状態とプロセスの有効性を結びつけて、不純物の処理性を評価しようとするときに考えなければならないのは、不純物の寸法と化学的な性質に次いで不純物濃度です。水処理は、黄河の濁水の10^2 g/lにも及ぶ高濃度水や寄生虫卵の1〜2個/m³といった極端に薄い汚染物質に対応しなければなりません。図3.40は縦軸に不純物寸法を横軸に濃度をとって、水処理の代表的な分離プロセスについて不純物寸法と不純物濃度についての2次元のマトリックスで処理適応領域を概観したものです。図3.32と図3.33とを組み合わせると、不純物寸法/不純物性質/不純物濃度の3次元の処理マトリックスが構成されます。

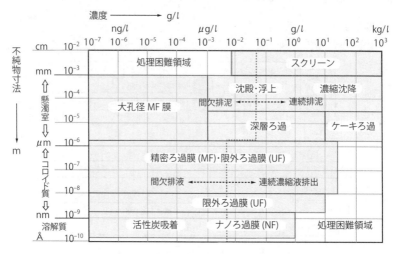

図3.40 諸プロセスの適応可能な不純物寸法と濃度領域

水質変換マトリックスの第5、6、7行の溶解性の生物代謝成分（NOM）や生物難分解性微量有機成分が除かれることによって初めて、現今の高密度社会の水処理は一応の対応が進むことになるので、これを高度処理として特別視するわけにはいきません。

(7) 一般有機物（General organics）の除去性詳細

　自然水中や都市水代謝系の水中で卓越的量を占める有機物を「E260発現性」と「E260非発現性」の有機炭素TOCからなる疑似2成分系で、システムを定量的に設計/運用/評価することを前項で提案しました。E260非発現TOCなる有機物は、在来指標BODで代表される生物分解性の有機物と考えてよいでしょう。また、E260発現TOCなる有機物は、色度あるいは腐植質と称される生物難分解性の有機物であり、在来指標で表現すれば（COD-BOD）と表されます。図3.37に示したように、1,500Daを超えるようなフミン質類は、TOC/E260（1cm）≒20～30といった値を示し、筆者らの観測例では、湿地やため池などに長時間停滞している地表水域で観測され、強い降雨のある時にだけ河川に流出してきます。また、地下水化した水が土壌層を通過する際に吸着などで高分子の腐植質部分を失い、中間流出となって河川に涵養される平常時や低水期の河川水中のフミン質は、低分子成分が主体となります。このような地下水経由の流出水（中間流出水）に含まれる1,000Da以下の低分子の紫外部吸光度発現物質は、TOC/E260（1cm）≒50～60といった値を示します。この様な低分子フミン質は先に示したグルコースの微生物代謝廃水や下水処理水などの若い腐植質の主成分でもあるようです。

　このような若い腐植質の主成分となる低分子E260発現有機成分の除去には、活性炭吸着などの処理を必要とします。後にトリハロメタン（THM）対策で述べますが、前塩素処理を中塩素処理に切り替えることによって減少するTHM生成ポテンシャルは、この高分子部分のフミン質（E260発現成分）が凝集沈殿で除かれることによるものです。このような高分子のフミン質類は、自然貯水域における低分子成分の重合によると考えられます。

　図3.41は石狩泥炭地水の分子質量別にTOC/E260比をとったものです。1,500Da以上で20、1,000Da以下で50といった特質が示されています。横軸のV_e/V_0は高速液体クロマトグラフィーの押し出し液量をゲルカラムの空隙水路の体積で割った分子量推定の元になる計測値です。

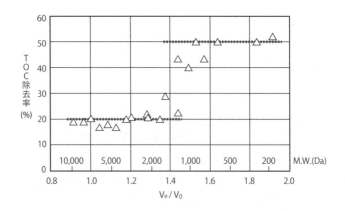

図3.41　泥炭地水の高分子および低い分子成分の特性

図3.42は、様々な水をアルミニウムで凝集処理した水のE260発現TOC（フミン質類）の除去率を分子の質量別に求めたもので、2,500Da以上のフミン質はほとんど完全に除かれるのに対して、1,000Da以下では除去が期待できません。これは低分子部分のフミン質の除去には、活性炭吸着が必要になることを意味しています。

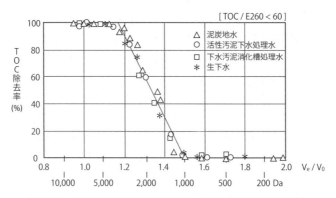

図3.42　凝集による生物難分解性一般有機成分の除去性

一方、E260非発現性のTOC（BOD成分）のアルミニウム凝集の結果を同様に、分子の質量とTOC除去率の関係で描くと図3.43のようになります。凝集による除去性はフミン質類に比べて極めて低く、2,500Da以下での除去は期待できません。5,000～1,000Daの高分子部分でも、除去率は50％付近にとどまっています。

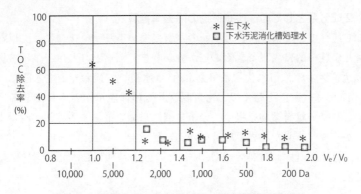

図3.43 凝集による生物分解性一般有機物の除去性

それに対して、好気性微生物処理による E260 非発現性 TOC（BOD 成分）の除去性は図3.44のようであり、2,000Da 位以下では充分な除去が期待できますが、5,000〜10,000Da と大きくなってくると、微生物による分解に時間がかかってきて、限定された処理時間内では十分な除去が得られません。生物分解性はあったとしても、遅分解性として考えることになります。我々は下水の再生利用のための処理やあまり清浄でない下流域の河川原水を使った浄水操作で、凝集沈殿/活性炭処理をしても除かれない TOC が 1 mg/l 弱あることを多くの高度処理システムで経験しています。図3.43と図3.44の直列のシステムでも除去しきれない E260 非発現性の有機物（おそらく親水性の高分子多糖類）の存在によるものと考えられます。

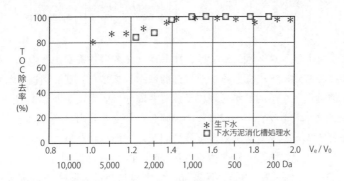

図3.44 好気性微生物処理における生物分解性一般有機物の除去性

第3章 水処理のプロセスとシステム

(8) 疑似2成分系としての一般有機物の除去率推算式

ここまで述べてきたように、2次元の水質変換マトリックスによって用廃水の処理性を何とか統一的に表現できることが分かりました。とりわけ、多種多様な有機物を第2サイクルの都市水代謝系（上水道/下水道）で扱おうとする際に、在来表現方式のBODやCODを超えて、物質収支と処理性表示がともにできる「疑似2成分系」として一般有機物を扱い、分子量別に挙動を推算する方法が有効であることが明らかになりました。**表3.12**はその性格付けを一覧表に要約したものです。E260発現性と非発現性の有機物（TOC）とその分子量別の2次元要素による処理性の評価です。

表3.12　溶解性一般有機物の疑似2成分としての性格

主指標　[物質収支主指標：TOC
　　　　フミン質類性格付け指標：E260]

溶解性有機物の 疑似2成分区分	在来指標との関係	
	酸素要求量 （在来型指標）	有機炭素量 TOC （新たな指標）
E260 発現成分	CODcr − BOD	TOC（フミン酸類）*
E260 非発現成分	BOD	TOC（生物分解性有機物）
指標の性格	有機物収支の 間接的・補完的把握	物質収支の 直接的把握

＊フミン質類の分離 TOC/E260
　高分子側 ≒20～30 (>1,500 Da)
　低分子側 ≒50 (<1,000 Da)

[フミン質相当炭素量] = [全有機炭素量] − [生物分解性成分炭素量]

処理性表示マトリックス**図3.32**では、マトリックスの各要素がどのような処理プロセスによって有効に除去できるかを定性的に示しました。**式3.14**はこれらのうち、好気性微生物処理と化学的凝集処理によって各成分（要素）がどこまで除去できるかを、ゲルクロマトグラフィーによって分画した大量の分画試料の回分式活性汚泥微生物処理とアルミニウム凝集処理を多数回試みて得られた最大（最終平衡に達したと考えられる状況にある）除去率をE260発現TOCと非発現TOCの疑似2成分の分画寸法別（i = 1、2、3等：**図3.30**）で表現した最大除去率の実験的推算式です。

現実の水システムの運用や評価に際しては、事前に原水/原廃水をサンプリングし、液体クロマトグラフィーによって分子の質量別に試料を展開して、その画群ご

とのTOCと紫外部E260分布を求め、この式によって平衡除去率を推算すれば、好気性微生物処理や凝集処理によってどこまで除去が期待できるかを定量的に求めることができます。もし、実際の処理場や自然系の試水の検討で、現状の処理結果がこの数値に至らなければ、まだ処理が十分でないということが判ります。処理場の操作を工夫することによって、この式で推算した実用最高の除去率にまで改善することが期待できます。多くの実証試験によって、この推算式の精度はきわめて高く、処理限度の算定に有効であることが多くの実例から証明されています。

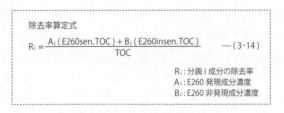

式3.14　マトリックス上での除去率の推算

3.6　水処理システムの構築

(1)　処理プロセスを結合してシステムへ

　多種多様な水質汚濁成分を対象に設計される水処理システムは、個々の不純物領域（マトリックス要素）に対応する水処理の諸プロセスを適切に組み合わせて作り上げられます。一般的には、不純物寸法の大きなもの、濃度の高いものから順番に処理プロセスを並べていきます。

　図3.45に示す典型的な活性汚泥法の下水処理システムの場合を例に考えてみます。不純物濃度と寸法による処理性マトリックスが示すように、流入下水を先ずスクリーンを通し最も粗寸法のゴミをとり、沈砂池で砂粒を沈殿し、次の最初沈殿池で

シルトや粘土の粒子をできるだけ除いて、反応タンク（曝気槽）で返送汚泥を加えた上で高濃度の微生物反応を進め、最終沈殿池で活性汚泥を沈殿分離し、上澄み水に塩素を入れて殺菌放流します。沈殿分離した高濃度の活性（余剰）汚泥は汚泥処理系に移され、濃縮層でさらに濃縮沈降して高濃度化したのち、消化槽に導入して嫌気性反応（高濃度）による安定化/減容化を受け、その生成汚泥はケーキろ過などで脱水されて固系に移し処分されます。

さらに、下水処理水を再生利用しようとすれば、精密ろ過/限外ろ過/ナノろ過や活性炭吸着などの低分子量/低濃度対応に得意な処理プロセスを加えます。また、極低濃度に達した膜/活性炭吸着処理水に、成分除去を伴わない塩素殺菌/オゾン処理/紫外線殺菌などの無害化処理を加えます。これらを高度処理と称しています。下水処理では、沈殿処理を1次処理、微生物処理を2次処理と言い習わしてきましたので、以後の処理を3次処理と言ってきました。しかしながら、凝集/ろ過や活性炭処理、さらには膜処理などが次々と後続して連なってきますので、3次では足りず高度処理とか高次処理などと表現するようになりました。

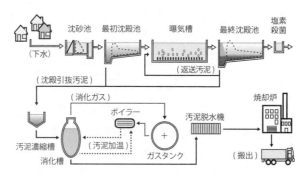

図3.45　下水処理場の汚水処理と汚泥処理の基本的フロー

しかしながら、この伝統的な下水処理システム構成とは別な処理法（システム）の組み方も考えられます。流入下水を沈砂/普通沈殿させた次に凝集沈殿処理を施すと、高分子成分が除かれ、残りは低分子成分となります。浄水処理の順序と同じですが、下水でも高分子部分、特に生物難分解性あるいは遅分解性成分を先行分離すると、残った低分子の生物易分解性成分は生物ろ過/散布ろ床などで短時間に処理されます。この場合に、微生物処理は3次目ということになります。2次目で凝集分離された高濃度の有機物（高分子部分）は、濃縮後に嫌気性消化の汚泥処理工程に移され、さらにエネルギー・リン資源回収などの処理対応をすることができま

す（図3.46）。この方法は、エネルギー消費率が普通の活性汚泥法よりも少なくて済みます。1970年代中ごろ筆者らが北海道大学で、また同じころ北欧3国が共同でこのシステムを研究していました。後の凝集の項で記述しますが、生下水の凝集沈殿に高分子凝集剤を用いるペレット型連続上昇流プロセスを用いる高速固液分離を先行させ、固定床好気性生物処理を後置すれば、1〜2時間といった短時間で処理が進みます。現在なら浸積型MF/UF膜凝集操作に好気性膜微生物処理（MBR：Membrane bio-reactor）を後置すれば、再生利用までを射程に入れた最新の水/エネルギー/資源回収システムを組むことができるでしょう。

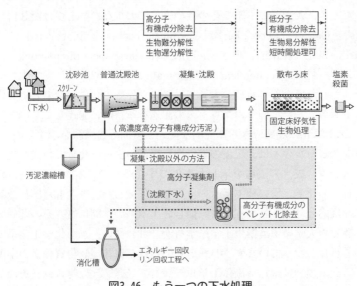

図3.46　もう一つの下水処理

(2) プロセス/システム構成の速度論とダイナミックス

この章では、水処理プロセスの構築を主としてその処理性と水質とを重ねて理解/評価するという、平衡論的な議論を中心に話を進めてきました。しかしながら、現実の処理システムを設計/運用し、都市水代謝系を運用していくためには、速度論的（Kinetic）な表現が不可欠であり、変動する環境/社会条件に対応する為に動的（Dynamic）な扱いにも習熟しておく必要があります。工学分野でのこの種のプロセスやシステムを扱う学問は、化学工学（Chemical engineering）分野を中心に1960年代以来大きな発展を遂げ、今では工学の多くの分野、時としては社会科学分

野でさえも必須の知識/手法となっています。20世紀の科学技術は、システム的展開を遂げることによって19世紀を超えました。石油化学の隆盛からもっと精細な生物工学の分野へと展開が進んでいます。原子力のような大規模工学になると、境界を地球/生態系にまで広げた議論が必要になります。しかし、20世紀に創り上げてきたシステム体系の学問は、まだそれを充分にこなす力量を21世紀になっても備えていないことが問題になっています。課題や問題を所与のものとして微分方程式的に扱ってきたシステム学が、境界条件をいかにまとめるかといった積分方程式型に展開する時代に入って、この学問は集積を終えるのではないかとも思います。

　半世紀の昔の1962年、米国のフロリダ大学（Gainesville）化学科の研究員として働いていたとき、大学前の本屋でその後の人生に大きな影響を受けた3冊の本に出会いました。Octave Levenspiel 著「Chemical reaction engineering」(1962)、R. Byron Bird、W. E. Stewart、E. N. Lightfoot 著「Transport phenomena」(1962)、V. G. Levich 著「Physicochemical hydrodynamics」(1962) の3書です。いずれもこの年発刊されたばかりの新刊の大著で、後に世界中の化学工学の基礎を作った創造性溢れる原著でした。個々のプロセスの記述を革新的に記述したものでしたが、総合化/システム化に展開できる基礎的な記述と展開への道筋を示すものでした。

　レーベンスピールの本は、現象の進行を見事にパターン化して数式表現し、プロセスのシステム合成への道筋を示したものです。多くの日本語の解説書/教科書化が進み、日本の化学工学の種本ともいうべき一作でした。筆者も帰国後、北大衛生工学科で「反応と分離」という科目を開き、土木系の学問に質変換の基礎を導入しました。多くの大学の環境衛生工学系学科がこれに倣い、また化学工学系の環境工学では中心科目となっています。バードらの本は、流体/熱/物質輸送の学問を同じ視点でとらえ、運動量輸送（流体工学）/熱輸送・伝熱工学/物質輸送を同じ基礎方程式で相互関連付けて記述し、工学の様々な分野でそれぞれ展開されてきた輸送現象を統一的に表現しました。レービッヒは若くしてソ連科学アカデミーの副総裁になった俊英です。化学反応/物理化学反応を流体の挙動と結び付けるマイクロハイドロダイナミックスの創始者で、我々が長い間慣れ親しんできた流体力学（オイラー流など）を超えて、輸送/反応プロセスを総合化し、より大きなシステムへと問題を合成する際の基礎的な知見を提示しました。現本はロシア語で書かれ、英語訳のタイプライタープリントの本で、間違いが少しあったように思いますが、最初に手に取った時の驚きを忘れません。わが国でも筆者が論文に用い紹介したことから、環境工学の多くの研究者が恩恵を受けたと思います。

　これらの成果をここで紹介するにはあまりにも膨大な知見なので、いささかの先

祖帰りにはなりますが、Kinetics、Dynamics に関する記述は後の章の処理各論のところで、必要に応じて実例を挙げて紹介したいと思います。

第3章　参考文献
3.1　処理性の評価法
・丹保憲仁「都市地域水代謝システムの歴史と技術」鹿島出版会（2012年）
・丹保憲仁「水の危機をどう救うか：環境工学が変える未来」PHPサイエンス・ワールド新書（2012年）
・丹保憲仁「上水道」（土木学会編新体系土木工学88）技法堂出版（1980）

3.2　物理的性質の差（粒径差）による分離機序機構
・丹保憲仁・小笠原紘一「浄水の技術」技法堂出版（1985）
・丹保憲仁「上水道」（土木学会編新体系土木工学88）技法堂出版（1980）
・J. M. Montgomery consulting Engineers, Inc.「Water treatment Principles and design」Johen Wiley & Sons（1985）
・Degremont「Water treatment handbook」6 th edit. Vol. 1 & 2、Degramont water & environment（1991）
・Clyde Orr. Jr. & J. M. Dallavalle「Fine particle measurement-Size, surface and pore volume」The Macmillan Co.（1959）
・H. R. Kruit「Colloid science、vol. I & II」Elsevier publishing Co.（1952 & 1949）
・北原文雄・渡辺昌「界面電気現象－基礎・測定・応用－」共立出版（1972）
・Walter J. Weber, Jr.「Physicochemical processes for water quality control」Wiley-Interscience（1971）、丹保・南部監訳「ウエーバー水質制御の物理化学プロセス」朝倉書店（1981）
・清水博「イオン交換樹脂」共立出版（1953）
・オルガノ株式会社編「イオン交換樹脂その技術と応用」オルガノ株式会社（1985）

3.3　化学的性質差による分離機序
・Werner Stumm & J. J. Morgan「Aquatic chemistry」2 nd Ed. Johen Wiley & Sons（1981）
・C. N. Sawyer & P. L. McCarty「Chemistry for sanitary engineers」3 rd Ed. McGraw-Hill Co.（1978）, 松井・野口訳「環境工学のための化学」森北出版（1982）

- 合田健「水質工学基礎編」丸善（1975）
- 合田健編著「水質環境科学」丸善（1985）
- 中山正敏「物質環境科学Ⅱ－環境システムとエントロピー」放送大学大学院03教材（2003）
- 松本・浦辺・田近「惑星地球の進化」放送大学教材（2013）
- Mathis Wackernagel & Willeam E. Rees「Our ecological foot print-Reducing human impact on the Earth」New Society Publishers（1996）和田（監訳）池田真理訳「エコロジカル・フットプリント」合同出版（2004）

3.4　無害化と不純物濃度
- Werner Stumm & J. J. Morgan「Aquatic chemistry」2 nd Ed. Johen Wiley & Sons（1981）
- C. N. Sawyer & P. L. McCarty「Chemistry for sanitary engineers」3 rd Ed. McGraw-Hill Co.（1978）、松井・野口訳「環境工学のための化学」森北出版（1982）
- 国包章一外監訳「WHO飲料水質ガイドライン（3版）第1巻」日本水道協会（2008）
- 丹保憲仁編著「水道とトリハロメタン」技法堂出版（1983）
- 大蔵武「工業用水の化学と処理」日刊工業新聞社（1959）

3.5　水質変換マトリックスによる処理性評価
- 丹保憲仁、亀井翼「マトリックスによる都市水代謝の評価」水道協会雑誌502号（1976）
- 丹保憲仁「水環境工学における成分の流れと収支の評価」土木学会論文集363（1985）
- N. Tambo & T. Kamei「Treatability evaluation of general organic matter. Matrix conception and its application for a regional water and waste water system」Water research Vol. 12、pp931～950（1978）
- N. Tambo & T. Kamei「Water quality conversion matrix of aerobic biological processes」J. Water Poluution Control Federation, Vol. 52., No. 5（1980）
- N. Tambo & T. Kamei「Evaluation of extent of humic-substance removal by coagulation」American chemical society : Advances in chemistry series No. 219（1989）
- 丹保・亀井・高橋（正）「好気性生物化学プロセスからの代謝廃成分の挙動と性

質」下水道協会誌18巻210号（1981）

3.6　水処理システムの構築
・丹保憲仁「都市地域水代謝システムの歴史と技術」鹿島出版会（2012）

第4章

固液分離プロセス

第4章
固液分離プロセス

　水処理は、水の中に置いておきたくない不純物を固系か気系に移動させて、水の価値を保とうとする操作です。その際、固系に移動させることによって、液系では水全体に広がって高々$10 \sim 100 \mathrm{mg}/l$ 程の低濃度で障害を発生させていた成分が、固系ではわずかな体積を占める高濃度成分と化して、多くの場合、土壌系に局所的に集中処分することができるようになります。気系に移すと大気全体に拡散して薄まり、広域分散処分されるということになります。廃棄物管理の観点からいえば、不純物を固形化してその存在を極限化するのが望ましく、水処理(ほとんどの環境管理)では、固系へ負荷を移すことが第一の選択肢となります。そのための基本プロセスが「固液分離」です。

4.1　沈殿と浮上（重力による分離）

4.1.1　沈殿

　沈殿（Sedimentation）は、広義には「固体粒子が懸濁する懸濁液（Suspension）が、上澄み液とより濃縮された懸濁液に分かれる現象」をいいます。環境工学の分野における沈殿現象の応用は広範囲にわたりますが、ここでは水よりも比重の大きな懸濁質（Suspended matter）が、重力によって沈降する場合について述べることにします。

　懸濁液をある容器（装置）に入れ、重力によって粒子を沈降させて固液分離を行う操作を沈殿処理（Sedimentation process あるいは単に Sedimentation）と総称します。沈殿処理のうち、原水の固形物濃度が低く清澄な上澄み水（Over flow）を得ることを目的とする操作を清澄沈殿（Clarification）といい、固形物濃度が高い原水からさらに濃い固形沈殿物（Sludge）を得ることを目的とする操作を濃縮沈殿（Thickening）といいます。濃縮された固形成分は、容器の底部からスラリー（Slurry）状で排出（Under flow）されます（表4.1）。

表4.1 重力による沈殿処理の大区分

原水の固形物濃度	処理区分	目的
低	清澄沈殿	清澄水製造
高	濃縮沈殿	高濃度沈殿物製造

(1) 沈殿の分類

　清澄、濃縮等の沈殿を粒子群の沈降様式（Settling regime）によって分類すると、図4.1に示すように大別して4つの型になります。

　懸濁粒子の濃度が低く、粒子が相互に凝集/集塊（Flocculate）するような性質を持たず、並んで沈降して行く粒子の流線が相互に干渉することのない状態は、単独な分離粒子（Discrete particle）の自由沈降であり、この様な沈降を①単粒子自由沈降（Discrete free settling）と称します。

　低濃度で並んで沈降して行く複数の粒子の周りの流線の干渉が無視できる自由沈降の場合でも、粒子の大小（沈降速度の大小）の差によって、大きな（高速沈降）粒子の追突が生じ、両粒子が凝集/集塊して、さらに大きな粒子に成長することによって、より高速になって沈降することがあります。このような衝突集塊する凝集性のある希薄系の沈降を②凝集性自由沈降（Flocculent free settling）と言います。

　懸濁液の濃度が高くなってくると、各粒子の沈降速度は周囲の粒子の干渉を受けて単粒子の場合よりも遅くなってきます。このような領域の沈降を③a干渉沈降（Hindered settling）といいます。

　さらに濃度が高くなって干渉の度合いが大きくなると、もはや粒子は個々の固有沈降速度で沈殿できず、相互に相対的位置を変えることが難しくなって、粒子群が一体となって沈降するようになります。このような沈降も広義には干渉沈降ですが、狭義には③b集団沈降（Collective settling）として区分し、個々の粒子運動が可能な範囲での干渉沈降を狭義の③a干渉沈降と称します。

　粒子群が沈降槽の底に沈積し、非常に高い濃度になってくると、個々の粒子が互いに接触し合い、上方の粒子の重量によって下層の粒子群が圧縮変形を受け、間隙の水を上方に排除しながら沈降/濃縮を続けます。このような沈降様式を④圧縮沈降（Compression）と称します。

　②、③、④の沈降様式への移行は、凝集性の高い粒子ほど低濃度で進行します。凝集性は水処理の諸操作について、大変に重要な性質ですので第5章で詳しく述べ

ます。

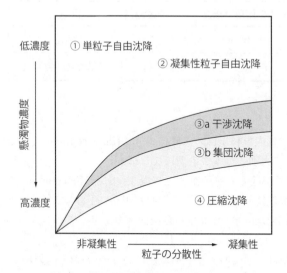

図4.1　粒子群の沈降様式による沈殿分類

　実際の水処理において、領域①は上下水道等の沈砂池、緩速ろ過の普通沈殿池において、領域②は上水や工業用水の水平流式薬品沈殿池等で、領域③は上水道のブランケット型上昇流式沈殿池や下水・廃水処理の活性汚泥の終末沈殿池などで現れてきます。濃縮槽や沈殿池の排泥部分では領域③、④が主として存在しています。

　上述の沈降様式は、静水中での沈降（Quiescent settling）について考えたものであり、実際の連続操作では、このような沈降パターンと沈殿池の水流パターンが合成されて装置が設計されますので、さらに、池の水流についての検討が必要になります。沈殿池は開水路の一種と考えることできますが、流速が非常に小さく、幅と長さの比、深さと長さの比が一般の開水路に比べて著しく小さいので、密度流/吹（風）送流等に起因する短絡流等の偏流などで大きく流況が左右され、理論的な水流パターンとの相違が大きな課題になります。そこで、この章の後半では、沈降のレジームに次いで池の水理現象を述べ、その両者の合成で沈殿池の設計/操作を考えることにします。

(2)　単一粒子の沈降基本式

　沈降現象の基本式としては「球形単一粒子の自由沈降式」が用いられ、次のよう

な条件の下で導かれます。
1）粒子は非圧縮性かつ非変形性の球形である。
2）沈降の行われる流体は静止しており、かつ非圧縮性であり、粒子の沈降は容器壁の影響を受けない。
3）粒子に対する加速力は一様な重力場から与えられる。
4）粒子は自由に運動でき、他の粒子が同時に存在しないか、存在しても影響を及ぼさない。

このような条件が成り立つ場合、沈降速度は単一粒子とそれを浮遊させている流体の性質のみで決まります。このような条件下で、流体中に懸濁している粒子を運動させようとする力Fは、**式4.1**の様な諸力の合力として表わされます。

$$F = F_g - F_b - R \quad —(4 \cdot 1)$$

F：粒子を運動させようとする合力
F_g：粒子に作用する重力
F_b：粒子に作用する浮力
R：粒子の運動に対する抵抗力 (drag force)

式4.1　粒子に作用する力

$$F_g - F_b = \frac{\pi d^3}{6} \cdot g(\rho_s - \rho) \quad —(4 \cdot 2)$$

d：粒子直径 (cm)
g：重力加速度 (cm^3/sec^2)
ρ_s：粒子密度 (g/cm^3)
ρ_s：粒子密度 (g/cm^3)
ρ：水の密度 (g/cm^3)

式4.2　[$F_g - F_b$]

今、球形粒子を考えると、$F_g - F_b$は**式4.2**で表されます。

抵抗力Rは水の粘性係数μ、密度ρ、粒子直径d、沈降速度wの4つの独立変数の関数と考えられ、指数型を用いて**式4.3**のように表すことが出来ます。

$$R = K(d^p w^q \rho^r \mu^s) \quad —(4 \cdot 3)$$

K：定数
w：粒子の沈降速度
μ：水の粘性係数

式4.3　抵抗力R

$$[mlt^{-2}] = K[l^p(lt^{-1})^q(ml^{-3})^r(ml^{-1}t^{-1})^s] \quad —(4 \cdot 4)$$

m：質量
t：時間
l：長さ

式4.4　バッキンガムのπ定理による抵抗力Rの次元解析

バッキンガム（Buckingham）のπ定理を用いて、**式4.3**の各要素の次元を列挙した等式による次元解析を行ってベキ数を決め、抵抗力の関数形を**式4.5**のように提案することができます。

式4.4の両辺の次元が等しくなるためには、各基本要素の次元の総和が左右両辺

で等しくなる必要があり、このことから**式4.5**が導かれます。

式 4・4 両辺の次元が等しくなければならないことから
$$\text{質量 } m : 1 = r + s$$
$$\text{時間 } t : -2 = -q - s$$
$$\text{長さ } l : 1 = p + q - 3r - s$$
$$\Rightarrow \quad r = 1 - s$$
$$q = 2 - s$$
$$p = 2 - s$$

r, p, q を式 4・3 に代入

$$R = K(d^2 w^2 \rho) \cdot (dw\rho)^{-s} \mu^s = K(d^2 w^2 \rho) \cdot \left(\frac{\mu}{dw\rho}\right)^s$$
$$= K(d^2 w^2 \rho) \cdot \Phi(Re) \quad \text{―(4・5)}$$

$$\begin{bmatrix} Re = dw/\nu : \text{レイノルズ数} \\ \nu = \mu/\rho : \text{動粘性係数} \end{bmatrix}$$

ニュートン流「流体中の固体の抵抗は速度の 2 乗に比例する」で表現すると
$$R = C_D A \rho w^2 / 2$$

$$\begin{bmatrix} C_D : \text{抵抗係数 } (= \Phi(Re)) \\ A : \text{運動方向に垂直な断面積 } (= 2Kd^2) \end{bmatrix}$$

式4.5 抵抗力 R の式

さらに、一般に用いられる、流体中の固体の抵抗が速度の 2 乗に比例して発生し、その比例定数 C_D を抵抗係数と定義するニュートン流の表現を導入すると**式4.6**が得られ、**式4.2**、**式4.5**を**式4.1**に代入すると、**式4.7**の沈降運動方程式が得られます。故に、沈降加速度は**式4.8**となります。

球形粒子に適応すると R は
$$R = \frac{C_D A \rho w^2}{2} = C_D \frac{\pi}{4} \frac{d^2 \rho w^2}{2}$$
$$= C_D \frac{\pi d^2 \rho w^2}{8} \quad \text{―(4・6)}$$
$$A = \pi d^2/4 : \text{粒子断面積}$$

式4.6 球形粒子に対する抵抗の式

式 4・1 に式 4・2、式 4・6 を代入すると
ニュートンの運動方程式 $F = m\alpha$ から
$$F = \frac{\pi d^3}{6} \rho_s \frac{dw}{dt}$$
$$= \frac{\pi d^3}{6} g(\rho_s - \rho) - C_D \frac{\pi d^2 \rho w^2}{8} \quad \text{―(4・7)}$$

式4.7 沈降運動方程式

粒子の沈降速度は時間の経過とともに次第に大きくなって、ついには実際上、一定の速度に達します。終(末沈降)速度(Terminal velocity)といわれる加速度 $d_w/d_t = 0$ に漸近する速度で、**式4.9**のような沈降速度式として与えられます。

式中の抵抗係数 C_D は、レイノルズ数の関数であり、レイノルズ数の異なる領域

ではそれぞれ特徴的な関数形をとることが知られています。

$$\frac{dw}{dt} = \frac{\rho_s - \rho}{\rho_s} g - \frac{3}{4} \frac{C_D \rho w^2}{d \rho_s} \quad —(4 \cdot 8)$$

$$w = \left(\frac{4}{3} \frac{g}{C_D} \frac{(\rho_s - \rho)}{\rho} d \right)^{\frac{1}{2}} \quad —(4 \cdot 9)$$

式4.8 粒子の沈降加速度　　　　　式4.9 沈降速度式

(3) 抵抗係数 C_D の決定と沈降の諸法則

　抵抗係数 $C_D = \phi(Re) = \phi(wd/\nu)$ の値を様々な粒子の終速度 w の測定結果を対比して**式4.9**によって求め、レイノルズ数と抵抗係数 C_D の関係をプロットすると**図4.2**のようになります。図に見られるように、レイノルズ数が小さな領域 $Re \ll 10^0$ では、C_D は Re の−1乗に比例して減少しますが、レイノルズ数が大きくなって $10^0 < Re < 10^3$ の領域になると、C_D 減衰の傾きは緩くなり、$10^3 < Re < 10^5$ の領域になるとほぼ一定値となり、球の場合 $C_D = 0.4$ といった値をとります。

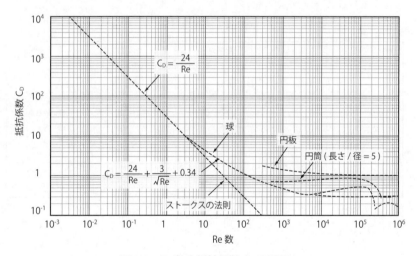

図4.2　Re 数と抵抗係数 C_D の関係

　これらの関係を、特性領域別に対応するレイノルズ数と抵抗係数 C_D の関係として示すと、**表4.2**の第1欄，第2欄のようになり、第2欄の値を**式4.6**に代入して各領域の抵抗力 R が第3欄のように求められます。Re 数が 10^0 よりも小さな領域の抵抗 R は、沈降速度 w の1乗に比例し、Re 数が 10^3 よりも大きな領域では、抵抗は

沈降速度 w の2乗に比例します。前者についてはストークスが、「抵抗は粘性のみに支配され慣性力を無視し得る」という条件で理論的に導いたものと実験結果が一致したもので、ストークスの抵抗法則と称されます。

　この領域における沈降球の周りの流れは完全なラミナー流（層流）であって、流線の剥離はなく、後流（Wake）を伴いません。それに対して，比較的大きな粒径を持ち高速で沈降してくる大きなレイノルズ数を持つ粒子では、球の周りの流線に剥離が起こって後方に渦を伴い、境界層は完全に乱流状態になります（**図4.3**）。この領域では、渦の発生による球の前後の圧力差による抵抗が、粘性による抵抗に卓越して、ニュートンの抵抗が速度の2乗に比例するという渦流（慣性）領域の抵抗則を示します。ニュートン抵抗則と称します。この領域の中間にあって、境界層の剥離が不完全で，粘性抵抗と渦流抵抗の両者共に無視し得ない領域の抵抗則は，沈降速度の1～2乗の間にあると考えられ、様々な式が提案されています。沈降速度の1.5乗に比例するとして求められたアレンの式をこの領域の実験式の一例として**表4.2**に示します。

表4.2　沈降速度式

Re 数の範囲	抵抗係数 C_D	抵抗力 R	沈降速度式	名称
$10^{-4} \sim 2.5 \times 10^5$	$\Phi(Re) = \dfrac{k}{Re^n}$	$\dfrac{\pi d^2}{8} \rho w \Phi(Re)$	$\left[\dfrac{4}{3} \dfrac{g}{C_D} \dfrac{\rho_s - \rho}{\rho} d\right]^{\frac{1}{2}}$	一般式
$< 10^0$ 程度	$\dfrac{24}{Re}$ ($n=1$)	$3\pi\mu wd$	$\dfrac{g}{18} \dfrac{\rho_s - \rho}{\mu} d^2$	ストークス (Stokes) の式
$10^0 \sim 10^3$ 程度	$\dfrac{12.65}{Re^{0.5}}$ ($n=0.5$)	$\dfrac{12.65}{8} \pi \sqrt{\mu\rho} \, (wd)^{1.5}$	$0.223 \left[\dfrac{(\rho_s-\rho)^2 g^2}{\mu\rho}\right]^{\frac{1}{3}}$	アレン (Allen) の式
$10^3 \sim 2.5 \times 10^5$ 程度	0.4 ($n=0$)	$0.05\pi\rho(wd)^2$	$1.82 \left[\dfrac{\rho_s - \rho}{\rho} dg\right]^{\frac{1}{2}}$	ニュートン (Newton) の式

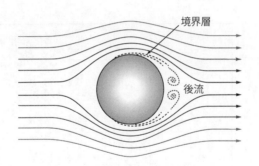

図4.3　沈降粒子周辺の流線

　様々な沈降速度式を用いて、ある粒子の沈降速度を計算しようとする場合、適当と思われる公式を用いて沈降速度wを計算しますが、この場合、必ずRe数を確認して、その公式に対しての適用範囲の限界内にあることを確かめなければなりません。その際、もし得られたRe数がその公式の適用範囲外であれば、そのRe数の示す適当な公式を選び直して、適切な条件に至るまで計算を繰り返さねばなりません。沈殿処理において扱う粒子径は、50μm〜1mm、粒子密度は1.005〜2.65g/cm³ほどの範囲にあるのが一般的ですので、**図4.4**のような概略の沈降速度を求める図を手近に置いておけば、Re数がどの領域にあるかを予め知るのに便利であり、直ちに適切な沈降式を選択することができます。

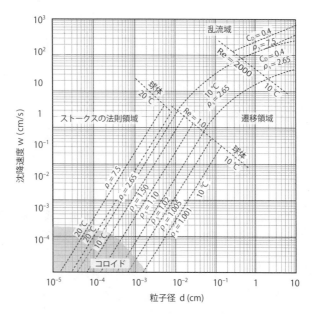

図4.4 粒子径と沈降速度

(4) 球以外の粒子形の補正

球以外の粒子の形は、形状係数（Shape factor, φ）を指標にして、球からの歪みとして定義します（式4.10）。

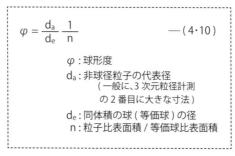

$$\varphi = \frac{d_a}{d_e} \frac{1}{n} \qquad —(4\cdot10)$$

φ：球形度
d_a：非球径粒子の代表径
　　　（一般に、3次元粒径計測
　　　　の2番目に大きな寸法）
d_e：同体積の球(等価球)の径
n：粒子比表面積/等価球比表面積

式4.10 球形度

式4.10の諸項目の値を簡単には求め難いので、**表**4.3等を参照にして球形度φを推定し、等価球径d_eを長さ次元にとったレイノルズ数から**図**4.5を用いて、非球形粒子の沈降における抵抗係数C_Dを推定することもできます。

表4.3　粒子形と球形度

粒子の形		球形度	d_e/d_a
球		1.00	1.00
正八面体		0.847	0.965
立方体		0.806	1.24
角柱	a×a×2a	0.767	1.564
	a×2a×2a	0.761	0.985
	a×2a×3a	0.725	1.127
円柱	h = 2r	0.874	1.135
	h = 3r	0.860	1.31
	h = 10r	0.691	1.96
	h = 20r	0.580	2.592
円板	h = 1.33r	0.858	1.00
	h = r	0.827	0.909
	h = r/3	0.594	0.630
	h = r/10	0.323	0.422
	h = r/15	0.254	0.368

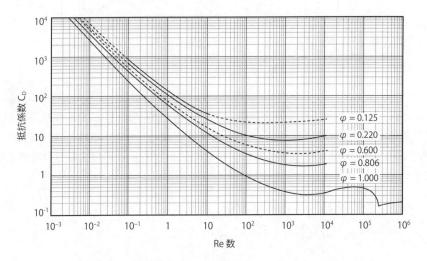

図4.5　非球形粒子の抵抗係数とレイノルズ数の関係

(5) 自由沈降する粒子群の沈降分離

単粒子自由沈降（**図4.1**参照）するような領域の粒子群の沈殿分離の基本法則について考えてみます。

実際の沈殿池では，ストークス領域からニュートン領域にまでおよぶ様々な粒子

群が混在しています。沈殿分離操作の設計に当っては，基本的な粒子群特性を示す沈降速度分布関数f(w)を定義し，**図**4.6に示すような粒子の沈降速度分布を用いて考えます。ここで，f(w)dwは図に示すように，沈降速度がwとw+dwとの間にある粒子群の質量です。

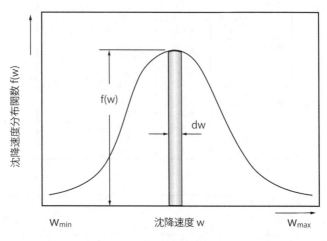

図4.6 沈降速度分布関数 f（w）

図4.7のような水深hの静水沈降槽に、沈降速度分布関数f(w)をもつ粒子群が一様に分散した状態にあり、時間t＝0から沈降を開始したとします。沈降時間tが経過したときに、水深hの槽の底に沈積した沈殿物の量q(t)は**式**4.11で求められます。

$$q(t) = \int_{w_{min}}^{w_{max}} f(x)\,dw + \int_{w_{min}}^{w_0} \frac{wt}{h} f(w)\,dw \quad —(4\cdot11)$$

q(t)：沈降時間tまでの沈積粒子量
w：粒子沈降速度
h：粒子の沈降距離(水槽深)
w_{max}：懸濁質中の最大速度粒子の沈降速度
w_{min}：懸濁質中の最小速度粒子の沈降速度
w_0：時間tで水深hを沈みきる粒子の沈降速度

式4.11 沈降時間t経過時の沈殿物量（除去量）

図4.7、式4.11から明らかなように、時間 t で水（池）深 h を沈みきる粒子の沈降速度が w_0 であり、これより速い沈降速度をもつ粒子は、全て沈降し尽くします。式4.11の右辺第1項の示すところです。沈降速度が $w<w_0$ の低沈降速度（小さい）粒子は、粒子 w を例にとると、図4.7から、ob に平行な線 dc を引くことによって、水深 d より下部の懸濁質が除かれる部分で、全量の内 ab/h（＝de/h）だけが除去されることがわかります。図の3角形の合同から、$ab/h=w/w_0$ であり、w_0 より沈降速度の遅い粒子の除去率は $r=w/w_0=w_t/h$ となります。

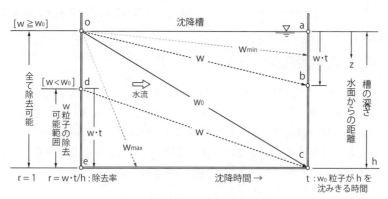

図4.7　沈降槽での粒子群の挙動

(6) 粒子群の沈降速度分布の測定

　沈殿装置の設計は、沈殿分離の対象となる懸濁液の沈降速度分布 f(w) を知ることから始まります。様々な実験手法がありますが、その目的と本質から見て、沈降法によるのが最も直接的です。水処理の沈殿装置設計に最も一般的に用いられる方法の1つがピペット法です。この方法は、分離粒子や凝集性粒子にも低濃度系にも高濃度系にも応用可能な実用性の高い沈降分析法です。

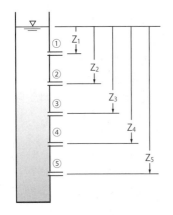

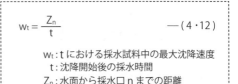

式4.12　沈降試験における最大沈降速度

$$w_t = \frac{Z_n}{t} \quad -(4 \cdot 12)$$

w_t：tにおける採水試料中の最大沈降速度
　t：沈降開始後の採水時間
Z_n：水面から採水口nまでの距離

図4.8　沈降分析筒

　図4.8に示すような円筒形の沈降分析筒に懸濁液を一様に分散させて注入し、静止条件の下で沈降させます。種々の時間間隔で図のような多段の採水孔から、サンプルを少量ずつ採り濃度を測定します。各試料の中には、その採水時間までに表面から採水孔位置まで沈下してくるのに要する速度よりも大きな速度をもつ粒子は含まれていません。したがって、その試料中に含まれている粒子の最大沈降速度は**式4.12**で示されます。

　初期の懸濁液の濃度分布は各成分それぞれについて一様ですから、各試料中のw_tよりも小さな沈降速度をもった粒子の濃度は初期のものと等しいことになります。そこで、**図4.9**に示すような累積沈降速度分布曲線を**表4.4**の手順で描くことができます。

　式4.11右辺第2項の積分は、**図4.9**に示すような累積沈降速度分布曲線のx_0以下のシャドウ部の面積になります。

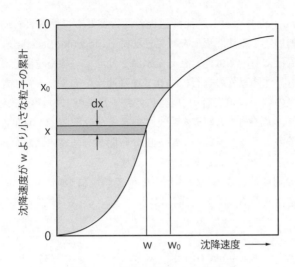

図4.9 累積沈降速度分布曲線

表4.4 累積沈降速度分布曲線と除去率

> 時間 t_1 に濃度 c_1, t_2 に c_2, … t_n に c_n とすると
> $w_{t,n} = Z_n / t_n$ と $w_{t,n-1} = Z_n / t_{n-1}$ の間の濃度は $(c_n - c_{n-1})$
> 故に
> $w = (w_{t,n} + w_{t,n-1})/2$ の沈降速度を持つ部分の割合 Δx は
> $\Delta x = f(w) dw = (c_n - c_{n-1})/c_0$　　c_0：初期濃度
> このことによって分布曲線を描くことができ
> 水深 Z_n における粒子群全体の除去率 R_0 は式 4・11 から
> $R_0 = (1 - x_0) + \dfrac{1}{w_0} \displaystyle\int_0^{x_0} w\, dx$
> 　　　　x_0：沈降速度 w_0 粒子 (100% 除去される) の存在割合

(7) 凝集沈降：沈降過程における集塊現象

　懸濁粒子の間に沈降速度の差があり、沈降過程で高速沈降粒子が低速沈降粒子に追突して、かつ粒子間に凝集性があると、沈降過程の進行とともに懸濁粒子群の粒径が大きくなり沈降速度が増加していきます。水処理において広く扱われる金属水酸化物のフロックや微生物フロック（後の章で扱います）は、このような沈降中に集塊が成長する代表的な粒子群です。このような粒子群をここでは凝集性粒子

（Flocculent particle）と称し、沈降過程の進行とともに懸濁質組成が変化（粒径と沈降速度の増加）する沈降現象を凝集性沈降（Flocculent settling）といいます。

凝集性の懸濁液においては、たとえ全水深を通じて一様な粒度分布から沈降を開始したとしても、沈降過程の進行につれて沈降速度の大きな大径の粒子が、沈降速度の小さな小径の粒子に追突合一/集塊して粒子数を減じ、さらに大径で高速な沈降粒子群となり、時々刻々と組成を変えていきます。そこで、凝集性懸濁液の場合には、分離粒子のように定常的な沈降速度分布関数を基礎に問題を扱うことができず、違った扱いを工夫することが求められます。

沈降粒子間の速度差による単位体積中の衝突頻度について、T. R. Camp が提案した古典的な定性式があります（式4. 13）。

$$N = \frac{\pi}{4} n'n''(d'+d'')^2(w'-w'') \qquad —(4\cdot 13)$$

N：単位時間、単位体積の流体中における d' と d'' 球の衝突回数
d', d''：それぞれの球の直径
n', n''：球の単位体積中の個数
w', w''：球の沈降速度

式4. 13　T. R. Camp の衝突頻度式

式に示されるように、沈降中の集塊は、粒子群の個数濃度が高いほど、粒子寸法が大きいほど、また粒子間の寸法差が大きいほど激しく進むことが定性的に理解されます。しかしながら、実際の懸濁液中の粒度の組み合わせは無数であり、また、時々刻々変化していくので、この定性式から実用に足る数式を導き出すことは難しく、膨大な数値計算も費用対効果を考えるとほとんど無意味に思えます。

⑻　凝集沈降の実験的評価

図4. 10は、凝集性沈降する粒子群の等濃度界面の沈下状況を描いた例で、図中の数字は初期濃度に対する除去率を示しています。たとえば㉚は初期濃度の30％が除去される等除去率線ということになります。粒子群が非凝集性であれば、この等濃度線は水深 $Z=0$、時間 $t=0$ でのこれら曲線群の接直線となり、一定の時間後の除去率が容易に求められます。凝集性沈降粒子群では、時間経過と共に等濃度線は下方に曲がる曲線となります。水深が大きくなるにつれ、また懸濁液濃度が高くな

るにつれ凝集性の影響を強く受けて、等濃度線は急勾配曲線となっていきます。

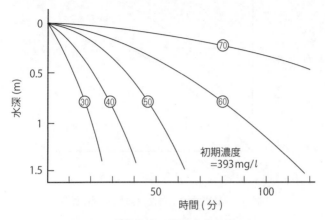

図4.10　凝集沈降の等除去率曲線の例

凝集性粒子群の沈降が水深によってどのように変化していくかを考えてみます。

今、基準となる沈降分析筒の水深を Z_0 とし、この水深で得られた時間累積量百分率曲線を基準曲線とします。この曲線にある補正を加えることによって、任意の水深での累積沈降曲線を推定することを考えます。静水沈降筒で懸濁液が沈降分離される際に、ある除去百分率あるいは累積百分率（r%）を得るのに要する時間は、分離粒子群の場合には水深が n 倍になれば n 倍になりますが、凝集性粒子群の場合には $K_d \cdot n$ 倍になる（ここで、$K_d < 1$）として、凝集沈降水深補正係数 K_d を定義します。同一懸濁液に対して、異なる水深 Z_0 と $Z_n = nZ_0$ での除去百分率（r%）の曲線が、図4.11の様に得られたとします。この場合、同じ除去百分率 r% を得るために、水深 Z_0 では時間 t_0、Z_n では t_n が必要です。定義から K_d 値は式4.14で求められます。

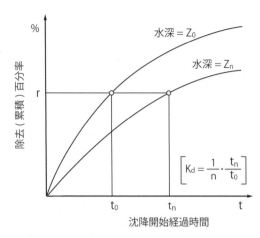

図4.11　凝集性粒子群沈降試験と補正係数

$$K_d(Z_0/Z_n \cdot r) = \frac{t_n}{t_0} \cdot \frac{Z_0}{Z_n} = \frac{1}{n} \cdot \frac{t_n}{t_0} \qquad —(4 \cdot 14)$$

Z_0：標準測定水深 (cm)
Z_n：Z_0 の n 倍の水深 (cm)
　r：考える除去(累積)百分率 (%)
t_0：水深 Z_0 で除去率 r % を得るのに要した時間 (min)
t_n：水深 Z_n で除去率 r % を得るのに要した時間 (min)
$K_d(Z_0/Z_n \cdot r)$：除去百分率 r % を設定して、水深 Z_0 の観測値
　　　　　　　　に掛けて Z_n の必要沈殿時間を求める補正係数

式4.14　凝集沈降水深補正係数「K_d」

　K_d 値は、同一組成の粒子群についても除去百分率をどのレベルに取るかによって異なる数値で、理論的解析は不可能であり、実際池における多くの観測例を集めて実用上必要な数値を求めることが必要です。図4.12は、札幌市藻岩浄水場のフロック形成池の原水濁度が15～20mg/l の時の沈殿池流入水（フロッキュレータ出口水）を試料として、深さ200cmの不撹乱採水筒による沈降試験を行って求めた、実際の薬品沈殿池の凝集沈降水深補正係数 K_d 値です。除去率が極めて低い（0％付近）と完全除去（100％）に近い付近では、理論的に $K_d \fallingdotseq 1$ になります。しかしながら、比較的高い除去率（95％付近）などでは、各水深の時間累積曲線は、実用的にほぼ一本の線付近に集まってくるので、経験的に $K_d \fallingdotseq 1/n$ といった値をとると考えられます。

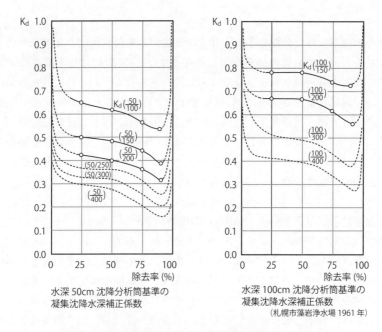

水深 50cm 沈降分析筒基準の
凝集沈降水深補正係数

水深 100cm 沈降分析筒基準の
凝集沈降水深補正係数

（札幌市藻岩浄水場 1961 年）

図4.12 薬品沈殿池の凝集沈降水深補正係数 K_d 値の例

　図から推定できることは、清澄沈殿池などの凝集性粒子群の沈降分離では、大水深の池のほうが、同一沈殿時間でより多くの上澄水を得ることができるということになります。この現象の実処理上の効果については、後の沈殿池設計の項で再述します。この研究は1960年代の初め、北海道大学衛生工学科丹保研での卒業研究として行われたものです。実験は川北君と平賀君が担当しましたが、両君は後に東京都水道局長と札幌市水道局長として水道界に立派な足跡を残しました。

(9) 干渉沈降と成層沈降

　懸濁粒子群の濃度が増大してくると、沈降していく個々の粒子まわりの流線が相互に干渉するようになってきます。このような状態になってくると、粒子間に存在する水の上方への変位が無視できなくなり、粒子群の沈降速度は単粒子自由沈降の場合より低下します。このような現象を干渉沈降（Hindered settling）といいます。同様な現象が、小さな断面のシリンダーを比較的大きな粒子が沈降していくときにも生じ、壁効果（Wall effect）として知られています。しかし、粒子沈降のレイノルズ数が大きいときや沈降粒子径がシリンダー径の1％以下の時には問題になりま

せん。

　一般の水処理操作で分離粒子が干渉沈降を生ずる懸濁質濃度が1％ほどになることは少なく（黄河の水等の極端な例はありますが）、実際には化学凝集によるフロック群や微生物処理のフロック群でこの沈降が見られます。このような凝集性の粒子群では、固形質濃度が500mg/l程度を越えるようになると粒子相互の干渉が強くなり、高速（大径）沈降粒子が低速（小径）粒子を追い越して沈降していくことが難しくなり、一体となって集合して沈降が進んでいきます。このような現象を成層沈降（Zone settling）と称します。フロックブランケットをもつ上昇流式沈殿池や活性汚泥法の終末沈殿池などで見られる現象です。

⑽　**高濃度粒子群（スラリー：slurry）の沈降パターン**

　高濃度の凝集性懸濁液をシリンダーに一様分散するように取り沈降を開始さると、先ず沈降速度の大きな粒子群は先行沈降します。その結果、濃度が高くなって沈降速度が低下した層が、シリンダー下部に形成されて集団沈降が始まります。また、さらに初期濃度が高い懸濁液（スラリー）をシリンダーに採り沈降させると、沈降開始から個々の粒子としての沈降はなく、上澄液と沈降していく懸濁液との間に明確な界面が存在する集団沈降が生じ、時間とともに分離界面が沈降していく形の成層沈降（Zone settling）状態になります。このような成層沈降の界面沈下を示す回分沈降曲線を描くと図4.13のようになります。

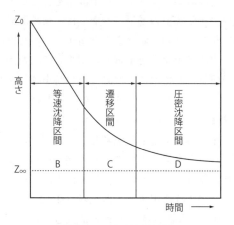

図4.13　回分沈降曲線

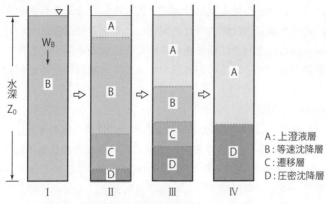

高濃度凝集性懸濁質の時間経過に伴うゾーンの形成

図4.14 成層沈降の懸濁質濃度ゾーンの経時変化

　このような回分沈降曲線を示す懸濁液の濃度分布は、図4.14に模式的に示される4レベルの濃度層に分類され、沈降時間の経過とともに等速沈降から圧密沈降へと遷移していきます。最初、懸濁液はシリンダーの全水深 Z_0 にわたって一様な濃度Bで懸濁していて、群の持つ定沈降速度 w_B で沈降し、上澄液Aとの間に明確な界面を作り、定速で界面沈降を始めます。A-B層の界面は粒子群の寸法（単粒子沈降速度）分布が均一なほど明瞭になります。B層での懸濁質の沈降速度は一様で、粒子群として集団的に挙動するために等濃度で存在します。この領域の沈降を集団沈降（Collective settling）と称します。最上層に清澄部Aが生ずるのとは反対に、下部にはB層よりも濃縮されたC、D層が時間の経過とともに現れてきます。C層は沈積による懸濁質の濃度増加によって沈降速度が低下してくる遷移領域（Transition zone）であり、さらに濃度が増加していくと、沈積した粒子が下部の先行沈積粒子に直接支えられるようになり、粒子の自重によって沈積粒子群の間隙水を排除する形で極めてゆっくりとした沈降が進むD層が発現します。このような領域を圧縮沈降域（Compression zone）といい、これら全体を総称して、成層沈降（Zone settling）と称します。

(11) 成層沈降の状態を表現する諸理論

　スラリー濃度と沈降速度の関係は、懸濁粒子の寸法、密度、凝集性さらにはそれらの粒子群内の分布などによって複雑に変化する現象であり、理論式を求めること

第4章　固液分離プロセス　167

は不可能に近く、式があっても実用性はほとんどないと考えられます。そこで、一般には前項に述べた凝集性沈降の場合と同様に、考える懸濁液について、ある水深と濃度によって得られた回分沈降曲線を用いて、必要な水深（実装置）での回分式沈降曲線を推算する方法をとるのが普通です。若干の推算例を次に紹介します。

(a) Work-Kohler の関係

同一濃度の与懸濁液について、水深の異なる場合の沈降曲線の相互関係を記述する経験則で、最初の液面高 Z_0 が異なる同一濃度の同一懸濁液の沈降曲線間に、図4.15 に示す $0Z_0/0Z_0' = 0Z_A/0Z_A' = 0A/0A' = 0B/0B' = 0C/0C' = \cdots$ のような関係があり、等速、減速沈降区間を通じて成り立ちます。小型の沈降試験筒の実測結果から実際池の沈降挙動を推測する際に有用です。

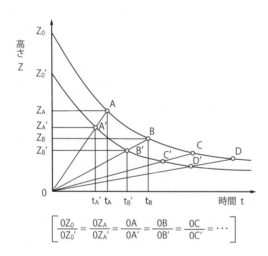

図4.15 Work-Kohler の関係による沈降曲線の拡張利用

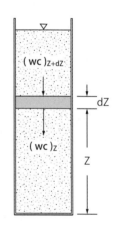

図4.16 界面沈降試験の沈降分析筒

(b) キンチ (Kynch) の理論

G. I. Kynch は層沈降をしている均質スラリーのある層の沈降速度は、考える部分の局所濃度のみの関数であるとの仮定から、回分沈降の機構を省察し、同一懸濁液については、ある濃度の沈降試験の結果から、他の様々な濃度の集団沈降曲線を推算する方法を提案しました。図4.16のような沈降筒を考えます。

> 高さ Z における厚さ dZ の水平層内での時間 dt における物質収支式は
>
> $$\frac{dc}{dt}dZ = (wc)_{Z+dZ} - (wc)_Z = \frac{\partial wc}{\partial Z}dZ$$
>
> 同一懸濁液の場合、w は濃度のみの関数と仮定できるので
>
> $$\frac{\partial wc}{\partial Z} = \frac{\partial wc}{\partial c} \cdot \frac{dc}{\partial Z}$$
>
> 濃度が深さと時間によってどのように変化するかを偏微分形式で表すと
>
> $$\frac{\partial c}{\partial t} + W\frac{\partial c}{\partial Z} = 0 \quad W = -\frac{dwc}{dc} = -w - c\frac{dw}{dc} \quad —(4 \cdot 15)$$
>
> Z：沈降中のある層の底部からの高さ
> w：その層の沈降速度
> c：その層の濃度

式4.15　高懸濁液の深さと時間による濃度変化

　沈降中のある層の底部からの高さでの沈降速度を w、その濃度を c とし、高さ Z における厚さ dZ の水平層内での時間 dt における物質収支を考え、その層における濃度の深さと時間による変化は、**式4.15**のように表されます。

　このように、物質収支式を基に展開した懸濁液の深さと時間を表す**式4.15**の沈降特性を表す係数 W もまた濃度 c の関数で、沈降速度と同じ次元を持つ式です。

> $$dc = \frac{\partial c}{\partial Z}dZ + \frac{\partial c}{\partial t}dt = 0 \quad —(4 \cdot 16)$$

式4.16　等濃度層の数式表現

> 式4·15 に式4·16 を代入
>
> $$W = \left(\frac{dZ}{dt}\right)_{c = constant} \quad —(4 \cdot 17)$$

式4.17　等速沈降域の数式表現

　今、濃度 c の層が時間 t とともにどのように Z 方向に移動していくかを考えてみます。このことはとりもなおさず、横軸に t、縦軸に Z を取った2次元平面上に、**図4.17**のような等濃度線を描くことで表現され、濃度 c は高さ Z と時間 t の関数なので等濃度層の数式表現では**式4.16**となり、**式4.15**にこの関係を代入すると**式4.17**の関係が得られ、それぞれの濃度 C_i の層が時間とともに直線的に上昇していくことを示します。

　初期濃度 c_0 の等濃度線は沈降試験の最初期の界面沈降速度 w_0 に等しい速度で上昇します。沈降が進み、懸濁質が容器底部に沈積してより高濃度の $c>c_0$ となった

層の槽底からの位置は $Z=W_t$ の速度で上昇し、清澄水と沈降してくるスラリーとの界面の濃度 c に時間 t で到達します。

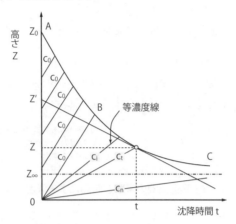

図4.17 界面沈降するスラリーの等濃度面の上昇パターン

時間 t までに濃度 c である深さ Z の面を通って下方に沈降した懸濁質の総量 q は、面 Z に対する粒子群の相対速度が（W+w）であり、時間 t の後にはスラリー界面上の粒子は全て沈降して（存在せず）清澄水となっているので、この界面を通過して初期に存在した $c_0 Z_0$ の粒子群は全て考える濃度の界面を通過して沈降したとすると式4.18となります。

初期の粒子群すべてが深さ Z 面を通過して沈降したとすると通過した懸濁質総量は

$$q = c_0 Z_0 = c_t(W+w)A \quad —(4\cdot18)$$

q：界面を通過した懸濁質の総量
A：沈降シリンダーの水平断面積

$$c = \frac{c_0 Z_0}{Wt+Z} \quad —(4\cdot19)$$

式4.18 界面通過の懸濁質送量　　　**式4.19 等濃度線の濃度**

また、先に述べた $Z=Wt$ の関係を代入して整理すると、考える等濃度線の濃度 c は式4.19となり、回分沈降曲線の時間 t における接線勾配式4.20によって濃度 c の層の沈降速度が与えられ、$cZ'=c_0 Z_0$ の関係が導かれます。ここで Z' は図4.17から、全てのスラリーがその濃度をもったときの懸濁液の高さです。要約すると、回分沈降曲線の沈降時間 t における接線勾配は、対応する濃度 c の数値と懸濁液の沈降速度 w を与えます。時間 t を任意に選ぶことによって、一本の回分沈降曲線から集

団沈降する様々な濃度（$c>c_0$）の懸濁液の濃度 c と沈降速度 w の関係を求めることができます。

時間 t における回分沈降曲線の接線勾配

$$w = \frac{dZ}{dt} = \frac{Z'-Z}{t} \quad -(4\cdot20)$$

接線勾配は濃度 c 層の沈降速度を与えることから

$$cZ' = c_0 Z_0$$

式4.20　回分沈降曲線の接線

Roberts の経験式

$$-\frac{dZ}{dt} = K(Z-Z_\infty) \quad -(4\cdot21)$$

圧縮沈降の進行過程の表現

$$\frac{Z-Z_\infty}{Z_C-Z_\infty} = e^{-K(t-t_C)}$$

Z_∞：圧縮沈降完了時の層厚
K：係数
t_C：圧縮沈降開始時間
Z_C：圧縮沈降開始時のスラリー層厚

式4.21　圧縮脱水過程の Roberts 経験式

(c) 圧密沈降における Roberts の経験式

圧縮脱水過程の進行を表現する経験式として**式4.21**があり、圧縮沈降の進行過程を表現することができます。

⑿　**水平流沈殿池除去の基本理論：表面負荷率**

粒子群の沈降分離を連続的に行う装置の代表的なものが水平流型の沈殿池です。ここではその基本となる構造と分離の理論について、理想的水平流沈殿池（Ideal settling tank）によって説明します。理想的水平流沈澱池は**図4.18**に示すように、4つの部分から構成されます。

すなわち、
① 流入帯（Inlet zone）
　　全懸濁物質が池の水深方向に一様に分布していると仮定される流入部分、
② 沈澱帯（Settling zone）
　　有効な沈澱を行う部分、
③ 流出帯（Outlet zone）
　　沈殿を済ませた清澄水が集められ流出（Overflow）していく部分、
④ 沈積帯（Sludge zone）
　　沈殿池下部の沈殿物が堆積した部分で、ここから排泥（Under flow）が行われます。
このような理想的沈殿池では、
ⅰ）沈殿帯の流れはすべての部分で水平流速 V が一様で、完全な押し出し流れ（Pis-

ton flow）をなし、
ii）各寸法の懸濁粒子濃度は流入帯から沈殿帯に流入する際に全水深を通じて一様であり、
iii）沈積帯に一旦沈下した粒子の再浮上はない

と考えます。**表4.5**

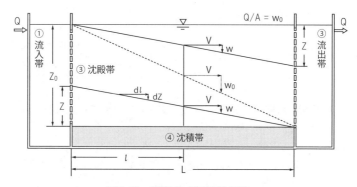

図4.18　理想的水平流沈殿池

表4.5　理想的水平流沈殿池の条件

沈殿池内の流況等	理想的水平流沈殿池の条件
沈殿帯の流れ	全断面流速一定 完全押し出し流れ
流入懸濁粒子濃度	各寸法粒子とも全断面一様
沈降粒子の挙動	下方に向かって沈降 沈殿帯からの再浮上無し

　このような理想的な池に単一自由沈降粒子が流入してきた場合の挙動が、水平流式連続沈殿池の除去を考える際の「表面負荷率」理論の基礎になります。

　沈降速度 w を有する粒子が沈殿帯を通過していく際の粒子軌道は、水平流速 V と沈降速度 w の合ベクトルで示されます。池の表面から流入した沈降速度 w の粒子は、水深 Z_0 の位置で流出帯に出て行きますが、その一方で、沈殿池底から Z の位置以下で流入した沈降速度 w の粒子は全て、点描を施した部分の下を通って沈積帯に流入して除かれます。いま、**図4.18**に示すように、沈殿帯の最上部（水面）より流入して、沈殿帯の流出端で丁度池底に達するような粒子の沈殿速度を w_0 と

すると、$w \geq w_0$である粒子は全て沈殿除去され、$w < w_0$なる粒子の除去率はw/w_0（Hazen数）となります。この池で100％除去できる最小沈降速度粒子の沈降速度w_0は、表面負荷率と呼ばれ式4.22で求められます。

したがって、沈降速度がw_0よりも小さな粒子の除去率rは、表面負荷率で割られた沈降速度比となり、回分式沈降試験によって図4.9に示すような沈降曲線が得られると、表面負荷率w_0を持つ理想的水平流型沈殿池の除去率は、式4.22図中のr_0として求められます。

沈殿池の滞留時間 t_0 は
$$t_0 = L/V \qquad L: 沈殿池の長さ$$
$$\qquad\qquad\qquad V: 沈殿池の流速$$

池表流入粒子が沈殿池末端で丁度地底に達する沈降速度 w_0 は
$$w_0 = \frac{Z_0}{t_0} = \frac{Z_0}{L/V} \qquad Z_0: 沈殿帯の深さ$$

沈殿池流量 Q は
$$Q = V \cdot B \cdot Z_0 \qquad B: 沈殿池の幅$$

故に100％除去可能最小沈降速度 w_0 は
$$w_0 = \frac{Q}{L \cdot B} = \frac{Q}{A} \quad [表面負荷率] \qquad\qquad —(4 \cdot 22)$$

沈降速度が w_0 より小さな粒子の除去率 r は
$$r = \frac{w}{w_0} = w\frac{A}{Q}$$

図4・9の沈降曲線から表面負荷率 w_0 を持つ沈殿池の除去率 r_0 は
$$r_0 = (1 - x_0) + \frac{A}{Q}\int_0^{x_0} w\,dx \qquad\qquad —(4 \cdot 23)$$

x_0: 沈降速度w_0より大きな粒子の割合

式4.22, 式4.23　表面負荷率と除去率

これらの関係から明らかなように、理論的に除去しうる最小粒子は池の深さに無関係で、沈殿帯の処理流量Qを池の表面積Aで除した値$w_0 = Q/A$となり、この値を基準として、得られた沈降速度分布から全除去率が求められます。式4.22で定義される数値を沈殿池の表面負荷率（Surface loading）あるいは溢流速度（Overflow rate）と称し、沈殿池除去率を算定する第一の理論的指標となります。したがって、水平流式沈殿池では、池の滞留時間t_0、池の深さZ_0などの諸元と除去率は原理的には無関係ということになります。この関係を図4.19、図4.20の例によって具体に

説明します。

 図4.19のように、原型池（図4.18）の水深を半分の$Z_0/2$としてみます。この場合、水平流速が2倍の2Vとなり、滞留時間は$t_0/2$と半分になりますが、池底に到達するまでの沈下距離も半分の$Z_0/2$となるので、結果としてw_0の粒子が池底につく位置は変わらず、原型池と水深半分の池の除去率は、両者とも同じ表面負荷率を持ち、除去率が等価な池として計算されます。理想的な流れの下では、水深/水平流速/滞留時間に関係なく、表面負荷率だけで除去率を算定できることになりますが、実際池では後述するように、水流の乱れや沈積層の洗掘などが生じて、水深/水平流速/滞留時間の項目が重要な設計因子になります。

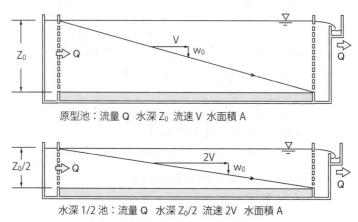

図4.19 原型池とその半分の浅水深沈殿池の除去パターン

 また図4.20のように、原型池の半分の水深$Z=Z_0/2$の位置に中間床（Intermediate tray）を水平に挿入すると、水平流速はVで変わらないのに、沈降するに必要な距離が$Z_0/2$と半分になるので、沈殿池末端で丁度池底に達するような粒子の沈降速度（表面負荷率）は$w_0/2$と半分になります。表面負荷率理論で計算すれば、100％沈降除去される粒子の軌跡は斜線のように2倍となりますが、このことは作動する沈殿地の床面積が2倍の2Aになると考えればよく、2階槽全体の表面負荷率$w=Q/2A=w_0/2$となり、沈降速度が原型池の半分の粒子まで100％除去できることになります。このような多階槽沈殿池（Multilayer settling tank）を作ることによって表面負荷率を小さくすることができ、より小さな粒子まで除去対象にすることができるようになります。この考え方が、傾斜板あるいは傾斜管沈殿池などの多階層沈殿池ともいうべき様々な装置の提案につながります。

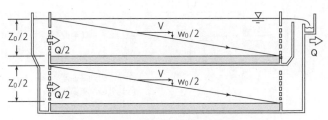

2階層全体：流量 Q 水深 Z_0 流速 V 水面積 2A
1階層分：流量 Q/2 水深 $Z_0/2$ 流速 V 水面積 A

図4.20 2階槽沈殿池の除去パターン

　実際の沈殿池の設計では、粒子群の沈降挙動や水流の乱れ、偏流、沈積物の洗掘など様々な現実的な水理現象に対応することが必要になります。これまで様々に行われてきたいくつかの基本的な対応について次に記述を進めます。

(13) 最小水深の設定

　理想的沈殿池では沈積粒子の再浮上はないとして除去を論じてきましたが、実際の沈殿池では、池を浅くし過ぎて水平流速がある限度を超えてしまうと（表面負荷率は不変）、沈殿帯の流れと沈積帯の摩擦や乱流拡散によって、沈積粒子の移動や再浮上などの洗掘現象が生じます。したがって、実際の沈殿池では、水平流速を洗掘限界以下に保持するような水深が必要になります。

　沈殿池や開水路の洗掘を生ずる限界流速を求める考え方に、河川工学で使われるシールド（Shield）の限界掃流力理論を下敷きにキャンプ（T. R. Camp）が提案したものと、カリフォルニア工科大学の沈殿研究室のインガーソル（Ingersoll）の乱流変動による巻き上げの考え方があります。化学的、生物化学的フロックなどの水処理の沈殿池の凝集性粒子は、非常に軽くかつ微小径の粒子なので、水流の乱流変動による巻き上げの機構が、現象の観察からも妥当と思われます。インガーソルは、沈殿地とほぼ等しいレイノルズ数（Re = 12,300～61,600）を持つ風洞実験でラウファー（Laufer）が観測した、底面上の乱流変動速度v'がほぼその流れの摩擦速度 $v^* = (\tau_0/\rho)^{1/2}$（ここで、$\tau_0$：沈殿池水路底の剪断力、$\rho$：水の密度）に等しいという知見を引用して、粒子の沈降速度 w が底近傍の乱流変動速度 v^* よりも充分に大きければ、巻き上げ（Puffing）は生じないとして、再洗掘が生じない条件式として式4.24を提案しました。

$$\frac{w}{\sqrt{\dfrac{\tau_0}{\rho}}} = \frac{w}{\left(\sqrt{\dfrac{f}{8}}\right)\cdot V} > 1.2 \sim 2.0 \quad —(4\cdot24)$$

w：粒子の沈降速度
f：池低の摩擦係数
V：沈殿池の水平流速

式4.24 再洗掘の条件式

池底の摩擦係数をコンクリート表面ぐらいの粗さの $f \fallingdotseq 0.025$ 程度を仮定すると、再浮上防止の点から池に許される限界水平流速は、$V < 9w \sim 15w$ 程度といった値をとります。したがって、処理流量 Q を限界水平流速 Vc で割って、必要最小水深が式4.25として求められます。

$$Z_{min} = \frac{Q}{V_c \cdot B} \quad —(4\cdot25)$$

Z_{min}：洗掘しないための最小水深
V_c：限界水平流速
B：沈殿池の幅

式4.25 非再洗掘のための必要最小推進

⑭ 凝集性粒子群沈殿池の設計

水処理の沈殿池では、凝集性粒子群を沈降分離の対象とする場合が非常に多くあります。このような場合には、単純に表面負荷率だけで池の寸法を決めることができず、池の水深の増加とともに、沈降中の粒子が集塊成長していくことを加味した修正が必要になります。このような系では、表面負荷率のみの理論的対応は困難であり、前出の「凝集沈降の実験的評価」の項で述べた様に、対象とする懸濁液の回分式沈降試験を行い、得られた図4.11の様な水深 Z_0 の時間－累積曲線を用いて、水深 Z_n の実際池の沈降曲線を推定し、所定の除去率 r_0 を得るに必要な沈降試験の時間 t_0 から、実際池で必要となる滞留時間 t_n を推算します。

今、例を上水道の薬品沈殿池にとって、ある凝集性粒子群に対して90％の除去率を示す水深2mの沈殿池を設計しようと考えてみます。

沈降分析を水深50cmの沈降分析筒で行い、90％の除去率を得るために必要な時間 $t_0 = 120$分であったとすれば、200cmの水深の理想流沈殿池に必要な沈降時間 t_n は、

先に述べた図4.12から K_d (50/200、90％) ≒0.32を求めて、4倍の水量を処理する沈殿池に必要な滞留時間 $t_n=K_d$ (200/50) t_0 =0.32×4×120=154分ということになります。分離粒子群の場合、同一除去率を得るためには、水深を4倍にすれば滞留時間も4倍にしなければなりませんが、凝集性粒子群の場合には154/120=1.28倍だけ滞留時間を増せば良いということになります。言い換えれば、表面負荷率を $1/K_d$ =1.00/0.32≒3.13倍に増加させたと同じ効果が、池の深さの増加で得られることになります。

　同一粒子群の90％除去を目標とした場合に、所要滞留時間と表面負荷率の関係が水深によってどのように変わってくるかを描いたものが図4.21です。図から明らかなように、浄水場の薬品沈殿池における除去は、凝集性粒子の沈降過程での衝突成長を考慮に入れると、水深の増大とともに同一除去率（この図では90％）を得ることが可能な表面負荷率が、$1/K_d$ 倍増加していきます。諸実測例によれば、通常考えられる実用的な目標除去率の範囲では、水深を増すことによって、ほとんど滞留時間を変えることなく、処理可能量を増加させることができるようです。古来、水道などの凝集性粒子群を扱う沈殿池で、滞留時間を設計の基準値に採用し、滞留時間4時間が良いなどとしてきたことの一半の真実がこのような現象にあったと考えます。

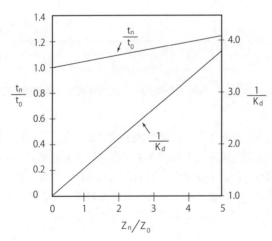

図4.21　凝集性粒子群除去の際の推進と滞留時間の関係

"ごふん"408mg/lの懸濁液の沈降分析を行い、水深2m程度まで深さを変え、水平流式沈殿池で一定の除去率を得るために必要な表面負荷率と滞留時間の関係を描いたものが図4.22です。このような高濃度の凝集性粒子群の除去率は、実用的にはほとんど滞留時間によって決まり、表面負荷率理論によらないことが判ります。McLaughlinは都市下水について同様の実験を行い、濃度500mg/l、平均沈降速度1cm/min程度の懸濁液について論じ、除去が滞留時間に支配されることが多いことを挙げています。

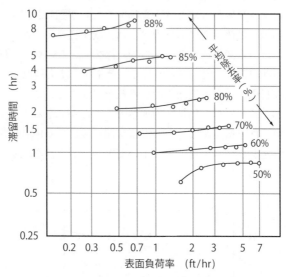

図4.22　"ごふん"懸濁液の除去率、表面負荷率、滞留時間の関係

　上述のように、凝集性粒子群の沈降分離を論ずる場合、単一粒子のように表面負荷率のみで沈殿池を設計することはできず、滞留時間も考慮しなければなりません。もちろん、沈降過程におけるフロック群の組成変化は、フロック群の沈降速度分布、濃度、粒子の凝集性、池の深さなどによって様々に異なるので、具体的には沈降試験を行い、その数値を設計基礎数値とする過程を踏みます。

⒂　池内の乱流と偏流
　実際の沈殿池の水流は理想的流況と異なり、流入水の運動エネルギーの不均一分布、流入水と池内水の密度差、池壁や池内構造物の抵抗などによって池内流速の不

均一分布が必ず存在し、これに起因する乱れが発生します。このような乱れの影響をできるだけ受けないようにするために、前項で述べたような洗堀現象を考慮した池の深さ（限界水平流速）の設定などの手順などにつながっていきます。

沈殿池の乱れ状況をレイノルズ数で考えてみます。水深 $Z_0 = 400$ cm、池の平均水平流速 $V = 30$ cm/min $= 0.5$ cm/s、水温20℃程度の薬品沈殿池を例に考えると、動粘性係数 $\nu = 0.01$ cm²/s であり、レイノルズ数は $Re = Z_0 V/\nu = 400 \times 0.5/0.01 = 20,000$ といった数値を取り、開水路の層流限界レイノルズ数500を超えて、低速水流であっても完全な乱流状態にあることが判ります。低速の乱流領域にあるこの種の沈殿池の流れを理論的に取り扱うのは非常に難しく、現象を限って理論的に扱うか、または全体を1つのモデルに置き換えて論ずるということが行われてきました。

(a) 沈殿池内の乱れによる除去率の低下

図4.23は、理想的沈殿池の流れに乱流拡散が加わった場合の沈降の状況を模式的に示したものです。沈殿池表面から流入する沈降速度 w_0（表面負荷率 Q/A）をもつ粒子は、理想的沈殿池では流出端で丁度池底に到達しますが、乱流条件下では水分子のランダム運動による乱流拡散によって、a–a'と a–a"に囲まれる領域に分散して沈降します。その結果、ある粒子は撹乱のない時よりも早く沈積しますが、沈積できずに流出帯に出ていく部分が生じますので、総体的には除去率の減少を見ることになります。

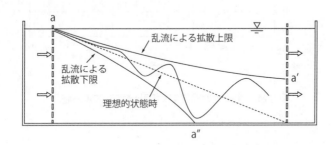

図4.23　乱流拡散による粒子の分散沈降状況

平行流に一様な乱れが加わった場合の除去率の低下についてのドビンズ（Dobbins, W. D）の解から、キャンプ（Camp, T. R.）は乱流拡散による低下を考慮した沈殿池の除去率 r を2つの無次元数 w/w_0（ヘーゼン数）と $wZ_0/2D_z$ から求める図4.24のような線図を再浮上がない場合について提案しました。$wZ_0/2D_z$ は、

開水路で流速分布を放物線と仮定すると、D_zは全水深を通じて定数となり、実用式として、

$wZ_0 / 2D_z = (120〜140)(Z_0/L)(w/w_0)$

によって横軸の値を計算すると、ヘーゼン数w/w_0をパラメータとして、考える沈降速度wをもった粒子が、長さL、深さZ_0の池を通過していく際に、乱流拡散によって低下する除去率を推算することができます。D_zは鉛直方向の乱流拡散係数です。

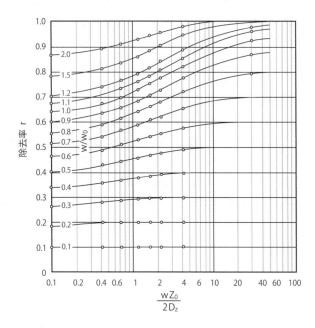

図4.24 沈殿池の除去率 r の乱流拡散による低下

(b) 偏流による除去率の低下

実沈殿池では、流入時の運動エネルギーの不均一分布、流入水との密度差、壁摩擦の存在等によって池内に短絡流や停滞部が生じ、平均滞留時間が減少することになります。これらの現象を総合的に表現する方法として、図4.25に示すようなトレーサー法が用いられます。この考え方は、トレーサーの流下過程における濃度分布の変化を示す C 曲線から実流下時間（重心）を求め、理論滞留時間 T（Theoretical detention time：押し出し流れの滞留時間）と実流下時間$\bar{t}$（Time of pass through）

の比（$\bar{t}/T$）を容量効率として、短絡流の程度を表す指標とするものです。これらの指標の定義と定性的な意義は次のようです。沈殿池の流入端に瞬間的に注入されたトレーサーは、理想的沈殿池の場合は、$T=L/V$ で与えられる理論滞留時間で瞬時に流出していきますが、実際池では池内の混合によりトレーサーは分散してC曲線のような時間－濃度分布を示し、時間 $t=\bar{t}$ に重心をもって流出していきます。

いかに理想的な整流を行っても、水が粘性流体である限りは速度勾配を持ちます。したがって、最良の整流状態であっても、普通の薬品沈殿池や下水の沈殿池の容量効率が85％に達するのは難しいと思われます。

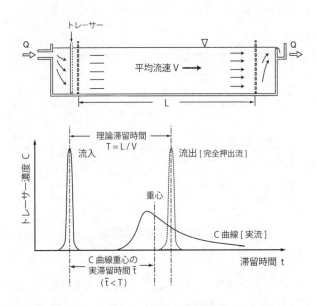

図4.25　トレーサー法による濃度分布C曲線

処理への悪影響の代表的な現象として、
①短絡流による表面負荷率の減少、
②短絡高速流の発生による乱流度の増大に伴う沈降阻害と沈積物の再浮上
の2つが考えられます。

水平断面内の偏流と縦断面方向の偏流に大別して考えてみます。

水平断面内の偏流は、主に流入の際の運動エネルギー分布の不均一によって起こることが多く、また、幅/長さの比の大きな池では、風による吹送流の影響を強く受けます。図4.26に模式的に示すように、a) 偏流が高速部分と低速部分の2池が

第4章　固液分離プロセス　181

並列に存在するような形で発生する場合、b) 還流部を持つまでに偏りが強くなる場合などが考えられます。前者は、表面負荷率がそれぞれ異なる並列沈殿池として考えてその除去率を考えればよく、沈降速度 w が (Q_2/b_2L〜Q_1/b_1L) の範囲にある粒子の除去率低下を招きます。したがって、Q_1 と Q_2 の配分比が大きく異なって（偏流が強くなって）くるにつれて、全体の除去率の低下は著しくなります。後者の場合のように、低速部が逆流を生じ循環流となるまで極端になると、閉鎖渦部分は死領域と化し、池全体の表面負荷率が $w_0 = Q/BL$ から $w_0' = Q/b_1L$ となって、除去できる最小沈降速度 w_0' が大きくなるとともに、水平流速の増加によって乱流の乱れも増してきて、池の除去能力が著しく損なわれることになります。

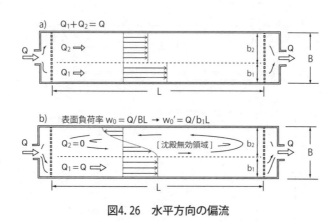

図4.26 水平方向の偏流

　縦断方向の短絡流の発生原因は、沈殿池内の水と流入水の水温差および流入水が懸濁物を有しているのに対して処理水が清澄であることによる密度差が主たるものになります。特に、高濁度流入水を処理する水平流式沈殿池では、避けることのできない原理的宿命であり、沈殿分離が刻々と進行していく動的な状態に対応した理論的な扱いは困難です。しかしながら、駆動力となる密度差が発生の初期状態を支配し、一旦発生した密度流が慣性力で維持され、大きな減速を受けずに流下するといった密度流の状態についての近似的な扱いは、様々な実験観察から可能であろうと考えられます。そこで、流入水と池内の清澄水の密度差に由来する流入水のもつ位置のエネルギー（差）が密度流の速度に変わるとして、図4.27のような密度流の形態を想定し、簡単な定性式を求めることが可能です。

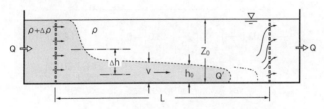

Q：流量　Q'：密度流流量　v：密度流流速　ρ：水の密度
Δρ：流入水と池内水の密度差　Δh：流入水の平均沈降高　Z_0：池深

図4.27　密度流の発生機序

一例として、**式4.26**に元東京水道の中川氏の提案式をあげます。整流壁を持った池では、α＝0.5、k＝1.5〜2.0といった数値を考え、Δh＝0.5Z_0といった関係で密度流の流速の推算が出来ます。

$$v = \sqrt{2\alpha\left(\frac{\Delta\rho}{\rho}\right)\left(\frac{g\Delta h}{k}\right)} \quad\text{—（4・26）}$$

v：密度流流速（cm/s）
α：流入水位置エネルギーの速度エネルギーに変換される割合
Δρ：流入水と池内水の密度差（g/cm³）
ρ：水の密度（g/cm³）
g：重力加速度（980cm/s²）
Δh：流入水の平均沈降高（cm）
k：Q'/Q（Q：流量　Q'：密度流流量）

式4.26　中川氏の密度流式

丹保は流入整流壁を持った $Z_0/L=0.106〜0.058$ の沈殿池について、池（開水路）のフルード数 $Fr=V/\sqrt{(gL)} ≒ 10^{-3}$、$\Delta\rho/\rho = (1.061〜22.6)\times 10^{-5}$ の範囲で多くの実験を行い、密度流の容量効率 $\bar{t}/T$ を与える**式4.27**のような実験式を提案しました。

$$\frac{\bar{t}}{T} = 0.02 \left(\frac{L}{Z_0}\right)\left\{\log\left(\frac{\Delta\rho}{\rho}\right) - 3.0\right\} + 0.1 \qquad —(4\cdot27)$$

$\bar{t}$：密度流の実滞留時間　　T：理論滞留時間
L：沈殿池長　　　　　　　　Z_0：沈殿池深
$\Delta\rho$：流入水と池内水の密度差　　ρ：水の密度

[適用範囲]
$Z_0/L = 0.106 \sim 0.058$
フルード数 ($Fr = v/\sqrt{gL}$) $\fallingdotseq 10^{-3}$
$\Delta\rho/\rho = (1.061 \sim 22.6) \times 10^{-5}$　　g：重力加速度
　　　　　　　　　　　　　　　　v：流速

式4.27　丹保の密度流容量効率算定実験式

このような垂直断面方向に発生する密度短絡流の出現によって、表面負荷率が変わることはありませんので、沈殿効率の低下は、短絡流内における水平流速の増大による乱流度の増大によるものと、凝集性粒子群の場合には、実沈降距離の減少に伴う成長機会の減少によって現れてきます。さらに、底部短絡流の発生によって、沈積層の洗堀再浮上の可能性が増加します。**表4.6**

表4.6　鉛直密度短絡流の影響

沈殿効率低下	短絡流内の水平流速増による乱流度の増加 沈降距離減による凝集性粒子群の成長機会減少 沈積層の洗掘再浮上
表面負荷率	変化なし

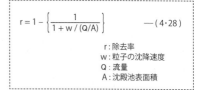

$$r = 1 - \left\{\frac{1}{1 + w/(Q/A)}\right\} \qquad —(4\cdot28)$$

r：除去率
w：粒子の沈降速度
Q：流量
A：沈殿池表面積

式4.28　完全混合沈殿池の除去率

(c)　混合モデルによる除去率評価

池の水流を完全な押し出し流れと考えたのが理想流沈殿池で、最高の除去率を示す流れモデルです。これに対して、流入水が瞬時に池全体に混合拡散（上下・上下流方向全体）するような最も悪い水流状態を想定するのが完全混合モデルです。このような槽が直列にn個並んで一つの池を構成していると考え、押し出し流れが区分された各区画で完全混合しているという半完全混合（あるいは半完全押し出し）流れを混合モデルと称します。

今、風による上下撹乱や密度流、流入偏流などが激しい池を想定し、池が完全混合状態にあるような最悪の水流を考えると、池内水の濃度と流出水の濃度は等しい

ことになります。このような最悪の完全混合状態下で、表面負荷率 $w_0 = Q/A$ の池の沈降除去を想定すると、池の除去率は**式4.28**のように示されます。

　もし、このような完全混合の池が n 個直列に並んでいる（n 池連続完全混合モデル）とすれば、第一池の残留率は上述の式から**式4.29**となります。さらに、n 番目の池まで直列につないでいくと、n 個連続完全混合モデル沈殿池の除去率 r(n) は、**式4.30**のように示されます。

第1番目の池の残留率は式4·28から
$$(1-r)_1 = \left\{ \frac{1}{1+w/(Q/A)} \right\} \quad —(4 \cdot 29)$$

式4.29　完全混合第1池目の残留率

第n番目の池まで直列につないだ場合の除去率は
$$r(n) = 1 - \left\{ \frac{1}{[1+(1/n)w/(Q/A)]^n} \right\} \quad —(4 \cdot 30)$$

式4.30　連続完全混合モデル沈殿池の除去率

　$N = \infty$ は無限個の直列槽から成り立つ池で、流下方向には全く混合がなく（押し出し流れ）、水深方向（上下方向）にのみ完全混合する池を意味します。$1 < n < \infty$ はそれぞれ流下方向に混合が残っている池を意味し、フエアー（G. M. Fair）は $n = 1$ 不良、$n = 2$ やや不良、$n = 4$ 良好、$n = 8$ 優秀、$n = \infty$ 最上と評価しています。$N = \infty$ ということは、**図4.24**の乱れの大きさを示す無次元数 $wZ_0/2D_z$ をほとんど零に近付けたことに相当します。また、無次元数 $wZ_0/2D_z$ を無限大にした条件は、理想流沈殿池を意味します。これらの関係を一枚の図に示すと**図4.28**のようになります。

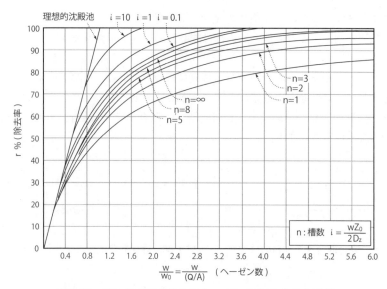

図4.28 様々な水流条件下のヘーゼン数と除去率の関係

(16) 水平流沈殿池の構成と池内構造物

(a) 水平流式沈殿池の形状と寸法

水平流式沈殿池には、平行流矩形沈殿池と放射流円形沈殿池の代表的な2つの型があります。

平行流矩形沈殿池の1例は図4.29に示すようなもので、一般には幅と長さの比が1：4～1：5位に造られます。池幅に対して長さの比が大きいほど水平流況が安定します。緩速ろ過システムの普通沈殿池では、長さ100mにも及ぶものもありますが、薬品沈殿池や生物フロックの沈殿池などでは30～40m位の寸法が普通です。池の幅は10m前後のものが普通で、汚泥かき寄せ機の使用可能幅に影響される場合が多く、池の深さも予定堆泥深さやかき寄せ機の構造を考えて、3～4mといった範囲の寸法を取ります。浅くて長い池ほど密度流の影響を受け難くなりますが、浅い池は同一表面負荷率でも水平流速が増し、結果として乱流度や洗堀の発生度が増大するとともに、凝集性粒子群に対して沈降水深が小さくなることによる沈降凝集効果が低下するなどの負の影響も考える必要があります。

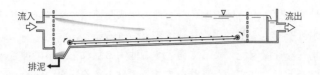

図4.29　平行流矩形沈殿池例

放射流円形沈殿池の1例は**図4.30**に示すようなものであり、直径が30mくらいまでが普通です。水は池の中心部から流入して放射状に周辺部へ流れ、円周部から流出していきます。円形池（中心流入の正方形池も）では、下流側に流線間隔が次第に広がっていく拡散流（Divergent flow）となり、流れが不安定になってしまいます。また、水平方向の偏流に対抗する導流壁などがないと、風による吹送作用などで容易に偏流が発生します。しかも円形池では図に示すように、一般的に回転式の汚泥かき寄せ機が用いられますので、回転流が常時発生し流況が不安定になるので、低濃度の清澄沈殿池への適用は薦められません。

高濃度の濃縮沈殿池などで、汚泥のかき寄せ排出の容易さを利得として、下水や工業廃水処理などの大量の汚泥が発生するような処理系で広く用いられる方法です。さらに懸濁質濃度が高い濃縮池などでは、実質的には上昇流型の流れが想定されますので、水平流式沈殿池とは異なる考え方が必要になります。後述の上昇流式沈殿池の記述を参照してください。円形池の直径は、汚泥かき寄せ機のアームの長さをどこまでとれるかが限界となる場合がほとんどです。

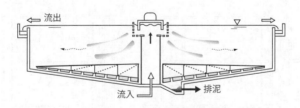

図4.30　放射流円形沈殿池

(b)　流入構造（Inlet structure）

沈殿効率を高く維持する（理想沈殿池に少しでも近づける）ために、池の流出入構造に多くの工夫がなされてきました。高い効率を得るために、流入構造は次のような要件を満たしていることが求められます。
①複数の沈殿池に水量と懸濁物負荷を一様に分配すること、

②個々の池に流入する水と懸濁物負荷を池の全横断面に一様に分布させ、沈殿池を流下する水流をできるだけ平行等速流に近づけること、
③流入の不均一な速度勾配によって発生する池内の乱れを最小に押さえ、流入口以前に導水路などで生じていた乱れをできるだけ小さく、かつ弱くして沈殿池に導き、沈降現象が乱流拡散によって低下しないようにすること、
等です。

　第1の要求事項である複数の沈殿池間に負荷を一様に分配するためには、**図4.31**に示すように、複数の池に図のaのように流れを分割し、等しい損失水頭(等距離)で水流をそれぞれの流入口（A、B、C、D）に到達させるか、図のbの配列のように、流入（導）水路をDからAまで輸送する際の損失水頭をできるだけ小さくし、それぞれの流入口（A、B、C、D）が示す各々の損失水頭が、流入水の分配に対して支配的な大きさになるように設計します（**表4.7**）。

　流入水路（D~A 間）の速度水頭は無視しうるほど小さいと考えて、n 番目の流入口の流量 q_n が最初の流入口 q_1 の m 倍（m＜1）に止まるようにするには、n 番目の流入オリフィス（流入口あるいは多孔整流板）の損失水頭 h_n は**式4.31a**となります。最初の流入口から n 番目の流入口までの流入（導）水路の損失水頭を h_0 とすると $h_n = h_1 - h_0 = m^2 h_1$ となり（**式4.31b**）、最初と n 番目の流入口の損失水頭の関係は**式4.31**となることから、m 値（不均一差）をどの範囲に止めるかによって、流入オリフィスの損失水頭 h_1 と流入水路の損失 h_0 の比をいくらにすべきかが決まります。

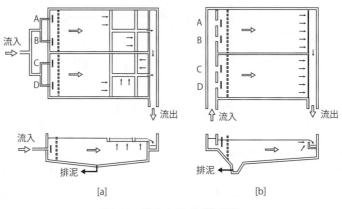

図4.31　流入と流出の均等化

表4.7　沈殿池流入構造の要件

負荷	(ⅰ) 複数池への負荷均等配分
流況	(ⅱ) 池内全断面押し出し流れ (ⅲ) 池内の乱流度低減

n 番目の流入口の損失水頭 h_n は
$$h_n = kq_n^2 = k(mq_1)^2 = km^2 h_1 \quad 4\cdot31\text{a}$$

最初から n 番目流入口間の損失水頭を h_0 とすると
$$h_n = h_1 - h_0 = m^2 h_1 \quad 4\cdot31\text{b}$$

$$h_1 = \frac{h_0}{1-m^2} \quad —(4\cdot31)$$

q_1：最初の流入口流量
q_n：n 番目の流入口流量
m：流入口流量不均一差値（$m<1$）

式4.31　流入口と流入水路の損失水頭の関係

　第2の要求事項である個々の池の流況を押し出し流れに近づけるための流入口の構造が様々に考えられています。しかし、理論的な扱いは極めて難しく、フルード数を相似率とする様々な模型実験を試み、トレーサー実験の結果等を参照して適切な形態を選択します。図4.32は、表面負荷率が同一の沈殿池に現在用いられている様々な流入構造を設置して、流入口にトレーサーを瞬時に注入し、流出端でトレーサーがどのように流出してくるかを計測した「時間・トレーサー濃度応答曲線（C−曲線）」の実験例です。図の②の単純越流堰による流入は、完全混合池の場合とあまり変わらぬ流況を示し、不良な流入構造であることを示しています。①の逆もぐり堰（Reversed weir）は幅の狭い高いピークを持っており、混合の少ない押し出し流れに近く、これらの構造中で最も良好な流れを示しています。これと同様な構造をもつ多孔壁整流壁とともに多くの実施例があります。これらの流入部整流壁構造の開口比を小さくすることによって整流壁の流入抵抗 h_n が大きくなり、整流壁各部位での流入の不均一性（m 値）が小さくなります。開口比を5～7％ほどに採る場合が一般的です。

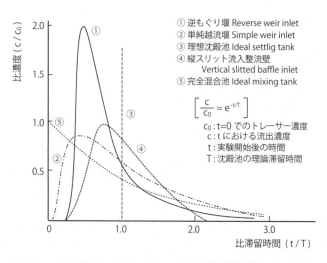

図4.32　流入構造と時間・トレーサー濃度応答曲線（C曲線）

　第3の目標は池内の乱流度を低く抑えることです。流入による乱れの発生は、流入噴流と池内静水の間の混合によって生ずるもので、多孔整流壁などを用いると、平行して流入する噴流がすぐに隣の噴流と干渉し、相互に混合して噴流としての特性を失って等方性の乱流（Isotropic turbulence）となります。このような条件下での乱流変動速度の減衰は、**式4.32**のように示されます。

$$\frac{V}{\sqrt{v'^2}} = \frac{5X}{SA} + B \qquad —(4 \cdot 32)$$

V：池の平均流速
$\sqrt{v'^2}$：乱流変動速度
S：整流壁の孔の中心間隔
X：整流壁からの距離
A,B：開口比や孔の形状で決まる係数

式4.32　等方性乱流における乱流速度の減衰

　この式から、①乱流変動速度は整流壁付近で急速に減衰し、離れるにしたがって減衰の度合いは小さくなり、②孔間隔が小さいほど乱れの強さは小さく、減衰速度が大きくなることがわかります。このことは流入整流構造設計に基本的な知見であり、太い管を数少なく設置するような開口構造の不利を示し、開口比が一定であれ

ば、できるだけ小口径の孔を密に一様に作ることの有利性を半定量的に示すものです。

(c) 流出構造（Outlet structure）

流出口を小数のオリフィスなどにするよりも、越流堰を設けて池の全幅から一様に引き出すことによって、池の平面流況を大きく改善することができます。流出堰を矩形沈殿池流出端の全面に設けた場合の流況を流線図に描くと、図4.33の上段のようになります。

このような池の最上部に流入する2種類の粒子A、Bを考えてみます。沈降速度w_aの粒子Ⓐは、理想的沈殿池ではa点で池底に達しますが、流線図で示されるような流出口の影響を考えると、w_aと流速vの合ベクトルで進行してきた沈降線は、流出区間の流線の上方への収斂の影響を受け、池末端のa'点まで進んだ距離L（この池の全長）のところで漸く池底に達します。この池ではこの場合、粒子Ⓐが池長Lで漸く池底に沈積できる限界粒子ということになります。この池を理想的沈殿池と考えた時に、沈殿帯の長さLで丁度池底に達する粒子（$w_0=Q/A$、表面負荷率に相当する）は、流出帯への上方向の分流速が沈降速度よりも大きいと流出してしまいます。そこで、この池で100%除去される粒子の沈降速度w_aの大きさを知る必要があります。図4.33でいえば、非有効部分$\Delta A=(L-La)\times B$（Bは池幅）だけ表面積が小さな理想的沈殿池（表面負荷率$w_a=vZ_0/La$）を考えることと等価になります。実沈殿池の非有効部の大きさは、沈降速度wによって大きく変わることに留意する必要があります。

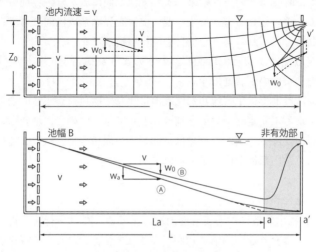

図4.33　流出構造の水理

このような非有効部分の大きさについて、米国の National Research Council（NRC、米国科学技術会議）は**式4.33**のような実験式を矩形池の越流堰流出構造に対して提案しています。

$$\Delta A = B(L - La) = K \cdot \frac{q^2}{w^2} \qquad (4 \cdot 33)$$

ΔA：非有効部表面積
B：池幅
L：池の沈殿帯長
La：理想的沈殿池における w 沈降速度粒子の沈積までの距離
q：堰負荷 (堰の単位幅当たりの流量)
w：考える粒子の沈降速度
K：定数 (池の形状によって 0.35〜0.55)

式4.33　水平流沈殿池の非有効部表面積（NRC）

この式から理解できるように、堰負荷が小さいほど、流出構造が沈殿除去率の低下におよぼす程度が小さくなるので、沈殿池末端に**図4.31**の a に示すような複合の越流堰を設けて堰負荷を減少させる試みが多く行われています。ただし、この場合であっても、近接した堰に向かっての流線がお互いに干渉し合うために、近接して堰をたくさん設けても沈殿効果の向上を大きくは見込めません。このような堰の設置は、下水処理場の活性汚泥法の終末沈殿池のように、集団沈降する高濃度の懸濁質が流入して、瞬時にその密度効果によって池全面に広がり、界面分離型の層沈降する場合に広く用いられる方式です。池の前半を界面形成区間と考え、後半を集団沈降分離区間と考えられるような場合の流出堰構造です。

浄水場の清澄沈殿池などでは**図4.31**の b のような構造をとり、堰負荷の減少に過大な要求をしないのが普通です。

放射流円形沈殿池では平行流矩形沈殿池に比して堰負荷が小さくなり、拡散放射流の風などによる不安定化の欠陥を補うことができますので、堰負荷による制御効果が大きい界面沈降や濃縮池などでは、回転式汚泥掻き寄せ機による排泥の容易さとの重畳効果で、円形池が広く用いられています。

(d)　池内構造物について

前述の流入/流出構造に加えて、池内水流をできるだけ平行流に近づけ、乱れを最小にするための様々な池内構造物が工夫されます。これらの諸構造物の効果は、

池の表面負荷率（w_0）、レイノルズ数（Re）、フルード数（Fr）の3つの数を指標として説明できます（表4.8）。

表面負荷率を小さくすることによって池で除去し得る最小粒子径（沈降速度）を小さくし、Re数を小さくすることによって池の乱れを抑制します。また、Fr数は密度流の大小や池の安定性を示すもので、Fr数が大きいほど容量効率 t/T（tは実滞留時間、Tは理論滞留時間）が高くなります。Fisherström は Fr 数を 10^{-5} 以上にすることを勧めています。Fr数の増加は一般にはRe数の増加を伴いますので、その兼ね合わせが重要になります。流況改善のいくつかの典型的な例を次に挙げてみます。

表4.8 沈殿池水流に関する評価指標

表面負荷率	$w_0 = \dfrac{Q}{A}$	小ほど除去粒子径が小	除去率評価の基礎指標
レイノルズ数	$Re = \dfrac{vR}{\nu}$	小ほど池内の乱れ抑制	層流、乱流の指標
フルード数	$Fr = \dfrac{v^2}{gR}$	大ほど容量効率が高	常流、射流の指標

Q：流量　A：池の表面積　v：池の平均流速　R：池の径深　ν：動粘性係数　g：重力加速度

a）　流れに平行に置かれた垂直導流壁（Training wall）

この考え方は図4.34のように、流入の不均一による水平方向の偏流を妨いで水平方向の平行流を得ようとするもので、池の幅と長さの比を大きくし、池のFr数を増加させ、Re数を低下させて流況を改善しようとするものです。偏流の発生は、池の前半での導流壁設置によって多くの場合に阻止することができます。

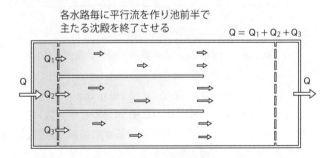

図4.34　垂直導流壁

b) 水流に直角に池底に置かれた阻流壁群

図4.35のように流れに直交する阻流板を沈殿池底に多数設けることによって、沈殿効果を高めることができます。阻流板の設置によっても表面負荷率は変わらず、池内水平流速の増加による乱れの増加があっても、池底を走る高速の短絡密度流の抑止によって実滞留時間の維持と洗掘、再浮上の抑止効果が期待できます。Hydenによる**図4.36**の様な実験結果が、底部阻流板の有効性を示しています。阻流板の間を排泥ホッパーとすることもできます。阻流板の高さは必要最小限とし、自由流下水路深を十分に取ります。

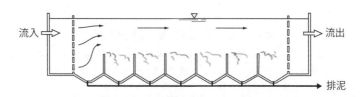

図4.35 流れに直交する阻流板沈殿池

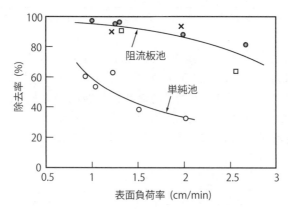

図4.36 Hyden による池底阻流板の効果例

c) 中間整流壁沈殿池 (Intermadiate percolated retaining wall)

図4.37に示すように、沈殿池の中間に流れに直角に多孔壁を設け、池を直列の小池に分割する方法が使われています。この方式は基本的には**式4.28**に示した混合モデルの完全混合池を直列に並べた池と考えてもよく、前半部の偏流、特に短絡流を分散弱体化させて次池に導くものと考えられます。中間整流壁のところでは必ず上

下混合流が生じますが、その場合でも、前半の池で沈殿物を落として密度差が小さくなった懸濁系を次の段に導くので、強い密度流の発生を著しく低減させることができます。

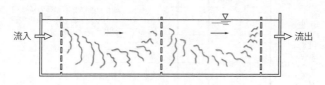

図4.37　中間整流壁沈殿池

d）中間床沈殿池（Intermediate tray basin）

前述の図4.20の二階層沈殿池のところで示したように、平行流水平沈殿池にn個の中間床を挿入することによって、池の表面負荷率を$1/(n+1)$に減じて、同一容積の池で除去可能な小粒子（小沈降速度粒子）の除去性を大きく改善することができます。図4.38aは中間床の数nを増すことによって諸粒子の除去効果（表面負荷率）が、どのように改善されるかを示したものです。横軸に単純構造の沈殿池（中間床無し）の表面負荷率（100）に対する値を取り縦軸に除去率%をとって、階床数の増加による除去率の変化を示したものです。

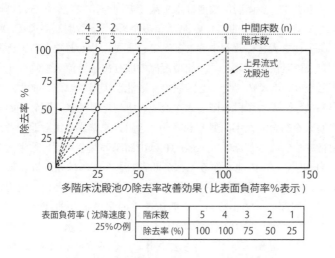

表面負荷率(沈降速度)	階床数	5	4	3	2	1
25%の例	除去率(%)	100	100	75	50	25

図4.38a　多階層水平流理想沈殿池の除去率

また、図4.38bは各階床数における100％除去可能な最小粒子の相対的な径を粒子密度一定として示したものです。傾斜板（管）についてはイメージです。

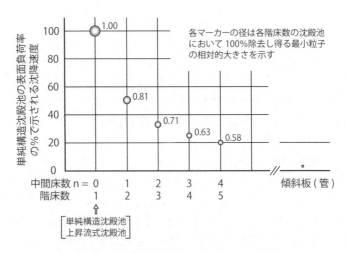

図4.38b　多階層水平流理想沈殿池の除去率

　これらの図から明らかなように、中間床の数が0〜1枚のところで沈殿効率の改善が著しく進みます。多階層沈殿池は水平流速を同一に保ちながら、単純池に比べて浅く、深さに対して相体的に長い池となるため、Re数が小さくFr数が大きな池となり、除去性を大きく改善することができます。しかしながら、汚泥の除去と各階への均等な流量配分が難しく、沈積汚泥の取り出しと流入を均等化する構造に工夫が必要となり、多くの場合、2階層の沈殿池が実用されています。

　排泥を容易にし，かつ多段の階層式沈殿池の実現を目的に、図4.39のような垂直導流壁と中間床を組合せた中間型ともいうべき斜導流壁式の沈殿池が考えられました。表面負荷率を斜め中間床数 $n \cos\theta$（θは中間床の傾き角度）と考えることができ、θが30〜60度くらいの池を作ることが可能です。これは傾斜板多階層水平沈殿池と称してよいと思います。傾斜板を図4.39のaの様に作ると池の実用幅が限られてしまうので、同図のbのように、中間床をくの字に折り曲げたものが、日本では「うの式」と称され、1960年代に柳瀬氏らが銚子水道で水平流式沈殿池に採用しました。その効果が高かったことから広く用いられるようになり、「傾斜板式沈殿池」として水道施設設計指針でも説明されています。

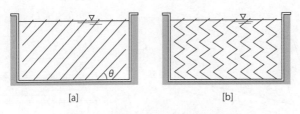

図4.39　傾斜板多階層水平沈殿池

e）　ラミナー沈殿池（Laminar flow settling tank）

　傾斜管沈殿池や傾斜板沈殿池と称される池で、流れが層流状態になるように流水部分を小寸法に分割した清澄沈殿池が、近年広く用いられているようになってきました。

　図4.40に示す様な、わが国で一般的に傾斜板沈殿池と称されている水平流式（Crosscurrent Type）層流沈殿池では、水平水流と傾斜板上面に沈積した汚泥が、板上面を滑って池底に落下する汚泥の流れが直交します。この場合、懸濁物が沈降分離される際の基準値となる傾斜板一区画の表面負荷率は、**式4.34**のようになります。層流沈殿池であるためには、水路のレイノルズ数が

$Re = V_0 R/\nu \fallingdotseq V_0 e/\nu < 2,300$（管路）、$5,000$（平行板間水路）

といった条件を満たす必要があります。

　傾斜板間水路の場合には特性として、$R = 2e$の平行板間水路を考えることになります。ここで、Rは傾斜板間の水路の径深（特性長cm）、eは傾斜板間の間隔（法線距離cm）、V_0：沈殿池の水平流速（cm/s）、ν：水の動粘性係数（20℃、0.0010cm²/s）です。平行平板間の水路の限界レイノルズ数は5,000と考えられるので、水平流速V_0を常識的な値の0.2cm/s程度と考えると、層流状態になるために、$Re = 0.2e/0.0010 < 5,000$という条件を満たす必要があり、傾斜板の間隔eを25cm以下に配置する必要があります。

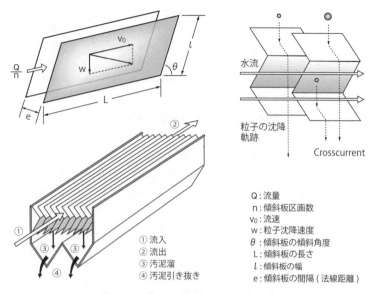

図4.40 水平流傾斜板沈殿池の原理

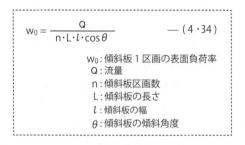

式4.34 傾斜板一区画の表面負荷率

　水平流式傾斜板沈殿池では密度短絡流が容易に発生しますので、図4.41に例示するような流入/中間整流壁や、底部汚泥沈積帯の短絡阻流壁の設置などの対策が必要になります。このような水平流式沈殿池は密度流の発生に弱いことから、高濃度の懸濁物を含む下水や廃水処理に用いられることがなく、低濃度原水の清澄沈澱にもっぱら用いられます。さらにまた、傾斜板上面に沈降してきた高濃度の懸濁質と沈積汚泥がともに密度差で下方に沈降移動する際に、清澄水を反流として上方に動かし、旋回流を傾斜板間に発生させます。静水に近い傾斜板間の横断面方向の循環

流の発生が、理論的な表面負荷率の達成を困難にし、水平流式傾斜板沈殿池の弱点となることを筆者らは実験によって報告しています。（水道協会雑誌 459号）

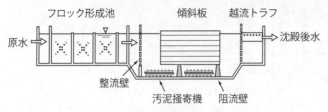

図4.41　水平流傾斜板沈殿池基本システム

　上向流傾斜板あるいは傾斜管を通じて上昇流下で分離（Counter current type）を行う方式の層流沈殿池は、おそらく現行の重力式清澄沈殿池の諸形式の中で、最も安定で高効率の沈殿装置と考えられます。様々な構造の池が考えられますが、大型の清澄沈殿池として、在来型の水平流矩形沈殿池の発展型を考えれば、図4.42のような形態を取ることになります。流入水の密度流が沈殿池の下部に流れ込んでも、流入帯の限られた前半部を除くと、水流は上方に向きを変えて、上向流沈降分離ブロックに流入します。池の後半部全面に装着され、層流状態で分離が進むように断面を小さく区切った高さ1m程度の傾斜板群、あるいは傾斜管群の内水路を上方に進み、懸濁物を傾斜板/管群の内水路下部に沈殿させ、沈殿汚泥は重力で水流と反対方向に内水路下側表面を滑落する形のCounter currentとなって分離が進みます。傾斜板/管群からの凝集性沈積汚泥は、内水路を下方に滑落する過程で凝集/造粒のシナジー効果によって高密度の集塊となり、底部の水路を短時間で沈降通過して池底に堆積します。

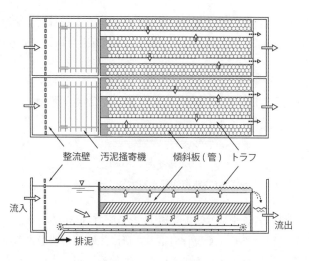

図4.42　上向流傾斜板（管）沈殿池

　層流分離用の傾斜板/管群は、水平と角 θ＝60度ほどに傾いた 8〜10cm間隔の平行傾斜板、あるいは正方形断面などの長さ100cmほどの傾斜管群から成り立ち、図4.43の例のようにブロック化して成形され、沈殿池の支持ラック上に配列/設置されます。

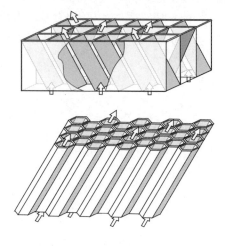

図4.43　上向傾斜板（管）沈降装置の例

上向流傾斜管沈殿池の分離帯の表面負荷率 w_0 は、図4.44を参照して、式4.35で与えられます。

一般に、傾斜管の断面寸法 e は 5〜10cm 程度、傾斜角 α は60度程度とされ、傾斜管ブロックの高さは100〜120cm 程度が多く用いられています。傾斜管内の水流は押し出し流れではなく、層流としての流速分布が下部の流入端から暫時形成されていき、管内で一様にはなっていません。また、傾斜管の下側面上を滑落してゆく沈積汚泥の反流方向の水の流れとの間に生ずる界面乱れがあり、実設計では理想状態からの乖離を補正して表面負荷率を考えなければなりません。0.7〜0.8といった安全率を掛け、表面負荷率を割り引いて必要な水平断面総ブロック敷設面積（沈殿帯の水平面積）を求めることになります。

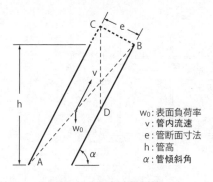

図4.44　上向流傾斜管

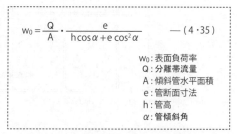

式4.35　上向流傾斜管沈殿池の分離帯の表面負荷率

$$w_0 = \frac{Q}{A} \cdot \frac{e}{h\cos\alpha + e\cos^2\alpha} \quad —(4\cdot35)$$

w_0：表面負荷率
Q：分離帯流量
A：傾斜管水平面積
e：管断面寸法
h：管高
α：管傾斜角

f)　表面負荷率理論を越える動的沈殿池：フィン付き傾斜板

この形式の傾斜板沈殿池は1980年代の初め、水道機工の橋本克紘氏のグループが原型を提案し、北大丹保研との共同研究で動的分離の理論/設計法が確立されました。世界初の表面負荷率原理を超える分離速度を持つ国産技術の沈殿装置です。この研究で橋本氏は工学博士を北海道大学から授与されました。

この基盤となるのはクロスフローの傾斜板沈殿池であり、現用されている水平流式フィン付き沈殿装置（Finned channel separator）の標準的な構成は図4.45に示す様に、水平流式傾斜板の底面に、流向に対して直角に一定の高さのフィンを等間隔に多数直立させたものです。傾斜板面に垂直な平面で流れの一部を切断するフィンドチャンネルの流れを模式的に描くと、図4.46のようになります。上向流式のフィンドチャンネル・セパレータも造られています。

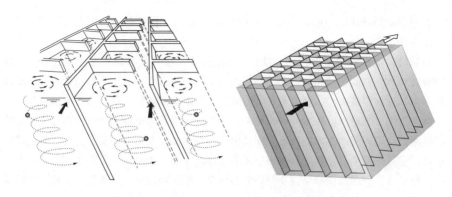

図4.45　水平流式フィンドチャンネル沈降装置

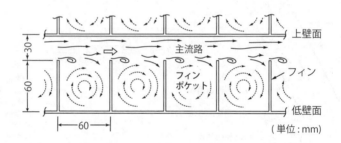

図4.46　水平流式フィンドチャンネル（縦断面）

　フィンドチャンネル・セパレータが、基盤となる傾斜板沈殿池とどのように異なる分離効果を示すかを実験した一例を図4.47に示します。クロスフロー・フィン付傾斜板による画期的な分離速度の向上が明らかにみられ、表面負荷率理論では説明できない動的な分離機構の付加が存在していることになります。

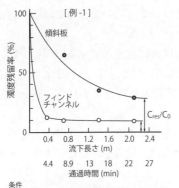
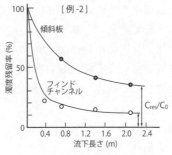

図4.47 傾斜板とフィンドチャンネルの比較実験結果

それでは、表面負荷率理論に基づいて考えたラミナー水流下での沈殿分離をはるかに超えた高速分離が得られる機序は、どのようなものであるかを考えてみます。図4.46の様な層流の平行流がフィンを通過する際に生ずる後流と、フィン間で誘起された循環（回転）流とが沈殿効率向上の主役を果たしていることが想定されます。そこで、微流速計による局所流速分布の測定や水素気泡法による流れの可視化実験を多数回行った結果等も参考にして、新たな動的分離を駆動すると考えられる分離チャンネルを構成する単位フィン区画における流れの構造を模式的に示すと図4.48のようになります。

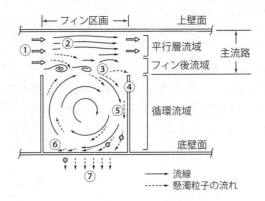

図4.48 フィン区画における懸濁粒子分離の模式図

第4章 固液分離プロセス 203

分離の機構をこの模式的な流れ構造に基づいて、次のような7段階の過程で進行しているとして考えてみます。
① 前段のフィン区画から対象とするフィン区画に流入してくる懸濁粒子は、主流路の上壁面寄りの平行層流域（Poiseuille 流れ）に流入してくる分と、主流路から分かれてフィン後流（Wake）部分に直接流入（巻き込まれる）部分に分割される。
② 平行層流域に流入した懸濁粒子は重力の作用で流下しつつ沈降し、その一部がフィン後流渦列に到達する。この部分の分離は表面負荷率理論によるヘーゼン数で評価される。
③ 前段のフィン後流域に巻き込まれ当該フィン区画に直接流入する懸濁粒子と平行層流域から重力沈降してきてフィン後流に加わった懸濁粒子は、フィン区画を緩く還流する渦流（回転流）に乗って下流側のフィン前面近傍に輸送される。
④ 下流側フィンの頂部近傍に輸送された懸濁粒子は、周期的に上下方向に変動する渦列に乗って、下流フィン頂部を越えて次のフィン区画へ進むものと、フィンに衝突し、あるいはポケット内に誘起されている回転（循環）流に輸送されて、フィン・ポケット内にと留まるものに2分される。
⑤ フィン・ポケット内に留まった懸濁粒子は、主流からの運動量の供給を受けて、フィン・ポケット内に誘起された緩やかに回転する Rankin 渦的な循環層流に乗って底壁面近傍に移行する。
⑥ 底壁面近傍に緩速度の循環（回転）流（メインチャンネルの平行層流速の20％程の最大流速を持つ）に乗って輸送された懸濁粒子群は、主流部の1/5程度の小さな表面負荷率を持つ層流沈殿池に比定できる状態にあり、重力沈殿で速やかに沈積し、水系から除去される。
⑦ 沈積した粒子群（汚泥）は、傾斜したフィン・ポケット底面を滑落して汚泥溜まりに速やかに移行する。

　図4.49は、高濃度の非凝集性のシルト粒子が分離されていく過程を濃度減少と粒子径分布の低下状態について描いた実験例です。動的な分離過程をラミナー流沈殿池（傾斜板沈殿池）に付加することによって、表面負荷率理論を越えた分離を安定的に得られることがわかります。流れの可視化実験や除去過程のモデル化、設計理論については原著論文を参照して下さい。

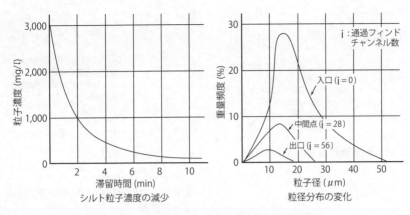

図4.49　コンクリート骨材洗浄排水処理の例

　多少詳しくフィン付き傾斜板沈殿装置の機構を説明してきました。その理由の一つは、実は、この分離機構が粒状層ろ過池の除去機構と類似であり、沈殿とろ過を一連の連続操作と考えることが、処理システムの高度化/精密化/高容量化を図るうえで重要になってくるからです。それは、伝統的に沈殿とろ過を明確に分離した2段階プロセスとして分離操作を設計/運転してきたこれまでの考え方を変換して、連続的に作動する一連の固液分離操作として扱う視点構築への接近理論を考えているからです。第4章の粒状層深層ろ過や第5章のフロック形成理論のところでも、様々な類似の分離機構の存在やフロック形成などによる沈殿/ろ過への負荷配分法と類似の分離機構の活用について論じたいと思います。

(e)　汚泥沈積帯（Sludge zone）

　汚泥が沈殿池の底に堆積する状況は、懸濁粒子群の沈降速度分布や池の流動状態などによって様々に異なってきます。水平流式の理想沈殿池における流下方向 x における単位時間の汚泥堆積量分布 $S(x)$ は、与水深における懸濁質の時間累積量曲線 $q(t)$ が、先に述べた**式4.11**のように与えられると、**式4.36**のように示されます。

$$S(x) = \frac{dq(x)}{dx} = \frac{1}{v} \cdot \frac{dq(t)}{t} \quad —(4 \cdot 36)$$

S(x)：単位時間の汚泥堆積分布
dq(x)：懸濁質の累積曲線
dq(t)：懸濁質の時間累積曲線
v：沈殿池の水平流速
x：流下距離（＝vt）
t：沈殿時間

式4.36　水平流沈殿池の汚泥体積分布

$$S(x) = \frac{dq(r)}{dr} = \frac{r}{K} \cdot \frac{dq(t)}{t} \quad —(4 \cdot 37)$$

S(x)：単位時間の汚泥堆積分布
dq(r)：懸濁質の累積曲線
dq(t)：懸濁質の時間累積曲線
r：Q/πht
Q：処理水量
h：沈殿池の水深
K：hπt：沈殿時間

一般に、$q(t) ≒ A(1-e^{-Bt})$ ─（4・37a）
A, B：定数

式4.37　放射流円形沈殿池の汚泥堆積分布

また、放射流円形沈殿池では**式4.37**が示されます。

一般にq(t)は、**式4.37**で近似することができるような形を持っているので、沈積量S(x)は、池の前半で多く後半では僅少となります。**図4.50**

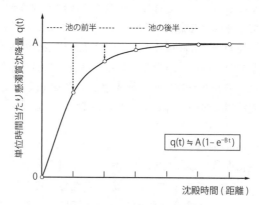

図4.50　懸濁質沈降量の変化

このような流下方向への分布を持った沈積の進行をどの程度の時間継続させるかを決めると、必要な沈積帯（Sludge zone）の深さと汚泥の引き出し時間間隔が決まります。一方、下水のような腐敗性の沈積汚泥は、時間をおかずに迅速に排泥しなければなりません。また、0.1％を超えるような沈積体積を持つ高濃度系では、機械的掻寄機などの連続排泥方法を考える必要があります。連続的な汚泥掻寄機をもたない池では、汚泥の沈積深さが一定のところまで来ると池の使用を止め，池水

を排除し、池の一隅に設けられた排泥井へ自然流下あるいは射水などによって沈積した汚泥を集めます。様々な機械的汚泥掻寄装置の例を図4.29、図4.30、図4.35、図4.41、図4.42などに示してあります。

　汚泥掻寄機のスクレーパーの速度は、沈積物の再浮上が起こらないように、20cm/min以下になるようにします。掻寄機や水流で排泥井（Sludge sump）に集められた汚泥は、重力あるいはポンプによって池外に排出し、脱水/乾燥などの処理を施します。汚泥沈積帯の底部は、上述のような掻き寄せ、洗い流しを、容易に行えるように、円形池で8％程度、矩形池の長手方向で1％ほどの勾配をつけます。排泥井（Sludge sump, Hopper）は、集積汚泥が自重で速やかに底部に集まるように、垂直高さ：水平断面距離を1.2：1～2：1ほどの急勾配の壁に作ります。

⒄　上昇流式沈殿池（Upflow clarifier）の特性

　水平流式沈殿池の全除去率 r_0 は、池の表面負荷率以上の大きさの沈降速度を持つ粒子とそれよりも小さな沈降速度の粒子の一部も加えて求められることを「水平流沈殿池除去の基本理論：表面負荷率」のところで説明しました。ところが、上昇流式沈殿池においては、表面負荷率以下の低沈降速度粒子は全く除くことができず、除去率 r_0 は**式4.38**のようになり、常に同一表面負荷率を持つ水平流式沈殿池よりも低い除去率にとどまります。

式4.38　上昇気流式、水平流式沈殿池の除去率

上昇流式沈殿池の除去率
$$r_0 = 1 - x_0 \qquad (4 \cdot 38)$$

水平流式沈殿池の除去率
$$r_0 = (1 - x_0) + \frac{A}{Q}\int_0^{x_0} w\, dx$$

r_0：除去率
x_0：沈降速度 w_0 より大きな粒子の割合
w_0：表面負荷率 $(=A/Q)$　A：沈殿池表面積
Q：流量

　式4.38から直ちにわかるように、上昇流式の沈殿池では表面負荷率よりも小さな沈降速度を持った粒子を除くことができないので、広い幅の沈降速度分布を持った粒子群に対して小さな粒子までを除去対象にすると、池の寸法が大きくなり過ぎて

しまいます。したがって、上昇流式沈殿池が実際に使われるのは、沈降速度が一様に近い粒子群の除去を対象とする場合が主となります。優れた池の水理特性を利用し、様々な工夫をして用いられています。

　水処理において均一に近い分布を持った粒子群の分離を対象とする代表的な例は、
① 接触フロック形成を経て、ほぼ均一な粒径分布を持った粒子群が沈殿池の分離帯に流入してくる図4.51、4.52に示すようなフロックブランケット型、あるいはスラリー循環型の高速凝集沈殿池、
② 懸濁粒子群の濃度が高く、水平流式沈殿池であっても流入直後に密度流となって池底部に瞬時に沈降した後、高濃度のために粒子相互の干渉によって個々の粒子固有の運動ができず、垂直方向の層沈降（図4.13参照）となり、全粒子群としての集団沈降速度で分離が進む下水道の活性汚泥法の最終沈殿池（図4.53）
などを挙げることができます。この多くの場合は、凝集性粒子群を分離対象としています。

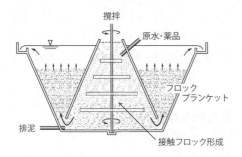

図4.51　フロックブランケット型高速凝集沈殿池

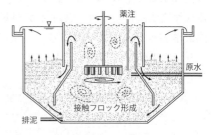

図4.52　スラリー循環型高速凝集沈殿池

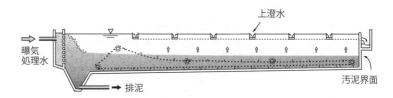

図4.53　標準活性汚泥法最終沈殿池

通常の水平流式沈殿池に比べて上昇流式沈殿池が持つ有利な水理特性があり、その特徴は、
① 水平流式清澄沈殿池ではほとんど避けることのできない密度短絡流に起因する沈降阻害が存在せず、池の理想的流況への接近を妨げる最悪の要素が除かれること。また、反対に、活性汚泥法の最終沈殿池では、流入水が10^3mg/l という高濃度のために、流入してすぐに高速の密度流となって次々に懸濁液界面上に積層し、上方向に水が分離されていく高濃度懸濁質の集団沈降を利用できること。
② 池内に整流壁や導流壁などを設けて、水流の偏りや乱れを抑制することを水平流の場合と同様に行なえること。この場合、汚泥は水流と反対方向に自重によって池底に堆積していきますが、上昇流チャンネルを小断面に分割し、レイノルズ数を小さくして理想流況を作り、沈殿効率を高めることができます。

その反面、欠点として、
① 構造上、土工量などの関係から池の深さをあまり大きく取れないので、流入渦の整流に必要な遷移区間の十分な高さを取り難いこと、
② 懸濁している粒子群の熱対流による局所対流や浮上などの影響を受け易いために、大きな水平断面積を持った大型の装置を作り難いこと
があります。

上昇流式沈殿池では流出時の堰負荷を最小にして、懸濁質のキャリオーバー（逸出）を最小限に抑えるために、分離界面上の全面積にわたって溢流トラフを設けるようにします。この場合、溢流堰間の接近流速の不均一は、池内に容易に短絡流を発生させて処理効率を激減させる恐れがあり、堰の越流水面高さの丁寧なコントロール（設計と日常の管理）が必要になります。

汚泥の沈積は水流と反対の方向に進み、流入口よりも低い位置または池内構造物の死領域に堆積され、所定の濃縮を経て池底から排出（Under flow）されます。しかし、上昇流式沈殿池は沈積部の容量を大きくできないのが普通で、濃縮時間が十分に取れないために排泥の際の汚泥濃度を高くできず、排泥による水量損失が大きくなってしまいます。このために、高濃度懸濁液の処理可能上限濃度が制限されることになります。

⒅ フロックブランケット（流動層）沈殿池

上昇流式沈殿池で良好な清澄水を得ようとする場合（特に凝集性の粒子群）に、高濃度の粒子群を懸濁させた流動層（Fluidized bed）に、下方から懸濁水を流入通過させる際、懸濁粒子を流動層の粒子群にトラップさせて分離し、清澄水を越流取

得する方式が様々に工夫されてきました。装置の構造と流動層への流入懸濁質のトラップの機序については、後の凝集処理の項で詳述することにして、ここでは懸濁質流動層の基本水理について説明します。普通には、このような懸濁粒子層(流動層)は凝集性粒子群から構成され、これをフロック・ブランケット(Floc blanket)と称しています。また、後に述べる懸濁質のペレット凝集やペレット晶析処理においても、微粒子流動層が基本的な装置構成の元になっています。

まず、流動層の水理特性を説明するための予備的理解のために、フロックブランケットが上昇流式沈殿池で果たしている役割を概説します。

上昇流中に維持されているフロックブランケット、あるいはペレット流動層の機能として、

①高濃度の一様な沈降速度を持った粒子群から流動層が構成されることから、粒子群中の小粒子を一様な径にまで成長させて自由流出を許さない、

②流入してくる希薄懸濁水中の粒子群、あるいは微小コロイドを流動層ろ過あるいは吸合の形で流動層粒子群に移行させて流入水から分離する、

③流入口からの乱れを吸収する整流効果を発揮する、

などの働きがあります。

(a) フロックブランケット(流動層)の水理

図4.54に示すような垂直に設置した筒の中に粒子群を入れ、筒の底部から水を流入させて筒頂から越流させることを考えてみます。

①上昇流速 v が小さい時は、粒子群は底部に静止沈積した状態にあり、水は粒子の間を通って上昇していきます。

このような状態で処理を進めることを固定層(Fixed bed)操作といい、水が層を通過する際の圧力損失 Δh は、上昇流の空塔速度(Superficial velocity:通過水量 Q を筒の断面積 A で除した値 $V_s=Q/A$、粒子群がない場合の空筒の平均上昇流速、沈殿池の表面負荷率 w_o に相当する値)に比例して増加します。

②流速がある大きさになってくると、粒子群の有効重量(水中重量)と粒子群を持ち上げようとする水と粒子群の摩擦力(固定層通過の圧力損失)が、ちょうど釣り合っていた条件を超えてしまい、粒子群は浮き上がり(膨張)始めます。

このような限界点を流動化点(Point of fluidization)といい、この時の上昇流速 V_{sc} を流動開始速度といいます。水流によって持ち上げられ膨張し粒子群が懸濁している状態を、流動層(Fluidized bed)といいます。

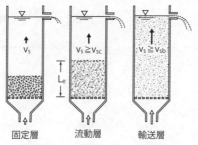

V_s：空塔速度　V_{sc}：流動開始速度　V_{sb}：輸送開始速度
L_e：流動層厚

図4.54　固定層・流動層・輸送層の3態

　流動化開始点においては粒子の水中重量と上昇流による揚力（損失水頭）が釣り合っており、**式4.39**が成立します。

$$\Delta pA = gLA(1-\varepsilon_{sc})(\rho_s - \rho_0) \text{ または}$$

$$h_f = \frac{g}{g_c} \cdot L(1-\varepsilon_{sc}) \cdot \frac{\rho_s - \rho_0}{\rho_0} \quad \text{——(4・39)}$$

Δp：粒子層を通過する水の圧力損失 (g/cm・sec^2)
g：重力加速度 (980g/cm・sec^2)
L：粒子層の静止時の厚さ (cm)
A：筒の横断面積 (cm^2)
ρ_s：粒子の密度 (g/cm^3)
ρ_0：水の密度 (g/cm^3)
h_f：粒子層を水が通過する際の損失水頭 (cm)
g_c：重力換算係数 (980・cm/g force sec^2)
　　Newton's Law conversion factor
ε_{sc}：流動化開始時点の空隙率(無次元)
　　　固定層の空隙率にほぼ等しい

式4.39　流動開始点における粒子の水中重量と上昇流による揚力の関係

③流動化点を超えて上昇流速 V_s を増していくと、粒子群は完全に浮遊懸濁して流動層を構成します。

　V_s の増大とともに流動層の厚さ L_e は増大していきますが、その間の損失水頭の増加は、**図4.55**に模式的に示すように極めて少ないのが特徴で、流動層が多くの操作に用いられる理由でもあります。

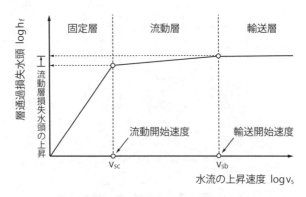

図4.55 固定層・流動層・輸送層の損失水頭の変化

流動層の厚さ L_e とその時の空隙率 ε_e に対する固定層厚 L と流動開始点の空隙率 ε_{sc} の関係は、粒子量が変化しないことから、**式4.40**のように与えられます。

$$LA(1-\varepsilon_{sc})\rho_s = L_e A(1-\varepsilon_e)\rho_s \quad \text{または}$$

$$L_e = \frac{L(1-\varepsilon_{sc})}{1-\varepsilon_e} \qquad —(4\cdot 40)$$

L：粒子層の静止時の厚さ(固定層厚)(cm)
L_e：流動層の厚さ (cm)
A：筒の横断面積 (cm^2)
ε_{sc}：流動化開始時点の空隙率 (無次元)
ε_e：流動層厚が L_e の時の空隙率 (無次元)

式4.40 流動層厚と空隙率

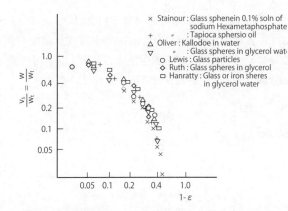

図4.56 非凝集性粒子群の流動層の空隙率と上昇流速の関係

$$\varepsilon_e = \left(\frac{v_s}{w_t}\right)^n \quad —(4\cdot41)$$

ε_e：流動層の空隙率
v_s：上昇流速
w_t：単粒子の終末沈降速度

式4.41 空隙率と粒子沈降速度、上昇流速の関係

式4.40中の ε_e の大きさは、粒子群を構成する単粒子の終末沈降速度 w_t と上昇流速 v_s（＝群の沈降速度 w）の関係で表現されます。非凝集粒子性粒子群の実験例として、図4.56のような関係となっており、通常操作のレイノルズ数領域では、式4.41のような経験式が得られています。

この経験式の指数 n の大きさは、粒子の沈降レイノルズ数によって変化し、Re＜0.1で n≒0.18程度の値をとり、レイノルズ数の増加とともに大きくなっていきます。1＜Re＜500の領域では、$n = Re^{0.1}/4.45$ の大きさになります。

上述のような流動層の特性は、非凝集性粒子群について与えられたもので、急速ろ過池の逆流洗浄やペレット凝集・晶析・造粒などの操作に直接応用することができます。一般の凝集性粒子群（凝集沈殿や活性汚泥のフロックなど）においても、定性的には同じような挙動をすると考えてよいでしょう。

一般の活性汚泥フロックや化学的凝集フロック群について、実際の上昇流式沈殿池で生じている30分間沈降時の見かけフロック体積比が、10〜40％といった範囲にある粒子群数例の測定結果について、横軸にフロック体積比の対数を縦軸に、粒子群の沈降速度の対数をとって描くと、図4.57のようになります。この図から、30分間沈降体積といった従来から水処理界で経験的に広く用いられてきたフロック体積比 C_v^* の表示を用いて、層沈降速度 v_s（流動層の上昇流速）を式4.42のように、両対数軸上の線形表示によって大まかに推測することができそうです。

式4.42の定数は、フロック群を構成する単粒子の沈降速度によって定まるものと

第4章 固液分離プロセス 213

考えられますが、実測が困難なことから、所定時間の沈降体積率（例えば $C_v^* = 0.1$）を基準とする沈降速度比をとって、近似的に推算する方法が使われます。濃度の異なるフロック群の比較のためのフロック体積比 C_v^* を表示する方法として、多くの場合、5分間沈降、あるいは30分間沈降の C_v^* が便宜的に用いられています。

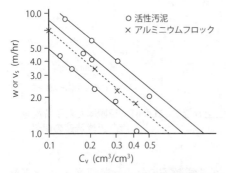

$$\mathrm{Log}\, v_s \fallingdotseq -\mathrm{Log}\, C_v^* + \mathrm{Const.}$$
あるいは
$$v_s C_v^* \fallingdotseq \mathrm{Const.} \quad\quad —(4\cdot42)$$
C_v^*：フロック体積比

図4.57　フロック体積比と層沈降速度の関係（測定例）　　式4.42　フロック体積比と層沈降速度の関係

しかしながら、沈降曲線の傾きも形も異なる粒子群の任意時間（例えば5分間、30分間など）の界面高さ Z の初高 Z_0 に対する比 Z/Z_0 をフロック群の代表体積率として常用することは、定量（理論）的には意味を持たないので、実体積率を求める論理的な道筋の検討が必要となります。

界面沈降曲線が等速沈降区間から圧密沈降区間に移行する点（圧密開始点）は、近似的に全フロック粒子の接触が完了する点（底部では圧密がすでに進行しており、相互接触が界面にまで至った点）と考えることができます。そこで、図4.58のような界面沈降曲線を用い、近似的に、等速沈降領域の界面沈降直線の延長と圧密沈降曲線の漸近線の交点 C' での交角の2等分線と沈降曲線の交点 C を圧密開始点と定めます。界面濃度がこの圧密開始点 C に達した時が、粒子群が相互接触を完了した時の濃度であり、もし全粒子がその濃度で存在しているとした時の体積は、界面沈降曲線に C 点における接線が Z 軸を切る点 Z_c' で与えられます。

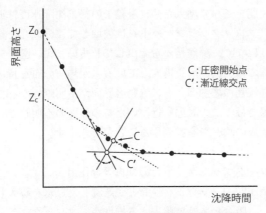

図4.58 界面沈降曲線と圧密開始点体積の関係

このような状態になった時の等径球の理論的空隙率 ε は、配列の仕方によって26％から48％の間の数値をとります。不整形のフロック群については、これに近い値をとるであろうことが推測されますが、実測例を集める必要があります。

そこで、まず濃度のみを異にする多数のフロック群の界面沈降曲線を求め、等速沈降区間の沈降速度 $W=V_s$ と、前述したその曲線の圧縮開始点の濃度 C の時の仮想等濃度層の高さ Z_c' を求めます。Z_c' の時の空隙率 ε_0 を任意に仮定して、それを基にして式4.40を用いて任意の濃度の時の空隙率 ε を求め、対応する沈降速度との関係を両対数プロットすると、一般に式4.41を満たすような直線が得られます。フロック群では、この直線の勾配が式4.40のところで述べたように0.2程度であることから、仮にこの数値を与えて ε_c を求めると、圧密開始時の等濃度体積のフロック群を仮定したときの層厚 Z_c との積として、フロック体積率 C_v を式4.43のように求めることができます。この係数は凝集性のフロック群の多数の実験結果から筆者らが求めたものです。

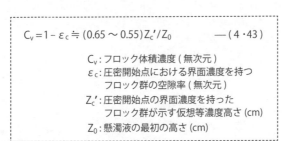

$C_v = 1 - \varepsilon_c \fallingdotseq (0.65 \sim 0.55) Z_c'/Z_0$ ——（4・43）

C_v：フロック体積濃度（無次元）
ε_c：圧密開始点における界面濃度を持つ
　　　フロック群の空隙率（無次元）
Z_c'：圧密開始点の界面濃度を持った
　　　フロック群が示す仮想等濃度高さ (cm)
Z_0：懸濁液の最初の高さ (cm)

式4.43 フロック体積濃度と空隙率＜可逆反応の平衡状態式

流動層の上昇速度をさらに増大させ、単粒子の終末沈降速度付近に達するようになると、流動層（フロックブランケット）は破壊して、分散した粒子が水流によって流送されるようになり、分離槽から流出してしまいます。**図**4.54の輸送層の出現です。実際の操作では、流動層を構成しているのが均一分布を持った粒子群ではないことから、上昇流速の増加とともに流動層界面が不明瞭になってきます。凝集性フロックの流動層では、この状態に近づいた時の界面の不明瞭さ（乱れ）から、構成粒子群の粒度構成の均一さを推測することができます。

(b)　流動層（フロックブランケット）の抑止吸合作用

　流動層下部に微小粒子（フロック）などが懸濁した原水を導入して、流動層を構成する粒子に合一（吸合）させて除去する操作が、フロックブランケット型上昇流式沈殿池などで行われます。砂層のろ過操作が固定層での衝突合一であるのに対して、フロックブランケットでの分離操作は流動層内での衝突合一操作で行われます。流動層での除去機構は、基本的には先の「凝集沈降：沈降過程における集塊現象」の項で説明した**式**4.13のように表現される沈降速度差のある大小粒子間の衝突集塊であり、凝集性を持った粒子群について成り立つ現象です。

　単純化して考えると、流動層（フロックブランケット）を構成する径Dの大型フロック群と下部から流入してくる径dの小フロック群の2群を対象にして、**式**4.13をストークス沈降領域で表現すると、微小粒子数の減少率dn/dtを求める**式**4.44が得られます。

　一般に、d≪Dであるので、**式**4.44は**式**4.45のように表現することができます。さらに、フロックブランケット底部からの距離xで、微小粒子（フロック）がどのように減少していくかを記述すると、V_{st}=xと時間を距離に置き換えることによって、**式**4.46のようになります。

$$\frac{dn}{dt} = -C\frac{\pi g}{72} \cdot \frac{\rho_s - 1}{\nu}(D+d)^3(D-d)Nn \quad —(4\cdot44)$$

d≪Dなので

$$\frac{dn}{dt} \fallingdotseq -C\frac{\pi g}{72} \cdot \frac{\rho_s - 1}{\nu}D^4Nn = -C\frac{\pi}{4}V_s D^2 Nn \quad —(4\cdot45)$$

時間を距離に置き換え $V_s t = x$ とすると

$$\frac{dn}{dx} = -C\frac{\pi}{4}D^2 Nn = -C\frac{3}{2} \cdot \frac{C_v}{D}n \quad —(4\cdot46)$$

t：フロックブランケット(流動層)に微小粒子が流入してからの時間(sec)
x：フロックブランケット下面からの距離(cm)
n：単位体積の水中に懸濁している微小粒子個数濃度(1/c m³)
N：流動層(フロックブランケット)を構成している大型粒子(フロック)
　　の個数濃度(1/c m³)
D：流動層(フロックブランケット)を構成している大型粒子(フロック)の径(cm)
d：流入してくる微小粒子(フロック)の径(cm)
C_v：流動層(フロックブランケット)の懸濁(フロック)粒子群の体積率
　　(凝集性粒子群の場合はフロックボリューム)(無次元)
ρ_s：懸濁液の密度(g/cm³)
V_s：流動層の上昇流速(流動層を構成する粒子群の群沈降速度wに等しい)(cm/sec)
C：流動層(フロックブランケット)における径Dとdの粒子(フロック)
　　の衝突合一係数(無次元)
　　(実測例からフロックブランケット操作で10^{-1}程度の数値をとると考えられる)

式4.44, 式4.45, 式4.46　微小粒子の減少率

一般に、微小フロックの個数濃度 n と対応する濁度 T の間に比例関係が成り立つので、流動層流入時の微小粒子（フロック）個数濃度 n_0、濁度 t_0 がブランケット層 xcm を通過した後に未吸合で存在する濁度 n は、**式4.47**のようになります。実測例によれば、右辺括弧内の値は10^{-2}（1/sec）程度の大きさを示すので、6～7 min程度の通過時間を持つフロックブランケットを作れば、濁質の吸合をほぼ完全に達成することができます。

$$\frac{n}{n_0} = \frac{T}{T_0} = \exp\left(-C\frac{3}{2} \cdot \frac{C_v}{D}x\right) \quad —(4\cdot47)$$

n_0：流動層流入時の微小粒子(フロック)の個数濃度
T_0：流動層流入時の微小粒子の濁度
　x：流動層内通過距離
　n：x における未吸合微小粒子の個数濃度
　T：x における未吸合微小粒子の濁度

式4.47　微小粒子の流動層（フロックブランケット）内濃度変化

(c) フロックブランケットの定常状態保持

　触媒反応を行うような流動層と違ってフロックブランケット型の上昇流式沈殿池では、常に微小粒子（フロック）が流動層を構成する大型の粒子群に吸合されて流動層の濃度が増大するので、安定に流動層を維持するためには、所定の量以上に累積してきた懸濁粒子を系から取り除かなければなりません。水処理装置の場合、刻々に変化する原水・排水の濃度変化が大きく、時には急激に生じることもありますが、これに対応した操作を自動的に行うことが求められます。

　このような操作は、一般には一定に保たれている処理流量（上昇流速）の下で、フロックブランケットの上部界面位置をほぼ一定に保つことを目標に行われ、いろいろな方式がありますが、

① 図4.59(a)のように、底部に排泥弁を設け、比較的濃いスラリーとして、沈殿池底部から余剰汚泥をタイマー設定によって適時に排出（Under flow）し、流動層（フロックブランケット）をほぼ定常な状態に保とうとする方法、

② 図4.59(b)のように流動層（フロックブランケット）上（界）面を規制するフロック群越流堰を設け、フロックブランケットの上面の高まった部分を越流させて、流動層（フロックブランケット）の定常状態を自動的に保持するとともに、堰から密度流となってスラッジ溜りに流下したフロック群を濃縮したスラッジとして汚泥溜りから間欠的に排出する方法、

などがあります。

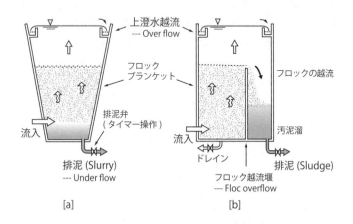

図4.59　フロックブランケットの界面制御方式の例

流動層の下部から汚泥を引き出す場合もスラッジ溜から引き出す場合でも、汚泥の濃縮を十分に進行するための装置空間を必要とします。さもなければ、濃縮不十分の低濃度のスラッジの引き抜きに伴う処理水量に対する排泥水量の割合が大きくなってしまい、水処理効率が損なわれてしまうことになります。しかしながら、スラッジ濃縮の空間が十分に取れないことが、上昇流式沈殿池の弱点になる場合があり、高濃度懸濁系の処理の際に、しばしば起こり得ることを知っておく必要があります。

　また、沈降速度の大きい粘土のフロックと小さい色度成分のフロックなどで流動層が構成されて、不均一な粒子群から成り立っているような場合には、流動層が2層（2段）に形成されることになります。流動層の上部にできる軽いフロックの流動層界面に着目して、図4.59(b)のような方式で制御すると、重いフロックからなる流動層は下部に溜り続け、運転を継続できなくなってしまいます。沈降速度が大きく異なる複数成分系からなる流動層を定常的に運用することは難しく、このような方式を採用しないことが賢明です。重い粒子群のわずかな存在であれば、底部からの汚泥引出装置の運用で対応できますが、賢明なプロセス選択とはいえません。パルセーターと称される上昇流式フロックブランケット沈殿池が、アフリカや東南アジアの高色度・高濁度の2成分系の処理で、極端な困難に直面しています。国内の大水道でも排泥装置を付加し、苦労して運転するというケースもありました。

(19) 濃縮沈殿池（Thickener）

　水処理では、処理水（Over flow）を得た後に残る池底に沈降したスラッジは、できるだけ高濃度となるような操作を行って排出（Under flow）され、さらに濃縮・脱水工程を経て最終処分されます。

　一般の清澄沈殿池では懸濁物の濃度が低いために、池の寸法を決める主要素は、等速沈降条件下で定義される表面負荷率によっています。希薄な懸濁液を扱う水平流式沈殿池では、高濃度化させ濃縮圧密を進行させるのに必要な底部の断面積は、表面負荷率で決めた池の寸法が十分な余裕を持っていることで確保されているのが普通です。一方、沈降速度の大きな粒子群からなる高濃度の懸濁液を扱う場合には、沈殿池底部における粒子群の濃縮沈降速度の大小が、池の水平断面積を決める制限要素となってきます。

　濃縮速度が等速沈降してくる粒子群の累積速度よりも小さいと、底部からの濃縮懸濁液（スラリー）の引き抜き量を一定に保ったままでは、汚泥沈積帯の厚さが時間とともに増大していき、ついには濃厚懸濁液が越流（Over flow）してしまい沈

殿操作ができなくなってしまいます。このような場合には、底部からの引き抜き量を大きくして、スラリー濃度が低い状態のままで排泥することになります。

このような濃厚懸濁液の底部からの排泥をなるべく高濃度で行い、連続的に供給される濃厚懸濁液を連続的に処理しようとするプロセスの設計理論は、鉱業分野（選鉱）で早くから研究されてきました。水処理の分野で、高濃度懸濁系の水処理と高濃縮汚泥の排出を必要とするのは、活性汚泥法の沈殿池の汚泥沈積帯の設計や様々な沈殿操作からの引き抜き汚泥（Sludge）を脱水操作に導く際に使用する濃縮池の設計の場合です。このような濃縮操作では、多くの場合、固形物の重量濃度が10～20％を上回ることを目標に行われます。

典型的な濃縮沈殿池（シックナー）は、図4.60に示すような構造になっています。池の中央あるいは一方から懸濁液（スラリー）を供給し、上澄みは水面の越流トラフから流出していきます。前項の「高濃度粒子群（スラリー：Slurry）の沈降パターン」のところで述べたように、流入したスラリーは図4.13、図4.14などで示した様態で垂直に沈降していきます。図4.13は回分式沈降操作における沈降界面の動きを、図4.14は同様な沈降過程のスラリーの内部濃度変化を示しています。連続式シックナーでは、毎時一定量の沈積汚泥（スラッジ）が引き抜かれ、上部からは上澄み水が一定量で流出していきますので、槽内には図4.14に示すような、回分式沈降のある経過時間に見られると同様のスラリー層の濃度分布が、操作条件に対応して、定常的に存在することになります。

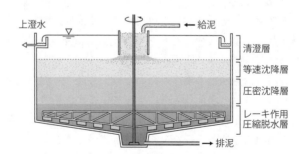

図4.60　濃縮沈殿池（シックナー）の基本構造

高濃度懸濁液を扱う清澄沈殿池（活性汚泥の最終沈殿池：図4.53の例）の濃縮部も同様な挙動を示しますが、等速沈降層（図4.14のB層）の上に干渉を受けつつ個々の粒子が沈降してくる部分が存在することが違ってきます。

池底に沈積したスラッジは、汚泥掻寄機（レーキ）によって排泥口近傍に集められ、静水圧やポンプによる吸引などによって池外に排出されます。

(a) 濃縮沈殿池（シックナー）の所要水平断面積の算定

清澄沈殿池では、水平流式でも上昇流式でも表面負荷率（cm/sec、m/day）によって所要の水平面積を算定できますが、高濃度の粒子群を扱う濃縮沈殿池では、所定の固形物（懸濁質）量を単位時間に処理するのに必要な最大水平断面積、すなわち濃縮沈殿池の単位水平断面積あたりの固形物処理能力（Solid handling capacity : kg-solid/m^2）が最小であるような懸濁質濃度層を次のような手順で求めて、所要水平断面積を算定します。

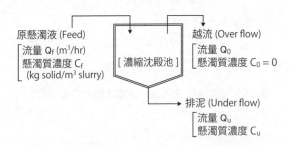

図4.61 濃縮沈殿池（シックナー）の物質収支図

図4.61のような模式的濃縮沈殿池を考えると、この池の流入と流出の懸濁質の物質収支は、**式4.48**の様になり、水についての物資収支は**式4.49**で示されます。また、**式4.48**を用いて**式4.49**から Q_u を消去して整理すると、**式4.50**のようになります。

流入と流出の懸濁質の物質収支
$$Q_f C_f = Q_u C_u$$
あるいは
$$Q_u = \frac{Q_f C_f}{C_u} \quad —(4\cdot48)$$

Q_f, Q_u：それぞれ原懸濁液と排泥の流量
C_f, C_u：それぞれ原懸濁液と排泥の懸濁質濃度

水についての物質収支
$$Q_f(\rho_f - C_f) = Q_0 \rho + Q_u(\rho_u - C_u) \quad —(4\cdot49)$$

ρ：水の密度
ρ_f：原懸濁液の密度
ρ_u：排泥の密度

式4・48と式4・49から
$$Q_0 = \frac{Q_f C_f [(\rho_f / C_f) - (\rho_f / C_u)]}{\rho} \quad —(4\cdot50)$$

式4.48, 式4.49, 式4.50 濃縮沈殿池の物質収支

一般に水処理で扱われる凝集性懸濁粒子群ついては、$\rho_f \fallingdotseq \rho_u \fallingdotseq \rho \fallingdotseq 1.0$とすることが近似的には可能なので、**式4.50**にこの関係を代入して、式の両辺を池の水平断面積A（m^2）で除せば、池の表面負荷率Q_0/Aの形になり、考える濃度の懸濁粒子がこの上昇流速に逆らって沈降するためには、粒子群沈降速度$w > Q_0/A$であれば良いということになります。**式4.50**の関係はスラリー上面で成り立つ式ですが、濃縮が進行している層中の濃度C_iの面についても、給泥（Feed）を濃度C_iで行い、固体供給速度が$Q_f C_f$に等しくなるような仮想給泥速度（流量）Q_iを考えることによって、同様の物質収支式として**式4.51**を考えることができます。この場合の沈降速度w_iは考える濃度C_iの層ごとに決まってくる値になります。また、$Q_i C_i = Q_f C_f$であることから、濃度C_iのスラリー層についての所要の濃縮水平断面積A_iは、**式4.52**のように与えられます。

$$w_i = \frac{Q_i C_i}{A}\left(\frac{1}{C_i} - \frac{1}{C_u}\right) \quad —(4\cdot51)$$

w_i：濃度 C_i の層における懸濁粒子群沈降速度
Q_i：濃度 C_i の層における流量
A：濃縮沈殿池の水平断面積

濃度 C_i のスラリー層での所要の濃縮水平断面積 A_i は
$Q_i C_i = Q_f C_f$ であることから

$$A_i \geqq \frac{Q_f C_f}{w_i}\left(\frac{1}{C_i} - \frac{1}{C_u}\right) \quad —(4\cdot52)$$

式4.51，式4.52　スラリー層における所要の濃縮水平断面積

　実際の設計に際しては、沈降分析により与懸濁液の C_i と w_i の関係を求め、C_u、C_f、Q_f 等の数値を与えて、種々の C_i について必要な A_i を計算し、得られた数値のうちで最大の必要水平断面積の値（$A_{imax.}$）を濃縮沈澱池の水平断面積とします。

(b)　シックナーの所要水深の算定
　シックナーの深さを決める要素として、
①給泥（Feed）された原泥による乱れが濃縮層に影響を与えない、
②給泥による乱れが、越流する上澄水に及ばないように等速沈降層と上澄み水層の厚さを求め、
③不可避な給泥量の変動に由来する濃縮層厚さの変化をある範囲内で吸収するために、濃縮層部分に余裕高をもたせる、
④目的とする排泥（Under flow）濃度 C_u に到達できるだけの十分な圧密時間を確保できる容積をもたせる、
ことを考えます。
　このようにして、給泥量が増加しても希薄なスラリーが底部から排泥されることがないように設計、運転されます。
　これらのすべての要素を考えに入れた合理的な設計法は、まだ確立されてはいないのですが、①と②の条件を満たすために上澄み水の上昇部として30～100㎝、等速沈降部として30～60㎝をとり、最下部の集泥部分（機械的集泥の際には、レーキ作用によって濃縮が加速される）として30～60㎝をとり、これらの値に、次のようにして計算される排泥濃度 C_u に達するのに必要な圧縮（圧密）層の厚さを加えて全水深とします。

圧密部分の所要体積をV、圧縮層内のスラリーの平均密度をρ_mとすれば、圧縮層内の全スラリー重量は$V\rho_m$であり、また、排泥が所定の濃度になるまでに要する圧縮沈降時間（圧密層での滞留時間）をTとすると、圧縮層中の水量は式4.53となり、スラリーの全量は固形物（懸濁質）の量と水の量の総和として式4.54のように求められます。圧縮層の水平断面積をA、厚さをHとするとV=AHであるので、式4.54にこの関係を代入し整理すると、必要とする圧縮層の厚さHは、式4.55によって求めることができます。

圧縮層中の水量 $= \left(V - \dfrac{Q_f C_f T}{\rho_s}\right)\rho$ ―（4・53）

スラリーの全量 $V\rho_m$（固形物量と水量の総和）は

$$V\rho_m = Q_f C_f T + \left(V - \dfrac{Q_f C_f T}{\rho_s}\right)\rho \quad \text{―（4・54）}$$

圧縮層の厚さHは

$$H = \dfrac{V}{A} = \dfrac{(\rho_s - \rho) Q_f C_f T}{\rho_s (\rho_m - \rho) A} \quad \text{―（4・55）}$$

V：圧密部分(圧縮層)の所要体積
ρ_m：圧縮層内のスラリー平均密度
T：排出汚泥が所定濃度になるのに要する圧縮沈降時間(圧縮層滞留時間)
$Q_f C_f T$：圧縮層内の固形物量
ρ_s：圧縮層の懸濁粒子密度
ρ：水の密度
A：圧縮層の水平断面積
V：圧縮層の厚さ

式4.53, 式4.54, 式4.55　圧縮層の厚さ

ここで、圧縮に要する時間Tとスラリー平均密度ρ_mをどのように求めるかが、次の問題になります。一般には、同一のスラリーを用いた回分式沈降試験を行い、次に述べるような手順に従って求めることになります。
① 回分式沈降分析の際の圧縮領域における界面の沈降は、先に述べたように、Robertsが提案した式4.21のように記述でき、この式を変形して対数表示で式4.56のように表現します。圧縮脱水過程に入ってから目的とする排泥濃度C_uに達するまでの時間をTとし、ρ_mは近似的に排泥濃度C_uと圧縮沈降開始時の汚泥濃度C_cの平均密度を使います。

$$\text{Log}\left(\frac{Z-Z_\infty}{Z_c-Z_\infty}\right) = -K(t-t_c) \qquad —(4\cdot56)$$

Z：沈降開始時間 t における界面高さ(スラリー層厚)
Z_c：圧縮沈降開始時の界面高さ
Z_∞：圧縮沈降完了時の界面高さ
t_c：圧縮沈降開始時間
K：常用対数で示される係数

式4.56　圧縮脱水過程の対数表示 Roberts 経験式

② スラリーの回分式界面沈降曲線を片対数表示して**図4.62**のように描き、**式4.56**を記述する際に必要な、圧縮沈降の始まる点の界面高さ Z_c、圧縮沈降が始まる沈降開始後の時間 t_c、圧縮沈降が完了した時の界面高さ Z_∞、常用対数で示される圧縮係数 K を推定し、沈降開始後の時間 t における界面高さ Z を求めます。この場合、最終濃縮時の界面高さ Z_∞ 値は、**図4.62**の片対数プロットによる沈降曲線を様々な推定値 Z_∞ を用いて計算し、縦軸値 $(Z-Z_\infty)/(Z_0-Z_\infty)$ と沈降時間 t の関係が圧縮領域と考えられる（Roberts式が成立する）片対数プロットが直線となるような Z_∞ として，試行錯誤法によって確定されます。

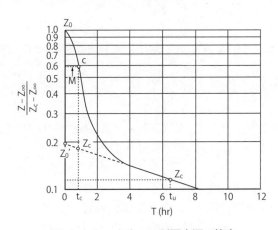

図4.62　シックナーの所要水深の算定

③ その結果を用いて、**図4.62**のように Roberts によって示された経験的な方法によって、圧縮沈降が始まる層の高さ Z_c とその開始時間 t_c を推定します。すなわち、圧縮沈降部の直線を縦軸まで延長し、その交点を Z'_0 とします。Z'_0 と沈降試験の

初期水深 Z_0 の平均値 M を求め、M を通る横軸に平行な線が沈降曲線と交わる点 c の示す時間を圧縮沈降開始時間 t_c とし、$t_u-t_c=T$ が必要な滞留時間ということになります。

④粒子密度 ρ_s、初期重量濃度 C_f、沈降分析の初高 Z_0、圧縮開始点の高さ Z_c、排泥濃度 C_u、がすべて得られたので、圧縮層内のスラリーの平均密度 ρ_m は、式4.57 から式4.60のような手順で求めます。

給泥時 ($t=0, C=C_f$) のスラリー密度 ρ_f は

$$\rho_f = \left(\frac{C_f}{\rho_s} + (1-C_f)\right)^{-1} \quad —(4 \cdot 57)$$

圧縮点 ($t=t_c, Z=Z_c$) のスラリー密度 ρ_c は

$$\rho_c = \frac{\rho_f Z_0 - (Z_0 - Z_c)}{Z_c} \quad —(4 \cdot 58)$$

排泥 ($t=t_u, C=C_u$) のスラリー密度 ρ_u は

$$\rho_u = \left(\frac{C_u}{\rho_s} + (1-C_u)\right)^{-1} \quad —(4 \cdot 59)$$

したがって、圧縮層の平均スラリー密度 ρ_m は

$$\rho_m = \frac{\rho_c + \rho_u}{2} \quad —(4 \cdot 60)$$

式4.57, 式4.58, 式4.59, 式4.60　圧縮層の平均スラリー密度

⑤これらの値を式4.55に代入することによって、必要な圧縮層部の水深 H を求めます。
⑥この値に、前述した上澄み部、等速沈降部、集泥部の高さ120〜220cmを加えることによってシックナーの所要水深が決まります。

(c)　シックナーの付帯構造物

　シックナーの流入構造の設計は、清澄沈殿池の場合と同様に、流入渦や流入偏流を速やかに減衰させて、分離界面、濃縮部を静かな状態に保つように工夫します。特に濃厚な原液が供給されるので、時としては分離界面上を密度流となって走り、流出口へ原液のまま短絡しかねない危険さえあり、様々な沈殿池の設計において、この密度流対策に最大の配慮が必要になります。
　流出構造の設計は上昇流式沈殿池と同じように、越流面と分離界面の距離が短い

ので、堰負荷を特段に小さく設計する必要があります。アンダーソンの活性汚泥法の沈殿池での測定例を参照すると、図4.63のように、堰負荷の減少が直線的に越流水の水質を改善していることがわかります。

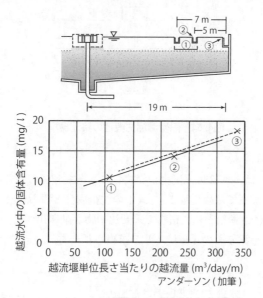

図4.63 濃縮沈殿池の堰負荷の効果

　濃縮沈殿池では常に多量の沈殿物を掻き寄せて排泥ピットから排出するために、機械的な掻寄機を常備します。掻寄機を運転する場合の所要動力の推定は、関連する因子が多いために理論計算は難しく、多くの場合、経験則によるのが現状です。

　円型池の場合においては、チェルミンスキー（Chelminski）が砂質等の比較的重い沈殿物について提案した集泥動力Pを求める半理論式の式4.61があります。図4.64を参照しながら計算式を説明します。

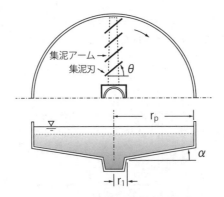

図4.64 円型濃縮沈殿池の集泥機構

　所要集泥動力 P^* は、理論集泥動力 P（式4.61）を式4.62のような集泥効率 E で除した $P^*=P/E$ によって求められます。式中の沈積成分と滑らかな鋼板（ブレード）の間の摩擦係数 f_2 は、鋼板上に沈積物を乗せ沈積物が動き出すまで鋼板を傾け、動き出す時の角度 ϕ を測りその正接値として求められます。

$$P = \frac{T}{3} \frac{(f_2 \cos\alpha - \sin\alpha)(2r_p^3 + r_1^3 - 3r_1 r_p^2)}{r_p^2 - r_1^2} \quad —(4\cdot61)$$

T：単位時間内にシックナー底に沈積してくる固体量（$Q_f C_f$ kg/m²）
α：集泥機（レーキ）が水平面となす角度（池底勾配）
f_2：沈積成分と滑らかな鋼板（ブレード）の間の摩擦係数
α：集泥機（レーキ）が水平面となす角（槽底の勾配）
r_p：シックナーの半径
r_1：集泥ホッパーの外半径

所要集泥動力 P^* は理論集泥動力 P を集泥効率 E（式4·62）で除して求められる

$$P^* = \frac{P}{E}$$

式4.61 理論集泥動力 P と所要集泥動力 P^*

$$E = \frac{f_2 \cot\alpha - 1}{\{A\sin(\theta+\phi)(\cot\theta+\sin(\theta+\phi)/[\cos(\theta+\phi)+1/A])\}} \quad —(4\cdot62)$$

A：式4・63によって求められる特性値
φ：集泥刃によって与えられる合力とその垂直成分のなす角で $\tan\phi = f_2$ として表記される

$$A = -\cos(\theta+\phi) + (f_2\cot^2\alpha - \sin^2(\theta+\phi))^{\frac{1}{2}} \quad —(4\cdot63)$$

式4.62, 式4.63　集泥効率 E

　矩形濃縮池で上下流方向に直線運動をする図4.65のようなスクレーパー型のクラリファイヤーの集泥動力Pは式4.64のように求められます。

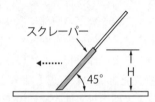

図4.65　水平運動するスクレーパー型集泥装置

　このようにして求めた集泥動力に、スクレーパー駆動系の動力消費を加えて、汚泥掻寄せ系の全所要動力が決まります。スクレーパーは沈積した汚泥の再浮上を避けるために、0.6～0.5m/min以下の掻寄速度とします。また、集泥装置には常に大きな負荷がかかっており、濃縮のし過ぎや異物の混入などといった不測の事態における過大負荷の発生は、直ちに集泥装置の破壊や駆動モーターの焼付などのトラブルを引き起こすことになります。このため、過大負荷時の自動非常停止装置やレーキの引上装置を常備するなど事前の対策が必要となります。

$$P = f_3 B \rho_s \left(\frac{H}{2\tan\beta} + \frac{H}{2} \right) \quad —(4\cdot64)$$

f_3：汚泥と沈殿池底面の摩擦係数
B：スクレーパーの長さ
ρ_s：汚泥の密度
H：スクレーパーの高さ
β：スクレーパー作動域の汚泥の安息角

式4.64　水平直線運動式スクレーパーの集泥動力 P

4.1.2 浮上 (Flotation)

(1) 浮上処理概説

　浮上処理は固体粒子や液体粒子を液相（水）から分離させるために広く用いられる単位操作です。水中に懸濁している固体粒子あるいは異種の液体粒子の密度が水よりも小さな場合には沈降と逆の現象を生じて、懸濁粒子固有の浮力により上向運動を開始して浮上し、液（水）面へ集まり，捕集されて系外に除去されます。懸濁媒（水）との密度差が小さく、分離速度が微小過ぎて、単純な浮上や沈殿で分離し難い懸濁質に対しては、しばしば空気などの微気泡を懸濁質に付着させて浮力（密度差）を増加させ、分離速度を大きくして浮上させ分離します。

　このような気泡を懸濁液中に生成させるために、一般には空気が用いられます。懸濁液中に導入された気泡は、懸濁粒子に付着するか、または次の第5章で詳述するような構造性を持ったフロック粒子などの内部に取り込まれるなどします。生成した懸濁質と気泡の混塊の密度は、水の密度を大きく下回ることになり、浮力を増して水面に浮上します。このような操作を行うためには、適切な寸法の気泡を水中に必要な量だけ生成させる操作とともに、分離しようとする懸濁粒子の寸法・比重・濃度の大きさや気泡と粒子表面の付着性が操作因子として重要になります。

　水中に懸濁している粒子が、水よりも密度が十分に小さい場合には、重力沈降のところで述べたと同様の操作が行われます。懸濁質が浮上して生じるスラッジは、水面上にスカム（浮上したスラッジ）として濃縮され系外に排出されます。

　水処理においては、このような懸濁質と水との密度差の状態が自然に存在することは稀であり、水との密度差がわずかしかない比重が1に近い難沈降性の懸濁質に空気泡を付着させ、強制的に密度差を大きくすることによって浮上分離させる場合がほとんどということになります。

　水処理に多用されている浮上処理操作を大別すると、分散空気浮上法（Dispersed air flotation）と溶解空気浮上法（Disolved air flotation）の2法があげられます。図4.66

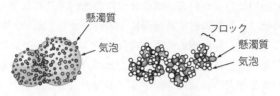

図4.66 浮上処理の考え方

　分散空気浮上法は、強撹拌を行うスパージャーリングや多孔性の散気板などを通じて所要量の空気を懸濁液に送り込み、分散懸濁させた気泡の表面に懸濁質を吸着させて、静水中で気泡とともに浮上分離する方法です。この操作は浮遊選鉱法として、古くから鉱山や冶金の分野で、比較的濃度の高い鉱石粉のスラリーの分級に用いられてきました。このような操作に用いられる気泡は、径がほぼ 1 mm 程度のものであり、除去される対象懸濁粒子（数ミクロン程度）は、生成した泡沫（Froth）／気泡群の表面に付着して浮上分離され、分離後に泡沫を破壊することによって高濃度の濃縮物として回収されます。

　溶解空気浮上法は、水中に加圧溶解させた（あるいは溶解している）空気を系の圧力を低下させることによって過飽和状態（Supersaturation）に持ち込み、過飽和空気を多数の微気泡（Micro bubble）として懸濁粒子の固体界面に析出（Precipitate）させ、個々の粒子に浮力を与えて浮上分離しようとする操作です。析出した微気泡は一般には $10^1\,\mu m$ の寸法を持っており、懸濁液を減圧する際に分離しようとする懸濁粒子の表面に最初から発生することから、浮遊選鉱の場合のように、気泡と懸濁質を衝突合一させるための混合撹拌を必要としません。したがって、第5章に述べるような金属水酸化の集塊体である化学的凝集フロックや好気性微生物処理（活性汚泥）フロックのような構造性を持った凝集フロックを破壊することなく浮上させることができる操作と考えられ、水処理分野で広く用いられます。特に、最近必要性が増してきた海水淡水化の前処理のための分離操作、あるいは海水を用いた好気性微生物処理の終末分離では、海水密度が淡水よりも高く、重力沈殿で懸濁質を分離させるのが難しいために溶解空気浮上法が多用されます。

⑵ 懸濁粒子と気泡の結合

懸濁粒子と気泡の結合について、次の2つの機構が考えられます。

第一の結合形態は、気泡に対する懸濁粒子の付着という形で、分散空気浮上法の主作用機構になります。浮遊選鉱に用いられる泡沫分離法の長い研究の中で、付着機構の解明、理論の応用について、鉱山・冶金の分野で数々の蓄積がなされてきました。付着は固液2相間の界面に作用する分子間引力（界面張力）によって生ずるもので、懸濁媒（水）と空気泡、懸濁粒子の3界面間の界面張力の均衡を考えることによって、付着の難易の程度を論ずることができます。

第二の結合形態は、主として凝集性粒子の浮上処理の場合に生ずるもので、発生した微気泡がフロック形成過程（第5章参照）でフロック構造体に付着するか、あるいは形成されたフロック粒子の構造間隙に生成する場合です。この場合の気泡と粒子の結合は、粒子間隙への気泡の補足が主因子と考えることができます。懸濁質がフロックを形成するに際しては、原粒子のゼータ電位が－10mV 程度まで低下していることが一般に求められますが、微気泡の界面電位が同符号でかつ高数値であるために反発障害が起きることが心配されます。水中での微気泡のゼータ電位は筆者らの計測例では、日本の軟水型の水道水中で－150mV 程度ですが、気泡寸法が50μmもあるため乱流条件下では、フロックの－10mV 程度の臨界凝集電位との間では反発障害は観測されていません。

そこで、これらの付着現象を考えるうえで基礎となる事項について、以下に順を追って説明します。

⒜ 濡れ（接触角）

図4.67は水中に存在している固体粒子の表面に気泡が付着している状態を示しています。図で固－液－気相三相が接触する点で、気－液界面が水を挟んでなす角（最大角）θを接触角（Contact angle）と称します。気泡が付着している状態で、接触点における三相間の界面張力（Surface tension）が平衡していることから、**式4.65**、**式4.66**が得られます。

式4.65の関係を余弦スカラー（Cosine scalar）、**式4.66**の関係を正弦スカラー（Sine scalar）と称します。

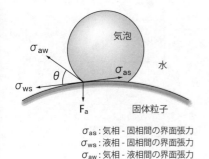

$$\sigma_{as} = \sigma_{ws} + \sigma_{aw} \cos\theta \quad —(4\cdot65)$$

$$\sigma_{aw} \sin\theta = F_a \quad —(4\cdot66)$$

σ_{as}：気相-固相間の界面張力 (dyne/cm)
σ_{ws}：液相(水)-固相間の界面張力 (dyne/cm)
σ_{aw}：気相-液相(水)間の界面張力 (dyne/cm)
F_a：付着強度 (dyne/cm)

図4.67 接触角（θ）　　　式4.65, 式4.66 気・液・固相の三相間界面張力

　接触角 θ＝0 度であれば、水が完全に固体表面を覆ってしまい、空気と個体の接触が断たれてしまいます。このような状態を、固体が水によって完全に濡れた状態であるといいます。反対に、接触角が180度であれば、空気と個体の完全な濡れによって、液体と固体の接触が断たれることになります。しかしながら、気－水相間で110度よりも大きな接触角を持つ固体は知られていません。このようにして、接触角 θ は固体の液体による濡れを表す尺度となり、接触角 θ が大きいと固体は水に濡れ難いといい、小さいと水に濡れ易いということになります。θ＝90度では、固体と液体は作用を示しません。

　接触角の測定法として Profile 法が広く用いられ、その代表例として Captive-bubble 法や Mack 法が挙げられます。

a)　Captive-bubble 法

　図4.68のような先端の凹部に気泡を保持できるように造ったガラス棒を静かに水中に降ろし、下部に置いた固体表面と気泡が接触した時に、顕微鏡によってその接触角を計測します。拡大投影、写真測定などさまざまな工夫がなされます。

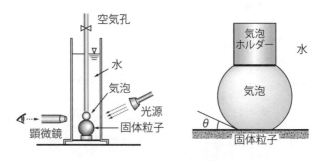

図4.68 接触角の測定

b) Mack 法

非常に小さい気泡で上述のような方法が適用し難い場合に用いられる方法です。投影あるいは撮影された像を用いて付着している気泡の寸法を測定し、付着気泡の高さ h と球セグメントの付着部の径 b を測定し、

$\theta = 2\tan^{-1}(h/b)$

として推算します。図4.69

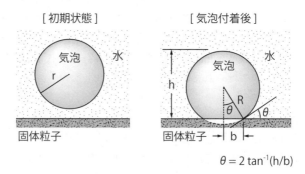

$\theta = 2\tan^{-1}(h/b)$

図4.69 微小気泡の大径粒子への付着

(b) 付着現象

気泡と粒子がそれぞれ別々に存在している系で、粒子に対して気泡が付着（Adhesion）するためには、付着後に界面自由エネルギー（Interfacial energy）の総和が、分離状態の時よりも小さくならなければなりません。この変化は、固−液、気−液、気−固の三つの界面エネルギーと三相間の界面積から計算できます。計測できる接

触角θを導入することによって、実測できない固−液、気−固の界面エネルギーの項を消去し、流体の表面エネルギー（表面張力）、接触角と三相の界面積の変化といった3つの既知項から計算をすすめることができます。

付着の際の系のエネルギー変化（仕事）は、気泡径が懸濁粒子径に比して小さい場合（溶解空気浮上法など）と、気泡径が懸濁粒子径に比して大きな場合（分散空気浮上法あるいは泡沫分離法など）の2つのそれぞれ異なる形態の操作の場合について異なった解が示されます。

①気泡径が懸濁粒子径に比べて小さい場合

図4.69のように半径rの気泡が、大きな曲率半径を持つ表面積Aの固体表面に付着して、扇形の高さがR、接触角がθになったとします。このような付着現象で生ずる自由エネルギーの減少は、付着前の全界面エネルギーから付着後の界面エネルギーを引いたものになります。ここで、$b=R\sin\theta$、球セグメントの高さ $h=R(1+\cos\theta)$、その表面積は $4\pi R^2(1+\cos\theta)/2$ となるので、付着前後の自由エネルギーの変化（なされた仕事）ΔW は式4.67で表されます。

$$\Delta W = (AE_{sw} + 4\pi r^2 E_{aw}) - [(A-\pi b^2)E_{sw} + \pi b^2 E_{as} + 4\pi r^2 E_{aw}(1+\cos\theta)/2] \quad —(4\cdot67)$$

E_{sw}：単位体積当たりの固-液界面エネルギー（erg/cm³）
E_{as}：単位体積当たりの気-固界面エネルギー（erg/cm³）
E_{aw}：単位体積当たりの気-液界面エネルギー（erg/cm³）

式4.67　付着前後の自由エネルギーの変化

さらに式4.68を導き手順を踏んで式を変換させていくと、最終的には実測できる気液接触角を計測すれば、式4.72、あるいは式4.73によって「なされた仕事」が計算できることになります。

> ① 表面張力 T= 表面エネルギー / 表面積 (= erg/cm² = dyne/cm) の関係から式 4·65 は
> $E_{sw} - E_{as} = E_{aw} \cos\theta$
>
> ② この関係と $b = R\sin\theta$ を式 4·67 に代入すると「なされた仕事量 ΔW」は
> 二つの実測可能な θ と E_{aw} 値を用いる次式で表現される
> $$\Delta W = \pi R^2 \sin^2\theta \cos\theta E_{aw} + 2\pi r^2(1-\cos\theta)E_{aw} \quad —(4\cdot68)$$
>
> ③ さらに、$R = fr$、$\sin^2\theta = 1 - \cos^2\theta$ として整理すると
> $$\Delta W = 4\pi r^2 E_{aw}\left[1 - \frac{f^2}{4}(2 + 3\cos\theta - \cos^3\theta)\right] \quad —(4\cdot69)$$
>
> ④ 気泡の体積は付着前後で変化しないとすると
> 高さ $h = R(1+\cos\theta)$、半径 R の球のセグメントの体積 $V = \pi h^2(3R-h)/3$
> であることから
> $$\frac{4}{3}\pi r^3 = \frac{1}{3}\pi R^2(1+\cos\theta)^2[3R - R(1+\cos\theta)] \quad —(4\cdot70)$$
>
> ⑤ $R = fr$ を代入して整理すると
> $$f^3 = \frac{4}{(2+3\cos\theta - \cos^2\theta)} \quad —(4\cdot71)$$
>
> ⑥ したがって、式 4·69 は次式に整理される
> $$\Delta W = 4\pi r^2 E_{aw}(1-F) \quad —(4\cdot72)$$
> $$F = \frac{1}{f} = \left[\frac{(2+3\cos\theta - \cos^3\theta)}{4}\right]^{\frac{1}{3}}$$

式4.68–式4.72 付着前後の自由エネルギーの変化(なされた仕事)

($1-F$) の値は表4.9に示すようであり、$\theta = 0 \sim 180$ 度の間のすべての接触角について正であることから、吸着性を常に示します。表から明らかなように、ΔW は接触角の減少とともに急激に減じます。

表4.9 接触角と($1-F$)値の関係

θ(度)	$1-F$
1	0.000 000 006
2	0.000 000 08
5	0.000 003 6
10	0.000 057
15	0.000 29
30	0.004 4
45	0.020
60	0.055
90	0.206
120	0.461
180	1.000

水の表面張力 σ_{aw}（erg/cm² = dyne/cm）は**表4.10**のようであり、σ_{aw} は単位面積当たりの表面エネルギー E_{aw} に等しい値です。

表4.10 水の表面張力（dyne/cm）

温度（℃）	0	5	10	15	20	25	30
表面張力（σ）	75.6	74.9	74.2	73.5	72.8	72.0	71.2

これらの数値を用いて、気泡の系と接触角の変化によって付着の仕事量がどのように変化するか、**式4.72**によって求めた例を**表4.11**に示します。微小気泡の場合、10KTerg 程度以下の仕事量の変化の領域では付着を果たし難くなります。**表4.11** の左上段の小気泡径、小接触角の領域にこのような付着困難条件が出現します。

表4.11 気泡径と気体液接触角の変化による付着仕事量

（10 KT erg）

接触角 (θ)	気泡の径（μ）			
	1	10	100	1,000
0.5	3×10^{-3}	0.3	30	3×10^3
1	3.4×10^{-2}	3.4	3.4×10^2	3.4×10^4
2	0.44	44	4.4×10^3	4.4×10^5
5	2.1	2.1×10^3	2.1×10^5	2.1×10^7
10	3.2×10^2	3.2×10^4	3.2×10^6	3.2×10^8
15	6×10^2	6×10^4	6×10^6	6×10^8
30	1×10^4	1×10^6	1×10^8	1×10^{10}
90	1.2×10^6	1.2×10^8	1.2×10^{10}	1.2×10^{12}

K：Boltzman constant 1.381×10^{-16} erg / ℃
T：絶対温度

溶解空気浮上法で気泡が粒子表面に析出する際に、粒子がある程度以上の疎水性（接触角が大きいこと）が必要とされますが、粒子群の集塊状況によって析出気泡の包含性が異なり、凝集性粒子塊（フロック）の構造が大きな意味を持つことになります。

②気泡径に比して付着粒子径が小さい場合
　このような場合には、気泡径は変化しないと考えることができ、気－水界面と固

－水界面が、接着の面積Ｓだけ減少し、固－気界面がＳだけ増加します。したがって、付着前後の表面エネルギーの差、すなわち付着の仕事量 ΔW は、３つの界面の変化の総和となり、さらに前出の $E_{sw} - E_{as} = -E_{aw}\cos\theta$ の関係を用いて、**式4.73**のように与えられます。

$$\Delta W = S(-E_{as} + E_{aw} + E_{sw}) = SE_{aw}(1 - \cos\theta) \quad —(4\cdot73)$$

S：接着面積
E_{sw}：単位体積当たりの固 - 液界面エネルギー（erg/cm³）
E_{as}：単位体積当たりの気 - 固界面エネルギー（erg/cm³）
E_{aw}：単位体積当たりの気 - 液界面エネルギー（erg/cm³）

式4.73　付着仕事量

式4.73から付着粒子径と接触角の増大は、付着エネルギーの増大をもたらすことを示します。**表4.12**は大きな気泡に寸法の異なる懸濁粒子が１個付着する場合のおおよその仕事量（桁数）を示すもので、接触面積をＳとして表に示した径（寸法）の立方体の表面積の１／10を仮定しています。

表4.12　大きな気泡に懸濁粒子が付着する場合の仕事量

懸濁粒子１個の付着あたり（erg）

接触角 (θ)	粒子径（μ）			
	1	10	100	1,000
1	10^{-13}	10^{-11}	10^{-9}	10^{-7}
2	10^{-12}	10^{-10}	10^{-8}	10^{-6}
5	10^{-12}	10^{-10}	10^{-8}	10^{-6}
15	10^{-11}	10^{-9}	10^{-7}	10^{-5}
30	10^{-10}	10^{-8}	10^{-6}	10^{-4}
60	10^{-9}	10^{-7}	10^{-5}	10^{-3}
90	10^{-9}	10^{-7}	10^{-5}	10^{-3}

式4.66の正弦スカラーの付着強度を示す式から、寸法 *l* の気泡の付着力は、**式4.74**のようになります。

$$F = l\sigma_{aw}\sin\theta \quad \text{(dyne)} \quad \text{— (4・74)}$$

l：気泡の寸法
σ_{aw}：気相 - 液相（水）間の界面張力 (dyne/cm)

式4.74　気泡の付着力

(3) 固体と気体の集塊粒子浮上速度

　固体と気泡が接着合一した粒子が浮上する場合、泡と粒子が付着しても浮力が十分でなければ浮上せず、また浮力が十分でも付着力が十分でなければ操作中に粒子と気泡が分離して処理を継続できません。

　気泡に上向きに作用する力 F_f と固気粒子塊に上向きに作用する力 F_{sa} は、それぞれ式4.75、式4.76で表されます。

気泡に上向きに作用する力
$$F_f = V_b g(\rho_l - \rho_g) \quad \text{— (4・75)}$$

固体粒子塊に上向きに作用する力
$$F_{sa} = \frac{g[(V_b - V_s)\rho_l - (V_b\rho_g + V_s\rho_s)]}{V_b\rho_g + V_s\rho_s} \quad \text{— (4・76)}$$

V_b, V_s：気泡、固体粒子それぞれの体積
ρ_l, ρ_g, ρ_s：液体、固体、気体それぞれの密度
g：重力加速度

式4.75，式4.76　気泡と固体粒子に作用する上向きの力

　いま、気泡と粒子の付着の強さをFとすると、表4.13に示す不等式のような関係で浮上の可否が決まってきます。一般に、Fは式4.74のように求められますが、凝集粒子塊（フロック）では複雑な形状のフロック表面の捕捉により、Fより大きな値をとることが想定されます。

表4.13　凝集粒子塊の浮上の可否

① 浮上する場合：$V_g\rho_g + V_s\rho_s < (V_g + V_s)\rho_l$　かつ　$F > F_f$
② 沈殿する場合：$V_g\rho_g + V_s\rho_s > (V_g + V_s)\rho_l$　かつ　$F > F_f$
③ 気体と固体粒子が分離してしまう場合：$F < F_f$

付着と浮上の両条件を満たした①場合に、固気粒子は浮上し液相から分離することができます。この場合の浮上速度は、沈殿の場合と同じ式を用いることができ、式4.77のような浮上速度 w_f を示します。

$$w_f = \left(\frac{4}{3}\frac{g}{C_D}\frac{(\rho_{sa}-\rho_l)}{\rho_l}d\right)^{\frac{1}{2}} \quad —(4\cdot77)$$

w_f：固気結合粒子の浮上速度 (cm/sec)
d：固気結合粒子の直径 (cm)
ρ_l：液体の密度 (g/cm³)
ρ_{sa}：固気結合粒子の密度 (g/cm³)
C_D：抵抗係数
（抵抗係数とレイノルズ数の関係は沈殿を準用）

式4.77　固気結合粒子の浮上速度式

浮上する気泡と固体粒子の組み合わせは、前述のように、気泡が固体粒子またはフロック粒子の表面に付着（吸着：Adsorption、捕捉：Trapping）する場合とフロック粒子の内部間隙に気泡が取り込まれる（内部で発生することもある）場合があります。後者の場合には、凝集フロックと気泡の混合物の密度は、固気粒子の径によってほとんど影響されず、上昇速度がストークス領域にあれば、固気粒子径がn倍になれば浮上速度はn^2倍になります。一方、前者の付着の場合には、固体粒子径に無関係に固体粒子の単位表面積あたりに付着する気泡量が一定であると仮定すると、ストークス領域では粒子径がn倍の場合の上昇速度変化率は、式4.78で求められます。粒径がn倍になった時の密度 $\rho_{sa}[n]$ は、$\rho_l \fallingdotseq 1$、$\rho_a \fallingdotseq 0$ とし、固体の密度を ρ_s とすると式4.79で与えられます。

$$\frac{w_f[n]}{w_f[1]} = \frac{\rho_l - \rho_{sa}[n]}{\rho_l - \rho_{sa}[1]}\left(\frac{nd}{d}\right)^2 = \left(\frac{\rho_l - \rho_{sa}[n]}{\rho_l - \rho_{sa}[1]}\right)n^2 \quad —(4\cdot78)$$

$w_f[1], w_f[n]$：径が1倍とn倍の固気粒子それぞれの上昇速度
$\rho_{sa}[1], \rho_{sa}[n]$：径が1倍とn倍の固気粒子それぞれの密度

粒径がn倍になった時の密度 $\rho_{sa}[n]$ は、
$\rho_l \fallingdotseq 1$, $\rho_a \fallingdotseq 0$, 固体の密度を ρ_s とすると

$$\rho_{sa}[1] \fallingdotseq \frac{\rho_s V_s}{V_a + V_s} \;、\; \rho_{sa}[n] = \frac{\rho_s V_s n^3}{V_a n^2 + V_s n^3} \quad —(4\cdot79)$$

式4.78、式4.79　粒子直径がn倍の場合の上昇速度変化率と密度

ただし、凝集性フロック粒子（ランダム集塊）は、フロック径の増大とともに空隙率が増加し、フロック粒子の構造密度は低下するので、後に述べる丹保・渡辺のフロック密度関数を考慮に入れた密度の算定が必要になります。

(4) 浮上処理用の薬品概説

水の物理化学処理の詳細については後の各章で詳述しますが、ここでは浮上処理に用いられる薬品について、必要最小限の諸機能別に概略説明をします。

浮上処理を効率的に行うために、凝集剤、あるいはフロック形成剤（Coagulants、Flocculants）、起泡剤（Frothers）、捕集剤（Collectors）、活性剤（Activaters）、抑制剤（Depressants）などの薬品を目的に応じて用います。活性剤、抑制剤を総称して促進剤（Promotors）ということもあります。ここではこれらの総称として、浮上剤（Flotation agents）という語を用います。

(a) 凝集剤

懸濁液に添加して粒子の表面荷電を中和し、懸濁粒子間の反発ポテンシャルを減じ、さらに結合の強化を果たす架橋作用の役割を持ちます。沈殿や深層ろ過のために用いられるアルミニウム塩、鉄塩、高分子凝集剤が、浮上処理の場合にも同様に用いられます。浮上のために適切な大きさを持つ100μm程度の強固なフロックを形成することによって、フロック組織内や不整形の外周部に気泡を包含させ安定な分離を可能にします。

(b) 起泡剤

泡沫分離法のために用いられる主力浮上剤で、水面に安定な泡沫を作るような発泡を促進する目的で、気液界面の界面張力を減ずる操作に使用されます。この用途に用いられる薬品の特徴は、分子の一方が極性を持たず他端が強い極性を持つような化合物で、一般に直鎖型の有機物が用いられます。典型的な例としてアミルアルコール $C_5H_{11}OH$、クレゾール $CH_3C_6H_4OH$ などがあげられます。金属鉱山の浮遊選鉱に広く用いられます。

(c) 捕集剤

懸濁質の表面に吸着し、その表面を濡れ難くし（接触角を増し）、気泡の安定な付着を促す薬品です。したがって、捕集剤は疎水基を持つ化合物か、またはそれ自体が疎水性の物質か、疎水性基を持たない懸濁質と反応して疎水性の表面に改質す

るような物質が求められます。一般の捕集剤は、疎水基と活性基からなる界面活性物質で、疎水基を外側に向け、活性基で懸濁質表面に吸着するような性質を持ちます。疎水基としては、アルキル基、アリル基などが用いられ、活性基としては懸濁質表面と親和性の高いものが選ばれます。

(d) 促進剤

捕集剤の効果をさらに高めるために用いられるものを活性剤、ある種の懸濁質に対して捕集効果を失わせて分級捕集を可能にする目的で用いる薬剤を抑制剤と称します。金属の精錬に広く用いられますが、水処理に用いられる場合は多くありません。

(5) 溶解空気浮上法

水処理で最も広く用いられる操作は、溶解空気浮上処理法（Dissolved air flotation）です。微気泡（Micro air bubble）を懸濁液に析出させる方法によって、減圧または真空浮上法（Vacuum flotation）と加圧浮上法（Pressur flotation）に大別されます。

(a) 真空浮上法

最初に被処理水（流入原水、原廃水）に常圧で曝気を行い、大気中の空気を水に溶解させて飽和させ（原水が空気で飽和している場合にはこの操作は不要）、次いで覆蓋されている減圧槽に導入します。槽は真空近くまで減圧されているので、水中の溶存空気は過飽和状態（Super saturation）になり、微気泡を析出して懸濁粒子に付着し、固気付着粒子となって水面に浮上します。しかしながら、この方法で利用しうる空気量は、大気圧（1気圧）で溶け得る量に過ぎないことと大型の減圧分離槽を作り難いこと、浮上分離した気－固粒子塊を槽外に取り出すことが容易でないことから、実用性は低くなります。その一方、減圧槽内で分離が行われるので、臭気や有毒気体成分を放出するような有害廃液の処理に適する特徴を持っています。

(b) 加圧浮上法

処理水または原水の一部、または原水全部を圧力水槽に導入し、2～5気圧程度の加圧空気を導入して空気を水中に溶解させます。加圧下で飽和近くまで空気を吸収させた後、この加圧空気吸収液を槽外に引き出し、常圧まで瞬時に減圧し、発生した微気泡を懸濁質に付着させて大気圧下で浮上分離する方法です。この方式によ

れば、析出して微気泡を発生する空気量を空気溶解槽の圧力を高めることによって大量に得ることができます。また、分離を常圧（大気圧）で行うために、真空浮上法の場合のように、大型の高価な減圧槽が不要であり、浮上分離したスカム（浮上汚泥）の取り出しも容易である等の多くの利点があり、水処理装置のほとんどでは加圧浮上法が使われています。

　加圧浮上処理システムは、空気の加圧溶解と原水への空気添加をどのような操作で行うかによって、全原水加圧法、部分原水加圧法、循環水加圧法などのプロセス構成に分けられます。図4.70に代表的な三方式の構成概念図を示します。

　全原水加圧法は、原水の全量を加圧槽に導入し空気を溶解させる方法で、空気吸収槽の容量が大きくなる欠点があります。この欠点を解消するために、部分原水加圧法では原水の一部だけを分流して加圧槽に導入し、必要な溶解空気量を得ることができる加圧条件で空気溶解を行なった後、大気圧まで減圧して大量の微気泡を発生させ、残りの非加圧原水と混合して、全懸濁質（フロックなど）に気泡を付着（包含）させて浮上分離を行います。

　一般に、原水の半量程度が加圧されるこの方式では、加圧空気溶解槽を小さく設計できる利点があります。

　原水加圧法は、原水中に懸濁している被除去物質が凝集性粒子である場合には、加圧ポンプ、減圧弁を被処理水が通過する際にフロック構造が破壊されて分散してしまう恐れがあり、再凝集性の高いフロック粒子の場合や薬注点を減圧後において凝集を進めるような場合にのみ採用可能な方式と考えられます。

　循環水加圧法は、原水加圧法の持つこのような欠点を避けるために考えられた方法です。この方式では、懸濁質を含まない処理水の一部を加圧空気吸収の対象とし、減圧して微気泡が析出した直後に、フロック形成済み原水と浮上分離槽の流入直前で混合され、フロックの付着と包含が行われます。この方式によると、フロックを含む原水は加圧ポンプと減圧弁を通ることがなく、凝集性粒子（フロック）の破壊による除去率の低下をまねくことがありません。しかしながら、この方法では浮上分離槽の処理流量が、循環水と原水とが合わさって増加するために槽の寸法が大きくなり、所要動力量も増加します。一般には、循環水量を原水量の20～30%以下にとり、空気溶解圧力を高めにとって、槽の寸法の増加を抑える設計がなされます。この方式が総合的に高い処理効果が得られるとして、最も広く用いられています。

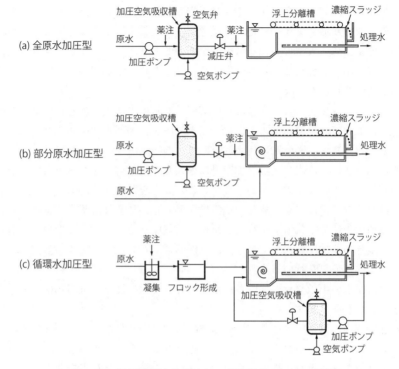

図4.70　加圧溶解空気浮上法の代表的なプロセス構成

⑹　空気の溶解と気泡の析出

　空気の主成分は水に対する溶解性の低い窒素や酸素であり、各主成分の溶解度はヘンリーの法則（Henry's Law）にしたがい、気体の圧力に比例して溶解量が増していきます。空気全体としても主成分の挙動の和となり、空気圧 p［atm］と溶解度 x の関係についても、**式4.80**に示すようなヘンリーの法則が成り立ち、**表4.14**に示す空気のヘンリー定数を用いて理論的な飽和溶解度の計算ができます。

$$p = Hx \qquad —(4\cdot 80)$$
p：溶解成分の気相の分圧 (atm)
H：ヘンリー定数 (atm/モル分率)
x：溶解度 (液相中の溶質ガスのモル分率)

式4.80　ヘンリーの法則

表4.14 空気のヘンリー定数 $H \times 10^{-4}$ (atm/mole fraction)

温度(℃)	0	10	20	30	40	50	60	70	80	90
$H \times 10^{-4}$	4.32	5.49	6.64	7.71	8.70	9.46	10.1	10.5	10.7	10.8

参考：空気の平均分子量 28.97　水の分子量 18.02

　これらの手順によって理論的に空気の飽和溶解量を計算した結果を示すと、図4.71のようになります。空気を加圧溶解して大気圧に開放した場合の放出量は系の圧力、温度、溶存物質の種類と濃度などによって異なります。溶解性の物質が多量に存在していると、放出空気量は理論溶解量よりも少なくなります。筆者の研究室で、1960年代に犬島君が下水処理水に空気を溶解放出させた試験によると、BOD 40ppmぐらいまでは理論量と差がなく、固体濃度の増加につれてわずかに減少し、T.S.1,000ppmを超えると明瞭な減少現象が観測されました。さらに多くの測定例からも、循環水加圧法の場合にはほとんど理論溶解量に近い空気放出量を期待してよいと考えます。

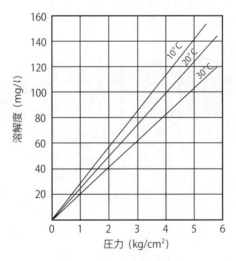

図4.71　理論空気溶解量

　空気を導入し加圧溶解する方法として、
①ポンプの吸い込み側に空気を導入し、ポンプ羽根によって混合し溶解タンクに導

入する、
②エジェクター（ベンチュリノズルなどを用いた）によって空気を管路に引き込み溶解タンクへ挿入する、
③加圧溶解空気槽の上部からシャワーを用いて水をタンク内に吹込み、タンク内の加圧空気中をシャワー水が落下する過程で急速に溶解させる、
④水を満たした加圧溶解槽の下部に取り付けた散気板や散気ノズルから加圧気泡を連続的に導入し、タンク中の水に空気を溶解させる、
等々の操作が考えられます。図4.72に様々な加圧空気溶解槽の例を挙げます。

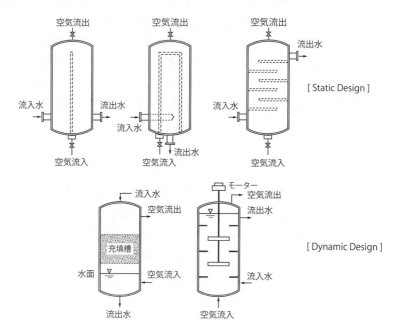

図4.72 種々の加圧空気溶解槽

　遠心ポンプの吸い込み側に空気を導入する方法では、空気障害（Air binding）を避けるために、吸い込み側に導入される空気量は常圧下で水の量の4〜8％以下であることが必要のようです。この方法によると、飽和溶解量の60〜80％が水に溶け込み、この量は加えた空気量の35〜45％ほどの量になります。図4.72に示されている中で、静的（Static）な装置では空気溶解効率は50％止まりですが、動的な加圧溶解槽では効率を90％以上にまで高めることができます。しかし、エジェクター

による空気溶解を理論的に設計することは困難で、溶解効率も5～10%とあまり高くないようです。加圧空気を満たした槽の上部からシャワー状に水を流入させる方式は、ノズルの目詰の危険が高く、廃水処理には適用が難しくなります。底部から加圧空気を導入し空気を浮上させる気泡塔は、動的加圧溶解槽として高い溶解効率を期待できる方式であり、散気装置の目詰対策を講ずることによって、最も有効な方式の一つとなることが期待されます。機械撹拌を併用することによって、90%以上の溶解効率が期待できます。

空気の溶解効率は、加圧空気溶解槽の滞留時間によって支配されますが、実務的には1～2分間程度の滞留時間のものが多く、長くても3～4分間程度がせいぜいのようです。

加圧空気吸収を終えた水は、減圧弁を通って大気圧まで減圧され、多数の微気泡を析出し固体粒子に付着して、固気結合粒子として浮上します。

筆者らは1980年代に、図4.73に示すフローテーションテスター（北大型）を製作し、加圧空気のノズルによる減圧によって発生する微気泡の性質、固気粒子生成と分離の基本的な研究を行いました。この研究は次章で述べる、浮上の際の気泡フロック凝集分離の動力学的基礎研究に発展しました。

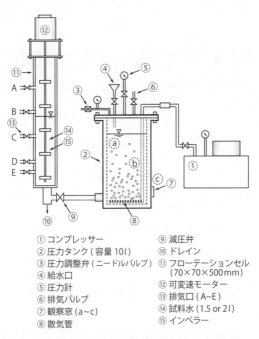

① コンプレッサー
② 圧力タンク(容量10ℓ)
③ 圧力調整弁(ニードルバルブ)
④ 給水口
⑤ 圧力計
⑥ 排気バルブ
⑦ 観察窓(a～c)
⑧ 散気管
⑨ 減圧弁
⑩ ドレイン
⑪ フローテーションセル
 (70×70×500mm)
⑫ 可変速モーター
⑬ 排気口(A～E)
⑭ 試料水(1.5 or 2ℓ)
⑮ インペラー

図4.73 フローテーションテスター（北大型）

フローテーションテスターのニードルバルブを介して常圧まで減圧して発生した微気泡の寸法分布を実体顕微鏡で測定した1例を示すと、図4.74のようになります。この装置は10kg/cm²まで加圧することができますが、この測定例は実用レベルの4kg/cm²の加圧空気を微細気泡として析出させたものです。寸法分布を確率分布型で近似でき、個数平均径はほぼ55.5μm、体積平均径では62.8μmで、分布型はニードルバルブの開度には、ほとんど影響されることがありませんでした。また、同じ条件で生成した微気泡が、凝集フロックに付着して固気集塊物となって浮上し始めた際の付着状態での気泡寸法を測った結果が図4.75で、付着気泡の粒径分布は発生直後の図4.74とほとんど同じであり、発生した微フロックは時間経過で成長することなく、発生状態のまま安定な分布を持って、懸濁質（フロックなど）と結合し浮力を付加することになります。

図中のALT比：添加凝集剤（アルミニュウム）濃度/懸濁質濃度で無次元です。

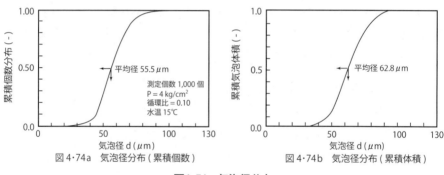

図4.74　気泡径分布

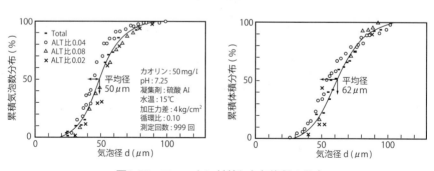

図4.75　フロックに付着した気泡径の分布

減圧ノズルで生成した微気泡は、衝突しても大きな気泡になることはなく、微気泡のまま懸濁質表面に輸送され付着合一して安定な固気結合体を形成できるということが、加圧空気浮上法の基本的な特性です。浮上電位法で計測した水道水中に生成した微気泡のゼータ電位（ZP）分布は、図4.76のようであり、中性pH領域で$-150mV \gg -10mV$といった大きな負の表面荷電を持っていて、相互の負荷電反発によって衝突合一ができず、分散した微気泡のまま安定に水中に浮遊します。

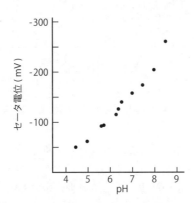

図4.76 微気泡のゼーター電位

(7) 溶解空気浮上法の操作要件（概説）

　浮上処理を行う場合の主な操作要素は、原（廃）水の固形物濃度、加圧空気圧、循環水量比、浮上槽の表面負荷率(滞留時間)などです。これらの最適な値は原(廃)水の種類、使用する装置の形式などによって異なり一概に定めることができません。通常用いられる空気溶解圧は、2〜5 kg/cm²程度の範囲に有り、濃度0.5%（5,000ppm）程度までの原（廃）水であれば、浮上処理は高濃度処理操作として、良好な汚泥濃縮と処理水質の両者を得ることができると報告されています（Vrablik, E. R. 1959）。

　導入すべき空気量は原（廃）水中の懸濁物量と密接な関係が有り、操作の指標としてしばしば気固比（Air to solid ratio）が用いられます。

　Eckenfelderによる活性汚泥の終末浮上処理への適用例を紹介します。理論的な浮上処理の動力学的プロセス評価については、次章の凝集とフロック形成の項で筆者等の研究成果を紹介します。

　気固比は加圧空気溶解槽から放出される空気量 A を処理水中の懸濁質量 S で割った比 A/S であり、式4.81のように定義されます。

$$\frac{A}{S} = \frac{CS_a(fp-1)R}{S_aQ} \qquad —(4 \cdot 81)$$

A：空気量 (mg/l)
S：懸濁固形物量 (mg/l)
C：係数(無次元)
S_a：大気圧下での飽和溶解空気量 (mg/l/atm)
f：実溶解量/飽和溶解量の比率
p：加圧力 (atm)
Q：処理水量 (l/sec)
R：循環(加圧)水量 (l/sec)

式4.81 気固比較

　図4.77は浮上スラッジ濃度(a)と処理水濃度(b)に及ぼす気固比の関係の例を示したものです。浮上処理によって得られる浮上スラッジ濃度(a)や処理水濃度(b)は、気固比の大小によって同じような形で変化しますが、原廃水の濃度によって得られる処理結果は様々に異なります。しかしながら、この2枚の図を総体として眺めると、A/S＜0.02の領域では空気量の減少によって処理水中の懸濁質濃度が急激に悪化し、A/S＞0.03の領域では空気量の増加はほとんど浮上スラッジ濃度も処理水濃度も改善しないことを示しているようです。そこで、このような状況下の活性汚泥の浮上処理操作はA/S比を0.03～0.04程度で運転すればよいと考えられます。

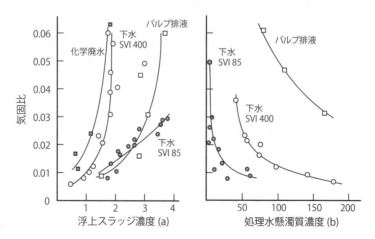

図4.77　浮上スラッジ濃度(a)と処理水濃度(b)に及ぼす気固比の関係

4.2 ろ過

ろ過概説

　多孔質層を通して懸濁液を流し、固液分離を行う操作が工学的に広く行われ、ろ過操作（Filtration）と称されています。ろ過操作は次の2つに大別できます。

i　内部ろ過（粒状層ろ過：Granular filter）

　砂などの粒状物質をろ材として厚く敷き詰めた層に懸濁液を通し、懸濁質をろ材間の空隙に捕捉除去する操作で、捕捉される懸濁粒子寸法はろ材の空隙寸法に比してはるかに小さい粒子を対象とします。除去の機構から、内部ろ過（Inner filtration）あるいは深層ろ過（Depth filtration, Deep filter）と称されます。このような操作で除去される懸濁質濃度は希薄系（0.1％以下）に限られ、清澄ろ過（Solution clarification）に適しており、主に浄水処理のろ過用に用いられています。

ii　表面ろ過（ケーキろ過：Cake filtration）

　ろ材（Filter media）になる多孔質の壁の表面に、ケーキ（Filter cake）と称する泥状層（Sludge mat）を形成させ、懸濁液を通過させて、懸濁質と液の分離清澄とケーキ形成を同時に進行させる操作です。連続的にろ材表面で懸濁質が除去されることから、表面ろ過（Surface filtration）と言われています。この操作は、スラッジの脱水の場合のような容積濃度の高い（1％ほど以上の）懸濁液（スラリーなど）の処理に多用されます。

　また、ろ過操作を分類するにあたって、その推進力（Driving force）によって、①重力ろ過、②真空ろ過、③圧力ろ過、④遠心力ろ過などに分けられます。

　このような観点に立って、水処理に用いられるろ過を分類すると**表4.15**のようになるでしょう。

　このほかに21世紀になって初めて多用されるようになってきた、機能分離膜による膜ろ過（Membrane filtration）という大きな新技術群があり、精密ろ過（Micro filtration、M.F.）、限外ろ過（Ultra filtration、U.F）、ナノろ過（Nano-filtration、N.F.）、逆浸透ろ過（Reverse osmosis、R.O.）など、10^5Da～10^0Daにいたる懸濁成分から溶解成分までの広範囲の成分を分子質量を主指標として、水処理の分離操作に汎用できるろ過法で、広領域にわたって展開されています。

表4.15 ろ過の分類

ろ過の形態	粒状層ろ過(深層ろ過)		ケーキろ過(表面ろ過)			
ろ過の推進力	重力	圧力	圧力	真空(負圧)	遠心力
装置例	急速砂ろ過池 緩速砂ろ過池	タンク式 ろ過機	珪藻土 ろ過池	フィルター プレス	回転ドラム ろ過機	遠心脱水機
用途	清澄液分離			汚泥脱水・濃縮		

4.2.1 内部ろ過

　粒状層(内部)ろ過に属するものとして、浄水の急速砂ろ過(Rapid sand filtration)、緩速砂ろ過 (Slow sand filtration) が歴史的に上水道で多用されてきましたが、最近では、下水処理水の再生利用/高度処理用にも広く用いられるようになっています。

　粒状層ろ過のような固定層 (Fixed bed) に水を通して処理を行う操作として、後章の固相吸着分離で述べる活性炭吸着塔やイオン交換塔、脱気・ガス化分離接触塔は、同じ粒状層 (Granular bed) としての水理特性を持つ操作であることから、その固定層水理についてこの項でまとめて説明します。

　粒状層に関係する基本的事項として、①粒状物質群の特性を定義し、粒状層を通る流れを②固定層 (Fixed bed) における流れと③流動層 (Fluidized bed) における流れに大別して説明します。

(1) 粒状ろ材 (Granular filtering materials)

　水処理のためのろ層を構成する粒状物質 (Granular materials) として、最も一般的なものは石英砂 (Quartz sand) ですが、無煙炭 (Anthracite)、ざくろ石 (Garnet) などが複層ろ床の構成材として用いられます。その他、吸着処理用の粒状活性炭やイオン交換樹脂などがあります。

(a) 粒径

　球粒子の大きさを示しますが、球以外の形状の粒子については測定の目的や方法によって、次のような径が用いられます。

①定方向径

　粒子を2次元平面に投影し、一定の方向について測定した径で、多数の粒子について計測を行うことによって統計的に一義的な平均値を求めることができます。

②平均径

長径と短径の2軸平均径と、奥行き寸法も加えた3軸平均径があります。
③等価球径
　ある物理法則によって結びつけられた球径をいい、例を挙げると、先の沈殿の項で述べたように、考える粒子と等しい沈降速度を持った球の径を等価沈降球径と定義するような場合などがあります。
　普通、工学が扱う粒子群は、同一寸法の粒子では成り立っておらず、様々な粒径の粒子から成る混合体です。そのような粒子群に対しては、次項で述べる粒度分布を用いて厳密に表現されますが、種々の定義の平均径によって粒子群の特性を代表させる場合がしばしばあります。
　今、粒径 d_i の粒子の粒子数を n_i とすると、様々な平均径の表示の代表例は、
①長さ（算術）平均径（Arithmetic mean diameter）d_a は、式4.82で表されます。

$$d_a = \frac{\Sigma(n_i d_i)}{\Sigma n_i} \quad —(4 \cdot 82)$$

d_a：算術平均径
n_i：粒径 d_i の粒子数

式4.82　算術平均径

$$d_s = \sqrt{\frac{\Sigma(n_i d_i)^2}{\Sigma n_i}} \quad —(4 \cdot 83)$$

d_s：面積平均径
n_i：粒径 d_i の粒子数

式4.83　面積平均径

②面積平均径（Mean surface diameter）d_s は吸着などを扱う場合の指標で、式4.83で表されます。
③体積（質量）平均径（Mean volume or mass diameter）d_v は、式4.84で表されます。

$$d_v = \sqrt[3]{\frac{\Sigma(n_i d_i)^3}{\Sigma n_i}} \quad —(4 \cdot 84)$$

d_v：体積（質量）平均径
n_i：粒径 d_i の粒子数

式4.84　体積平均径

　さらに、粒度分布から容易に求められるものとして、
④最大頻度径（Mode diameter）

⑤中央径(50%径)(Medium diameter)
⑥目的に応じてx%径、例えば10%径(Effective size)
などが実用上用いられています。
　これらは分布を個数分布で表すか重量分布によるかで、異なった数値をとります。

(b)　粒度分布と実用的な粒度表示
　粒状ろ材は一定寸法のものばかりではなく、かなり広い幅の粒度分布(Size distribution)を持っているのが普通です。ある粒子群について、図4.78［a］に示すように、横軸に粒子径 d_p、縦軸にその径を持った粒子の存在割合 $f(d_p)$%をとって分布図を描き、粒度分布を求めます。径 d_p の粒子の存在比 $f(d_p)$ を度数分布関数(Frequency distribution function)と称します。これらの度数分布を径 d_p の粒子より小さい粒子群の存在割合を示す累積度数分布 q（非超過確率）で示すと、図4.78「b」のようになります。

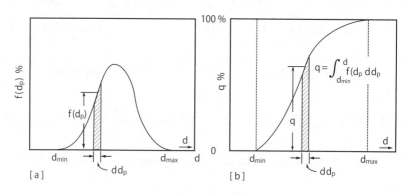

図4.78　粒度分布図

ここで、qは、式4.85で表されます。

$$q = 100\int_{d_{min}}^{d_p} f(d_p)\,dd_p \quad (\%) \quad\quad -(4\cdot85)$$

q：径 d_p より小さい粒子群の全粒子群に占める割合
　　（非超過確率）
$f(d_p)$：度数分布関数

式4.85　径 dp 以下の粒子の累積度数分布（非超過確率）

また、この粒子径 d_p よりも大きな粒子群が全粒子群中に占める割合（超過確率）Rは、式4.86で示されます。

ここで、$f(d_p)$ を定義する場合、個数分布あるいは重量（質量）分布を用いるかは、目的によって選ぶことになります。

$$R = 100 - q = 100 \int_{d_p}^{d_{max}} f(d_p)\,dd_p \quad (\%) \quad\quad —(4\cdot86)$$

R：径 d_p より大きい粒子群の全粒子群に占める割合（超過確率）
$f(d_p)$：度数分布関数

式4.86　径 dp 以下の粒子の累積度数分布（超過確率）

自然に存在する粒子群の累積度数分布は、一般に通常目盛上ではS字型の曲線を描きます。もし、このような分布を直線で表示できるような目盛を作ることができれば、測定値を外挿あるいは内挿して未測定部分の推定を行うことができます。極端な場合には、最小限の2点のみを確定して分布を想定することもできることになります。この目的に沿う関数（目盛の取り方）として、米国系統では対数確率分布（Logarithmic probability distribution）を、またドイツ規格ではRosin-Rammler分布などを使います。砂のような粗粒子については、対数確率分布が100μm以下のような粒子の分布に対してR-R分布が線形化表示によく用いられます。

粒径分布（重量基準）が対数確率分布にしたがうものとすると、横軸に粒子径 d_p の対数をとり、縦軸に正規確率目盛をとって累加重量百分率 q をプロットすると、図4.79のような直線が得られます。

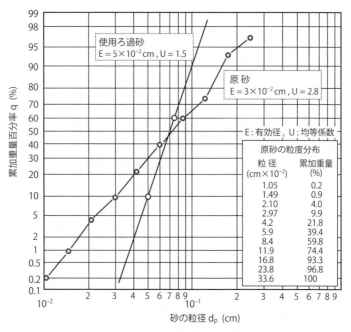

図4.79 粒度分布の線形プロット

この場合の度数分布関数 $f(d_p)$ と非超過確率 $q\%$ は、それぞれ**式4.87**と**式4.88**で示されます。

度数分布関数 $f(d_p)$

$$f(d_p)\% = \frac{100}{\sqrt{2\pi}\,\log\sigma_g}\exp\left[-\frac{(\log d_p - \log d_m)^2}{2(\log\sigma_g)^2}\right]d(\log d_p) \quad —(4\cdot87)$$

非超過確率 $q\%$

$$q\% = 100\int_0^{d_p}\frac{1}{\sqrt{2\pi}\,\log\sigma_g}\exp\left[-\frac{(\log d_p - \log d_m)^2}{2(\log\sigma_g)^2}\right]d(\log d_p) \quad —(4\cdot88)$$

σ_g：幾何学的標準偏差（geometric standard deviation）
d_m：幾何学的平均径（geometric mean diameter）

式4.87 度数分布関数、式4.88 非超過確率

d_m を $q=50\%$ に相当する重量中位径とすると、σ_g は正規分布の標準偏差と同様に、**式4.89**、または**式4.90**のように示されます。

$$\log \sigma_g = \log d_m - \log d_{g=15.9\%} = \log\left(\frac{d_m}{d_{g=15.9\%}}\right) \quad -(4\cdot89)$$

または、

$$\log \sigma_g = \log d_{g=84.1\%} - \log d_m = \log\left(\frac{d_{g=84.1\%}}{d_m}\right) \quad -(4\cdot90)$$

式4.89、式4.90 標準偏差と重量中位径の関係

$$\sigma = \frac{q=50\%\text{の粒径 }p_{50}}{q=15.9\%\text{の粒径 }p_{15.9}}$$

$$= \frac{q=84.1\%\text{の粒径 }p_{84.1}}{q=50\%\text{の粒径 }p_{50}} \quad -(4\cdot91)$$

式4.91 粒度分布の標準偏差

そこで、粒度分布の標準偏差 σ は次の**式4.91**のように求められます。

水処理工学や土質工学の分野では、Hazen が提唱した $q=10\%$ の粒径 p_{10} を有効径（Effective size）と称し、$q=60\%$ と $q=10\%$ の径の比 $[p_{60}/p_{10}]$ を均等係数（Uniformity coefficient）とする対数確率分布による表示法が、前世紀初頭以来慣用的に用いられてきました。これは大小の粒子が混合して存在している固定層（混合砂層など）を通過する流れの損失水頭が、10%径（有効径 p_{10}）によって支配されるという経験則から、水理学的に有意義な径として Hazen が提唱したものです。p_{10}（累積重量10%径）は個数分布ではほぼ中位数になります。

10%径 p_{10} を用いて50%径 dm に代え、p_{60}/p_{10} をもって標準偏差 $\sigma_g=p_{84.1}/p_{50}$ とすることになりますが、分布が正規分布であれば、いずれの表記を用いても同じ数値になるはずです。しかしながら、Hazen の方法によると、p_{10} から p_{60} までの分布の中心部の全量の50%を含む領域で定義をすることになり、実際の分布が厳密に対数正規分布を示さない自然系の場合の誤差を少なく止め得ると可能性を持っているとも考えられます。この相互関係を示す数式は、**式4.92**（有効径）と**式4.93**（均等係数）のようになります。

$$\text{有効径} \quad E = p_{10} = \frac{d_m}{\sigma_g^{1.282}} \quad -(4\cdot92)$$

$$\text{均等係数} \quad U = \frac{p_{60}}{p_{10}} = \sigma_g^{1.535} \quad -(4\cdot93)$$

式4.92 有効径、式4.93 有効径と均等係数

(c) 粒度分析

粒状物質の粒径分布を求める方法には、①標準篩法、②顕微鏡法、③沈降分析法等の様々な方法がありますが、数十ミクロン以上の比較的寸法の大きな粒状物質群に対しては、工学的手段として最も容易に迅速に測定ができる標準篩法が一般に用いられます。より微粒子の沈降法による分布測定については、沈殿の項で詳述しました。

篩法による粒径分布の測定法の原理は、ある大きさの篩の目を通り、次の一段小さな目の篩の上にとどまる粒子群の全粒子群に対する重量百分率を $f(d_i)$ ％とし、その二つの篩目の幾何平均径 d_i を $f(d_i)$ に対する代表径として、次々と篩目を小さくしていき、各篩目間に止まる粒子の百分率を求めます。

測定に用いられる標準篩（Standard sieve）には様々な規格がありますが、代表的なものとして、我が国の JIS 標準篩（Z8801-1982）と国際標準 ISO の規格があります。ISO には R20 シリーズ（ドイツ、フランス、カナダが用いている）、R40/3 シリーズ（アメリカ、イギリス、オーストラリア、南アフリカ、インドなどが用いており、日本の規格 JIS と同じ）などがあります。目開きは最小公比 $\sqrt[4]{2}$ の等比級数系列で作られています。

(d) 粒度調整

砂などの天然のろ材を用いる場合、天然の状態での粒状物質は、必要とする粒度に対して粗細過ぎたり、また非均一過ぎたりしているのが一般的です。そこで、有効径 E と均等係数 U（または平均径 dm と標準偏差 σ_g）が指定されているろ材を得ようとすれば、原材料を篩い分けて、**図4.79**に示すような、原料砂の粒度分布加積曲線を求め、次のような手順で所要の粒度を持ったろ材に調整します。

① 指定された p_{60} と p_{10} の間にある粒子群の量は、指定した粒度分布を持つ粒子群の全量の50％を占めるので、原材料のうち使用可能な粒子の割合 F は**式4.94**で求められます。

式中の q_{60}、q_{10} は、それぞれ指定の60％径と10％径に相当する原材料の非超過確率です。

② 利用可能な原材料の割合 F のうち10％が指定されているろ材の寸法 p_{10} 以下ですから、原材料のうち細かすぎて使用できない量 S は**式4.95**で与えられます。

原材料の粒度加積線の q=S に相当する径 d_s が、使用することのできる原粒子の下限の径になります。

③ 利用可能な原材料（原砂）の量 F のうち p_{60} 以上の寸法をもつものの割合は40％

ですから、原材料のうち粗すぎて使えない割合は、**式4.96**で与えられます。
したがって、原材料の粒度加積線の
$q = 100 - G = q_{10} + 1.8(q_{60} - q_{10})$
に相当する径 d_g が、使用される最大粒径となります。

このような計算結果に基づいて、d_s より小さな粒子と d_g よりも大きな粒子を篩分けすれば、原材料のS%と（100−G）%の間の粒子群が得られ、その有効径と均等係数はそれぞれ指定された p_{10} と p_{60}/p_{10} の粒度分布を持つろ材が得られることになります。

原砂のうち使用可能な粒子の割合 F
$$F = 2(q_{60} - q_{10}) \% \quad\quad —(4\cdot94)$$

原砂のうち細かすぎて使用できない量 S
q = S に相当する径が使用最小粒子径
$$S = q_{10} - 0.1 F$$
$$= q_{10} - 0.2(q_{60} - q_{10}) \% \quad —(4\cdot95)$$

原砂のうち粗過ぎて使用できない量 G
$$G = 100 - F - S$$
$$= 100 - [q_{10} + 1.8(q_{60} - q_{10})] \% \quad —(4\cdot96)$$

原砂の粒度加積線の次式に相当する径が
使用最大粒径となる
$$q = 100 - G$$
$$= q_{10} + 1.8(q_{60} - q_{10}) \%$$

式4.94、式4.95、式4.96　ろ材の粒度調整

(e) 粒子の形状

粒子の球からの隔たりを示す指標として、形状係数（Shape factor）を考えます。形状係数の定義も様々ありますが、一般に用いられるのは、球形度（Sphericity）φ であり、考える粒子と同体積を持つ球の表面積を考える粒子の実表面積で割った値として定義されます。球の球形度は $\varphi = 1$ となり、それ以外の粒子の φ は常に 1 よりも小さな値をとります。前節の沈殿の項で示した**式4.10**で定義され、**表4.3**のように例示されます。

粒状（固定）層の流れの抵抗は、層流域では粒子の表面積に比例し、化学反応、物質・熱移動も同様です。したがって、単位容積の粒子層の全粒子の表面積 a cm²/cm³ を比表面積と称し、粒径 d、球形度 φ、空隙率 ε_s の粒子層の比表面積 a は、**式4.97**

のように表されます。

　もし、一個の粒子の体積 V_p と表面積 A_p がわかれば、球形度 φ は、**式4.98**で定義されます。考える粒子の代表径を d、面積形状係数を α、体積形状係数を β とすると、表面積は $A_p=\alpha d^2$、体積 $V_p=\beta d^3$ と表すことができ、**式4.98**に代入することによって、球形度 φ と面積形状係数 α、体積形状係数 β の関係は、**式4.99**のようになります。

比表面積　　$a = \dfrac{6(1-\varepsilon_s)}{\varphi d}$ 　　　　　　　　　　　——（4・97）

　　　　　　　　a：比表面積（cm²/cm³）
　　　　　　　　d：粒径
　　　　　　　　φ：球形
　　　　　　　　ε_s：空隙率

球形度　　$\varphi = 4.87\left(\dfrac{V_p^{2/3}}{A_p}\right)$ 　　　　　——（4・98）

　　　　　　　　A_p：一個の粒子の表面積
　　　　　　　　V_p：一個の粒子の体積

考える粒子の代表径 d, 面積形状係数 α, 体積形状係数 β とすると
　$A_p = \alpha d^2$
　$V_p = \beta d^3$

この両式を式4・98に代入すると

　　$\varphi = 4.87\left(\dfrac{\beta^{2/3}}{\alpha}\right)$ 　　　　　　　——（4・99）

式4.97、式4.98、式4.99　粒子の形状

砂粒について求めた形状係数 α と β と球形度 φ のおおよその数値を示したものが**表4.16**です。

表4.16　砂の形状係数 α、β と球形度 φ

砂粒の形状	β	α/β	φ
表面に富むもの	0.64	6.9	0.81
尖鋭なもの	0.77	6.2	0.85
すりへったもの	0.86	5.7	0.89
丸味のあるもの	0.91	5.5	0.91
球体	0.52	6.0	1.00

α：面積形状係数　β：体積形状係数　φ：球形度

浄水場のろ過池で用いられるろ過砂の平均的形状係数（球形度）φ_sを固定層の圧力損失から透過法（Permeability method）によって求めた例を**表4.17**に示します。

表4.17 形状係数（平均的球形度合い）

Material	Nature of Grain	φ_s
Sand : average		0.75
Flint sand	jagged	0.65
Flint sand	jagged flakes	0.43
Ottawa sand	nearly spherical	0.95
Sand	angular	0.70~0.75
Sand	rounded	0.83
Coal		0.55~0.70
Pulverized coal		0.73
Natural coal dust	up to 3/8 inch	0.65
Flue dust	fused, aggregates	0.55
Flue dust	fused, spherical	0.89
Berl saddles		0.30
Mica	flakes	0.28
Fusain fibres		0.38
Arnould's wire spiral		0.20
	spheres	1.00

（f） 粒状（固定）層の空隙率

　粒子をある空間に充填した場合、見かけ上の全容積に対する空隙部の割合を空隙率（Porosity）と称し、一般にεで表します。均一径の球粒子につて、その配列の形態によって**図4.80**に示すように、①の最粗充填で最大空隙率0.476を示す立方体（Cubic）配列から、④の最密充填で最少空隙率0.2595を示す菱面体（Rhombohedral）配列との間で、様々な空隙率を示します。粒子径が大小混在していると、大粒子の間に小粒子が入り込んで、さらに小さい空隙率になります。また、粒子形状が球形から外れるにしたがって空隙率は大きくなり、時には60％を超えることもあります。

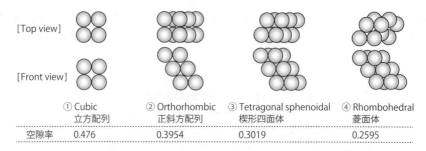

図4.80　等径球固定層の配列と空の隙間率

(2) 固定層の流れ

　粒状層を大別すると、固定層（Fixed bed）と流動層（Fluidized bed）の2つに分けられます。先の沈殿の項で、フロックブランケットを対象例として流動層の水理について説明しました（図4.54、図4.55、図4.56と式4.39、式4.40などを参照）。重力の場におけるろ過では、流れの向きを下降流とすると、流速をいくら大きくしてもろ層の粒子配列には変化がなく、固定層のままで推移します。上向流で流した場合には、式4.39、式4.40に示したように、ある流速にいたるまでは、粒子配列が固定されたままの固定層の状態にありますが、上向流速がある一定値を超えると、粒子層は水流に逆らって自重で位置を固定し続けることができなくなり、水流の粘性摩擦力によって膨張し始めます。このような状態を流動層と称することを先に説明しました。

　ここでは、固定層を満たして流れる水流による流通抵抗（ここでは損失水頭として表現します）について述べます。粒状層の損失水頭を示す式としては、Darcy以来様々な式が提案されてきましたが、CarmanがKozeny式を足掛かりにして導いたCarman-Kozenyの式が最も広く用いられています。

　Kozenyは、粒状層を流体が通過する際の摩擦損失水頭を「粒状層の表面積が粒子群の総表面積に、水路の全体積が粒子群の全空隙に等価であるような、平行な小水路で置き換えるモデル」を考えました。このような小水路はあくまでも仮定のものであって、その幾何学的形状について論じることにあまり意味がないと思いますが、仮想水路長などについてもCarman始め様々な人たちが論じています。

　固定層を通る流れによる損失水頭 h_f は、径深（Hydraulic radius）Rで水路長が固定層（ろ過層）厚さLに等しい等価水路の損失として、次の式4.100のようなDarcy-Weisbachの式によって示されます。

$$h_f = f \frac{L}{4R} \frac{\bar{V}^2}{2g} \qquad —(4\cdot100)$$

h_f：損失水頭 (cm)
　f：摩擦係数 (無次元)
　L：固定層 (ろ床) の厚さ (cm)
　R：仮想水路の径深 (cm)
　$\bar{V}$：仮想水路の平均流速 (cm/sec)
　g：重力加速度 (cm/sec²)

式4.100　Darcy-Weisbach の式

　仮想水路の径深は次のようにして求められます。
今、仮想水路の全容積は、固定層（ろ床）の全空隙に等しいと考えますので、式4.101で表されます。また、仮想水路の全濡れ表面積（Wetted surface area）は、一個の粒子の表面積を A_p とすれば、式4.102として示され、仮想水路の径深 R は、仮想水路の全容積を濡れ表面積で除したものとして定義できるので、式4.103のように求められます。

　V_p/A_p の値は、個々の粒子が球と考えられる場合には式4.104で、また非球形の場合には平均的形状係数（球形度） φ_s を用いて、式4.105で粒子の直径から推算できます。

$$仮想水路の全容積 = \frac{\varepsilon}{1-\varepsilon} N V_p \qquad —(4\cdot101)$$

ε：固定層 (ろ床) の空隙率 (無次元)
N：固定層の全粒子数
V_p：固定層中の粒子 1 個の体積 (cm³)

$$仮想水路の全濡れ表面積 = N A_p \qquad —(4\cdot102)$$

A_p：固定層中の粒子 1 個の表面積 (cm²)

$$仮想水路の径深 (R) = \frac{\varepsilon}{1-\varepsilon} \frac{NV_p}{NA_p} = \frac{\varepsilon}{1-\varepsilon} \frac{V_p}{A_p} \qquad —(4\cdot103)$$

$$球の場合： \quad \frac{V_p}{A_p} = \frac{\pi d^3/6}{\pi d^2} = \frac{d}{6} \qquad —(4\cdot104)$$

$$非球形の場合： \quad \frac{V_p}{A_p} = \varphi_s \frac{d}{6} \qquad —(4\cdot105)$$

φ_s：平均的形状係数 (球形度)

式4.101、式4.102、式4.103　仮想水路の径深

仮想水路の平均流速 V は Dupute の仮定によって、、空塔速度$\bar{V}_s$を固定層の空隙率 ε で除すことによって、$\bar{V} = \bar{V}_s/\varepsilon$ として求められるので、**式4.100**は次の**式4.106**のように書き換えられます。

$$h_f = f'\left(\frac{L}{\varphi_s d}\right)\left(\frac{\varepsilon}{1-\varepsilon}\right)\frac{\bar{V}_s^2}{2g} \quad —(4\cdot 106)$$

式4.106 仮想水路の損失水頭

仮想管路の摩擦係数は一般の水理現象と同様にレイノルズ数 Re の関数としてあらわされるので、仮想水路のレイノルズ数は、平均流速$\bar{V} = \bar{V}_s/\varepsilon$と径深 $R = (\varepsilon/1-\varepsilon)\varphi_s d/6$ から、**式4.107**のように定義されます。

$$R_e = \frac{R\bar{V}}{\nu} = \frac{\bar{V}_s \varphi_s d}{\nu(1-\varepsilon)} \quad —(4\cdot 107)$$

平均流速 $\bar{V} = \bar{V}_s/\varepsilon$
径深 $R = \varepsilon(1-\varepsilon)\varphi_s d/6$
ν：動粘性係数

式4.107 仮想水路のレイノルズ数

$$f' = \frac{k_1}{R_e} \quad —(4\cdot 108)$$

k_1：定数

式4.108 層流条件下での摩擦係数

層流条件下では、摩擦係数 f' はレイノルズ数に逆比例し、**式4.108**のように書かれます。

そこで、層流（ラミナー）条件下で固定粒子層（ろ床）を流れる流体損失水頭は、**式4.109**で与えられ、Carman-Kozeny の式として広く用いられています。ここで定数 k_1 として Carman は180、Leva は200、Ergun は150といった数値を提案しています。

$$h_f = k_1 \frac{L}{(\varphi_s d)^2} \frac{(1-\varepsilon)^2}{\varepsilon^3} \frac{\nu \bar{V}_s}{g} \quad —(4\cdot 109)$$

式4.109 層流条件下での損失水頭

$$h_f = k_2 \frac{L}{\varphi_s d} \frac{1-\varepsilon}{\varepsilon^3} \frac{\nu \bar{V}_s^2}{g} \quad —(4\cdot 110)$$

式4.110 乱流条件下での損失水頭

完全に乱れた水流領域になると、摩擦係数が一定となることが乱流の研究で広く認められています。したがって、固定層の完全乱流条件は、実際のろ過操作などではほとんど生じませんが、ガス交換などの操作では遭遇する場合があります。乱流固定層の流体抵抗の損失水頭は、抵抗係数 $f=k_2$（定数）として、**式4.110**のように書かれます。

　層流域から乱流域までのレイノルズ数を広くとって抵抗係数を表現する式として、乱流域で $f=k_2 \fallingdotseq 1.75$ を得た Burke と Plummer の実験結果と、層流域の Carman-Kozeny 式の直線を**図4.81**のように合成した形で、Erugun の与えた**式4.111**を挙げることができます。

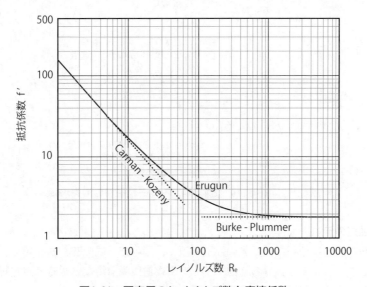

図4.81　固定層のレイノルズ数と摩擦係数

$$f' = \frac{150}{R_e} + 1.75$$

$$= \frac{150(1-\varepsilon)\nu}{\overline{V}_s \varphi_s d} + 1.75 \quad ―(4\cdot111)$$

式4.111　Erugun の公式

前述の諸式は粒状（固定）層の粒子径が一様であるとして導かれたもので、大小粒径が混在している固定層の流れを扱うためには、代表となる直径を示す$\varphi_s d$に対して、適切な値を導入する工夫が必要になります。式4.105から全層の平均（代表）粒径$d_{ave.}$を想定すると式4.112のようになります。したがって、式4.112の平均粒径$d_{ave.}$を式4.106に代入すると、固定層（ろ床）の損失水頭は、式4.113で表されます。

ここで、全固定層に対する平均的な$(A'/V')_{ave.}$は、式4.114によって求められます。

$(A'/V')_{ave.}$は篩分けなどによって求められ、d_iは隣りあう篩目の幾何平均径、w_iはその篩目間に止まる粒子の重量となります。

$$d_{ave} = \frac{6}{\varphi_s} \frac{NV_p}{NA_p} = \frac{6}{\varphi_s} \frac{V'}{A'} \quad —(4\cdot112)$$

V'：粒状層中の全粒子の体積
A'：粒状層中の全粒子の表面積

$$h_f = f' \frac{L}{6} \left(\frac{V'}{A'}\right)_{ave} \frac{(1-\varepsilon)}{\varepsilon^3} \frac{\overline{V}_s^2}{2g} \quad —(4\cdot113)$$

$$\left(\frac{V'}{A'}\right)_{ave} = \frac{6}{\varphi_s} \sum_{j=1}^{i} \frac{x_i}{d_i} \quad —(4\cdot114)$$

x_i：粒径d_iを持つ粒子の分布量
j：重量分布の級数番号

式4.112，式4.113，式4.114，不均一粒子層の損失水頭

(3) 流動層の流れ

流動層の流れについては、先の浮上の項で、図4.55、式4.39、式4.40を挙げて説明しました。ここでは、砂ろ過池やイオン交換樹脂吸着塔など常時は固定層として運用されている粒状層を洗浄する際の操作について説明します。

洗浄は充填層下部から流体（水）を導入し、層を浮遊膨張させて流動化させ、粒子間に抑留された成分や溶出してくる成分を洗い出し、充填層の機能を回復させる操作で、一般に逆流洗浄（Back washing）と呼びならわされています。流動化が始まる上昇流速V_{sc}について種々の式が提案されていますが、水処理でよく使われる、粒状層を構成する粒子の終末沈降速度wに関するレイノルズ数が0.5～200の範囲について矢木らは式4.115のような実験式を提案しています。

$$V_{sc} = 0.012\,(w\,\varepsilon_{sc})^{1.5} \quad —(4\cdot115)$$

V_{sc}：流動化開始上昇流速
ε_{sc}：流動化開始時の粒状層空隙率
w：粒子の終末沈降速度

式4.115　流動化開始上昇速度実験式

$$L_e = L\,\frac{1-\varepsilon}{1-\varepsilon_e} \quad —(4\cdot116)$$

L：固定層の厚さ
L_e：流動化した膨張層の厚さ
ε_e：膨張層の空隙率

式4.116　膨張流動層厚と空隙率の関係

　固定層の厚さLと空隙率ε、流動化した膨張粒状層の厚さL_eとその空隙率ε_eの関係は、膨張の前後における粒子量が不変であることから、**式4.40**の場合と同じように、**式4.116**のように示されます。

　粒状層の膨張率を求めるには、空隙率ε_eと空塔上昇流速V_sの関係を知る必要があり、前項（浮上）で述べた**式4.41**の関係を用いて求めます。再掲すると、

$$\varepsilon_e = \left(\frac{v_s}{w_t}\right)^n \quad —(4\cdot41)$$

ε_e：流動層の空隙率
v_s：上昇流速
w_t：単粒子の終末沈降速度

式4.41　空隙率と粒子沈降速度、上昇流速の関係

表4.18　Re 数によって定まる定数 n の値

R_e 数の範囲	$1/n$ の値
$Re < 0.2$	4.65
$0.2 < Re < 1$	$4.36\,Re^{-0.03}$
$1 < Re < 500$	$4.45\,Re^{-0.1}$
$500 < Re < 7000$	2.39

　ここで、nは粒子の終末沈降速度w_tと粒子径dに関するレイノルズ数$Re = w_t d/\nu$によって定まる定数です。Richardson 等が示した、レイノルズ数によって定まる定数nの値は、**表4.18**のように書かれます。

(4) 固定層（ろ床）による懸濁質除去機構概説

　粒状層ろ過では水中に懸濁している微小な粒子が、それよりもはるかに大きな粒径を持つろ床を構成する粒子（ろ材）の間隙に抑留されて除去されます。**図4.82**は、ろ過に関与するろ材と懸濁（被除去）粒子の寸法を模式的に描いたものです。

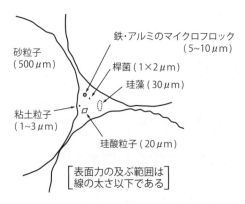

図4.82 ろ材と懸濁(被除去)粒子の寸法の模式

たかだか$10^0\,\mu m$程度までの懸濁(微)粒子が、$10^2\,\mu m$オーダーのろ材空間に流入してきて除去される過程として、
①微粒子のろ材表面への輸送と
②輸送された微粒子のろ材粒子表面への付着
の二つの段階を考える必要があります。

表4.19はろ床における懸濁物除去の主要作用と考えられる輸送過程(Transport step)と付着過程(Attachment step)の2過程にかかわる諸因子をあげたものです。輸送過程は物理学的、水理学的なものであり、物質輸送(Transport phenomena)にかかわる諸現象に支配されます。一方、付着過程は主として化学的因子に支配され、物理化学的(Physicochemical)/界面化学的(Surface chemical)諸因子が関わっていると考えられます。

表4.19 ろ床における懸濁物除去過程の主要因子

輸送過程因子 [物理学的、水理学的]	付着過程因子 [物理化学的、界面化学的]
篩分け作用 ブラウン運動 水流による接触 慣性衝突 沈殿	機械的抑止 接着 ┌化学的付着(化学結合、架橋等) 　　　└物理的吸着(クーロン力、ファン・デア・バールス力等) 凝集・フロック形成(2に同じ) 生物作用

(5) ろ床除去の懸濁物輸送過程（Transport step）

輸送過程は、**表4.19**の第1欄に示したようなさまざまな因子の一つ、またはそれらの複合作用によって進行します。これら諸作用の発現は複雑に絡み合っていて、未だに明確な定量的な取り扱いは十分に行えない状況にあります。したがって、大略の取り扱いの限度の中で、各因子の持つ役割を半定量化して理解しながら、操作に応用しようと考えられてきました。一般に、ろ過層の流れはラミナー流から弱い遷移領域の流れの範囲にあり、乱流による懸濁物質の輸送過程は無視し得るものと考えてよいでしょう。

以下に、それぞれの作用について考えてみることとします。

(a) 篩分け作用（Straining）

懸濁粒子よりもろ材の目の細かい場合に卓越する作用で、表面ろ過や膜ろ過の基本機構となる作用です。粒状層ろ過において、このような作用が発現するのは、
①ろ材粒子が接し合う点のきわめて近傍のくさび状のろ材粒子間隙空間を懸濁粒子が通過する場合、
②ろ材間隙を既に閉塞している微細粒子間の、またはこれら集積微細粒子群と隣接するろ材粒子の間隙が、懸濁粒子寸法より小さくなっている所を懸濁液が通過する場合、
に限られます。

水処理で用いられる内部ろ過（Deep filtration）では、ろ過効果のうちで、篩分け作用の占める割合は低いものと考えられます。ただ、緩速砂ろ過池のような細かい粒状層の中を低速で懸濁液が通過するような場合、水中の微生物が、先ず砂ろ過層の表面で分離抑留され、さらに増殖して砂層表面に生物膜を構成するようになって、ケーキろ過と同様な表面ろ過膜による抑留（Straining）が分離の主機構となります。このような粒状層表面に生ずる生物ろ過膜はシュムッツデッケ（Schmutzdecke；なぜかドイツ語表示が慣用になっています）と呼ばれ、その目の間隙で懸濁物質の篩分け作用が顕著です。

緩速砂ろ過は粒状層ろ過の形態をとりますが、ケーキろ過に近い分離機構とさらに好気性微生物処理機構を発揮することから、急速砂ろ過とは全く異なる処理プロセスと理解すべきものと思います。

(b) ブラウン運動（Brownian movement）

ブラウン運動は水分子の熱運動による衝撃が懸濁粒子に伝わって不規則な運動を誘起するもので、直径が $1 \sim 2 \mu m$ 程度以下のコロイド粒子が見せる現象です。

Einsteinによるとブラウン運動による拡散係数 D_{br} は、**式4.117**のように示されます。常温20℃における拡散係数は、T=293K、μ=0.01g/cm·secであることから、**式4.118**で求められます。また、ブラウン運動によって、懸濁粒子が距離L移動するに要する時間tは、**式4.119**で示されます。

Einsteinのブラウン運動拡散係数 D_{br}

$$D_{br} = \frac{KT}{3\pi\mu d_p} \quad\quad (4 \cdot 117)$$

K：ボルツマン定数（1.38×10^{-16} erg/K）
T：絶対温度（K）
μ：水の粘性係数（g/cm·sec）
d_p：懸濁粒子の直径

20℃における D_{br}（T=293K、μ=0.01g/cm/sec）

$$D_{br}(20℃) = \frac{4.3 \times 10^{-13}}{d_p} \quad (cm^2/sec) \quad (4 \cdot 118)$$

懸濁粒子が距離Lを移動する時間t

$$t = \frac{L^2}{D_{br}} \quad\quad (4 \cdot 119)$$

L：粒子の移動距離
t：粒子の移動時間

式4.117、式118、式119　ブラウン運動拡散式

一般に、自然水中に存在する粘土等の粗懸濁質や凝集処理によって生じたフロックなどは、数μm以上の径を持つことから、ブラウン運動を輸送の主因子としては考えません。しかしながら、1～2μm以下の微小（コロイド寸法）粒子の場合には、ろ床のろ材粒子間隙の大きさが0.4～0.1mm程度であることを考えると、**式4.119**から、全懸濁粒子が1秒以下といった短時間でろ材表面に到達できることとなり、凝集剤を用いない緩速砂ろ過の表層でのコロイド粒子や微生物などの輸送機構として卓越的に働いていると考えられます。その結果、限られた薄い表層の砂層にSchmutzdeckeがろ過開始初期に形成され、以後、表面ろ過（類似ケーキろ過）のような分離挙動を示すことになると考えられます。

(c)　慣性衝突（Inertia collision）

懸濁液がろ材粒子間の曲がりくねった細水路を通過していく際に、水と懸濁質の

密度が異なることによって、懸濁粒子は水流の屈曲に完全に追随できずに直進し、ろ材表面に衝突し除去されることになります。懸濁粒子の密度が大きいほど、また粒子寸法が大きいほどこの輸送作用は大きくなります。このようなろ過の機構は、懸濁質と流体の密度差が大きい空気中の浮塵を分離除去するスクラバーの主要機構になりますが、水と懸濁質の密度差は小さく、空気の場合よりもこの作用の占める割合は限定的になります。

(d)　重力による沈殿（Gravitational settling）

　重力による沈殿も慣性衝突の場合と同様に、水と密度のあまり違わない小懸濁質の場合には無視しうる程度です。しかしながら、粗ろ材層と細ろ材層を2段に用いる2段ろ過池のように、初段のろ層を1～5mmといった大きなろ材で構成し、沈殿池なしで$10^0\,\mu m$のオーダーのフロック粒子などを直接ろ過で除去しようとする場合には、個々のろ材間隙がラミナー流の理想沈殿池のような働きを見せることとなり、沈殿が除去の卓越機構となります。

　通常のろ過池の場合、先行する沈殿池の表面負荷率の方が小さいのが普通です。しかしながら、ろ過層では、ヘーゼン数 w/w_0（w：微粒懸濁質の沈殿速度、w_0：ろ材空隙の表面負荷率）の分だけが沈殿で除かれるに過ぎませんが、全ろ層厚 L が、ろ材径 d の層が $k=(L/d)$ の段数直列に並んだように構成された沈殿池と想定すると（$k<1$ はろ材の重なりを補正する係数）、除去効率のあまり高くない沈殿池を直列に並べて作られた沈殿池群に操作を比定することができます。反応効率が低い多段の槽からなる直列完全混合沈殿池と考えると理解し易いでしょう。

　London 大学の University　College の Prof. Ives は、上向流ろ過の実験で、砂粒子の上表面にフロックが付着していることを観察し、実操作における沈殿の作用を重視しています。

(e)　水流による接触（Streamline contact）

　懸濁粒子の径がブラウン運動を無視しうる程度までに大きい（$d \geqslant 1\,\mu m$）けれども、沈殿や慣性衝突などが卓越するほどの大径にまで達していないと考えられる通常の急速ろ過池の場合、主要な輸送機構が水流による接触付着と考えることができそうです。

　ろ層中でのフロックの除去は、砂粒表面や砂粒の表面に既に付着しているフロック粒子層へ懸濁フロックが水流に乗って接近し、接触（流線狭窄/分岐/蛇行接触）することが主体になると考えられます。P. C. Stein は砂粒間の流線が砂粒狭窄部で、

懸濁粒子のろ材への接近機会を最も多く発現させることを図4.83に示すような、Rod filter（2次元模型）の実験結果から論じました。D. Mints の提唱した Physico-chemical theory もその前提として、懸濁質の径にあまり左右されない接触除去の機構を想定しているようです。また、微小フロックのままろ過池に流入させても除去率がほとんど低下しないという著者らの実験結果からみても、Micro-floc 法の実用結果からみても懸濁物輸送の主機構が水流による接触を示唆していると考えられます。

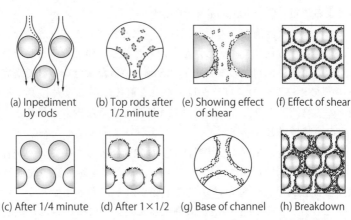

図4.83　Rod filter による Stein の流線狭窄による輸送の模式図

　海老江（北見工業大学名誉教授）は、これと同様な単体の Rod filter による多数の実験結果から、流線接触と沈殿の寄与に対する詳細な研究を行い、北海道大学から学位を得ています。また、1970年代の土木学会の衛生工学討論会で、京都大学の住友助教授（現名誉教授）が、ろ材粒子間隙を流れる水流の乱れが、ろ材への輸送の主機構であろうと述べました。

　レイノルズ数の小さいろ層の流れが定義上の乱流ではあり得ないことから、筆者は分岐/狭窄/蛇行といった層流状態のまま乱流にまで進めない領域での水流変動（すぐに減衰）が、水流による輸送現象を担っていると考えます。新たな遷移領域変動流れの極めて理論化の難しい研究対象かもしれません。水流による接触が輸送作用の主体であるとすれば、ろ材表面積の大小が直接除去支配因子となることから、ろ材径 d^2 に逆比例して除去率が変化することになるはずです。さらに、被接触懸濁粒子径（フロック径）のろ材粒子径に対する比は一般に小さいので、通常の寸法範囲の懸濁質の除去率に、懸濁質径が大きく影響してこないと考えられます。

(6) ろ床除去の懸濁物付着過程（Attachment step）

　懸濁粒子がろ材の固液界面（ろ材の表面、あるいは既に付着している懸濁粒子層の界面）に、いずれかの輸送機構で到達した場合、ろ材の固液界面と懸濁粒子の表面の性質が両者の付着条件を満たしていれば、懸濁粒子はろ材表面に固定されて除去されます。この際、もしも界面条件が付着に適当でなければ、懸濁粒子は再び懸濁系に戻ってしまいます。

　付着過程を支配する諸作用は、表4.19の第2欄のような諸因子によって定まってきます。これら4つの付着機構のうちで、最も有力なものは、接着と凝集フロック形成と考えられますが、この2つは分かち難い同様の推進力によるものと考えられます。ここでは、ろ材表面への凝集性粒子の吸着と、ろ材表面へ既に付着している凝集性粒子層と新たに流入してきた凝集性粒子との付着（凝集）といった2段の現象と考えることにします。

(a)　機械的抑止（Mechanical holding）

　ろ材粒子間の狭窄部や凹所に、水流力や重力で機械的に保持される懸濁質も少量ながら存在します。次項に述べるような付着機構がほとんど無視できるような数ミクロン程度の粘土粒子を数mg/lほどの低濃度で懸濁させた水を砂層に通した場合の実験でも、20～30％程度の除去が行われます。これは主として、ろ層内の機械的な懸濁粒子保持機構が働いた結果と考えられます。急速砂ろ過でこの機構による除去割合はあまり高くないと思われますが、緩速ろ過のShumutzdeckeにおいては、ケーキろ過の場合と同じような機械的抑止が、生物作用とともにかなりの割合で作用していると考えてよいでしょう。

(b)　接着/凝集/フロック形成（Surface flocculation）

　様々な輸送機構によってろ材粒子の表面に輸送されてきた懸濁微粒子は、コロイド粒子の集塊の所で述べたのと同じ機構によって（図3.13、図3.14、図3.15などを参照）ろ材粒子表面に付着し、あるいは先行付着している懸濁粒子にさらに付着を重ねる形で、ろ材表面で凝集付着の過程が進行すると考えられます。懸濁粒子間の凝集の場合と同様に、ろ材粒子表面と懸濁粒子界面、あるいはろ材粒子に付着した懸濁粒子界面と、後続輸送されてきた懸濁粒子の界面との間に電気2重層が形成され、界面電気化学的条件（吸引と反発のポテンシャル平衡）と適当な架橋条件（化学的結合）が満たされれば、懸濁質のろ材表面への付着凝集が成立します。Ives、Gregoryによれば、ろ材粒子と懸濁粒子が相互作用を生じ始める距離は、蒸留水の

ようなイオン強度の小さい水の場合で2,000Å、天然水程度のイオン強度では100Å程度のオーダーであろうとされています。

　ろ材粒子（一般にマイナス荷電）と懸濁粒子（凝集剤粒子はプラス荷電）が、相互に反対の電荷を有している場合には、最初から付着に対して反発するエネルギー障壁は存在しません。しかしながら、ろ材粒子表面を凝集懸濁粒子が覆っているところへ、同じ性質の凝集懸濁粒子が輸送されてくると、同じ荷電を持った粒子同士の凝集現象ということになり、多量の懸濁質を除去し続けようとすれば、第5章で述べる懸濁系の凝集フロック形成と同じ動力学的現象が生じます。

　砂粒子（負荷電粒子）のろ層に水酸化鉄粒子（正荷電粒子）を通過させて、除鉄操作のろ過を進行させようとする場合、砂層に付着する水酸化鉄の第1層は、負荷電（ろ材）表面と正荷電（水酸化鉄）粒子の付着ですから、反発ポテンシャルの問題がなく付着が進行します。しかし、第2層以降は水酸化鉄の付着層で覆われたろ材表面に、同じ正荷電を持つ後続の水酸化鉄粒子が接近することとなり、正荷電同士の相互反発のポテンシャルによって結合が妨げられることになります。したがって、水酸化鉄粒子同士が相互凝集できるレベルまで、正の反発ポテンシャルが低下する条件を満たした上でなければ、ろ過は継続できないことになります。この条件は、鉄フロックが懸濁系で形成するポテンシャル条件とほぼ同様ということになります。ろ材表面と懸濁粒子が同符号の荷電を有している場合には、ろ材粒子と懸濁粒子間の反発エネルギーポテンシャル障壁を低下させると同時に、懸濁粒子相互の反発ポテンシャルをともに低下させるための付着条件を求めることになります。図4.84はIvesとGregoryの鉄フロックを吸着した砂粒子表面のエネルギー障壁の測定例です。筆者の理論の詳細な説明を第5章で加えます。

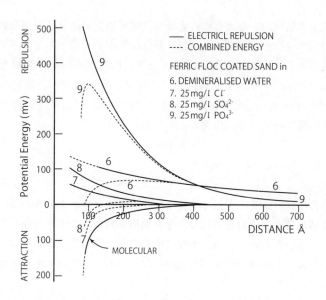

図4.84 鉄フロック吸着の砂粒子表面エネルギー（Ives、Gregoryより）

砂・無煙炭などのろ材粒子は、通常の水中では－10mVから－20mVといった範囲のゼータ電位を示します。新しい界面を持つ破砕炭や砕砂、酸洗いを施した石英砂などは－35mVから－60mVといった高いマイナスのゼータ電位を示します。

懸濁粒子間の凝集/フロック形成の場合と同様に、外力に抗して有効な付着を維持し続けるためには、粒子間の結合がファン・デル・ワールス力だけではなく、水素結合のような化学的結合力を発揮できる架橋作用を示す物質の存在が必要になります。したがって、ろ材粒子と懸濁粒子に共吸着するような高分子剤や高分子化した金属水酸化物錯化合物の存在が、ろ材表面の抑留能力を高めるために必要になります。

ろ材表面での抑留量が大きくなってくると、ろ材間隙の水路は狭くなり、付着した懸濁質はより大きな剪断力を受けることになります。そのために、ろ材表面に凝集付着した懸濁粒子塊の結合力と上述の水流による剪断力が丁度釣り合うところまでしか抑留量を増加させることはできません。沈殿池で大きい沈降速度を示す大型フロックを形成するためのフロック形成池では、乱流撹拌の下で、フロック粒子を乱流剪断力に抗して大きく成長させる撹拌操作を行いますが、ろ過池のろ材表面のフロック粒子層の形成は、層流域の剪断力に抗してある厚さまで進行できればよい

ので、懸濁粒子に結合力を与えるのに必要な共吸着物質（高分子架橋物質）量は、沈殿操作に比べて少なくて済みます。凝集剤は反発ポテンシャルを低下させることを主体に加えられるので、原水濁度が10^1オーダーの原水の場合、沈殿のためのフロック形成には10^1mg/lの硫酸アルミニウムが必要とされますが、直接ろ過の場合には、10^0mg/lのオーダーで分離操作を行うことができ、界面電位を操作の主指標に用いて少量の凝集剤で分離操作することができます。

(c) 微生物作用（Biological action）

緩速砂ろ過のように、粒状ろ材表面にゼラチン質の細胞膜を持つ微生物ろ過膜が形成される場合には、活性汚泥法や生物ろ床法の生物フロック形成の場合と同じように、微生物細胞群への吸着を主にした付着機構が発現します。生成した生物体の間隙が極めて小さいことから、ろ床表層に形成された生物膜による抑留機能が卓越し、吸着した有機物の生物分解や細胞内への取り込み、無機物の生物酸化などが同時に進行します。

このように広範な能力を持った付着/同化/異化機構を示す生物作用も、ろ層表面の1cm程の薄いShumutzdeckeの限られた空間でしか発現できないために量的な総除去能力は小さく、低濃度の汚染物質に対応するのが漸く可能な状況です。その一方で、多面的な能力を生かして、希薄系の仕上げ処理に有用性を見出すことができます。

(7) 懸濁物抑留の動力学

懸濁物がろ層内でどのようなパターンで除去/抑留されていくかを示す基本式は、東京水道の岩崎が1933年土木学会誌に発表した懸濁質濃度の1次反応式を起点として、世界各国の研究者によって論じられ、今日に至っています。**式4.120**、**式4.121**は、現在一般に用いられている懸濁質のろ層における抑留パターンを記述する基本式で、一般に、ろ過方程式と称されています。

$$\frac{\partial C}{\partial Z} = -\lambda C \qquad [反応速度式] \quad —(4\cdot120)$$

$$\frac{\partial C}{\partial Z} + \frac{1-\varepsilon}{v}\cdot\frac{\partial q}{\partial t} = 0 \qquad [連続の方程式] \quad —(4\cdot121)$$

$C = C(Z, t)$：懸濁質の重量濃度 (mg/cm^3)
Z：ろ層の縦方向の位置
t：ろ過継続時間
λ：阻止率 $(1/cm)$
  懸濁質抑留とともに変化する関数
$q = q(Z, t)$：ろ層単位体積当たりの懸濁質重量 (mg/cm^3)
v：空塔ろ過速度 $(cm/sec, m/day)$
ε：砂層空隙率 $(無次元)$

式4.120、式4.121　ろ過方程式

　ここで、反応速度係数（阻止率）λ［1/cm］は一定値ではなく、懸濁質の条件やろ材の種類等を一定に保っても、懸濁質の抑留の進行とともに変化していく関数になります。

　式4.120は、ろ過池のあるろ層における懸濁質の除去が、そのろ層における懸濁質濃度に1次比例して進行するという速度式です。その進行速度は、反応速度係数 λ で評価されます。粒状層ろ過のこの1次反応速度係数 λ を阻止率と称し、様々な阻止率関数を考えることによってろ過の進行を表現します。また、**式4.121**は連続の方程式で、ある層でのある時間の水中の懸濁質濃度の減少は、ある時間に砂層内に抑留された懸濁質量に等しいことを示します。

　式4.120をろ過の初期 $t=0$ の初期阻止率 $\lambda=\lambda_0$（初期阻止率）、$Z=Z_0$ の層への流入の濃度 $C=C_0$ とおいて解くと、ろ過開始初期のろ層内の懸濁質濃度分布は、**式4.122**となります。初期阻止率 λ_0 は、ろ材の寸法やろ過速度、懸濁質の性質などによって変化する数値です。これらの組み合わせの結果、後に述べる様々な除去機構によって阻止率は変化していきます。ろ過速度 v とろ材径 D の関係で初期阻止率 λ_0 は、一般に**式4.123**のような関係が認められています。ろ過の進行とともに阻止率 λ は初期阻止率 λ_0 から、ろ層内に抑留された懸濁質の量 q の増加とともに変化します。その変化は**式4.124**のような一般形で示されます。

$$\frac{C}{C_0} = \exp(-\lambda_0 Z) \quad \text{---}(4\cdot122)$$

$$\lambda_0 \propto \frac{1}{vd^2} \quad \text{---}(4\cdot123)$$

$$\lambda = F(\lambda_0, q) \quad \text{---}(4\cdot124)$$

C：ろ層内の懸濁質濃度
C_0：ろ層流入濃度
λ_0：初期阻止率 $(t=0)$
v：空塔ろ過速度
d：ろ材径

式4.122〜124　ろ層内の懸濁質分布と阻止率

　式4.124の阻止率λを表現する関数形が様々に提案されてきました。阻止の機序を適切にモデル化し、統一的に理解/表現する優れた古典的研究として、ロンドン大学 University College の Prof. K. J. Ives の一連の研究を次に紹介します。
　同一懸濁液に対するろ層の抑留効果は、ろ層の抑留機構からほとんど独立に、懸濁液が抑留されるろ材の表面積と間隙流速に支配されます。Ives はろ過の進行によるろ層内の抑留可能な表面積と間隙流速の関係を次のように考えました。
①ろ過の初期にはろ材粒子は球形であり、抑留された懸濁粒子はその表面を均一に覆っている。
　次いで、
②抑留された懸濁粒子の量が増加してくると、ろ材粒子の間隙が埋められ、残された懸濁液の通過する水路は円筒形となり、さらに抑留の進行とともに円筒形水路の内径が減少していく。
　このようにして、
③間隙流速は増加し続け、水流剪断力が増し、ついには抑留が生じ得なくなる限界流速に達する。
　このようなろ過の進行状況を考えて、懸濁物を抑留したろ材表面と間隙水路の幾何学的な形状変化、および間隙流速の変化の3者の変化を考慮に入れて、Ives は**式**4.125のような一般式を提案しました。

$$\frac{\lambda}{\lambda_0} = \left(1 + \frac{\alpha}{\varepsilon} q^*\right)^y \left(1 - \frac{q^*}{\varepsilon}\right)^z \left(1 - \frac{q^*}{q_u^*}\right)^x \quad —(4\cdot125)$$

α：ろ材充填度に関する係数（間隙比）
ε：清浄ろ層の空隙率
q^*：単位体積ろ層中の抑留懸濁質体積
q_u^*：限界間隙流速時の抑留懸濁質体積比（最大抑留率）
x, y, w：実験定数

式4.125　阻止率関数（Ives）

式4.125の第1項は球形ろ材の表面積の変化、第2項は円筒形水路の変形、第3項は間隙流速の変化を示す項で、各々次のような手順で定式化されます。

① 第一項の球形ろ材表面積の変化

ろ材粒子の体積 V_0、初期空隙率 ε とすると、単位体積中のろ材粒子数は $(1-\varepsilon)/V_0$ となり、ろ材粒子1個当たりの懸濁粒子質量は、$q^* \times V_0/(1-\varepsilon)$ となります。そこで、懸濁質で表面を覆われた粒子一個の体積は式4.126となります。また、間隙比は $\varepsilon/(1-\varepsilon) = \alpha$ ですから、抑留懸濁質を含むろ材1個の体積は、$V = V_0(1+\alpha q^*/\varepsilon)$ となります。したがって、単位ろ層あたりの初期と抑留が進行した時のろ材粒子のそれぞれの表面積 S_0、S 比は、式4.127で表されます。

ろ層単体積あたりろ材粒子数 $= (1-\varepsilon)/V_0$

ろ材粒子1個あたり抑留懸濁質体積 $= q^* V_0 (1-\varepsilon)$

懸濁質を抑留したろ材1個の体積 V

$$V = V_0 + \frac{q^* V_0}{1-\varepsilon} = V_0 \left(1 + \frac{q^*}{1-\varepsilon}\right) \quad —(4\cdot126)$$

間隙比 $\alpha = \varepsilon/(1-\varepsilon)$
$1/(1-\varepsilon) = [\varepsilon/(1-\varepsilon)]1/\varepsilon = \alpha/\varepsilon$ と置くと

$$V = V_0 \left(1 + \frac{\alpha q^*}{\varepsilon}\right)$$

ろ過初期のろ材比表面積と抑留進行後の比表面積の比 S/S_0

$$\frac{S}{S_0} = \left(\frac{V}{V_0}\right)^{\frac{2}{3}} = \left(1 + \frac{\alpha q^*}{\varepsilon}\right)^{\frac{2}{3}} \quad —(4\cdot127)$$

V_0：ろ材粒子1個の体積

式4.126、式4.127　ろ材粒子の表面積比

第4章　固液分離プロセス

②第2項の円筒形水路を考える場合のろ層内の比表面積の変化

単位水平断面積あたりにN個の細水路があり、その単位深さあたりの長さをl、内径をrとすると、被覆された際の水路の比表面積は、**式4.128**のようになります。

$$初期空隙率 \quad \varepsilon = \pi r^2 N l$$
$$初期比表面積 \quad S_0 = 2\pi r N l$$
$$水路の懸濁質量 \quad q^* = \pi r^2 N l - \pi (r-\theta)^2 N l$$
$$水路内面の抑留懸濁質層厚 \quad \theta = r[1-(1-q^*/\varepsilon)^{1/2}]$$
$$抑留進行後の比表面積 \quad S = 2\pi(r-\theta)Nl$$
$$= S_0 - 2\pi\theta Nl$$
$$= S_0 - 2\pi rNl + 2\pi rNl(1-q^*/\varepsilon)^{1/2}$$

N：ろ層単位断面積あたりの水路数
l：ろ層単位深さあたりの長さ
r：水路の内径

ゆえに、

$$S = S_0\left(1-\frac{q^*}{\varepsilon}\right)^{\frac{1}{2}} \quad —(4\cdot128)$$

式4.128　被覆粒子間の水路の比表面積

実際には、この2つのモデルは独立に存在しているのではなく相互に関連していて、しかも、ろ過の初期には第1項が、後期には第2項が卓越してきます。また、ろ材粒径は不整であることから、その両者の指数は上述のように明確な数値ではあり得ませんので，**式4.129**に示すように、y、zという実験的に定める指数を用いてその作業割合が表現されることになります。

$$S = S_0\left(1+\frac{\alpha}{\varepsilon}\right)^y\left(1-\frac{q^*}{\varepsilon}\right)^z \quad —(4\cdot129)$$

式4.129　実際の比表面積の変化式

③第三項の間隙内流速の変化

空塔速度v、初期間隙流速$v_i=v/\varepsilon$とすると、最大抑留量q^*に達した時のろ層内限界間隙流速は、$v_c=v/(\varepsilon-q_u^*)$となります。

一般に、阻止率λは流速に逆比例することが知られており、阻止率は初期間隙流速の逆数と限界間隙流速の逆数の差によって表現されるある指数関数を**式4.130**

のように仮定することが出来ます。さらに、$q^* = 0$ で $\lambda = \lambda_0$ であることから、$\lambda_0 \backsim (q_u^*/v)x$ となり、堆積量の増加に伴う阻止率の変化は、**式4.131**で表されます。したがって、上述した3つの項を掛け合わせることによって、**式4.125**に示すような Ives の一般式が得られます。

$$\lambda \backsim \left(\frac{1}{v_i} - \frac{1}{v_c}\right) \backsim \left(\frac{\varepsilon - q^*}{v} - \frac{\varepsilon - q_u^*}{v}\right) \backsim \left(\frac{q_u^* - q^*}{v}\right)^x \quad —(4\cdot130)$$

v：ろ層空塔速度
v_i：ろ層初期間隙流速 (v/ε)
v_c：限界間隙流速 $(v/(\varepsilon - q_u^*))$
q_u^*：ろ層最大抑留量

$q^* = 0$ の時、$\lambda = \lambda_0$ であることから
$\quad \lambda_0 \backsim (q_u^*/v)^x$
したがって、抑留量増加による阻止率の変化は

$$\frac{\lambda}{\lambda_0} \backsim \left(\frac{q_u^* - q^*}{q_u^*}\right)^x \backsim \left(1 - \frac{q^*}{q_u^*}\right)^x \quad —(4\cdot131)$$

式4.130、式4.131　抑留量増加に伴う阻止率の変化

様々な研究者によって、実験条件（ろ材粒径、ろ過速度、懸濁質の種類など）に応じた様々な式が提案されています。これらの式を Ives の一般式で整理してみると、**表4.20**のようになります。

表4.20　提案されている阻止率関数例

Ives の式：$x = y = z = 1$ とおくと
$\quad \lambda = \lambda_0 + a_1 q^* - \dfrac{a_2 q^{*2}}{\varepsilon - q^*}$

Mintz, Maroudas の式：$y = z = 0, x = 1$
$\quad \lambda = \lambda_0 \left(1 - \dfrac{q^*}{q_u^*}\right)$　粗ろ材、高速ろ過

岩崎の式：$z = 0, y = 1$
$\quad \lambda = \lambda_0 (1 + a_1 q^*)$　細ろ材、低速ろ過

a_1, a_2：定数

実測例を挙げてろ過池の懸濁質抑留状況について説明します。

図4.85は上水道の急速ろ過池に凝集粒子（フロック濃度C_0）を流入させた場合の、各砂層位置Zにおける残留懸濁質濃度Cを流入懸濁質濃度C_0との比C/C_0で示した模式図です。

曲線の勾配$\partial(C/C_0)/\partial Z$を考える深さでの残留率$C/C_0$で除したものが、その時点(Z, t)における阻止率λとなります。この模式図が示すように、通常の急速ろ過操作における除去率λは、ろ過開始期においていったん増加し、一定の抑留量に達した時に最大値λ_{max}を示し、以後減少の一途をたどります。前掲のIvesの式の第2項は、抑留の進行に伴う阻止率の増加を、第3項は減少を示す項であり、その総合的な結果として図4.86に示すような抑留量q^*と阻止率λの関係が得られます。

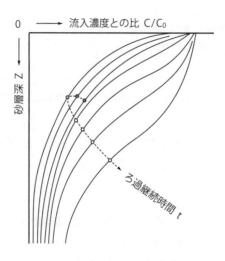

図4.85　ろ層内残留懸濁質濃度比変化のプロファイル

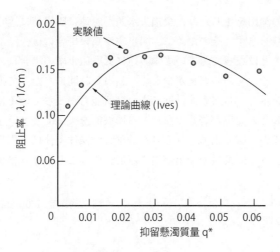

図4.86 抑留量 q* と阻止率 λ の関係

　このような阻止率の変化パターンは普遍的なものですが、実用的なろ過継続時間 (48hr～96hr) の中では、ろ床の構成やろ過速度の大小、懸濁質の種類などによって必ずしも全段階が現れるとは限りません。図4.87(a)～図4.87(c)は、カオリン（陶土）懸濁液をアルミニウム塩で凝集させたマイクロフロック群に対して直接ろ過操作を行い、ろ層の粒径とろ過速度を3段階に変えた場合について、阻止率 λ がろ層抑留量 q^* の増加によって変化していく様子を示した図です。

　小粒径のろ材からなる低ろ過速度（標準的急速ろ過）の場合には、表4.20に示す岩崎式型が見られます。大粒径ろ材を用いる高速ろ過の場合には、Ives 式型のパターンがわずかにみられますが、$\lambda = \lambda_0$ といったもっとも簡単なパターンが、相当長時間にわたって存在します。このことは高速ろ過では近似的に一定の阻止率で操作を運用し、抑留のろ層の上下方向分布を指数分布として取り扱えることを意味しており、考える砂層の除去率推定が容易になってきます。したがって、Mintz 式型の阻止率の変化が、高速ろ過をよく表現していると考えることができます。しかしながら、初期の短時間のろ層からの濁質漏出を避けるために、実際の高速ろ過では、ろ層厚さを深くとることが推奨されます。

　高い阻止率を持つろ過池の場合には、図4.88(a)に示すように、主としてろ層の表面付近に懸濁質の蓄積が進み、短時間で表面付近は抑留限界量 S_{max} に達し、その後、抑留の主域は徐々に下部へ移っていきます。しかし、一般には、このような状況になってくると、表面付近での損失水頭の増加が著しく、ろ層の局所に負圧が発

生して抑留濁質の漏出を生じたり、全損失水頭が急速に限界値に達して、ろ過継続が不能になったりします。そのために、阻止率が高い場合には、深部のろ層は無駄に存在していることになってしまいます。逆に低い阻止率の場合は、**図**4.88(c)に示すように、阻止率そのものの変化が少なく、相当長時間にわたって抑留プロファイルは指数関数型を示し、ろ層表面付近にまだ抑留能力が残っているにもかかわらず、ろ床下部から懸濁質の漏出が著しくなり、ろ過機能を失ってしまいます。したがって、単一ろ材構成のろ床で求められる最も好ましい操作条件は、損失水頭が限界値に達した時に、ようやく濁質の漏出が始まる形ということになります。

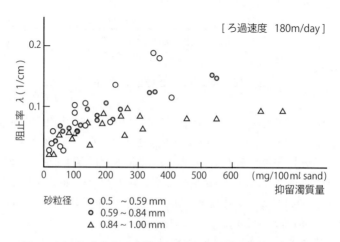

図4.87(a)　阻止率とろ過速度、抑留懸濁質の関係（実験値）

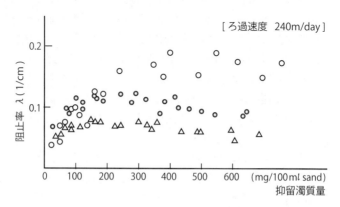

図4.87(b)　阻止率とろ過速度、抑留懸濁質の関係（実験値）

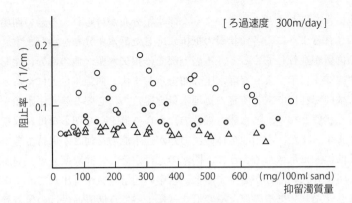

図4.87(c) 阻止率とろ過速度、抑留懸濁質の関係（実験値）

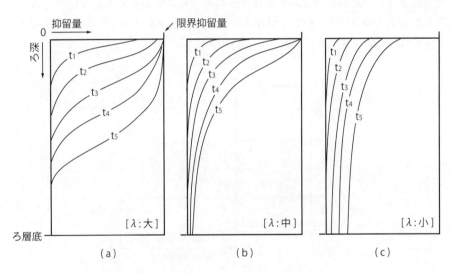

図4.88 阻止率λと抑留プロファイルの関係

(8) 抑留懸濁質によるろ過損失水頭

　懸濁質のろ材間隙への抑留によって砂粒子間の水路が閉塞してくると、所定の水量を得るのに必要な圧力差（損失水頭）が増大し、ついにはろ過不能になってしまいます。そこで、ろ過の進行とともに、ろ層の損失水頭がどのように進行していくかを知ることが必要になります。ろ層内の静水圧が、ろ過の進行につれて逐次低下していく状態を模式的に示すと**図4.89**のようになります。

第4章　固液分離プロセス　**285**

ろ過池に水を満たすと直線①のような静水圧分布が得られ、ろ過の開始時には曲線②に示されるように、各粒状層の抵抗に応じた静水圧分布を示します。砂層表面付近での抑留が進行してくると、ろ層上部での損失水頭が他の部分に比して大きくなり、曲線③④に示すような静水圧分布を示します。曲線④付近に至ると、ろ過池の流出入部間で利用できる所定の処理水量を得るのに必要な静水圧水頭をほとんど使いきった状態となり、通水能力維持の点からろ過を打ち切らなければならない状態になります。また、ろ過池全体の圧力差が通水能力を何とか保持できる状態であっても、曲線⑤に示されるように、閉塞の進行が著しい砂層部分で、局所的に静水圧が大気圧より低い部分が発生すると、水中の溶解空気が析出して、ろ床間隙を気泡で閉塞させたり、気泡の浮上や変形などによってろ層表面付近の付着懸濁質を剥離流出させ、ろ過水質を著しく損なわせることになります。このような局所的負圧発生現象は、阻止率λが大きくて抑留がろ層表面に集中するような操作や砂上水深 h_0 が過小な場合に生じやすくなります。一般に、砂上水深 h_0 を 1〜1.5m 以上にとって利用可能な静水水頭を大きくし、支障が生じないようにしています。

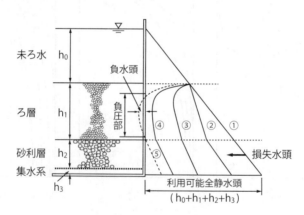

図4.89　ろ層の圧力変化

清浄ろ層の損失水頭の計算には、通常、ろ過操作が層流状態で進行することから、Carman-Kozeny 式（式4.109）が用いられます。しかしながら、ろ過が進行して懸濁物がろ材粒子間隙に蓄積してくると、懸濁物蓄積 q^* のろ材粒子間隙への抑留プロファイルとその時間変化を考慮して計算を行なう必要があります。このため、Carman-Kozeny 式の空隙率項や粒径項を空隙へ堆積する懸濁物量の関数として補正しようとする試みが、多くの研究者によってなされてきました。ろ層の損失水頭

の増加は、ろ層間隙に蓄積された懸濁質の体積の関数であると仮定して、損失水頭増加のパターンを数式で表現しようとする経験式は、**式4.132**と**式4.133**の２つの型に大別されます。

$$\frac{\partial H}{\partial Z} = \left(\frac{\partial H}{\partial Z}\right)_0 + F(q^*) \quad —(4\cdot132)$$

$$\frac{\partial H}{\partial Z} = \left(\frac{\partial H}{\partial Z}\right)_0 \times F(q^*) \quad —(4\cdot133)$$

H：ろ層の損失水頭 (cm)
Z：考えるろ層の厚さ (cm)
$(\partial H/\partial Z)_0$：Carmann-Kozeny 式で求められる清浄ろ層(初期)損失水頭勾配
$\partial H/\partial Z$：損失水頭勾配
q^*：抑留懸濁質体積比

式4.132、式4.133　損失水頭変化の経験式

　式4.132の和の型に属する代表的なものとして、$F(q^*) = Kq^*$ (ここで、K は定数)とする Ives の**式4.134**が挙げられます。一様粒径組成の全ろ層に対する損失水頭 H について、抑留ろ層の損失水頭式(q^*、z、t の関数)を数値解により求めて、**式4.135**のような式が提案されています。

$$\frac{\partial H}{\partial Z} = \left(\frac{\partial H}{\partial Z}\right)_0 + Kq^* \quad —(4\cdot134)$$

K：定数

$$H = H_0 + \frac{KvC_0 t}{1-\varepsilon} \quad —(4\cdot135)$$

H：全損失水頭 (cm)
H_0：初期損失水頭
v：ろ過速度 (cm/sec)
C_0：原水濁質濃度 (vol/vol)
t：ろ過継続時間 (sec)

式4.134、式4.135　損失水頭式の形式 Ives [I]

　式4.133の積の型に属するものとして、Mints、Stein、Camp などの式が提案されていますが、総括して**式4.136**の型に帰着できます。

$$\frac{\partial H}{\partial Z} = \left(\frac{\partial H}{\partial Z}\right)_0 \left[\frac{1}{1-(Kq^*)^n} + F(q^*)\right] \quad —(4 \cdot 136)$$

n：実験で求められる指数

式4.136　損失水頭式の形式 Ives [Ⅱ]

極めて表層近くのろ層を除いては、一般のろ過継続時間内では、当該ろ層の損失水頭の増加は、ほぼ直線的に進むと考えられます。さらに、総損失水頭についてもほとんど直線的に増加し、特に、阻止率の低い高速粗ろ材ろ過では、限界損失水頭に達するまで損失水頭増加の直線性が失われることがありません。

(9)　ろ層の構成

(a)　単粒度構成ろ床

ろ過の進行は、①ろ過水中に漏出（ブレークスルー：Break through）してくる懸濁質濃度が一定の許容値に達した時、または②ろ過損失水頭が一定限界値（限界損失水頭）に達した時に打ち切られます。まれには、③低ろ速、細ろ材、大型懸濁質などのろ過に際して、表層に抑留が集中し、ろ床内に部分的真空が発生して抑留物（フロックなど）が崩壊漏出してきて、ろ過を継続できなくなる特殊な場合があります。

通常の阻止率でのろ過操作の場合には、①と②の二つの要因のいずれかによって、ろ過池の運転停止が決められます。

図4.90の(a)はろ過の経過時間とともにろ床の総損失水頭が直線的に増加していく状態を示します。また、図4.90の(b)は、ろ過水濁度のブレークスルーの経時変化を示す図で、ろ過開始の初期に高めのブレークスルーが見られた後、ろ床の熟成（ろ材の懸濁質による被覆）が進んだ後は、ほぼ一定の良好なろ過水質が維持されますが、ある経過時間後に末期のブレークスルーと称するろ過水の懸濁質濃度の急増を見るようになります。

許容最大損失水頭 H_{max} に達する時間が t_1 であり、許容最大ろ過水濁度（ブレークスルー）C_{max} に達する時間が t_2 です。前述の二つの操作（設計）要素についての最適なろ過条件は、$t_1 = t_2$ になることですが、実操作ではブレークスルーが許容値になる少し前に限界水頭がきてろ過を打ち切るように設計、操作すれば、水質の安全を損なうことなくろ過の打ち切り時を確認できるので、$t_1 \leq t_2$ といった条件を設計時に想定することになります。

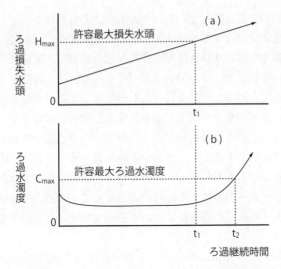

図4.90 ろ過損失水頭とブレークスルーの時間変化

もし、$t_1 > t_2$であれば、i）ろ材を粗くする、ii）ろ床の厚さを薄くする、iii）凝集剤、補助剤の量を減じて懸濁質の付着力を減ずる、iv）ろ速を増大させる等の試みをして、$t_1 = t_2$に近づけるようにします。$t_1 < t_2$の場合には、上述の逆の操作をします。図4.91

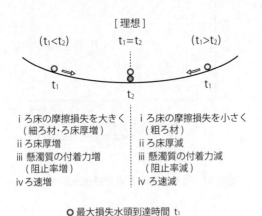

図4.91 最大損失水頭と最大ろ過水濁度到達時間

除去する懸濁質の性質に応じて、ろ速やろ層厚、ろ材粒径などをどのように定めればよいかを理論的に記述するのは大変難しいことですが、一般には、パイロット試験によって変動する外的条件と操作条件の対応を検討し、実設計を行う場合が現実的な手法になっています。その場合であっても、理論的な理解を下敷きにすることによってはじめて、適切な実験を行うことができることになります。

　ろ速やろ層厚、ろ材径などを除去しようとする懸濁物（フロックなど）の性質に応じて、どのように定めると最も効率がよいかといった道筋を考えることは、必ずしも複雑なことではありませんが、変動する外的条件までを考えて広範な条件下で実設計に応用するに至るまでのデーターの蓄積は、容易なことではありません。そこで、系統的にデーターを蓄積するための道筋として、ろ速、ろ層厚、ろ材径の相互の関係をどのように所定の懸濁質について扱っていけば良いかを考えてみることとします。

　他の条件が等しいときに、ろ層厚さLを変化させることによって、所定の除去率C/C_0を保持しうる限界時間t_2と限界損失水頭に達する時間t_1が等しくなる条件$t_1=t_2$を求める模式線図は、図4.92のように描かれ、$t_1=t_2=t^*$を満足するろ床厚さはL^*となります。

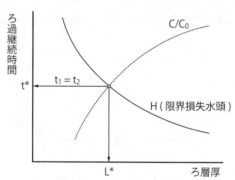

L^*：限界損失水頭到達時間t_1と
　　所定のろ過水濁度を保持し得る時間t_2が
　　等しくなるろ層厚さ
ろ速,ろ材径は一定

図4.92　限界除去率と限界損失水頭の関係

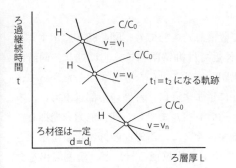
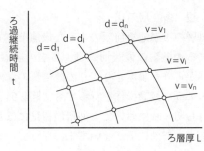

図4.93　$t_1=t_2$になるろ層厚さのろ速による変化

図4.94　$t_1=t_2$になる条件のろ速とろ材径による変化

　次いで、ろ速がv_1からv_nの間で変化すると、この関係はどのようになるかを模式的に示すと、図4.93のような関係になるでしょう。また、ろ材径がd_1からd_nの間で変化する条件を考えた模式図を描くと、図4.94のようになります。このような図をろ過の対象成分ごとに描くと、ろ床の構成を適切に定める手順とすることができます。懸濁質（フロックなど）の物性の指標化はそれ自身で難しい問題であり、第5章の成長操作の凝集の項で詳述します。

　フロック物性の次元を加え、さらに$t_1=t_2$となる様々なろ過操作条件の中から最も建設/運転費用の少ない条件を求めたものが、ろ過池設計の最適条件ということになります。論理的な道筋を求めてろ過池を設計することを十全に行った例を筆者はまだ見たことがなく、多くの場合、長い経験を下敷きにした経験則で設計/運用が行われていて、歴史を経てもまだまだ改善の余地があるシステムのようにも思われます。

　上水道の急速ろ過池の常識的な数値をあげれば、ろ過速度120～180m/日、砂層厚さ60～70㎝、砂層を構成するろ材粒子の有効径（粒度分布の10%非超過径）0.6㎜、ろ材粒径分布の均等係数(60%非超過径d_{60}と10%非超過径d_{10}の比d_{60}/d_{10})が1.5～1.3程度の通常の急速ろ過池で濁質フロックを除去する場合には、限界損失水頭によって運転が打ち切られる（$t_2>t_1$）のが普通であり、ろ材径0.8～1.0㎜、ろ過速度250mといった高速化したろ過条件下で、ようやく$t_1=t_2$といった条件に近づいてきます。緩速砂ろ過はλの極めて高い表層ろ過なので常に$t_1\ll t_2$となり、ろ過の打ち切りは常に損失水頭のみで決められます。

(b) 複（多）層ろ床

　単層のろ過池を前項のような最適条件で設計したとしても、図4.88(b)に示すように、ろ過継続の最終期には、ろ層の表層付近では抑留飽和量 q_{max} に達し、同時に底部から許容限度ぎりぎりの懸濁質の漏出が始まることになります。したがって、このような最適操作を行っても、図4.95(a)に示すように、ろ層の中部以下では、ろ過打ち切り時においても抑留飽和量にほど遠いレベルまでしか抑留能力を発揮しておらず、有効に働かないままになっています。そこで、ろ過池の抑留総量を増大させることを主目的とする阻止率λの小さな上層（粗粒径ろ材）と、濁度漏出を食い止めることに主眼を置く阻止率λの大きな下層（細粒径ろ材）からなる複層あるいは多層の図4.95(b)、(c)のようなろ過池が作られます。このように、粗粒径ろ材を上流側に配し、細ろ材を下流側に配列していくろ床を逆粒度構成ろ床といいます。

　一般に、急速ろ過池などでは次の洗浄の項で述べるように、ろ床の下部から水流を逆流させて粒状層を流動化させて抑留懸濁質を洗い出す「逆流洗浄」を行います。この洗浄操作によって流動化した粒状層は、上方に細粒径、下層に粗粒径ろ材が分布する形で清浄粒状層が再生されます。したがって、多層構成の逆粒度構成ろ床を洗浄後も安定に構成するためには、粗粒径の上層ろ材の沈降速度が下層の細粒径ろ材の沈降速度よりも小さい必要があります。そのためには、粗ろ材の密度よりも細ろ材の密度がはるかに大きく、小径でも高沈降速度が出る高密度のろ材を選ぶことが必要になります。実用されている典型的なものは、上層から比重1.4の無煙炭（アンスラサイト）、比重2.6の石英砂、比重3.4〜3.7程度のガーネットなどを3層にして用いるか、前2者を2層に用いる多層ろ床と呼ばれるものです。

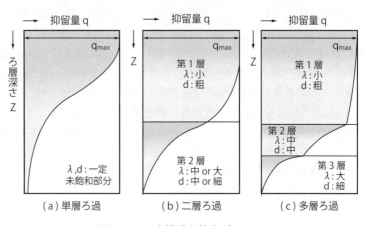

図4.95　ろ床構成と抑留パターン

(c) 高容量ろ過池

筆者らが開発してきた高容量ろ過池の構想は次のようなものです。

① 通常のろ過池は単層のものであれ複層のものであれ、重力型では与圧用のろ床上水深1.5m前後持っているのが普通です。それに対して、ろ過による固液分離は、ろ過床上部の20～30cm程度の部分で主に行われているに過ぎず、ろ過池容量のほぼ3／4は懸濁質（フロック）除去に直接有効な空間となってはいません。砂面上の与圧空間に工夫を施すことによって、抑留量を飛躍的に増大することが可能になります。

② 砂上水深は、砂層のろ過抵抗が抑留の進行とともに増大していっても、通水速度を維持するためのろ過水頭を保ち続けなければならないことから、この与圧空間で除去を考える場合には、抑留の進行によっても圧力損失水頭の増加をほとんど無視できるような除去機構が必要です。

③ 下部のろ過層と整合して与圧空間に収まり、協同して分離機能を発揮しようとするならば、考えるプロセスは砂層本体とほぼ等しい表面負荷率 Q/A（Q：処理流量㎥/日、A：装置水平断面積㎡）を持ち、量的に大きな抑留能力を期待できる必要があります。

④ 与圧空間に装荷される除去装置は、大量の懸濁質の除去を目的としているので、分離された懸濁質をろ過池外に容易に排出することが求められ、ろ床の逆流洗浄よりも少ない水量/エネルギー消費量で再生可能なものです。

このようなろ過池の実用可能な例を図4.96に挙げます。砂上水深に傾斜板や傾斜管を装荷して、ろ過速度に対応する十分に小さい表面負荷率で効果のある除去を得ようとすると、設置面を水平と60度とした場合、2～3cmといった狭いギャップの30～40段もの多段の沈降装置が必要になります。そこで先述のフィン付チャンネルセパレーターを用いれば、5～10cm程度の通常の傾斜板間隔で、150～200m/日程度の表面負荷率で操作できるようになります。沈殿した懸濁質は逆洗浄トラフに堆積させ、砂上水深をトラフ面まで下げることによって、逆洗と同時に、あるいは独立にろ過池外へと排出できます。

また、与圧空間（砂上水深）に前節で述べたような溶解空気浮上操作を導入すれば、表面負荷率10～15cm/min（144～216m/日）程度の砂層の分離速度とバランスの取れた前段分離機構になります。高濁時のみ運転し、低濁時には下部のろ過層のみで運転を行うことも可能です。

一方、ラシヒリング（Raschig-ring：陶製/プラスチック製の円筒型やサドル型の固定層反応操作に汎用される充填材）などの充填空隙率の大きな数mmから数cmの

超粗大ろ材を与圧空間に1mほど充填する方法があります。ろ層の空隙率は高々40～45％程度にしか過ぎませんが、ラシヒリングの場合には70～80％に達し、大量の懸濁質の抑留を少ない損失水頭増加で進行させ得ることを示唆します。

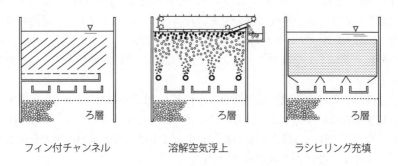

図4.96 ろ過層上部与圧水深空間の固液分離操作利用

　深層ろ過の除去機構として、沈殿、さえぎり（衝突）、ふるい分け等の様々な機序のうち、ラシヒリング層は沈殿機構を重視した操作であり、表面負荷率が10～20cm/minといったセンチメートル規模の極めて低い除去率しかもたないミクロ沈殿池が、数十個以上直列に連なることによって、結果として全体的に高い除去率を得ることが可能になると考えられます。また、フィン付チャンネルセパレーターは、沈殿機構に旋回流による接触分離機構を付加して、表面負荷率理論を超えた除去率（速度）を得ることから、「沈殿＋ろ過」といった明確に2分画された在来の処理操作が、実は、その中間を相互につないだ連続した操作としてとらえ得るものとして、これらの高容量ろ過池の提案があります。

　筆者らは伝統的な粒状ろ層ろ過池が、低濁度の原水あるいは沈殿を経て低濁度化した沈殿後水を対象にしてきた制約を超えて、高濃度の原水に対応できる高い抑留能力をもった、図4.96あるいは図4.97に示すようなラシヒリング装着2階床ろ過池を提案し、その設計手順を明らかにしました。

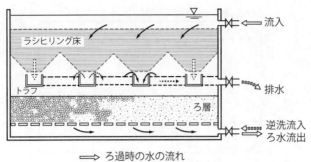

⇒ ろ過時の水の流れ
▭▭▭▷ 逆洗時の水の流れ
⋯⋯▷ ラシヒリング排水時の流れ

図4.97 ラシヒリング床を持つ高容量ろ過地の概念図

　この操作のモデル実験結果を紹介して、その有効性を示します。

　ラシヒリング充填層厚さを90cmとし、直径と長さの比を1：2とした径3、6、9mmの円筒形のラシヒリングを空隙率がほぼ70％になるように充填します。下部の砂層には、直径が0.84〜1.00mmの比較的粗い石英砂を厚さ50cmに敷き込みます。ラシヒリング床と砂床の間に排水トラフを設置し、ラシヒリング床を洗浄する際に重力で洗浄トラフ上の水を抜くことによって、ラシヒリング充填層に抑留されている懸濁質を重力により排泥します。また砂層に抑留された懸濁質は、次項で述べる通常の逆流洗浄によって、ラシヒリング洗浄と同時、あるいは独立のタイミングで洗浄トラフを経て排除されます。

　図4.98は、第一段を構成するラシヒリング床の有効性をろ過速度200m/日の高速ろ過の場合について示したものです。濁度80度といった高濁（カオリン）懸濁液に対して、数cm以下のわずかな損失水頭を発生するのみで、6〜10時間にもわたって有効な除去を継続できることを示しています。**図4.99**は、ラシヒリング床の水を6時間ごとに排水するだけの洗浄でろ過を継続した場合の、2階床ろ過池におけるラシヒリング床の流入（原水）/流出濁度と下部の砂層の流出濁度（処理水）の継時変化を示したものです。一昼夜にわたり原水濃度80度もの高濁水を有効に処理し続けることができました。高色度を示すクラフトパルプ排水（色度50度）の場合にも、有効な処理が可能でした。

　図中のALT比は凝集剤注入率の表現で丹保らが定義し、広く世界で用いられている「アルミニウム濃度/濁質濃度」比のことです。

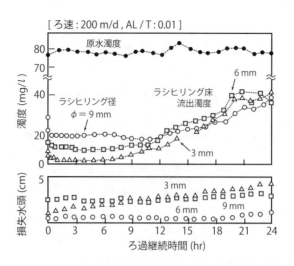

図4.98 ラシヒリング床の濁度除去と損失水頭の推移

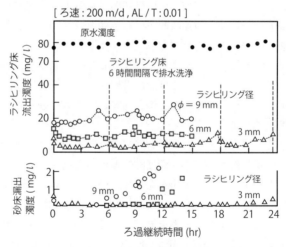

図4.99 ラシヒリング床と砂床の濁度除去の推移

　ラシヒリングろ床における阻止率λを支配する除去過程をビデオの接写によって観測したところ、流れは層流状態にあり、懸濁質の抑止はすべてラシヒリングの上面（内外表面）で行われており、様々なろ過地の抑留機構のうち、沈殿が卓越機構であると推測されました。そこで、図4.100に示すように、ラシヒリング1個を

仮想微小沈殿池と考え、表面負荷率の比較的大きな（したがって、個々のラシヒリングでの除去率は小さい）微小沈殿池が多数直列に並んで、結果として、ある有効な除去が達成されると考えます。このように直列に並んだ個々の仮想微小沈殿池（ラシヒリング）間では流体は完全混合し、懸濁質は次のラシヒリングに一様濃度で流入すると仮定します。また、流れ方向はラシヒリングの軸方向であり、除去は表面負荷率支配の重力沈降によって進行すると仮定します。

懸濁液は深さ L のラシヒリング床を流下する際に、m 個のラシヒリングを軸方向に通過すると考えます。この場合、通過する全流下距離 L_r、深さ L のラシヒリング床を流下する際に通過する微小沈殿池の直列通過数 m、微小沈殿池の平均的な沈殿面積 S は、**表4.21**のようになります。

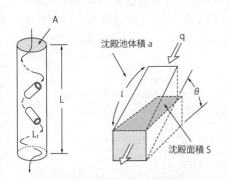

図4.100　ラシヒリングろ床の概念図

L：ラシヒリング床の深さ　q：仮想微小沈殿池流量
l：仮想微小沈殿池長　θ：仮想沈殿池の傾き

表4.21　ラシヒリング仮想沈殿池の諸元

m 個のラシヒリング全流下距離 L_r
$$L_r = L \sin \bar{\theta}$$

ラシヒリング直列通過数 m
$$m = \frac{\beta L_r}{l} = \frac{\beta L \sin \bar{\theta}}{l}$$

ラシヒリング仮想微小沈殿池の平均的沈でん面積 S
$$S = (d_0 + d_1) l \cos \bar{\theta}$$

L：ラシヒリング床の深さ
$\bar{\theta}$：仮想沈殿池の平均的沈殿面積
β：ラシヒリングの充填状態にかかわる係数（無次元）
l：仮想微小沈殿池長
d_0, d_1：ラシヒリングのそれぞれ外径と内径

仮想微小沈殿池がろ床内で占有する平均的な体積 a は、**式4.137**のように示されます。また、仮想微小沈殿池を通過する流量 q は、**式4.138**のように求められ、仮想微小沈殿池の表面負荷率は $w_0 = q/S$ であることから**式4.139**のようになります。

$$\begin{aligned} a &= \frac{\varepsilon A L}{A L (1-\varepsilon) / [(\pi/4)(d_0^2 - d_1^2)l]} \\ &= \frac{\pi}{4} \frac{\varepsilon}{1-\varepsilon} (d_0^2 - d_1^2) l \end{aligned} \quad —(4 \cdot 137)$$

A：ろ床面積

式4.137　仮想微小沈殿池のろ床内の平均体積

第4章　固液分離プロセス

$$q = \left(\frac{v}{\varepsilon}\right)\left(\frac{L_r}{L}\right)\left(\frac{a}{l}\right) = \frac{\pi v (d_0^2 - d_1^2)}{4(1-\varepsilon)\sin\theta} \quad —(4\cdot138)$$

式4.138　仮想微小沈殿池を通過する水量

$$w_0 = \left(\frac{q}{S}\right) = \frac{\pi v (d_0 - d_1)}{2l(1-\varepsilon)\sin\overline{\theta}} \quad —(4\cdot139)$$

式4.139　仮想微小沈殿池の表面負荷率

これらの式から、ろ床深さ L のラシヒリング床に沈降速度 w の粒子群が流入してきた場合の全除去率 R は、式4.140のようになります。初期阻止率 λ_0 は、個々の微小沈殿池の除去率 $r=w/w_0$ が小さいと考えることから、展開式の高次の項を省略して、式4.141のように求められます。

$$R = 1 - (1-r)^m = 1 - \left(1 - \frac{w}{w_0}\right)^m = 1 - \exp(-\lambda_0 L) \quad —(4\cdot140)$$

r：仮想微小沈殿池の除去率 (w/w_0)
w：粒子の沈降速度
λ_0：初期除去率

式4.140　ラシヒリングろ床の全除去率

$$\begin{aligned}
\lambda_0 &= \left(\frac{m}{L}\right)\ln(1-r) \\
&= \frac{m}{L}\left(r + \frac{r^2}{2!} + \frac{r^3}{3!} + \cdots\right) \\
&\fallingdotseq \frac{m}{L}r \\
&= \alpha\beta\frac{4(1-\varepsilon)\cos\overline{\theta}}{\pi(d_0-d_i)}\frac{w}{v} \quad —(4\cdot141)
\end{aligned}$$

α：微小沈殿池と懸濁質の接着にかかわる係数（無次元）
β：ラシヒリングの充填状態にかかわる係数（無次元）

式4.141　ラシヒリングろ床の初期阻止率

ラシヒリングろ床の初期阻止率は、式4.140、式4.141に示すように、懸濁質濃度はろ床を流下するにつれて指数関数的に減少することを示しており、図4.101（濁質除去）や図4.102（色度除去）のいずれの場合についても、初期阻止率λ_0がろ過条件に応じた定数値を取ることが認められ、プロットの勾配からλ_0を定めることができ、様々なろ過条件からろ床の諸特性値を推算できます。諸実験の結果から、$\lambda_0 \propto v^{-1}$の関係がほぼ認められます。

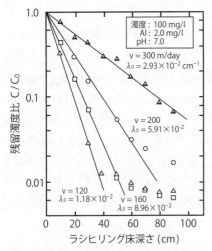

図4.101 ろ床深さ方向の濁度減少　　図4.102 ろ床深さ方向の色度減少

ろ床での除去が進むにつれてラシヒリングの内外に堆積物の集積が進行し、ろ床の空隙率の低下と実流速の増加によってろ過効率が低下します。ラシヒリングろ床内でこのような現象の推移を定量的に評価することを考えます。図4.103のように、ろ床中に微小厚さΔLのろ層を考え、時間Δtの間にこの微小ろ層に流入／流出して抑留される懸濁物の収支を考えると、式4.142のようになります。

$$\frac{\partial C}{\partial L} = -\lambda_0 C + \frac{Z(\sigma)}{v} \quad\quad (4 \cdot 142)$$

σ：単位体積ろ床に抑留された懸濁物量 (mg/cm³)
$Z(\sigma)$：洗掘関数 (mg/cm³·min)

式4.142 ろ床の懸濁物収支式

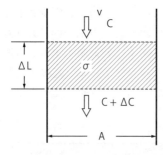

図4.103　微小ろ床の物質収支

$$\frac{\partial C}{\partial L} = -\lambda_0 \left(1 - \frac{Z(\sigma)/C}{v\lambda_0} \right) C \quad —(4\cdot143)$$

式4.143　ろ床の修正懸濁物収支式

　もし、ろ床内での抑留と洗掘が相互に独立の現象であるとすれば、**式4.142**をそのまま用いて現象を表現できますが、IvesがMintzとの論争で「ろ過のある時期から、流入懸濁質がない状態で同一ろ速で通水を続けても、剥離が生じないことから」「剥離と抑止は密接に関連している相互連携の現象である」というIvesの推論が成立し、**式4.142**（Mintz型の表現）のような表現は、実態を示さないものと考えられます。そこで、流入懸濁質がない $c_0 = 0$ のときには、$\partial C/\partial L = 0$ という条件を考えて、**式4.142**を修正すると、**式4.143**で抑留の進行に伴う阻止率の変化を矛盾なく表現できます。

　式4.143に含まれる洗掘関数の $Z(\sigma)$ が、どのような形のものになるか、**式4.144**を用いて実験結果から検討すると、堆積量 σ と修正された洗掘関数 $Z(\sigma)/C$ の間に、**図4.104**に示されるような直線関係 $Z(\sigma)/C = k\sigma$ が存在していることが認められました。ここで、kは実験定数であり、**図4.104**の勾配から直ちに求められます。

$$Z(\sigma) = [C_{out} - C_{in}\exp(-\lambda \Delta L)]\frac{v}{\Delta L} \quad —(4\cdot144)$$

C_{out}, C_{in}：それぞれ厚さΔLの層から流出/流入する懸濁質濃度 (mg/l)

式4.144　洗掘関数

　したがって、$Z(\sigma)/C = k\sigma$ の線形関係を**式4.143**に代入すると、ラシヒリングろ床での除去の進行過程を記述する式は、**式4.145**のように書き換えられます。

$$\frac{\partial C}{\partial L} = -\lambda_0 \left(1 - \frac{k\sigma}{v\lambda_0}\right) C \quad —(4\cdot145)$$

式4.145　ラシヒリングろ床での除去進行過程式

$$\sigma_u = \frac{v\lambda_0}{k} \quad —(4\cdot146)$$

式4.146　最大抑留可能量

　ろ過継続時間の増加とともに、ろ床中の抑留物総量 σ が増し、抑留可能量が次第に減少し、最後に最大抑留可能量 σ_u に達すると、そのろ層は除去能力を失います。すなわち、$\sigma=\sigma_u$ に達すると $\partial C/\partial L = 0$ となり、式4.145にこの条件を適用すると、最大抑留可能量 σ_u は式4.146のように示されます。

　図4.104の勾配 k を知れば、σ_u の大きさを推算できます。カオリンを凝集させたフロックの最大抑留可能量 σ_u は、ろ速100〜300m/日の高速ろ過で、30〜25mg/cm³ と通常の急速砂ろ過の10mg/cm³ といった数値に比べて高い値を示します。式4.146を式4.145に代入すると、上述のラシヒリングろ過の式は先に述べた Mintz が提案したろ過方程式に帰一します。

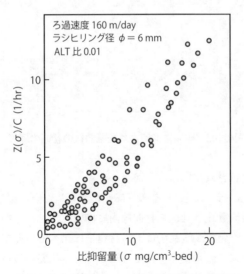

図4.104　抑留フロック量と洗掘関数の関係

⑽ ろ層の水流による洗浄

懸濁質の抑留が良好に行われたとしても、ろ床の適切な再生洗浄が行われなければ、連続的にろ過機能を発揮し続けることはできません。歴史的に様々な再生洗浄の方式が提案され、砂ろ過法開発の創世期には、現代ではもう使われなくなってしまったような様々な洗浄方式の提案も競って行われました。

ろ材中に抑留されている懸濁質は、
①ろ材粒子間隙（細水路）に単に抑留されている部分と、
②ろ材表面に付着している部分
に分けることができます。

図4.105はろ層に抑留された懸濁質の状態を模式的に描いたもので、①と②の状態を示しています。それぞれに、適切に対応する特徴的な洗浄方式が工夫されてきました。

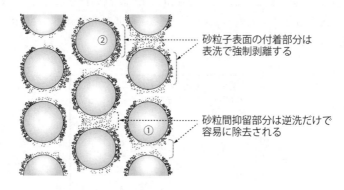

図4.105　砂層に抑留された懸濁質の状態の模式

(a) 間隙に単純に抑留されている懸濁成分の洗浄

最近の急速ろ過池のほとんどが、ろ床下部から導入した上昇流（ろ過水を用いる）によってろ層を膨張流動化させ、ろ材間隙内に抑留されている懸濁質を洗い流す方式をとっています。抑留懸濁質粒子は、ろ材粒子に比べて小径で密度も小さく、沈降速度が小さいために、流動化して浮遊懸垂している状態のろ材間隙を通る上昇流に乗って容易に持ち去られます。したがって、洗浄速度（流速）の大小は、通常の流速範囲（膨張率）では分離機能にほとんど影響しないと考えられます。筆者らの研究によると、逆流洗浄を最小の水量で最も効果よく終了させるには、50〜60cmほどの厚さを持った砂層を膨張率が120〜135%くらいになるように上昇流速を設定し

て流動化させ、5〜7分間くらい逆流洗浄すればよいようです。

120〜135％くらいのろ層膨張率でのろ材間隙は、抑留懸濁物がろ材の間隙を無理なく抜けていくのに必要な最小水路寸法と考えてよく、ろ材粒子の径と密度にはほとんど関係なく、上昇流速が変わっても適切な一定の流動層膨張率が存在することを意味します。ろ層厚さ（数10cm）に対して、水平断面積（数m角）の大きな実際のろ過池では、逆洗浄時の池内水流は、ろ過池水平断面距離を特性値とするレイノルズ数に支配される完全混合状態にあると考えられます。したがって、5〜7分間の逆流洗浄継続時間は、完全混合状態（乱流状態でもある）にある流動砂層のすすぎ洗いが、空塔上昇流速60cm/minで進行するという一般に行われている操作条件では、5〜7分間に3〜4mほど空塔水柱が上昇することとなり、完全混合で5〜7回ほどのすすぎ洗いをしたことになります。時間経過とともに指数関数的に洗浄廃水濃度は低下していき、洗浄打ち切り時の洗浄水濃度は、初期懸濁液濃度の$1/e^{(5〜7)}$以下になります。

砂層の厚さをL、空隙率をεとし、逆流洗浄で膨張した砂層の厚さをL_eとすると、必要な逆流洗浄流速v_bは、式4.147で求められます。

$$\text{ろ層膨張率} = \frac{L_e}{L} = \frac{1-\varepsilon}{1-\left(\dfrac{v_b}{w_t}\right)^n} \quad -(4 \cdot 147)$$

L：ろ層厚さ (cm)
L_e：逆洗で膨張した砂層厚さ (cm)
ε：ろ層空隙率
w_t：直径 d の粒子の終末沈降速度 (cm/min)
v_b：逆洗浄空塔速度 (cm/min)
n：レイノルズ数 R_e によって定まる定数
$R_e = w_t d / \nu$ （νは動粘性係数）

$$\begin{bmatrix} \text{Richardson による n の値} \\ R_e < 0.2 \quad 1/n = 4.65 \\ 0.2 < R_e < 1.0 \quad 1/n = 4.36\, R_e^{-0.03} \\ 1 < R_e < 500 \quad 1/n = 4.45\, R_e^{-0.1} \end{bmatrix}$$

式4.147　ろ層膨張率と逆流洗浄速度

抑留懸濁質が逆流洗浄の水流でいったん浮遊し、完全混合状態になってから流出する状況では（**図4.106(a)**）、抑留懸濁質が全砂層に分散した高濃度の一様混合系ができてからすすぎを始めることになってしまい、指数関数的に低下していく洗浄水濁度が逆洗の打ち切りレベルに至るまでの時間が長くなってしまいます。そこで、膨張砂面から40～50cmほどの位置に水面が来るように逆流水洗時の越流水面を下げ、混合する容積をできるだけ小さくして洗浄操作を行うことになります。そのために工夫されたのが、**図4.107**、あるいは**図4.108**に示す逆洗浄系のトラフであり、上述の作用は**図4.109**のように示されます。

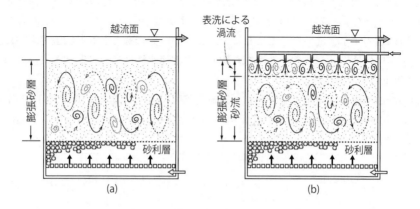

図4.106　砂層逆洗浄時の完全混合状態の模式

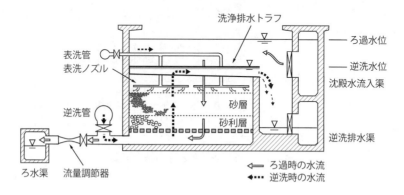

図4.107　ろ過池の水流

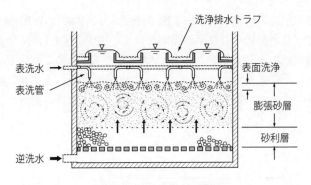

図4.108　ろ過池の逆洗

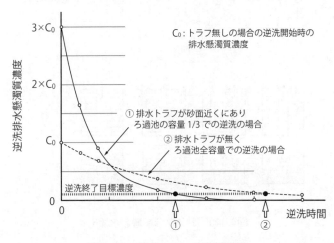

図4.109　排水トラフと逆洗時間

　排水トラフは沈殿池の流出堰の場合と同様に、逆流洗浄時になるべく全断面一様な上昇流速を保ち得るように、**図4.110**のように配置されます。ろ材粒子と離脱してきた洗浄排水中の懸濁粒子との沈降速度は極端に異なるので、トラフの越流天端の位置は、ろ材粒子が逆流洗浄時に流出しない最低位置に設けてよいことになります。したがって、逆洗時の水面は、ろ過時の水面よりも低くトラフ上面で規定されることになります。こうすることによって、**図4.109**に示したように無駄な水体部分がなくなって、完全混合状態にある逆洗時の膨張層上部の汚水とトラフ下部の水だけが排除の対象になります。

トラフは水理学的には横流入のある開水路であり、古くはT. R. Campの式に始まり、さまざまな計算式や計算図が提案されています。図4.110に示すようにトラフの排水が排水渠に流入する際に、排水渠の水位を低くとることによって自由越流状態を保つことができます。排水渠の通水能力が小さいと、もぐり堰越流になりトラフ内の水位が背水の影響を受け、排水能力が減じてしまうので好ましくありません。

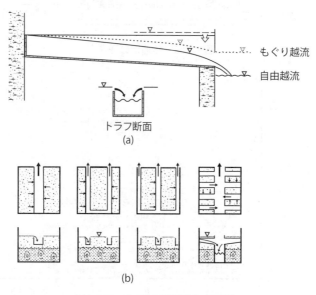

図4.110　トラフの配置と水面形

高速ろ過を考えると、ろ材粒径が1mm以上の大径が必要になりますが、大径ろ材については、砂よりもはるかに密度の小さな無煙炭（アンスラサイト）などを用い、必要な逆洗流速が過大にならないようにします。また、逆洗流速を上げずに30～50%の膨張率が得られるさらに軽量なプラスチックろ材や繊維を粒状化させたろ材なども工夫されています。

砂層膨張は式4.147に示すように、逆洗流速とろ材粒子の終末沈降速度w_tとの比（V_b/w_t）の関数になります。ろ材粒子の沈降速度w_tは、沈殿の項（4章1項）で述べたように、ストークス沈降速度式によれば、水の粘性係数μに逆比例して変化します。水の粘性係数は10℃と30℃では1/1.6になりますので、夏の暑い時期

や熱帯の水道などでは、逆洗速度を1.5倍以上に高めないと必要な膨張率130〜150％を得ることができません（図4.111）。

表4.22は逆洗空塔速度が同じ場合の水温と砂層膨張率の違いを例示したもので、**式**4.147の指数nを0.22として求めています。

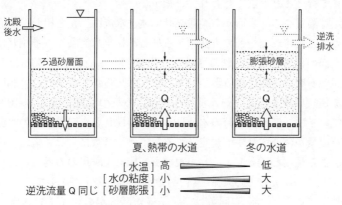

図4.111　水温と砂層膨張率

表4.22　水温と砂粒子沈降速度、砂層膨張率の例

水温 ℃	粘度 cPa·s	密度 g/cm³	沈降速度 cm/s	膨張率 %
10	1.310	1.000	17.2	23
30	0.801	0.996	28.1	11
30/10℃	0.611	0.996	1.63	0.48

水温：10℃,30℃　　砂の性状：密度 2.65g/cm³　直径 0.05cm
砂層空隙率：0.4　　逆洗空塔速度：0.5m/min (0.83cm/sec)

　日本や西欧の低温の水で培われた常識（設計指針など）で、熱帯地方の水道の急速砂ろ過池を設計すると、ほとんどの場合に逆洗流速が不足してしまい、十分な砂層膨張が得られないことが、東南アジアの多くの水道で見られました。水温が高くなると粘性は低下しますが、密度はわずかしか変化しません。慣性力（水の密度）を基準に設計されるポンプの性能は、水温でほとんど変化しないため、熱帯地方では、より大きな逆流洗浄流速（流量）を確保することによって小さくなる粘性を補わなければならず、より大型のポンプが必要になります。かつては、この原理的理解が実用に反映されていない多くの浄水場を赤道付近の国々で見ることがありました。

(b) ろ材表面に付着した抑留懸濁質の除去

抑留懸濁物の除去では、表面10～30cmほどの特に抑留量の大きな砂層部分に、**図4.106**(b)に示すような、逆流洗浄の10倍以上に達する高いエネルギー消費（逸散）率を発生させる高強度の乱流洗浄（ジェット噴流）を用いる表面洗浄操作を逆流洗浄と併用して行うことが広く行われています。

付着した懸濁質をろ材表面から剥離させて逆洗水流中に持ち出し、ろ過池外に洗い出すために工夫された最初の方法は、ろ材とろ材を乱流条件下で相互に衝突させて、その表面の付着懸濁質を剥離させる操作です。古くから、150％ほどの膨張率が、ろ材間の衝突を適切に得る数値であろうと考えられてきました。藤田（賢）は最も大きな衝突頻度を与える逆流洗浄速度は、ろ材の沈降速度 w_t の10％程度であると述べています。逆流洗浄時の水流は、池の特性長さを膨張砂層の水深か、ろ過池の水平断面長かのいずれかで規定されるレイノルズ数によって構造が決められる循環水流による乱流と考えてよく、小規模なろ床（実験用のろ過筒など）では、砂層厚さLを長さの次元にとった $Re = 10^4$ 程度の乱流と考えてよいでしょう。

乱流条件下での粒子の衝突回数は、粒子径が乱流渦のマイクロスケール λ_0（**式4.148**）よりも小さな領域にあると考えられる弱い乱流の時、単位時間に単位体積の流体中で失われるエネルギー逸散率 ε の平方根に比例することが知られています。

$$\lambda_0 = \left(\frac{\nu^3 \rho}{\varepsilon}\right)^{\frac{1}{4}} \qquad —(4\cdot148)$$

ν：流体の動粘性係数 (cm²/sec)
ρ：流体の密度 (g/cm³)
ε：乱流のエネルギー逸散率 (erg/cm³ sec)

式4.148　乱流渦のマイクロスケール

いま、逆洗浄時に流動化した砂層単位体積あたり単位時間に失われるエネルギー量（逸散率）ε_b は、逆洗時の砂層の損失水頭から推算されます。先に述べたように（**式4.39**）、砂層膨張時の損失水頭 h_f は**式4.149**で表されることから、単位時間に単位体積の膨張砂層で消費されるエネルギー量（逸散率）ε_b は、**式4.150**となります。

> 式4·39の近似式
>
> $$h_f \fallingdotseq \frac{L(1-\varepsilon)(\rho_s - \rho)}{\rho} \quad —(4 \cdot 149)$$
>
> h_f：逆洗時の砂層損失水頭
> L：砂層厚 (cm)
> ρ_s：ろ材密度 (g/cm³)
> ε：膨張砂層の空隙率 (無次元)

> 膨張砂層単位体積の単位時間当たり
> エネルギー量 (散逸率)
>
> $$\varepsilon_b \fallingdotseq mgh_f \quad —(4 \cdot 150)$$
>
> m：水の質量 (g)
> g：重力加速度 (cm/sec²)

式4.149　砂層膨張時の損失水頭　　式4.150　砂層膨張時のエネルギー散逸量

　実際は、懸濁液なのでmの値とε_bは水のみの場合より、もう少し大きくなります。砂の密度を2.65g/cm³、逆洗流速を1cm/sec＝60cm/min、ε＝50％と仮定すると、膨張砂層のエネルギー逸散率$\varepsilon_b \fallingdotseq 8 \times 10^2 \mathrm{erg/cm^3/sec}$といった数値となります。この値は、凝集試験に用いられる通常のジャーテスターの緩速撹拌レベルの強度で、ろ材表面に強固に付着した懸濁質を完全に剥離させるのに十分な強度には達していないようです。

　一方、図4.108に示すように、逆流洗浄に先立って、あるいは逆流洗浄初期の短時間に表面洗浄水流ジェットをろ床表層部に噴射して、高い懸濁質抑留量を持った表面ろ層の洗浄を行うことが、近代の急速ろ過池の標準的操作になっています。表面洗浄がどの程度の強度でろ材表面の付着物を剥離させるかを乱流撹拌のエネルギー逸散率を計算することによって、逆流洗浄強度との比較を試みてみます。

　水道施設設計指針の固定式表面洗浄装置の例で計算します。噴射水圧が静水頭h＝15～20m、噴射水量Q＝0.3cm³/sec・cm²、噴射水流の砂層への侵入が20cm程度とします。全噴流エネルギーが表層20cmで消費されると考えると、単位体積の膨張砂層でのジェット噴流のエネルギー逸散率$\varepsilon_b \fallingdotseq mgh \fallingdotseq 3 \times 10^4 \mathrm{erg/cm^3 \cdot sec}$となります。したがって、表面洗浄によって与えられる撹拌エネルギー強度（逸散率）は、逆流洗浄によって与えられるエネルギー強度（逸散率）の30倍以上におよび、ジャーテスターの最高撹拌強度レベルとなり、汚砂洗浄効果の主役になると考えられます。

　逆流洗浄が十分に行われない場合には、膨張砂層の水深程度の寸法を持った循環渦の中心部に懸濁質が集まったり、ろ過池の隅角部の水流に引き込まれるなど、回転渦の芯で団子状に懸濁質が集塊成長し、逆流洗浄程度の流速では系外に持ち出すことができないほどの大きな粒子に成長します。これをマッドボール（汚泥球）といいます。洗浄不十分のろ過装置に発生する現象で、表面洗浄を行わなかった時代の我が国の古い急速ろ過池や、東南アジアの逆流洗浄速度が不十分なろ過池でしばしば見られます。

マッドボール生成を防ぐための方策として、表面洗浄の導入が決定的に有効です。表面洗浄がマッドボール生成を止め得る理由の第1は、強力な局所洗浄によって、最も汚れる表層ろ材層が清浄になることです。第2は、洗浄時にろ層最上部にスケールの小さい高渦強度の層（20〜30cmほどの厚さの高エネルギー逸散率層）が生じ、スケールは大きいけれど強度が小さな下部の循環渦は、この上層部の高エネルギー逸散率層に入り込めず、結果として、砂層最上部に抑留されている大量の懸濁質は、マクロには押出し流れ状態となっている洗浄水によって洗浄排水トラフへ運び去られます。このことによって、表面洗浄で剥離した懸濁質は、下部の循環渦に巻き込まれることがなくなり、下部の膨張砂層は上部から大量の抑留物質を持ち込まれることがない低濃度の完全混合状態ですすぎが進行することになります。デパートなどで冷暖房の効果を高めるために、入口にエアーカーテンの吹き出しを設け、高強度の循環渦境界層を作り、内部の緩い対流渦による冷気/暖気が外気に漏れ出るのを遮断しているのと同じ流体工学的な仕組みです。

一方、逆洗浄時に空気泡を下部から吹き込んで、逆流洗浄を助ける方法が古くから行われています。明確な機構解析が定量的に行われたことを筆者は寡聞にして承知していませんが、この方法は、大きな寸法（mmオーダー）の気泡が、高速で流動砂床を駆け抜ける際の気泡の変形と表層での破裂による衝撃/せん断力、循環水流の回転を抑制する気泡の垂直上昇流の整流作用が複合的に働く結果、砂層の清浄度を高めることができるのであろうと考えられます。

(11) 重力式ろ過池の操作時の流れ

重力式ろ過池の操作時の流れをまとめると、図4.107と図4.108のようになります。

ろ過池を運転する場合の水理的な装置は大別して、ろ過された清澄水を集める下部集水装置と洗浄装置に分けられます。

急速ろ過では洗浄の際にろ床を流動化させるために下部集水装置から大量の清浄水をろ床下部に送り込む方式をとるために、下部集水装置は洗浄装置としても働きます。しかも、逆流洗浄時の流量はろ過流量の7〜8倍にもなるので、水理的には逆流洗浄時の通水条件を満たせば、集水維持の条件を満足することになります。これらの装置設計の主眼目は、所定の水量を均一にろ床に出入させることにあります。

(a) 下部集水装置（Under drain）

　下部集水装置として歴史的に用いられてきたものとして，多孔管やポーラススラブ，ホイラーボトム，有孔ブロックさらには様々なこれらの改良型などがあり，コンクリート，金属，プラスチックなどの材料を用いた製品が提案され採用されてきました。流出入を完全に一様化できる素焼き多孔板などで構成されるポーラススラブなどを除いて，他の下部集水装置では多点分散型の流出入が一般的です。そこで多くの場合，砂層の下部に2～50mm程度の砂利層を下方に向かって粒度が大きくなるように20～50cmくらい敷き詰めて，逆洗浄時に多点から流出する洗浄水噴流が，砂利層で分割一様化されて砂層に到達するように工夫されてきました。

a) 多孔管型集水装置

　最も簡単な形式の下部集水装置は多孔管型で，図4.112のように配列された孔あき枝管（直径10mm程度の小孔を下向き45度くらいに向け，開口比はろ過池（横）断面積の0.2～0.3%程度）を敷設し，ろ過水を集水する主管から一斉に洗浄水を送り込む仕組みになっています。枝管の小孔に特殊なストレーナーを付したものも，この型の変形と考えられています。多孔管型は，構造的に最も簡単な装置ですが，孔あき枝管の途中で順次小孔からの洗浄水噴出が行われることによる枝管の流量変化（減少）や関係する枝管と主管の損失水頭の変化による各孔からの噴出量（集水量）の差異によって，ろ床の逆洗流量（流速）分布に局所的不均一が生ずる恐れがあります。そこでこの現象を防ぐために，主管と枝管の直径を可能な限り大きくとって，孔を通過するときの水流抵抗に比して，管路中の通水損失と運動エネルギーが実用上無視できるような孔の最小寸法を検討することになります。通常の浄水場の急速ろ過池の例では，孔の面積をろ床面積の0.15～0.5%程度，枝管における孔間隔を10cm程度，孔の径を6～15mm程度，枝管の間隔を孔間隔の2～4倍程度にとることが一般的に行われています。

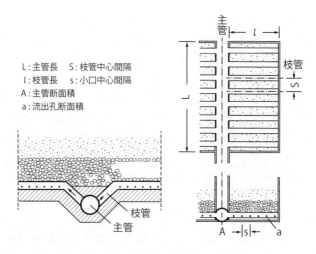

図4.112　多孔管式下部集水装置

　京都大学（現阪大名誉教授）の末石は、多孔管集水装置の水流を横から一様な流出のある管水路と考え、管内の運動エネルギー水頭、静水圧水頭、摩擦損失水頭および流出入孔（ノズル）の摩擦損失水頭を考えて（主管の摩擦抵抗を無視し、枝管長lが枝管内径の60倍程度の条件下で）問題を解き、**式4.151**のような関係を得て、様々な条件下で得られる洗浄均等度の計算結果を図示したものが**図4.113**です。このような図を用いてろ過池の寸法を決め、主管と枝管の配列と寸法Lとlを定めると、洗浄均等度Eが1に近い設計条件を求めることができます。

$$\gamma\left(\frac{Ll}{A}\right) = \frac{(1+E)\sqrt{3E^2-1}}{2E\sqrt{2(K+3)}} \qquad —(4\cdot151)$$

$\gamma = cf/sS$：ろ過面積に対する流出孔総有効面積の比
c：孔の流出係数 (0.6〜0.8)
f：枝管 1m 当たりの流出孔総面積 (m^2)
s：枝管の中心間隔 (m)
L：主管長 (m)
l：枝管長 (m)
A：主管断面積 (m^2)
　主管両側に枝管を対照的に配置する場合は 1/2 の値
E：噴流分布の均等度
　水の出入が最大と最小の孔の流量比
$K = 2gHA^2/U^2L^2l^2$：比損失水頭
g：重力加速度 (m/sec^2)
H：洗浄時の集水装置における損失水頭 (m)
U：洗浄速度 (m/sec)

式4.151　洗浄均等度（末石の式）

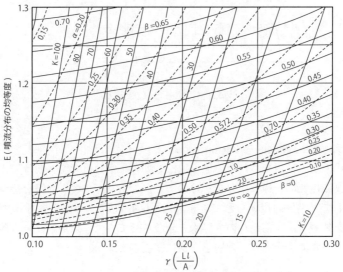

$\alpha = a_l L/sa$：枝管断面積の主管断面積に対する比 (a_l：枝管断面積 (m^2))
$\beta = cfl/sa$：枝管 1 本の小孔総面積の枝管断面積に対する比

図4.113　多孔管式集水装置の洗浄均等度（末石の線図）

b)　ポーラススラブ（Porous slab）

　米国で多用されてきた下部集水装置で床板を形成する材料と技術が進んできて、多様な応用型が作られてきました。図4.114に示すように、ろ床の底を多孔板で仕切った水室とし、この大きな水室に逆洗圧力水を注入させることによって、全水平断面に対して一様に逆流洗浄水をスラブ孔から砂層に上昇させようとするものです。原型的な装置では素焼きの多孔板を用いていたために、目詰まりや隅角部の破損がしばしば問題となりましたが、焼結材の改良や新材料の開発によって、高強度と正確な孔分布を持った板が作られるようになり、変形型も含めて使用例が次第に増えてきました。多孔板型では、砂層の下部に砂利層を置かなくて済むので、ろ層を浅く作ることが可能になります。

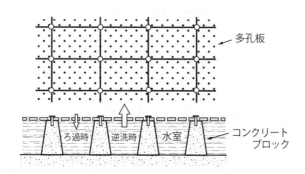

図4.114　ポーラススラブ

c)　ホイラー床（Wheeler's bottom）

　1900年代の初めに開発された急速ろ過法初期の集水装置です。同時に、多孔板型と同様に、流出孔に一様に圧力をかけることができる一体の圧力室を持つ最初の洗浄装置として、長い間用いられてきました。図4.115のように四角錐の中に大小2種の磁球を装着し、下部からの上昇水を分散させて、上に敷かれている砂利層に送り込んで均一水流をつくり、砂層を一様に膨張させます。

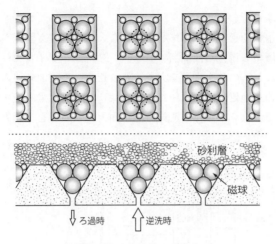

図4.115　ホイラーボトム

　ろ過操作時の集水装置は、文字どおり集水のために働きますが、下降流の清浄水量は逆流洗浄時上向流量の10%強にしか過ぎないので、水理的設計条件はすべて逆流洗浄時水量によって行われます。緩速砂ろ過や廃水の間欠ろ過のような低速粒状層ろ過の場合には、ろ層の洗浄は表層の掻き取りによって行われるのが普通であり、下部集水装置は字義どおりろ過水の集水のみに用いられます。ろ過速度が極めて低いので、集水系での損失水頭も小さく、砂利層の下部に多孔管を比較的疎に配列することでよく、地下水の集水埋渠に準ずるような設計と考えることができます。

(b)　逆洗浄ポンプ・高架水槽
　ろ層を膨張させ流動化して逆流洗浄を行うために必要な水頭損失は、高々70～100 cm程度ですが、集水装置や途中の配管、バルブ等の損失を見込んで、逆流洗浄に必要なポンプ圧や高架水槽の水位を決めなければなりません。通常は、洗浄トラフの上面を基準として水頭2～5mの範囲に設定すればよく、10m以上もの高架槽を設けるのは過大です。
　浄水場のろ過池数が10池前後と少数であれば、洗浄時のみに大きな水量を送るポンプと電気設備を持つのは不経済であることから、一回の洗浄に必要な水量を蓄える高架水槽を設けて、少量ずつ揚水して貯めておき、洗浄時に重力で大量の逆洗浄水をろ過池に送り込む方式がとられています。逆に、20～30池といった大きなろ過池数を持つ浄水場では、逆洗の頻度が高いことから高架水槽を設けずに、逆洗ポン

プ直送による洗浄が行われます。

さらに、高架水槽や逆洗ポンプを必要としない逆洗方式も開発され実用化されています。自然平衡型ろ過池（商品名：グリーンリーフ・フィルターなど）のように、多連（8～10個など）の砂上水深を大きくとった深いろ過池を組み合わせ、ろ過運転中の7～9個のろ過処理中の水圧（砂上水深）とろ過水量を使って、洗浄のためにトラフ上面まで水位を下げた逆流洗浄池水面との水頭差を駆動力として上昇水流を獲得する方式です。図4.116

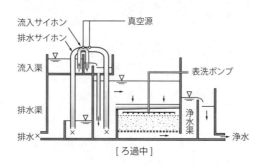

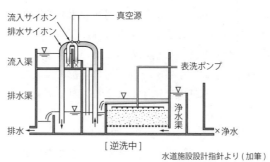

図4.116　自然平衡型ろ過池のろ過と逆洗

(c)　ろ過池の流量制御

ろ過池の運転は、処理流量を一定もしくはある変動幅（減衰）に収まるように、何らかの形の制御を行います。その代表的な方式は、

①流出弁の開度を最初に適切な流量になるように設定した後は流量調整を行わず、ろ層の閉塞が進んで損失水頭が増すことによって駆動静水圧が減少し、処理流量が漸減していく減衰ろ過方式、

②ろ過池の流出口に流量計と調整弁を設け、砂層の損失水頭が増した分だけ調節弁を開けて弁の流出抵抗を減少させ、処理水量を一定に保つ定流量ろ過方式、
③流出口をろ床上面より高く設置し、流入水量を一定に制御して、流出（処理）量と自然に平衡する可変砂上水深で運転する定流量ろ過方式
などがあります。

いずれのろ過方式の場合も、図4.107に示すように流出口の下流側を自由流出端として、下流のろ水渠（浄水槽）の水面と縁を切るカスケード型流出として、下流のろ水渠/浄水槽の影響がろ過速度制御に影響しないようにします。

⑿ 緩速ろ過と急速ろ過

緩速ろ過は、英国ロンドンのチェルシー水道会社（Chelsea Water Company）で30歳の主任技師 James Simpson の手によって、面積1エーカー（約4,000m^2）のろ過池が1829年1月14日に運転開始されたことに始まります。このろ過池が、以後1世紀以上にわたり全世界の上水道の基本的水処理技術となる緩速砂ろ過法の嚆矢（1st English Slow Sand Filter）となります。大英帝国の興隆期の基本技術です。基本的に生態系を模倣したろ過池表面の微生物ろ過膜（シュムッツデッケ）を除去機構の主体とする微生物ろ過法であり、後の生物処理の項で、固定床好気性微生物システムとして詳しく説明します。

19世紀末に至って、北米東海岸の諸州の発展が顕著となり、大きな都市の水需要の増大に応えるために、ろ過の高速化が図られます。アルミニウム塩や鉄塩を水中で加水分解させて得られたゲル状のフロックをろ床表面に捕捉させて、水酸化アルミニウム、あるいは水酸化鉄の人工シュムッツデッケを速やかに作って、緩速ろ過を早急に立ち上げる手法を工業技術化しようと考えましたが失敗に終わります。その後、原水にアルミニウム塩や鉄塩を連続的に加え続けて、現今の凝集処理と称されている操作を継続した結果、ろ床の深部にまで抑留効果を期待する急速ろ過法にまで進展していくことになります。

19世紀終盤の10年から20世紀始めにかけて、数多くの研究提案がアメリカ東部の諸都市で行われ、現在の急速ろ過法の原型ができあがります。しかしながら、基本操作は凝集だけで、沈殿池と組み合わせて、凝集した微粒子を大型フロック化するフロック形成（Flocculation）の操作が加わるのは、第2次大戦後の1950年代のことになります。これには多くの並行的な研究が行われたので、緩速砂ろ過のようにシンプソンが創生の主役であったというようには表現できず、多くの人が携わり様々なアイデアが集積されてきました。時代の違いでしょう。

あえて固有名詞を上げるとすれば、1980年代最後のルイビル実験所（The Louisville Experimental Station, 1895～97）の人々とその中心にあった主任化学者・細菌学者ジョージ・フーラー（George W. Fuller）が、現代の急速ろ過システムにつながる創世期の代表の一人として思い浮かびます。

この化学的凝集によって、後続する砂ろ過速度を100m/日以上に高めたことと緩速ろ過では対応できなかった高い色度のフミン質を含む水の処理が可能になったことが大きな進歩でした。その反面、キャパシティは小さいながら、異臭味などの微量有機成分や鉄・マンガンなどの微量無機金属成分に対しても多様な対応性を持つ緩速ろ過の手法を20世紀の水処理システムでは統合的に使うことをせず、急速ろ過法と緩速ろ過法それぞれが別個の2大システムとして硬直的に展開していくことになります。

20世紀の後半に至って、急速ろ過と緩速ろ過、あるいは微生物処理と物理化学処理を直列に用いて、高度処理システムを構築することがようやく始まりました。筆者等の作り出した水質変換マトリックス（第3章参照）は、それらの統合化を図っての基本的な扱いを提案したものです。具体的なシステム合成例は後章で示します。

定型的な2大ろ過法として用いられてきた、緩速ろ過と急速ろ過の特徴を表記すると**表**4.23のようになります。

表4.23 緩速ろ過と急速ろ過池の比較速度の例

項　目	緩速ろ過池	急速ろ過池
・ろ過速度 ・ろ過床面積 ・ろ層構成 　（通常の形態）	・4〜8 m/day ・2,000m^2 程度 $\begin{cases}砂利層：30cm 程度\\砂層：100cm 位から掻取り\\　によって 50〜60cm 位に\\　減るまで運転\end{cases}$	・120〜(300) m/day ・100m^2 程度以下 $\begin{cases}砂利槽：45cm 程度以下\\砂層：60〜70cm\end{cases}$
・砂粒径	$\begin{cases}有効径：0.3〜0.35mm\\均等係数：2.5 程度\end{cases}$	$\begin{cases}有効径：0.45mm 以上\\均等係数：1.5 以下\end{cases}$
・ろ床の形態 ・集水装置	・混合ろ床 ・疎石中に設置された 　孔あき管、コンクリート管	・成層ろ床 ①多孔集水管 ②ポーラス板 ③その他 　逆洗浄送水用を兼ねる
・利用可能損失水頭 ・ろ過継続時間 ・被除懸濁質の 　ろ層への侵入度	・ろ過開始時：6cm 位 ・掻き取り時：1.1〜1.5m 位 ・20〜60 日 ・ろ層表面のみ(阻止率λ：大)	・ろ過開始時：30cm 程度 ・ろ過打ち切り時(逆洗直前)：2〜3m ・12〜72 時間 ・ろ層内部まで(阻止率λ：中、大)
・再生洗浄方式	・砂層の削り取り 　（特殊な装置で小部分ずつ 　　洗浄することあり）	・上昇流で砂層を膨張させ ・表面洗浄等を併用し機械的に洗浄
・洗浄水量 ・前処理	・ろ過水の 0.2〜0.6% ・普通沈殿もしくは無し	・ろ過水の 1〜5% ・凝集、フロック形成、沈殿など 　時には凝集のみ、前塩素注入の場合有
・後処理	・塩素等による殺菌	・塩素等による殺菌
・建設費 ・運転費	・通常は高い(土地の価格による) ・低い	・低い ・高い

4.2.2 表面ろ過（ケーキろ過 Cake filtration）

　水処理操作の最終産物は、清澄化された上澄水（Supernatant）と液系から分離された汚泥（スラリー：Slurry、スラッジ：Sludge）が主なものになります。前節では、清澄ろ過のために主として用いられる粒状層ろ過について述べましたが、この節では、分離された高濃度成分であるスラリー/スラッジ脱水のためのケーキろ過について説明します。ケーキろ過は表面ろ過と称されることもあります。

(1) 水処理操作からの固形濃縮物

　水処理操作から発生する濃縮された固形物は、

① 河川水などに懸濁している粘土やシルト質などを主成分とする比較的粗く（d>μm）密度の大きな（ρ>2.6g/cm^3）濁質成分とフミン質などが凝集処理され水と

ほとんど密度が変わらない膨潤な色度フロック群、
②硬水軟化処理によって不溶化された無機石灰質などの成分、
③下水/廃水の沈砂池で除かれた粗大な有機物と生物処理の沈殿池で除かれた密度が1に近い膨潤な微生物フロックなど

が主なものになります。

これらの濃縮成分はほとんどの場合、構造中に大量の水を包含し、その水を自らは簡単に放出しません。フロックはフラクタル構造を持つのが普通であり、濃縮すると蜂の巣状の構造に塑性変形しながら、構造内の水を保持し続けます。そこで、これらの汚泥を最終的に処分し得る状態にまで持ち込むために、脱水処理によって含水率を下げ減容化する工程が、水処理システムの最終段の重要なプロセスになります。

汚泥処理と処分のシステムは、脱水のほかに、濃縮（Concentration）、乾燥（Drying）、焼却（Incineration）などの中間処理と埋め立て等の最終処分から成り立ちます。総体の議論は別項で触れます。

脱水の観点から最も問題になるのは、汚泥の含水率と発生量の二つですが、このほかに輸送のためには粘性が、焼却のためには含有熱量あるいは含水率が問題になります。

汚泥中の固形物重量 W_s、含水重量 W_w の場合の汚泥含水率 p と汚泥固形物濃度 c は、**式**4.152と**式**4.153で定義されます。

$$p = \frac{100 W_w}{W_w + W_s} \quad -(4 \cdot 152)$$

$$c = 100 - p = \frac{100 W_s}{W_w + W_s} \quad -(4 \cdot 153)$$

W_s：汚泥中の固形物濃度
W_w：含水重量
p：汚泥含水率
c：汚泥固形物濃度

式4.152　汚泥含水率、式4.153　汚泥固形物濃度

また、固形物の比重を γ_s、水の比重を γ_w とすると、水を含んだ汚泥の比重 γ は、**式**4.154のようになります。さらに、汚泥の総体積 V は水と固形物の体積の和ですから、**式**4.155で表されます。

$$\gamma = \frac{p+(100-p)}{p/\gamma_w+(100-p)/\gamma_s} \quad —(4\cdot154)$$

$$V = \frac{W_s}{\gamma_s S_w} + \frac{W_w}{\gamma_w S_w} \quad —(4\cdot155)$$

γ：含水汚泥の比重
γ_s：固形物の比重
γ_w：水の比重
V：汚泥の総体積
S_w：水の単位体積重量

$$\frac{V}{V_0} = \frac{100\,\gamma_w + p\,(\gamma_s - \gamma_w)(100-p_0)}{100\,\gamma_w + p_0(\gamma_s - \gamma_w)(100-p)} \quad —(4\cdot156)$$

V：含水率 p% になったときの汚泥体積
V_0：含水率 p_0% のときの汚泥体積

式4.154 汚泥含水の比率、式4.155 汚泥の総体積

式4.156 脱水による汚泥の体積変化比

そこで、堆積 V_0 で含水率 p_0% の含水率を持っている汚泥の一部分の水を除いて含水率を P% にすると、汚泥の体積変化比 V/V_0 は、**式4.156**で示されます。

一方、汚泥の一般的な固形物含有率（重量）%は、**表4.24**のような数値を示すようです。

表4.24 汚泥の一般的な固形物含有率（重量%）

処理プロセス	スラッジの状態	含有固形物重量 %
上水凝集沈殿	引抜汚泥	0.1
	濃縮汚泥	1～2
下水単純沈殿	引抜汚泥	2.5～5
	濃縮汚泥	8～10
	消化汚泥	10～15
下水凝集沈殿	引抜汚泥	2～5
	消化汚泥	10
散布ろ床	引抜汚泥(剥離)	5～10
	濃縮沈殿汚泥	7～10
	初沈汚泥との混合	3～9
	消化汚泥	10
活性汚泥	引抜汚泥	0.5～1
	濃縮汚泥	2.5～3
	消化汚泥	2～3
	初沈引抜汚泥	4～5
	初沈濃縮汚泥	5～10
	初沈消化汚泥	6～8

(2) ケーキ（脱水）ろ過機

　ケーキろ過は、多孔性物質（ろ材、Filter media）の前後に圧力差を作り、懸濁液中の個体粒子をその表面に捕捉し、捕捉によって固定される粒子群とそこを透過してくるろ液（Filtrate）とに分離する形で操作が進行します。

　ケーキろ過は、
①懸濁粒子のろ材表面への捕捉（Cake formation）、
②捕捉された粒子群中の付着液の脱水（Dewatering）、
③ろ材再生のための一定以上の捕捉・付着したろ滓（Cake）の剥離（Cake discharge）
を一サイクルとして繰り返し行われる操作です。

　この一サイクルをどのような形態で行うかによって、様々なろ過機が実用化されています。スラッジを脱水する際のケーキろ過装置として、汚泥乾燥床、連続円筒型真空ろ過機、ベルト脱水機、フイルタープレス機（汚泥室の圧搾機構の有/無）などがあり、汚泥の種類や前処理の方式に応じて、多彩な装置が用いられます。一般に、ろ過効率をあげるために、有機ポリマーや無機凝集剤の添加による団粒（凝集塊、ペレット）形成の為の前処理が行われます。（第5章の凝集処理を参照）。

(a) 汚泥乾燥床

　この方式は図4.117のような、砂利層20〜30cmほどの上に、粒径1〜2mm、厚さ15cmくらいの砂層をのせた1,000m²程度の池に、脱水しようとするスラッジを20cmほどの厚さに流入させ脱水するものです。初期は間欠砂ろ過のように始まり、次第に脱水（圧密）汚泥の抵抗が主体となるケーキろ過型に移行して含水率の低下が進みます。数日から数カ月の回分式運転が行われ、脱水汚泥は最後に機械的に掻き取られます。表面からの水分蒸発も最終含水率の低下に大きく寄与します。

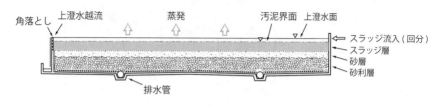

図4.117　汚泥天日乾燥床の例

(b) 連続円筒型真空ろ過機

古くから広く用いられた汚泥脱水機の一つとして、図4.118に示すような装置があります（ドル・オリバー型）。操作は次のように行われます。

100㎡弱の比較的大きな表面積を持ったドラムが、脱水しようとするスラッジを満たしたタンクに半浸漬状態に設置されます。図中にⓐと記された部分が、スラッジ盆に満たされたスラッジと接しています。ドラムは多数の独立した真空吸引部分が並列した集合体から構成されていて、ドラム表面を一枚のろ布のベルトが覆っています。ドラムは一定の回転速度（10rpm前後）でろ布ベルトを伴って回転します。真空ポンプが気水分離槽を経由して、ドラムの個々の真空吸引部分（水銀柱500㎜強の真空度）につながっています。真空吸引部分が図のⓐの状態にあるときには、スラッジをろ布に吸引捕捉して3㎝ほどの厚さのケーキ層にまで成長させます。

ドラムが回転し、ろ布が図のⓑの区間を通過するときには、スラッジの供給はなく、ケーキ層の水のみが吸引されて含水率が低下していきます。

図のⓒの区間ではろ布がドラムを離れ、最後に、厚さ1㎝前後に形成された圧縮脱水ケーキが、剥ぎ取りナイフ（Scraper knife）でろ布から剥ぎ取られ、ケーキ輸送ラインに排出されます。

ケーキを剥ぎ取られて露出したろ布表面は水ジェットで洗浄されて、再びケーキ形成の区間ⓐに戻ります。

汚泥の種類にもよりますが、浄水場や下水処理場からの汚泥に対しては、乾燥固形物（DS）が20～30kgDS/㎡h程度の処理量と25～30%DS程度の脱水ケーキ濃度が得られるようです。

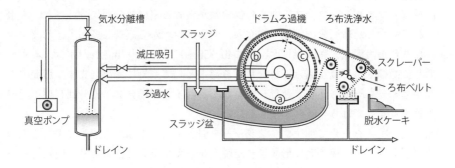

図4.118　連続円筒型真空ろ過機の構成例

(c) フィルタープレス機

　近年にいたって、フィルタープレスが多用されるようになります。これは、含水率のより低い脱水ケーキを作ることが、最終処分場の不足や有機汚泥の熱回収、あるいは汚泥の再利用など脱水目的の広がりに対応して、求められるようになってきたためです。また、自動制御の普及によって、古い時代には回分式で低い処理速度しか出せなかった工程が、自動式の高効率システムに再設計できることも普及の一因でしょう。1.5m×1.5m あるいは 2m×2m 角の大型の脱水プレートを100～150枚も多段に並べて、全ろ過面積が1,000m^2、15気圧もの水平置き高圧多連フィルタープレスが、用廃水処理系に広く使われるようになりました。また、2～4 kgDS/m^{2}h 程度の処理速度でも多連化することで、十分な処理量を得ることができ、30～50%DSを越えるような脱水ケーキが容易に得られるようになりました。多くの場合は、10気圧以下で運転されます。

　原型的なフィルタープレスの構造を**図4.119**に例示します。

ろ過機は、

① 多連の方形の縦置き並列プレス枠を

② 一端で固定（固定盤）し、

③ もう一方の端の加圧盤を

④ 電動/空気圧駆動よる加圧プランジャーで押し込み、

⑤ 各プレス枠間の汚泥室に加圧しながら送り込まれる汚泥の加圧力を受け止め、

⑥ 各プレス枠の表面に張り込んであるろ布の目（10～100μm程度）を通して、汚泥から水を絞り出します。ろ布はプレス枠表面に刻み込まれている凸凹の微細水路の前面に枠ごとに張られています。

⑦ 汚泥は、フィルタープレスの中心の供給軸から各ろ室に短時間に分注され、脱水されて減少した体積分の汚泥の補充も、中心供給軸から連続して圧入されます。

⑧ 圧縮された汚泥（厚さ30mm程度、時に40～50mm）から絞り出された水は、ろ布を通して微細水路に流れ込み、集合してろ過水として系外に流出します。汚泥の圧縮が進み、もう押し込みが進行しなくなると（多くの場合2～4時間程度、汚泥の種類によっては6～8時間にもわたる）、

⑨ 原汚泥の圧入を止めて加圧プランジャーを引き戻し、末端から順番に平行ろ板の間隔をあけて、ろ板の間に形成された脱水ケーキを重力で落下させ、脱水ケーキとして回収します。

⑩ その後、ろ布表面とろ室を水洗浄して、

1サイクルが終わります。

近年ではさらに最終含水率を小さくするために、圧入脱水工程の終期にろ枠（ろ布）の背面からさらに圧をかけて，生成ケーキを高度に圧搾するプロセスを加える圧縮/圧搾型ケーキろ過が多く採用されるようになってきました。

　名古屋大学工学部の白戸、村瀬氏らの1970年台後半の基礎研究が、ケーキろ過の理論化を大きく進めました。

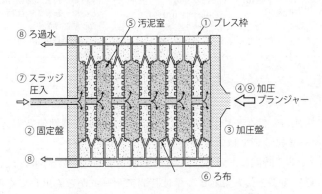

図4.119　フィルタープレスの構造例

(3) ケーキろ過の理論

(a) ケーキろ過の水理

　ケーキ内のろ過水流は、前節に述べた固定層の流れの特別な場合と考えることができます。一般式としてのDarcy-Weisbach式（**式4.100**）の流れの上で考えます。ケーキを構成する粒子径は非常に小さいことから、ろ過されていく水の通過する水路は極めて細く、流れは層流状態となっています。したがって、前節の**式4.101**から**式4.108**に至る展開を経て、ケーキ層を通過する際のろ過損失水頭 h_f あるいは圧力損失 Δp は**式4.109**、あるいは**式4.157**に示すCarman-Kozeny式によって示されます。

$$h_f = k_1 \frac{L}{(\varphi_s d)^2} \frac{(1-\varepsilon)^2}{\varepsilon^3} \frac{\nu \bar{V}_s^2}{g_c} \qquad ―(4\cdot109)$$

$$\Delta p = k_1 \left[\frac{(1-\varepsilon)^2}{g_c \varphi_s^2 d^2 \varepsilon^3} \right] \mu L \bar{V}_s = k_1 \left[\frac{(1-\varepsilon)^2}{36 g_c (v_p/S_p)^2 \varepsilon^3} \right] \mu L \bar{V}_s \qquad ―(4\cdot157)$$

h_f:ろ過損失水頭(m)　　φ_s:形状係数　　　　　　　v_p:単一粒子の体積(m^3)
Δp:圧力損失(Pa)　　　d:粒子径(m)　　　　　　　S_p:単一粒子の表面積(m^2)
k_1:定数　　　　　　　　ε:ケーキ空隙率　　　　　　μ:粘性係数(Pa·s)
L:ケーキ厚(m)　　　　　g_c:重力換算係数(9.8m/sec^2)　$\bar{V}_s^2$:空塔速度(m/sec)

式4.157　Carman-Kozeny 式

　式4.157の括弧の中はケーキ自体の性質によって定まる特性値と考えることができ、同一のケーキについては定数となります。
　ろ過継続中のある時間におけるケーキ面を通過する見かけ流速$\bar{V}_s$は**式**4.158で表され、**式**4.157の関係を代入すると、単位時間にケーキから流出してくるろ液量 dV/dt は**式**4.159のように求められます。

$$\bar{V}_s = \frac{1}{A} \frac{dV}{dt} \qquad ―(4\cdot158)$$

$$\frac{dV}{dt} = \frac{KA\Delta p}{\mu L} \qquad ―(4\cdot159)$$

$\bar{V}_s$:ケーキ面を通過する見かけ流速(m/sec)
V:ろ液体積(m^3)
A:ケーキ表面積
K:透水係数(m^2)
t:操作時間(sec)
L:ケーキ厚(m)

式4.158, 式4.159　単位時間当たりろ液量

　ここで、K（透水係数m^2）はケーキの性質を示す定数であり、単位粘性を持つ水が単位圧力差の下で、単位面積、単位厚さのケーキを単位時間に通過する流量を示す数値で、**式**4.157に示したように、その値はケーキの空隙率ε、粒子径 d、形状係数φ_sなどに支配されます。
　一般にケーキろ過を論ずる際には、このようなケーキの特性を透水係数の形で表

現するよりは、抵抗の形で表現する方が、後述のようにろ材（ろ布やろ過床）抵抗との合成状況を扱いやすいので、透水係数の逆数として、**式4.160**のようにケーキ比抵抗 R［1/㎡］を定義し、**式4.159**を**式4.161**のように書き換えます。

　実際のケーキろ過操作では、ケーキの示す抵抗とケーキを支持するろ材（ろ布など）の2種類の抵抗が直列に存在しているので、実用的には**式4.161**は**式4.162**のように変形されて用いられます。

$$R = \frac{1}{K} \quad \text{—(4・160)}$$

$$\frac{dV}{dt} = \frac{1}{R} \frac{A\Delta p}{\mu L} \quad \text{—(4・161)}$$

R：ケーキ比抵抗 (1/m²)

式4.160　ケーキ比抵抗、式4.161　ろ過速度式

$$\frac{dV}{dt} = \frac{A\Delta p}{\mu(RL + R_f)} \quad \text{—(4・162)}$$

R_f：ろ材（ろ布）比抵抗 (1/m)

式4.162　実用ろ過速度式

　また、ケーキの厚さ L はろ過継続とともに変化することから、単位ろ液に存在する固形物の体積比 r_v［無次元］から、**式4.163**のように求められ、その結果、**式4.162**は**式4.164**のように書き換えられます。

　ケーキは圧縮性を持っているのが一般であり、ろ過継続の全時間にわたって体積比 r_v［無次元］を一定として扱うことが実用的には難しく、変化しない量として単位体積当たりの液量から生ずる乾燥固体重量を用いて、**式4.164**を**式4.165**のように変形します。この場合、比抵抗 R は平均比抵抗 R'［sec^2/kg］といった新しい次元の抵抗値で置き換えられます。

$$L = \frac{r_v V}{A} \quad —(4\cdot163)$$

$$\frac{dV}{dt} = \frac{A^2 \Delta p}{\mu(r_v VR + AR_f)} \quad —(4\cdot164)$$

$$\frac{dV}{dt} = \frac{A^2 \Delta p}{\mu(wVR' + AR_f)} \quad —(4\cdot165)$$

r_v:単位ろ液中の固形物の体積比(無次元)
w:単位体積の乾燥ケーキの重量(kg g_c/m³)
g_c:重力換算係数(9.8m/sec²)
R':平均比抵抗(sec²/kg)

式4.163、式4.164、式4.165

(b) ケーキ生成量、脱水量

　ケーキろ過(汚泥脱水)を連続的に行う際には、前述のように、ケーキ形成(Cake formation)、脱水(Dewatering)、ケーキ剥離(Cake discharge)の各ステップが連続的に行われます。この間に、ケーキがどの程度形成されるか、また、その過程でどれだけの水が懸濁系から取り除かれるかを知る必要があります。

　古典的な連続円筒型真空ろ過機(Vacuum Dram Filter)を例に説明します。この型の連続操作では、ケーキ形成の間は圧力差を一定に保つ恒圧ろ過操作が行われます。図4.118に示すように、ケーキ形成区間ⓐで時間 t に単位ろ過面積当たりケーキを透過してくる水量 V/A は式4.165を積分し、式4.166、式4.167, 式4.168のように与えられます。式4.168は、時間 t の間に単位ケーキ断面積を通過するろ水の量であり、この間に形成すケーキ量は、通過水量に単位ろ水あたりに含まれていた固形質量 w をかけ合わせることによって、式4.169のように求められます。

　式4.169の時間 t をケーキ生成過程の全時間 t_c にとることによって、1サイクルの汚泥処理によってケーキ化される固形物の全量を知ることができます。また同時に、ろ過脱水される水の全量が求められます。

$$\int_0^t dt = \int_0^V \left(\frac{\mu w V R'}{A^2 \Delta p} + \frac{\mu R_f}{A \Delta p} \right) dV \quad -(4\cdot166)$$

$$t = \frac{\mu w R'}{2 A^2 \Delta p} V^2 + \frac{\mu R_f}{A \Delta p} V \quad -(4\cdot167)$$

$$\frac{V}{A} = \left(\frac{2 \Delta p t}{\mu w R'} - \frac{2 R_f V}{w R' A} \right)^{\frac{1}{2}} \quad -(4\cdot168)$$

$$\frac{V w}{A} = \left(\frac{2 \Delta p w t}{\mu R'} - \frac{2 w R_f}{R' A} \right)^{\frac{1}{2}} \quad -(4\cdot169)$$

式4.166、式4.167、式4.168、式4.169

(c) 比抵抗

平均比抵抗 R' は式4.167から明らかなように、ケーキ形成量と形成速度に直接影響し、ケーキろ過装置の効率を支配する主要因子です。式4.167の両辺を時間 t の間に透過したろ液量 V で除すと、式4.170、あるいは、式4.171が得られます。

$$\frac{t}{V} = \frac{\mu w R'}{2 A^2 \Delta p} V + \frac{\mu R_f}{A \Delta p} \quad -(4\cdot170)$$

または、

$$\frac{t}{V} = bV + a \quad -(4\cdot171)$$

ここで、

$$b = \frac{\mu w R'}{2 A^2 \Delta p}, \quad a = \frac{\mu R_f}{A \Delta p}$$

式4.170、式4.171

$$R' = C \Delta p^s \quad -(4\cdot172)$$

C：ケーキ定数
s：圧縮係数

式4.172 圧縮係数

式4.171から明らかなように、等圧ろ過の場合、ケーキ形成段階での経過時間 t とその間にケーキを通過したろ水量 V を t/V を縦軸に V を横軸にとってプロットすれば、図4.121のように直線関係が得られます。その勾配 b を知れば、式4.171の関係からケーキろ過の主要操作因子である平均比抵抗 R' を知ることができます。実際の設計に当たっては、この関係を用いて次にのべるブフナー試験、リーフ試験、加圧試験などによって、個々の汚泥に固有の平均比抵抗を求めてろ過機を設計しますが、あらかじめ様々な前処理によって汚泥のろ過性の改善を試験し評価しておき

ます。

　水処理分野で扱われるほとんどの汚泥は圧縮性を有しており、ろ過圧が変わるとケーキ比抵抗（ケーキ空隙の大きさ）が異なってきます。そこで、ろ過駆動圧力 Δp と平均比抵抗 R' の関係を知る必要があります。経験的に、ろ過駆動圧力 Δp と平均比抵抗 R' の間に、**式4.172**に示すような指数関数的な関係があることが知られており、R' と Δp の関係を両対数プロットすることによって得られた直線から、任意の Δp に対する比抵抗 R' を内外挿法により推定できます。この直線の勾配が、**式4.172**の圧縮係数（Coefficient of compressibility）s であり、$\Delta p = 1$ の時の R' の数値が C となります。

(d)　ケーキろ過のための試験法

　汚泥の脱水効率は、処理しようとする原汚泥の性質、また、後述する汚泥脱水処理のための前処理の有無とその方法によって大きく異なり、装置の設計前に脱水性の資料を十分に持っていなければなりません。また脱水性改善の前処理を工夫する場合にも、少量の予備試料で多くの条件についての試験を繰り返すことが必要になります。

　真空ろ過に対して、現今用いられている試験法としては、ブフナー漏斗による試験とリーフ試験の2つがあり、加圧ろ過についての標準的な試験法は十分には確立されていないようですが、実際に用いられるろ過機に対応する種々の方式が提案されています。また、最小の試料で脱水性を評価する簡易手法として、CST 試験（Capillary suction time）がしばしば用いられます。

a)　ブフナー試験（Büchner test）

　ケーキ生成過程におけるケーキ生成量と生成速度を知るための重要指標である平均比抵抗を推定するために用いられる試験法で、**図4.120**に示すような試験装置の構成になっています。

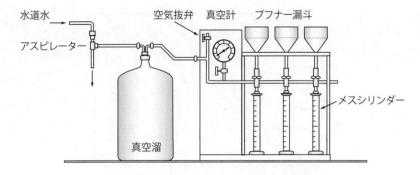

図4.120　ブフナー漏斗ケーキろ過試験装置

試験の手順は、
① ブフナー漏斗に水で湿したろ紙を装着し、
② 真空度が所定の値になるように空気抜弁を調節して吸引を行い、
③ 供試汚泥をブフナー漏斗に2～3cm厚さになるように注入し、
　直ちに、
④ 経過時間 t と対応するろ液量 V の計測・記録を開始し、
⑤ ブフナー漏斗中のケーキにひび割れが入り、真空破壊が生ずるまで測定を続け、
⑥ この過程で汚泥の初期濃度と最終含水率（濃度）を測定し、
⑦ t/V と V の関係を**式4.171**によって**図4.121**に例示するように整理し、平均比抵抗 R' を求めます。
⑧ 真空度を変えてこのような実験を繰り返し、
式4.172にしたがってケーキの圧縮係数 s とケーキ定数 C を求めます。

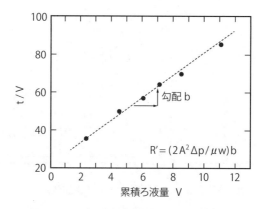

図4.121 ブフナー漏斗ケーキろ過試験の例

b) リーフ試験

真空ろ過の全サイクルを模して行う試験法にリーフ試験があります。ブフナー試験や加圧試験は、ろ過の全サイクル(ケーキ形成、脱水、剥離)の内、ケーキ形成部分に適用される試験で、真空脱水操作の全サイクルを表現してはいません。そこで、回分試験で全サイクルをシミレーションする目的で工夫されたのが、図4.122に示すようなリーフ試験(Leaf test)です。

試験の手順は、ろ過のサイクルにしたがって、
① スラリー容器中にテストリーフ(ろ材を枠に張った円盤状の吸引部)を浸して、所定の真空圧で汚泥をろ材面に吸引し、
② 所定のケーキ形成時間を経た後、テストリーフを空中に出して上向きにする。
③ この間に、ケーキ形成時間 t とろ液量 V の関係をろ液シリンダーを用いて計測、
④ ケーキ形成打ち切り時間 t_c に達っしたら、テストリーフを上向きにしたまま脱水操作時間分だけ吸引を続け、
⑤ 吸引打ち切り時のケーキ厚さと含水率を測定、初期濃度はあらかじめ測定しておく。
⑥ このような測定を繰り返すことによって、ブフナー試験と同じように比抵抗を求める。

さらに、
⑦ ケーキ形成、脱水の操作時間を任意に組み合わせることによって最終含水率、処分ケーキ量までを含めた操作資料を得ることができる。

連続円筒型真空ろ過機が多用された時代に工夫された試験法です。

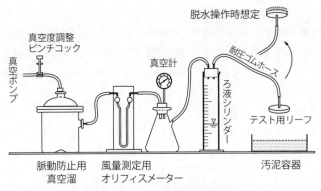

図4.122　リーフ試験装置の例

c) 加圧ろ過試験

　ブフナーろ過試験が真空吸引によって行うのとは反対に加圧ろ過試験は、密閉された加圧シリンダー内に汚泥を注入し、コンプレッサーなどによる加圧空気の圧入によってろ過を進行させます。図4.123に筆者の研究室（北大衛生工学科）が過去に常用していた方式を例示します。これと加圧方式が違うなど、様々な市販品も同様の原理にしたがって作られています。

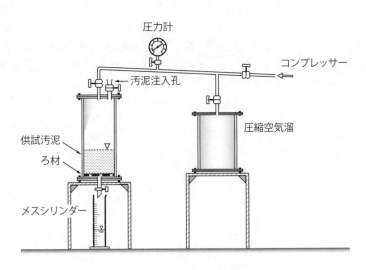

図4.123　加圧ケーキろ過試験装置（北大型）

d）ろ紙毛細管吸引試験（CST試験）

　ろ紙中を拡散移動する水の毛細管力を駆動力に、半定量的に汚泥の脱水性を評価しようとする簡易脱水性測定法として、図4.124に示すような、ろ紙毛細管吸引試験（CST試験：Capillary suction time試験）が1980年ころから広く使われるようになりました。

　試験の手順は次のようになります。

①ろ材には厚手のろ紙（Whatman No.17）を用い、下部の基盤ブロックにろ紙を載せ、ろ紙上に汚泥挿入シリンダー（シリンダー支持ブロックで保持しされ安定化）を置き、所定量の汚泥を内径10mmあるいは18mmのシリンダーに注入。
②電極1は汚泥シリンダーの外縁近傍の同心円上に配置され、電極2はシリンダーから所定の距離の同心円上に配置。
③挿入された汚泥からの脱水が、ろ紙の毛細管吸引によって徐々に同心円状にろ紙を濡らしながら拡大していく。
④ろ紙の濡円が電極1を通過して、電極2に達するまでの時間をろ紙の伝導度の変化で計測。

　電極1の同心円の径は35mm、電極2のそれは45mmで、二つの同心円間を透過水が拡散していく時間は、一般的に5～10秒程度です。ろ過性評価に及ぼすろ紙の影響は小さく、この装置の毛細管流れ拡散の速度は、ほとんどスラッジのろ過性（比抵抗）によると考えられます。したがって、CST値が小さい場合は、ケーキろ過の脱水性が良いということになり、CST値と平均比抵抗の相関関係をあらかじめ求めておく（キャリブレーションする）ことによって、半定量的に迅速に脱水性を評価することが可能になります。

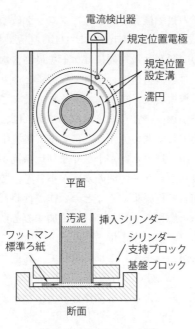

図4.124 CST測定装置

(4) ろ過前処理（汚泥調整）

ケーキろ過の脱水性を支配するものはケーキを構成する粒子そのものですから、ケーキ構成粒子の粒度と保水性の大小は、直ちに比抵抗と最終含水率に影響します。したがって、粗粒で保水性の小さいスラリーの脱水の場合を除いては、ろ過前に何らかの形でスラリーの性質の調整（Sludge conditioning）を行なって、粒子を粗大化し、保水性を減ずるような処理を加えるのが普通です。詳細の基本的な機構については、第5章の粒径/粒質の調整と固液分離プロセスの項で説明しますので、ここでは、ケーキろ過の前処理の概略を限定的に述べます。

(a) 無機汚泥の調整

スラリーに無機凝集剤や高分子凝集剤などを添加し、汚泥粒子を凝集集塊させてケーキの透水水路の径を増大させ、透過速度を高める操作が広く用いられます。スラリー粒子の凝集・集塊の基本機構は、先の第3章と第5章で述べるコロイドの集塊操作であり、表面荷電中和、吸着水除去（親水性コロイドの疎水化）、粒子間架橋の形成などの作用を考えることによって説明されます。しかしながら、汚泥は極

めて濃度が高く、粒子間の接触機会が大きく、フロック破壊の機構は摩擦抵抗に因っており、フロック形成池（Flocculator）における乱流破壊とは異なります。フロック構造体の保水性の問題が、最終的にはケーキ最終含水率に影響してきますので、フロック密度（水を含む構造密度）が重要な因子となります。

シルトなどの結晶性の無機質粒子を金属水酸化物で凝集させた凝集沈殿汚泥のような場合、結晶質で粒径が$10\mu m$ほどもある粗粒子であれば、酸により汚泥中の金属水酸化物（凝集剤）を溶解して洗い流すことによって集塊中の水を放出させ、最終含水率を小さくできますが、透水水路が小さくなり比抵抗が増加します。微細な粘土のような場合には、最初からケーキ間の水路が小さ過ぎて比抵抗が大きいので、保水性の低い石灰を添加して再凝集するなどの操作が行われます。理由は明確に説明できませんが、石灰を過飽和スラリーとして添加すると良好な結果が得られるようです。しかし、スラリーの固形物重量当たり15～20％もの石灰を添加する必要があり、汚泥量を増す欠点があります。これに対して、高重合度を持つ高分子凝集剤は、固形物重量比数 ppm の添加で、石灰以上の低含水率ケーキの生成を低比抵抗の操作条件下で達成でき、酸による溶解操作も不要になります。

(b) 生物処理汚泥の調整

生物処理操作、特に活性汚泥法処理から出てくる汚泥は、発生量が大量であることに加えて、原状態の汚泥のままでは比抵抗が大き過ぎ、ケーキろ過による脱水操作が困難です。そこで、十分な前処理によって脱水性の改善を図り、ケーキろ過や遠心分離などの脱水工程に導きます。

通常行われる前処理としては、嫌気性消化（Digesion）、化学的凝集、水洗（Elutriation）の3つが考えられます。

a) 嫌気性消化

後の生物処理の章で詳述しますが、この操作は、ろ液中に存在している未分解の有機物を分解安定化することが第一義的な目的ですが、この操作を経ることによって、ケーキろ過の際の脱水性（最終含水率と比抵抗値）が著しく改善されます。

b) 化学的凝集

この機構は無機微粒子からなるケーキの場合とほぼ同じと考えられます。一般には、塩化第2鉄（$FeCl_3$）、硫酸第2鉄（$Fe_2(SO_4)_3$）、硫酸アルミニウム（$Al_2(SO_4)_3 \cdot 18H_2O$）、石灰（$Ca(HO)_2$）などを加えて凝集させ脱水工程にかけます。高分子凝

集剤添加もカチオン性、弱カチオン性などを中心に有効な凝集がppmオーダーの添加量で可能です。**図4.125**は活性汚泥法による最終沈殿池の引抜スラッジに、塩化第2鉄（$FeCl_3$）を加えた場合に生成する脱水ケーキの比抵抗の変化を示す1例です。$FeCl_3$と$Ca(OH)_2$の単独あるいは併用による凝集が行われます。

生物処理汚泥の特徴は、汚泥が極めて高いpH緩衝能（一般にはアルカリ度で代表されます）を持っていることであり、$FeCl_3$のような凝集剤が最適凝集条件（凝集pHが弱酸性領域）に達する前に、大量の塩化鉄がアルカリ度中和用の弱酸として消費され、過剰の添加量が生じてしまい凝集剤の無駄となります。さらに過剰の鉄水酸化物が発生して無駄に比抵抗を増大させ、汚泥の圧縮性も増加します。そこで、次に述べるような汚泥の水洗をあらかじめ行い、アルカリ度を高めるたんぱく質微粒子などの付着成分を洗い流します。

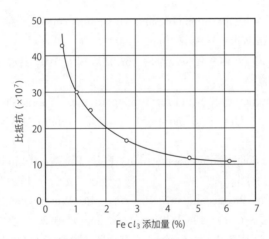

図4.125　活性汚泥スラッジの化学凝集による比抵抗の変化例

c）水洗

この操作は、前述のようなろ過障害となる付着微粒子を事前に洗い流すことによって、高いアルカリ度（pH緩衝能）を示す成分を汚泥から除き、凝集剤の必要量を減ずること等を目的とします。

操作は、撹拌懸濁させたスラッジに浄水を注ぎ、単段または多段階の洗浄を行い、懸濁系を沈降濃縮して脱水系に送り込むものです。この際、大量の洗浄排水が生じるので、外部に放出することなく下水処理工程に還流させて水処理を行なわなけれ

ばなりません。

　汚泥の脱水処理機として、遠心脱水機やベルトプレス、様々なプロセスの複合機などがありますが、この章では基礎的原理の説明にとどめました。また、ろ過機の基盤の上に珪藻土をあらかじめろ過によってケーキ形成（プレコーテング）させて、工業用水の処理などに使われるシステムがあります。ろ層が閉塞すると逆洗浄して、コーテングを剥離廃棄し、新しい珪藻土ろ過層を作り直して運転を続けます。これはケーキろ過の変形操作です。

第4章　参考文献
4.1.1　沈殿
- 丹保憲仁「水処理工学（北海道大学衛生工学科講義録（第6章沈殿）」(1970～1975年)
- Linvil G. Rich「Unit Operations of Sanitary Engineering（4. Sedimentation.）」pp81～116, John Wiley & Sons, Inc. (1961)
- 丹保憲仁「上水道（新体系土木工学88）（6.2沈殿）」pp180～198, 技報堂出版（土木学会編）(1980)
- James M. Montgomery, Consulting Engineers. Inc.「Water Treatment Principles & Design（7. Gravity Separation）」pp. 135～148, John Wiley & Sons, Inc. (1985)
- Jhon Gregory「Solid-Liquid Separation」Ellis Horwood Limited Chichester (1984)
- Walter J. Weber「Physicochemical Processes for Water Quality Control（3. Sedimentation)」pp. 111～138, Wiley-Interscience (1972)
- 翻訳書　南部・丹保監訳「ウエバー：水質制御の物理化学プロセス（3. 沈澱）pp. 101～122、朝倉書店 (1981)
- 井出哲夫編著「水処理工学：第2版（1. 沈降分離）」pp. 1～41、技報堂出版 (1990)
- Eckenfelder, W. W. Jr., O'Conner, D. J.「Biological Waste Treatment (Capt. 5 Solid Liquid Separation : Sedimentation)」pp. 152～179 (1961)
- 「Water Treatment Handbook Vol. 1（3.3. Settling）」pp. 159～170, Degramont (1991)
- Henry L. Langhaar「Dimensional Analysis and Theory of Models」John Wiley & Sons, Inc. (1951)

- R. D. Cadle「Particle Size Determination」International Publishers, Inc. (1955)
- Robert E. Johnstone, Meredith W. Thering「Pilot Plants, Model, and Scale-up Method in Chemical Engineering」NcGraw-Hill Book Co. Inc. (1957)
- Clyde Orr, Jr., J. M. Dallavalle「Fine Particle Measurement」The Macmillan Company (1960)
- Hunter Rouse (Edited)「Engineering Hydraulics (Capt. 1)」pp. 1〜115, John Wiley & Sons, Inc. (1951)
- 土木学会「水理公式集 (4.1)」pp. 386〜388、丸善㈱ (1999)
- Goden M. Fair, John C. Geyer「Water and Waste-water disposal (Capt. 22 Sedimentation and Flotation)」pp. 584〜615, John Wiley & Sons, Inc. (1956)
- Camp, T. R.「Sedimentation and the Design of Settling Tanks」Trans. A. S. C. E. pp. 895〜981 (1946)
- McGauhey, P. H.「Theory of Sedimentation」Jour. A. W. W. A. Vol. 48, No. 4, pp. 437〜448 (1956)
- Hazen, A.「On Sedimentation」Trans. A. S. C. E. Vol. 53, p53 (1904)
- 丹保憲仁「凝集沈降に関する研究」水道協会雑誌 335号、pp. 31〜38 (1962)
- 藤田・東畑編「化学工学Ⅱ (4. 機械的分離：井上一郎)」東京化学同人、pp. 148〜162 (1963)
- 白戸紋平編著「化学工学：機械操作の基礎 (5章、6章)」pp. 103〜111, pp. 112〜138 丸善㈱ (1980)
- Ingersoll, A. C., Mckee, J. E, & Brooks, N. H.「Fundamental Concept of Rectangular Settling Tanks」Proc. A. S. C. E., Vol. 81, No. 590, pp. 1〜27 (1955)
- Dobbins, W. E.「Effect of Turbulence on Sedimentation」Trans. A. S. C. E., Vol. 109, p. 626 (1944)
- 合田健「沈澱池の浄化効果について」土木学会論文集6号、pp. 39〜43 (1951)
- 中川義徳「矩形沈澱池の沈殿効果についての理論的研究 (その1)」水道協会雑誌331号、pp. 15〜23 (1962)
- 粟谷陽一、楠田哲也「矩形沈澱池における密度流と死水」土木学会論文報告集、168号、p. 21 (1969)
- Fisherströme, C. N. H.「Sedimentation in Rectangular Basins」Proc. A. S. C. E., Vol. 81, No. 687 (1955)
- 丹保憲仁、庄司正志「傾斜版沈澱池の除去特性」水道協会雑誌459号、pp. 6〜

26（1972）
- 橋本、長谷川、鬼塚、菅原、丹保「フィンドチャンネル・セパレータ（I～IV）」水道協会雑誌 577号 p22、578号 p.30、579号 p.29、591号 p.2（1982、1983）
- 丹保憲仁、橋本克紘ほか「Performance of Finned Channel Separator」10th Conference of the International Association on Water Pollution Research in Toronto（1986）
- 丹保憲仁、穂積準、阿部庄冶郎「上昇流式沈澱池におけるフロックブランケットの挙動（I、II）」水道協会雑誌416号 p.7、417号 p.7（1969）
- Camp, T. R.「Flocculation and Flocculation Basins」Proc. A. S. C. E., Vol. 79, No. 273, pp. 1～18（1953）
- Levich, V. G.「Physicochemical Hydrodynamics」Prentice-Hall Inc., pp. 211～213（1962）

4.1.2 浮上
- 丹保憲仁「水処理工学（北海道大学衛生工学科講義録（第8章 浮上処理）」（1970～1975年）
- 丹保憲仁「上水道（新体系土木工学88）（6.2.6浮上）」pp199～203、技報堂出版（土木学会編）（1980）
- 白戸紋平編著「化学工学：機械操作の基礎（6.3浮上分離）」pp.138～146、丸善㈱（1980）
- 井出哲夫編著「水処理工学（2.浮上分離）」pp.83～99、技報堂出版（1990）
- Linvil G. Rich「Unit Operations of Sanitary Engineering（5. Flotation.）」pp. 110～118, John Wiley & Sons, Inc.（1961）
- Eckenfelder, W. W. Jr., O'Conner, D. J.「Biological Waste Treatment（Capt. 5 Solid Liquid Separation : Flotation）」pp. 179～166（1961）
- Melbourne J. D., Zabel T. F. Edited）「Flotation for Water and Waste Treatment」The Water Research Center, Medmenham, UK（1976）
- James M. Montgomery, Consulting Engineers, Inc.「Water Treatment Principles & Design（7. Gravity Separation）」pp. 149～151, John Wiley & Sons, Inc.（1985）
- 「Water Treatment Handbook Vol. 1（4. flotation）」pp. 171～177, Degramont（1991）
- 丹保憲仁、福士憲一、大田等「フローテーションテスターによる溶解空気浮上法

と沈降分離の比較」水道協会雑誌603号、pp. 17～27（1981）
- 丹保憲仁、五十嵐敏文、清塚雅彦「気泡付着フロックの電気泳動的研究」水道協会雑誌604号、pp. 2～6（1981）
- Vrablik, E. R.「Fundamental Principle of Dissolved Air Flotation」Proc. 14th Purdue Industrial Conference, p199（1957）
- Gaudin, A. M.「Flotation, 2nd Edition」p. 152（1957）
- 北原文雄、渡辺小編「界面電気現象」p. 212、共立出版（1972）
- Clyde Orr, Jr. J. M. Dallavalle「Fine Particle Measurement」The Macmillan Company（1960）
- Tambo, N.「A Fundamental Investigation of Coagulation and Flocculation（Chapt. 2）」北海道大学博士論文（1964）
- 福士憲一、丹保憲仁「加圧浮上法による高濃度活性汚泥の分離」下水道協会誌、Vol. 17, No. 196, pp. 31～39（1985）

4.2.1 内部ろ過

- 丹保憲仁「水処理工学（北海道大学衛生工学科講義録（第9章　粒状層濾過：清澄ろ過）」（1970～1975年）
- 丹保憲仁「上水道：新体系土木工学88」（6.3粒状層濾過）」pp. 203～219、技報堂出版（土木学会編）（1980）
- R. D. Cadle「Particle Size Determination」International Publishers, Inc.（1955）
- Linvil G. Rich「Unit Operations of Sanitary Engineering（Capt. 6 Flow through bed of solids）」pp. 156～158, John Wiley & Sons, Inc.（1961）
- Clyde Orr, Jr., J. M. Dallavalle「Fine Particle Measurement」The Macmillan Company（1960）
- P. C. Carman「Fluid Flow Through Granular Beds」Trans. Inst. of Chem. Engrs, Vol. 39, p. 150（1937）
- J. Kozeny「Über Kapillare Leittung des Wassers im Boden」Sitzber Akad. Wiss. Wein., Mat. Naturw. Kasse（1927）
- Walter J. Weber「Physicochemical Processes for Water Quality Control（4 Filtration）」pp. 139～198, Wiley-Interscience（1972）
- 翻訳書　南部・丹保監訳「ウエバー：水質制御の物理化学プロセス（4、ろ過）」pp. 123～172、朝倉書店（1981）
- James M. Montgomery, Consulting Engineers, Inc.「Water Treatment Princi-

- ples & Design（8．Filtration）」pp. 152～173, John Wiley & Sons, Inc.（1985）
- 井出哲夫編著「水処理工学：第2版（3、清澄ろ過）」pp. 101～152、技報堂出版（1990）
- 化学工学会編「化学工学の進歩18：ろ過技術（2．清澄ろ過．丹保）」pp. 19～40、槇書店（1984）
- M. N. Baker「The Quest for Pure Water（V. Filtration in Britain, VII. Rapid Filtration in America）」pp. 64～124, pp. 179～247, American Water Works Assocciation, Inc.（1949）
- Goden M. Fair, John C. Geyer「Water and Waste-water disposal（Capt. 24 Filtration）」pp. 656～702, John Wiley & Sons, Inc.（1956）
- 岩崎富久「ろ過阻止率の計算」土木学会誌、24巻8号（1935）
- T. Iwasaki「Some Note on Sand Filtration」Jour. AWWA, Vol. 29, No. 10（1937）
- K. J. Ives「Rapid Filtration（Review paper）」Water Research, Vol 4 . pp. 201～223（1970）
- K. J. Ives「The Scientific Basis of Filtration」Noord hoff International Pub., pp. 203～224（1975）
- K. J. Ives「Theory of Filtration」Proc. Special Subject No. 7, International Water Supply Congress, München（1969）
- D. M. Mints「Modern Theory of Filtration」Proc. Special Subject No. 10, International Water Supply Congress, Barcelona（1966）
- A. Maroudas & P. Eisenklam「Clarification of Suspensions: A study of particle deposition in granular media, Chemical Engineering Science, Vol. 20, pp. 867～873（1965）
- P. C. Stein「A Study of the Theory of Rapid Filtration of Water Through Sand」PhD Thesis, MIT（1940）
- K. J. Ives & J. Gregory「Surface Forces in Filtration」Proc. SWTE, Vol15, p. 93（1966）
- 海老江邦夫「急速ろ過層における抑留物質の挙動Ⅰ～Ⅳ」水道協会雑誌493号 p. 25（1975）、498号 p15（1976）、507号 p. 20（1976）、508号 p. 18（1977）
- 丹保憲仁「急速濾過進歩の動向」用水と廃水、11巻5号、pp359～367（1969）
- 丹保憲仁と小林三樹（提案）、松井佳彦、岡本祐三（Ⅱ）、小沢源三（Ⅲ）「高容量ろ過池の研究：ラシヒリング2階ろ過池」、提案）水道協会雑誌571号 p. 37（1982）、Ⅱ機構評価）水道協会雑誌598号 p. 16（1984）、Ⅲ操作条件）水道協会

雑誌634号 p. 2（1987）
- N. Tambo & Y. Matsui「High Capacity Depth Filter」Proc. PACHEC'83（Bangkok）, Vol. 1 , p. 112（1983）
- 永井勝、平賀岑吾「急速ろ過池の洗浄効果について」水道協会雑誌364号 p. 39（1965）
- V. G. Levich「Physicochemical Hydrodynamics」Prentice-Hall Inc. pp. 20～36, pp. 207～221（1962）
- 藤田賢二「急速濾過地おける洗浄に関する諸元の水理学的考察」水道協会雑誌455号 p. 2（1972）
- 藤田賢二「急速濾過池における流量調節方式の理論解析」水道協会雑誌423号 p. 29（1965）
- 末石富太郎「多孔管型集水装置による逆洗浄水の流量・圧力分布について」水道協会雑誌271号 p. 19（1957）
- 末石富太郎「多孔管型集水装置の水理設計について」土木学会論文集63号 p. 36（1940）
- 倉塚良夫「浄水工学下巻」（9章急速濾過法、10章重力式急速濾過法）pp. 281～407、岩波書店（1953）

4.2.2 表面ろ過（ケーキろ過）

- 丹保憲仁「上水道：新体系土木工学88」（9.3脱水・乾燥）」pp. 303～311、技報堂出版（土木学会編）（1980）
- L. G. Rich「Unit Operations of Sanitary Engineering（Chapter 7 Vacuum filtration）」pp159～170, John Wiley & Sons, Inc.（1961）
- 化学工学協会編「濾過技術：化学工学の進歩18（4.圧搾分離　白戸紋平他）」pp. 61～83、槇書店（1984）
- 白戸紋平編著「化学工学：機械的操作の基礎（8.1ケーク濾過）」pp. 163～186、丸善㈱（1980）

第5章

粒径／粒質の調整と固液分離プロセス

第5章

粒径／粒質の調整と固液分離プロセス

5.1 コロイドの凝集機構

(1) 凝集操作：固液分離の要となる成長操作

　水中に懸濁している不純物のうち、その直径が1μm以下で10nm弱までといった範囲の成分に対して、古典的な水処理プロセス（地球化学的、生態学的プロセス群）は、直接的な固液分離の手段を持っていません。地上に存在する水資源系には、μmオーダーの粒子群として、水中の濁り成分とされる10^{-3}〜10^{-2}mm付近に主な粒径分布を持つ土壌系に由来する粘土などの粒子群や微生物系の藻類、原生動物などの粗コロイド粒子群があり、これらは水の清澄度を害する最大の成分となります。一方、色度成分と称される天然の腐植質由来の10^{-6}mm（nm）付近に粒径分布を持つ微コロイド群などがあり、長い間、水利用の障害となってきました。また、細菌類やウイルスなどのように、低濃度でも病原性を持つものを含む多様な微生物群が、μmからnmの寸法で存在しており、水の安全性を阻害する最大の要因となっています。

　これらの粒径の成分は、第2章でコロイドとしてその性質挙動を説明したように、水処理の大きな対象成分となります。第3章の図3.6と図3.27で、不純物寸法と除去プロセスを対比して示し、凝集処理とそれに先立つ凝析処理とのプロセス間のつながりを説明しました。また、第3章の処理性のマトリックス表示の項では、図3.32に示すような処理性の評価において、物理化学的凝集処理と好気性微生物処理（凝集処理）を固液分離操作に組み込むことによって、広範な不純物成分からなる被除去成分の大部分に対処できることを説明しました。

　20世紀の最後に登場した機能膜による分離操作は、溶解性の無機塩類から粗コロイドに至る広い範囲の不純物を膜透過によって直接分離することを可能とし、凝集・凝析といった不純物の寸法成長処理を経なくても、水処理システムトレインを組めるようになりました。膜分離は古典的な地球化学的あるいは生態学的な分離手段と異なり、動物や植物の生物個体の持つ分離機能が、膜を主体に構成されていることに着目し、これを真似た生理・生体学的な分離法です。しかしながら、直接分離が可能であっても、低いエネルギー消費率で分離を継続的に有効に駆動させるためには、前処理として適切な凝集・凝析処理をすることが望ましいものであること

が次第に明らかになってきました。後の膜分離の章では、古典的なこの章の凝集固液分離系の議論に加えて、生理学的膜分離システムにおける凝集の意義、およびコロイドの集塊現象と集塊操作を論じますが、ここでは前段階の知識として必要なコロイド懸濁系の物理化学的な性質について説明します。

(2) コロイドの集合・分散状態

コロイドは前述のように、$10^{-5} \sim 10^{-3}$mmの次元をもつものですが、その形状、集合状態から分けると
① 粒状コロイド
　3次元方向ともコロイド次元であるもの、
② 糸状コロイド
　2次元方向のみコロイド次元である糸状のもの、
③ 膜状コロイド
　1次元方向のみコロイド次元のもの
に大別されます。
　また、分散状態から見て
① 分散コロイド
　分散媒（水など）と分散相からなる微多相系であるもの、
② 会合（ミセル：Micelle）コロイド
　溶質分子が会合してコロイド次元の粒子になったもの、
　石鹸は高級脂肪酸のアルカリ塩で、200～300Da位の低分子のものが水中で50～100分子程度集まってミセルコロイドを形成、
③ 分子コロイド
　分子量の大きな高分子物質（タンパク質、でん粉など）を溶かした真の溶液
などに分類されます。
　水溶性のミセルコロイドや分子コロイドは、水を分散媒とする分散コロイドに比して安定に存在します。その理由は、ミセルコロイドや分子コロイドの粒子は、水に対して親和性を有する真の溶液であるのに対して、分散コロイドは水に対する親和力が低い（水分子によって分散される）物質であるためです。そこで、水に対する親和性の観点から、前者を親水性コロイド（Hydrohilic colloid）、後者を疎水性コロイド（Hydrohobic colloid）と称します。
　分散コロイドが、我々が対象とするコロイドの大多数を占めますが、分散媒と分散相の組み合わせによって表5.1のように、8つの範疇に分けることができます。

気体を分散媒・分散相とするコロイドは、気体分子が一様に混合してしまうので存在しません。分散コロイドは図5.1に示すように、分散媒中に分散相を構成する粒子が独立に存在する浮遊系（懸濁系）と粒子が浮上もしくは沈積するか、結合状態を作っている集積系に2分されます。

表5.1 コロイド懸濁系と集積系の分類

分散媒	分散相	分散系	
		浮遊系（懸濁系）	集積系
気相	液相 固相	霧 煙 } エアロゾル (aerosol)	—— 紛体、キセロゲル (xerogel)
液相	気相 液相 固相	気泡 (bubble) 乳濁液 (emulsion) { 液懸液 (suspension) 濁液ゾル (sol) - 特にコロイド次元のもの	泡沫 (froth) クリーム (cream) ゲル (gel) { コロイド状沈殿 ゼリー }
固相	気相 液相 固相	} 固体コロイド	} 固体コロイド

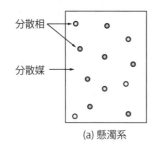 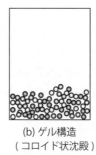 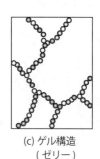

(a) 懸濁系　　(b) ゲル構造　　(c) ゲル構造
　　　　　　（コロイド状沈殿）　（ゼリー）

図5.1 コロイド分散系の構造

(3) コロイドの運動
(a) ブラウン運動

コロイド粒子はコロイド次元に特有の力学的（運動）挙動を示します。その代表的なものがブラウン運動（Brownian movement）です。コロイド粒子を取り囲んでいる媒質（水）分子は、絶えずランダムな熱運動を行っており、あらゆる方向からコロイド粒子に衝突してきます。粒子寸法が大きいと、各方向からの水分子の衝

突は打ち消しあって平均化され、粒子は動きません。しかしながら、コロイド粒子寸法の微粒子に対しての水分子の衝突は、瞬間的には非対象なため、瞬間的にインパクトを加えた水粒子の衝撃方向に振れることになり、次々と間をおいて熱運動によって衝突してくる水分子の衝撃力によって"ランダム"な運動をします。1827年にRobert Brawnによって水中で破裂した花粉から流出した微粒子のランダム運動が観察されて以来、このような現象はブラウン運動と称されています。

ブラウン運動をしている個々の粒子の持つ運動のエネルギー E_{kb} は、**式5.1**で表されます。

$$E_{kb} = \frac{1}{2}mV'^2 = \frac{1}{12}\rho \pi d^3 V'^2 = \frac{3}{2}KT \quad -(5 \cdot 1)$$

m：粒子の質量
V'：粒子の自乗変動速度 $= (v'^2)^{1/2}$
v'：粒子の瞬間変動速度
ρ：粒子の密度
d：粒子の直径
K：ボルツマン定数
 $= 1.381 \times 10^{-15}$ erg/℃
 $= 1.381 \times 10^{-23}$ m^2 kg sec^{-2} K^{-1}
T：絶対温度

式5.1 ブラウン運動粒子の運動エネルギー

式5.1から明らかなように、単一コロイド粒子の持つブラウン運動エネルギー E_{kb} は、温度が定まれば、粒子の大きさに関係なく一定の値になります。水温25℃の場合を例にとると、

E_{kb} (25℃) $= 6.175 \times 10^{-14}$ (erg) or (g/cm^2/sec^2)

といった一定値を取ります。

粒子の密度 ρ を粘土の場合を想定して $\rho = 2.65$ を仮定すると、種々の寸法の土粒子の自乗変動速度は**表5.2**のようになります。

第5章 粒径／粒質の調整と固液分離プロセス

表5.2 粒子径と自乗変動速度

粒子径 d	10^{-7} cm (1 nm)	10^{-6} cm (10 nm)	10^{-5} cm (100 nm)	10^{-4} cm (1μm)	10^{-3} cm * (10μm)
V'^2 自乗変動速度	9,430 cm/sec	296 cm/sec	9.43 cm/sec	0.296 cm/sec	0.00943 cm/sec

＊コロイド寸法外

　ブラウン運動をしている粒子が一定時間ごとの位置を XY 平面上にプロットして見ると、**図5.2**のようになります。時間間隔ごとの位置を直線でつないでありますが、実際はこの間もジグザグ運動を行っています。n 回の測定を行って時間 t の間にコロイド粒子が、l と $(l+\Delta l)$ の間にある回数 n_l は、分子運動論における Maxwell の速度分布式と同様に、**式5.2**で示されます。

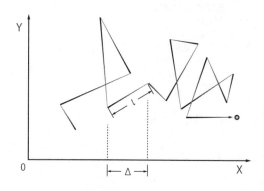

$$\frac{n_l}{n} = 2ae^{-al^2}l\Delta l \qquad —(5\cdot 2)$$

n：測定回数
n_l：t 時間内にコロイド粒子が l と $(l+\Delta l)$ 間に存在する回数
a：粒子径

図5.2 ブラウン運動による粒子移動　　**式5.2 ある距離内におけるコロイド存在分布**

　アインシュタイン（Einstein）、スモルコウスキー（Smolchowskei）は1906年ほとんど同時期にブラウン運動によってある方向へコロイド粒子が移動する距離 Δ の自乗平均値が、**式5.3**のように示されることを明らかにしました。

$$\overline{\Delta}^2 = \frac{RT}{N} \frac{t}{3\pi \eta r} \qquad —(5 \cdot 3)$$

$\overline{\Delta}^2$：コロイド粒子が移動する距離Δの自乗平均値
R：気体定数
N：アボガドロ数 6.03×10^{23}
T：絶対温度 (K)
η：分散剤の粘性係数 (g/cm・sec)
r：粒子の半径 (cm)
t：観測時間

式5.3 ブラウン運動におけるスモルコウスキーの式

$$D = \frac{\overline{\Delta x^2}}{2t} = \frac{KT}{6\pi \eta r} \qquad —(5 \cdot 4)$$

D：フィック (Fick) の式 a=D(dc/dx) で定義される係数
a：単位時間に単位断面積を移動したコロイド粒子量
c：コロイド濃度
dc/dx：濃度勾配

式5.4 ブラウン運動の拡散係数

(b) ブラウン運動による拡散

 拡散はコロイド粒子が高濃度の部分から低濃度の部分へ移動する現象で、ブラウン運動が静止水体中における唯一の推進力になります。アインシュタインによって示されたブラウン運動の拡散係数は、**式5.3**を用いて**式5.4**のように与えられます。

 コロイド粒子懸濁液を静止沈降させても、沈降速度wが拡散係数Dに比べて小さいので、全粒子が沈降しきれずに、拡散輸送と平衡した濃度勾配を持って存在することになります。**式5.5**の平衡条件の方程式を解くと、**式5.6**のような水深方向の静水沈降筒粒子平衡濃度分布が成立することがわかります。

$$D \frac{dc}{dz} - wc = 0 \qquad —(5 \cdot 5)$$

$$\ln \frac{c}{c_0} = \frac{2\pi r^3 (\rho_c - \rho_0) N_g}{3RT} Z \qquad —(5 \cdot 6)$$

D：拡散係数
c_0：沈降筒底のコロイド濃度
c：そこから Z_0 の距離のコロイド濃度
w：コロイド粒子沈降速度
r：粒子半径
ρ_c, ρ_0：コロイド濃度 c_0, c の懸濁水密度

式5.5、式5.6 水深方向の静水沈降筒粒子平衡濃度分布

$$\tau = \mu \frac{du}{dx} \qquad —(5 \cdot 7)$$

τ：内部摩擦力
u：流速 (x 方向のみ変化する)
μ：粘性係数
du/dx：速度勾配

式5.7 液体の粘性

ブラウン運動と拡散は同一の分子運動現象ですが、コロイド懸濁液の中に一定の空間を考えて、ある瞬間に存在するコロイド粒子の数を観察すると、その値は観測した時間（瞬間）によって異なっています。このような現象を"ゆらぎ"と称します。コロイドの分子運動の3つ目の表現です。

(c)　コロイド懸濁液の粘度
　液体の粘度は**式5.7**で示されるニュートンの法則で定義されます。
　μ が速度勾配に無関係な流体（μ =const.）を Newton 流体と称します。コロイド懸濁液は特異な粘性を示すものが少なくなく、一定の寸法のコロイド粒子の希薄な懸濁液の粘度 μ_{sp} について、Einstein の**式5.8**があります。

$$\mu_{sp} = \mu_0(1 + 2.5\Phi) \quad —(5\cdot 8)$$

μ_{sp}：コロイド懸濁液の粘度
μ_0：懸濁媒（水）の粘度
Φ：コロイド粒子群の容積分率
　（この式は $\Phi < 0.003$ の場合に適用）

式5.8　Einstein の粘度式

$$\frac{I_t}{I_0} = e^{-t^* l} \quad —(5\cdot 9)$$

I_0：入射光強度
I_t：透過光強度
t^*：濁度
l：コロイド懸濁系の厚さ

式5.9　光の吸収と濁度

(4)　コロイドの光学的性質
(a)　濁度
　コロイド懸濁系では、懸濁粒子が光を散乱させることによって液が濁って見えます。今、入射光強度を I_0、透過光強度を I_t とし、コロイド懸濁系の濁度を τ、厚さを l とすると、光の吸収現象を記述する Lambert の法則と同様に、**式5.9**が成り立ちます。
　また、Beer の法則と同様に濁度と懸濁質濃度の間に、**式5.10**の関係が成り立ちます。

$$t^* = k^*N \qquad ―(5\cdot10)$$

k^*：粒子1個当たりの濁度に相当する量
N：単位体積中の粒子個数

$$I = K'\cdot\frac{NV^2}{\lambda^4}\sin^2\alpha \qquad ―(5\cdot11)$$

N：単位体積中の粒子個数
V：粒子体積
α：光の入射と散乱のなす角
K'：定数
λ：光の波長

式5.10　濁度と懸濁質濃度の関係　　　式5.11　チンダル現象による散乱光強度

　実験的には個数Nを用いるよりは、濃度C〔g/cm³〕を用いた方が便利なので、t*=KCとしてこれを比濁度（Specific turbidity）として常用します。一般に、水処理で濁度と称するのは、カオリン1 mg/lの懸濁液を単位として強度を示す比濁度です。

(b)　チンダル現象（Tyndall effect）
　チンダル現象は、コロイド分散系に強い光束を当てて、これと直角の方向から観察すると光路が輝いて見える現象です。粒子寸法が光の波長よりもはるかに小さな時の散乱光の強さI（一種の電気双極子の誘起振動）は、Load Reyleighによって**式5.11**のように示されています。
　この式は、波長の短い光ほど散乱され難く、粒子の寸法が大きいほど散乱され易いことを示しています。粒子が光の波長に比して大きな場合には、1つの粒子内に多数の双極子が誘起され、そこから発生する散乱光が互いに干渉して、**式5.11**のような関係が成立しなくなります。一般には、光の波長と同程度までの粗大分散系までなら、強い散乱光が観測されます。

(c)　コロイドの色
　一般に、物体の色は可視光線の一部が吸収されることにより生じますが、コロイド懸濁液（溶液）では、吸収とともに散乱によっても着色が生じます。一定の厚さの液層について、液が辛うじて着色していると認められる最少濃度を測り、その逆数を着色力と考えます。Cu^{2+}を1とすると、Fe^{3+}は3程度であるのに比して、水酸化鉄コロイドは500、金コロイドは20,000もの着色力を示し、コロイド溶液（懸濁液）は、コロイド成分によって水の外観が著しく変化することになります。
　植物などが微生物分解した際に生じ、自然水系に普遍的に存在している腐植質類

の発する茶褐色を水の色度と称しています。低分子のフルボ酸分子は300Daほどの大きさで、溶解性のカテゴリーのものですが、高分子のフミン酸類は1,500Da以上の成分で、コロイド次元の下限側の寸法を持つ色コロイドです。色コロイドは、水処理の嫌気性消化の上澄液や下廃水の好気性処理水、湿地や閉鎖型の湖沼水、森林のA_1層からの流出水など、水資源系のあらゆるところに存在する成分です。1lの水に、白金1mgとコバルト0.5mgを溶かした茶褐色を色度1度と定めて評価します。様々な色相とは全く異なる生態系における代謝排出物の普遍的指標です。

　天然の色コロイド自体はほとんど害をなしませんが、消毒の塩素と反応してトリハロメタンなどの塩素化有機化合物の原料となる成分です。

(5) コロイドの荷電

　自然水中に懸濁しているコロイド粒子のほとんどが負荷電を帯びており、図3.13に示したような電気2重層を表面に持ち、そこでは、反対荷電粒子（Counter ion）群が支配的な電荷群として存在しています。その大きさを示す指標として、粒子に付着している水分子とバルクの水塊とのすべり面で発現するゼータ電位（ζ電位：Zeta potential）が、計測可能な電位として汎用されています。多くの自然系や生体系由来の粒子の場合、$-20 \sim -25$mVほどのζ電位を持っていて、同荷電（負荷電）粒子同士が、懸濁粒子群中で相互に反発しあって安定なコロイド分散系を構成します。自然系では金属水酸化物などの正荷電粒子は、多くのフミン質や微生物などの卓越的に存在する負荷電粒子に消費されて系から姿を消してしまうように思います。このような系に、反対電荷をもつコロイド粒子やイオン等を添加して、懸濁粒子表面の電気2重層の荷電中和を進めると、図3.14に示すように、ζ電位は低下して0に近付きます。ζ電位ゼロの状態を等電点（Isoelectric point）と称し、懸濁粒子間の電気的相互（反発）作用が消滅した状態と考えます。

　図3.13のところで述べたように、反対荷電粒子が単純イオンであれば、等電点までしか荷電中和は進行しませんが、反対荷電粒子が高分子物質ならば、スターン層への特異吸着が進行して、コロイド粒子のζ電位が反転し、正荷電懸濁粒子となります。この現象の有無は、反対荷電粒子が高分子であるかどうかの判定にも役立ちます。

　水中に存在するゾル粒子が正の荷電を帯びているときのコロイドを正コロイド（Positive colloid or sol）、負に荷電しているときに負コロイド（Negative colloid or sol）といいます。前述のように、荷電の正負は懸濁粒子の性質そのものに由来しますが、水処理で遭遇するものとして、次のような3つの場合が考えられます。

①水中の気泡やパラフィン粒子のような化学的に不活性な物質では、OH⁻イオンの選択的吸着によって生ずる弱い負の荷電。
②粘土粒子などの鉱物表面の結晶格子の欠損（破断面での内部平衡の破綻）や結晶中に異種の原子が入ってきて、異種同形体を作った場合に生ずる負の荷電で、図5.3のようなSi^{4+}がAl^{3+}に置き換るといった例が挙げられます。

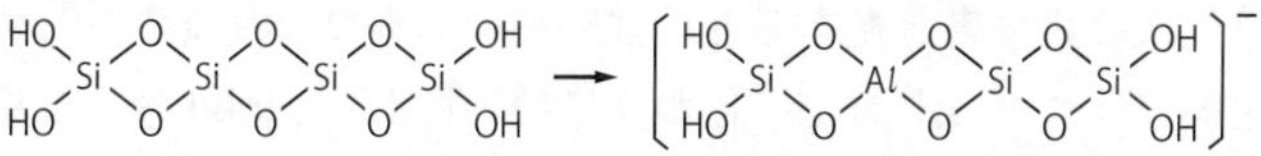

図5.3 結晶の異種同形体の例

金属の水酸化物や酸化物では、OH⁻や H⁺イオンが電位決定イオン（Potential determining ion）となって、pHによって正から負の荷電領域まで電荷が変化します。このような化合物を両性電解質と称します。このような酸化物、水酸化物の荷電は、低 pH で正、高 pH で負になります。

最後の場合は
③コロイド粒子表面の錯イオンが乖離して示す荷電です。例えば、水酸基（−OH⁻）、カルボキシル基（−COOH）、スルフォン基（−SO_2OH）、リン酸基（−PO_2）などのイオン化する官能基（Functional group）を持っている場合には、コロイド荷電はイオン化（解離）の程度と系の pH によって決まってきます。蛋白質やその集合体である水中微生物の表面荷電は、酸性側で解離して正荷電を与えるアミノ基（NH_2）とアルカリ性側で解離して負荷電を与えるカルボキシル基（−COOH）を持っているために、表5.3に示すように、pH の高低によって荷電の正負が変化します。

また、天然の着色水（色度）では、カルボキシル基、水酸基が解離して負の荷電コロイド溶液となっています。

表5.3 蛋白質の荷電気と pH の例

低 pH 側	中間 pH	高 pH 側
$R^{COOH}_{NH_3^+}$	$R^{COO^-}_{NH_3^+}$	$R^{COO^-}_{NH_2}$
正荷電	等電点	負荷電

コロイド粒子と反対荷電の荷電量が高かったり高分子であったりすると、スターン層に吸着する負荷電量の割合が大きくなり、スターン層電位の変化が急激となり、全体の電位低下（ζ電位で代表される）は、主としてスターン層電位Φ_dの変化に支配されることになります。

ゼータ電位（Z.P.）は多くの場合、電気泳動法によって測定され、ある電位勾配下で、荷電粒子が反対荷電の極へ引かれて移動する速度から**式5.12**によって求められ、実用単位系の式に書き換えると、**式5.13**のようになります。

また、実用的には、ゼータ電位の代わりに易動度M（Mobility）を用いて、相対的に荷電の状態を示すことがしばしばあります（**式5.14**）。

$$Z.P. = \frac{4\pi U \mu}{DH} \quad —(5 \cdot 12)$$

Z.P.：ゼータ電位 (e.s.u)
μ：水の粘性係数 (g/cm・sec)
U：粒子の泳動速度 (cm/sec)
D：水の透電恒数 ($\fallingdotseq 80$)
H：電場の強さ (e.s.u)

実用単位系

$$Z.p. = \frac{4\pi \mu}{D} \frac{l}{t} \frac{A}{i} \frac{1}{R_s} \quad —(5 \cdot 13)$$

Z.P.：ゼータ電位 (mV)
　l：電場の電位勾配方向に時間tに粒子が移動した距離 (cm)
　t：距離lを泳動する時間 (sec)
　A：電位勾配に直角方向の泳動用セル断面積 (cm²)
　i：泳動セルを流れる直流電流 (mA)
　R_s：懸濁液の比抵抗 (Ohm-cm)

式5.12、式5.13　ゼータ電位

$$M = \frac{U}{H} = \frac{lA}{tiR_s} \quad —(5 \cdot 14)$$

M：易動度 (Mmbility)
(μ/m/sec)/(v/cm)

式5.14　易動度

(6) コロイドの安定と不安定

水中に懸濁しているコロイド粒子の状態を決める要因として、2種類の要素が同時に働いています。第1は分散状態を保たせようとする安定要素であり、第2はコロイドを凝集させようとする方向に働く不安定要素です（**表5.4**）。

安定要素として働く現象は2つあります。
その一つは、
①粒子表面の水和（Hydration）です。
　親水性コロイドでは、粒子表面に吸着された水分子層がサンドイッチ状態となっ

て存在し、コロイド粒子の直接接触を妨げます。

もう一つは前項で述べた

② 電気2重層の存在です。

これは同荷電粒子間の電気的反発力によって、粒子の接近を妨げるものです。

不安定要素として働く現象も2つあります。

最も重要なものは、

① コロイド粒子のブラウン運動と多少成長した微粒子塊における乱流変動です。

いずれも粒子相互に衝突の機会を与えます。この両者は、粒子表面に一般的に存在する電気的反発力に打ち勝って、両粒子を直接会合させるのに必要な運動エネルギーを与えます。

もう一つは、

② 粒子間に働くロンドン・ファン・デル・ワールス力（London van der Waals' Force）と接近した時に結合を維持する短距離力としての化学的結合力です。

化学的結合には、イオン結合（Ionic bond）と共有結合（Covalent bond）、水素結合（Hydrogen bond）などがあります。

表5.4 コロイドの安定と不安定

安定要素	① 粒子表面の水和 ② 電気2重層	接触妨害 電気的反発
不安定要素	① ブラウン運動 　　乱流変動 ② ロンドン・ファン・デル・ワールス力 　　化学的結合力	衝突運動エネルギー 〃 物理的吸引 化学的結合

　親水性コロイドの場合には、水和している表面の吸着水層を取り除くことによって、ブラウン運動等で粒子が直接会合できる機会を作り出せば、粒子自体の持つ物理・化学的結合力（ロンドン・ファン・デル・ワールス力や水素結合力等）で相互に付着し集塊が進みます。

　電気的反発力によって安定に存在しているコロイド懸濁系の場合には、電解質を加えて電気的反発力を減じ、ロンドン・ファン・デル・ワールス力が卓越するような状況を作り出します。安定に存在しているコロイド粒子を1次粒子、集合した粒

子を2次粒子と称して、個々の粒子の状態を区分することがあります。

　疎水性コロイド溶液（ゾル）の場合には、電解質を添加すると、反対荷電イオン（Counter ion）がコロイド表面に吸着され、拡散2重層の電位が低下して、分子間力で容易に凝集して2次粒子となります。このように、凝集剤の最重要機能である疎水性コロイド粒子に凝集を生じさせるために必要な電解質の最小濃度を凝集価（Coagulation value）といいます。

　種々の電解質の凝集価を比較すると、反対荷電イオンの原子価が大きな電解質ほど凝集力が飛躍的に強くなります。したがって、凝集価は急激に小さくなります。1価イオンでは10^1～10^2m mol/l、2価イオンで10^0～10^{-1}m mol/l、3価イオンで1～10^{-2}m mol/lとなり、凝集価はイオン価と共に等比級数的に小さくなります。この現象をシュルツ・ハーデイ（Schultz-Hardy）の法則と称します（**表5.5**）。

表5.5　凝集化と電解質イオン

	1価イオン	2価イオン	3価イオン
凝集価	10^1～10^2 m mol/l	10^0～10^{-1} m mol/l	10^0～10^{-2} m mol/l

　親水性コロイドは水和しているために、電解質の添加だけでは凝集が簡単には進みません。これは、コロイド粒子の分散・安定化が表面荷電の反発だけではなく、溶媒和（水和）にも起因しているからです。凝集を進めるためには脱水操作を併用する必要があります。一般には、アルコールなどを用いた脱水操作を特に考えなくても、電解質を多量に加えることで、電荷の中和と共に脱水現象を誘起させ、凝集を生じさせることができます。このような現象を塩析（Salting out）といいます。

　親水性ゾルに対する塩類の有効度をその脱水性の強さに応じて定めます。塩析力の強さを示す順序を離液序列（Lyotropic series）、またはホフマイスター順列（Hoffmeister series）といいます。同一の陰イオンを持つ1価の陽イオンについては、Cs^+＞Rb^+＞NH_4^+＞Na^+＞Li^+の順に低下します。同一陽イオンを持つ1価の陰イオンでは、F^-＞IO_3^-＞$H_2PO_4^-$＞BrO_3^-＞Cl^-＞ClO_3^-＞Br^-＞NO_3^-＞ClO_4^-＞I^-＞CNS^-といったことが知られています（**表5.6**）。

　疎水性コロイドあるいは疎水性粒子の表面に親水性コロイドが吸着されると、安定化して凝集が難しくなります。このようなコロイド粒子を保護コロイド（Protective colloid）といいます。

表5.6 離列順序

同一陰イオン持つ1価の陽イオン	$Cs^+ > Rb^+ > NH_4^+ > Na^+ > Li^+$
同一陽イオン持つ1価の陰イオン	$F^- > IO_3^- > H_2PO_4^- > BrO_3^- > Cl^- > ClO_3^- > Br^- > NO_3^- > ClO_4^- > I^- > CNS^-$

(7) 凝集のエネルギー障壁と衝突の駆動力

懸濁している粒子同士が近づいてきて、相互に衝突集塊することによって凝集現象が進行します。このような粒子相互の集塊を論ずる際に、先ず考えなければならないのは、図3.15に模式的に示したような、
①粒子相互間に働く電気的反発（電気２重層の相互作用）のポテンシャルと、
②粒子間に働くロンドン・ファン・デル・ワールス力に基づく相互吸引ポテンシャルとの
③合成ポテンシャルが作り出すエネルギー障壁 E_{max} を越えて、両粒子が直接接触する
ことができるかどうかということです。

このエネルギー障壁は、接近してくる２つの粒子が直接会合するために、どうしても越えなければならない関門であり、凝集反応の活性化エネルギーと考えられるものです。

両粒子が合成エネルギー障壁 E_{max} を越えるためには、粒子が障壁を越えるだけの運動エネルギーを持っている必要があります。
①粒子が小さいコロイド寸法の場合には、ブラウン運動のエネルギーが、
②寸法が大きくなってフロック状の集塊にまで成長すると、微小水塊の乱流変動の運動エネルギーが、その駆動力になります。

前者をブラウン運動凝集、後者を乱流凝集と称することができるでしょう。

式5.1から明らかなように、接近してくる粒子の持つ運動エネルギーの大きさは、ブラウン運動凝集の場合には一定であり、25℃の場合 $3KT/2 \fallingdotseq 6.175 \times 10^{-14}$ erg（または $g \cdot cm^2/s^2$、あるいは 10^{-7} J）となります。温度にもよりますが、粒子がブラウン運動凝集するコロイド領域での駆動のエネルギーは、10^{-14} erg あるいは 10^{-20} J といった小さなオーダーの値であり、図3.16に示すように、相互会合のためのエネルギー障壁を等電点近くまで下げなければ、凝集が進まないことになります。この障壁を下げるために電気２重層に加えられる反対イオンを生成する薬剤を凝集剤と称します。凝集剤の持つべき機能については後の項で詳述します。

表5.2に示したように、粒子径が大きくなってくると、ブラウン運動によるだけでは衝突の可能性が無くなってしまい、凝集が進行しなくなります。また、粒径の増大に伴って増加する反発電位が大きくなってきて、ブラウン運動のエネルギー10^{-7}Jのオーダーでは反発エネルギーの障壁を越え難くなります。そのために、凝集作用を進行させるための原動力を他に求めなければならないことになります。この駆動力として、強制撹拌下における微小水塊の乱流変動速度の効果を期待することになります。

　微粒子の凝集に作用する乱流変動速度を生ずるような渦のスケールは非常に小さく、凝集を生ずる懸濁粒子の径とほとんど同じオーダーの寸法を持ったものになります。このような小さな渦流れの現象に対しては、コルモゴロフ（A. N. Kolmogoroff）の提唱した局所等方性乱流の考え方が適用でき、乱れの性質はその相似仮説から推定することができます。

　次に、先の問題の理解のために、ここでKolmogoroffの局所等方性乱流の理論を概説します。

　流れが乱流になると、種々の寸法の渦が平均流に重なり合って、流れは**図5.4**に示すような渦群の合成として定義されることになります。これらの個々の渦の性質は、その速度とその速度変化が意味を持ってくる距離によって定義されます。この距離のことを乱れのスケールlと称します。このスケールの最も大きい渦速度は、乱れのスケールlだけ距離が離れた2点間の平均流速の差ΔUになります。例えば、平行流路の混合池を考えると、最も大きな乱れ渦は水路の水深に相当するスケールを有し、この渦の速度は水路中の最大流速と同程度の大きさを持つことになります。渦のレイノルズ数を$\Delta U \cdot l / \nu$で定義すると、最も大きな渦は、水路のレイノルズ数と同じような値をとります。乱流流れ中には、より小さな寸法λとより低い速度V_λを持つ多数の渦があります。このような小さな渦は、数は非常に多いけれども、全体の流れの中で運動エネルギーを分担する割合は小さくなります。しかしながら、凝集に有効に作用するのは、これらの小寸法の渦群になります。

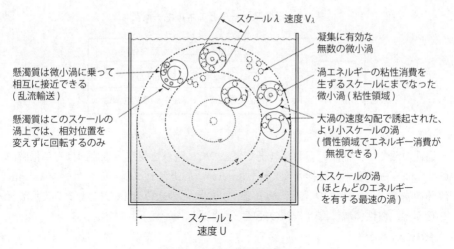

図5.4　乱流渦の構成模式

　渦の寸法 λ が小さくなってくると、渦を代表する速度 V_λ も小さくなり、渦のレイノルズ数 $\lambda \cdot V_\lambda / \nu$ はますます小さくなっていきます。大きなスケールの渦（大きな渦レイノルズ数）領域では、粘性は渦の流れにほとんど影響を及ぼさず、エネルギーの消耗を伴いません。しかしながら、このような渦の重ね合わせによって小さな渦が発生し、またその重ね合わせで、さらに小さな渦が生じてきます。すると渦レイノルズ数は急激に小さくなってきて、粘性によるエネルギー消費の効果を無視できなくなります。渦レイノルズ数 $R_e(\lambda_0) = \lambda_0 \cdot V_{\lambda 0}/\nu = 1$ となるような、スケール $\lambda = \lambda_0$ の小さな渦になると、レイノルズ数の特性から、粘性消費が無視できなくなることを示します。したがって、$\lambda < \lambda_0$ の小さな渦領域では、運動エネルギーは粘性によって消耗し（熱となって失われ）ます。

　このように、外力によって流体に与えられたエネルギーは大きな渦を作り、大きな渦は小さな渦を次々と作って、運動のエネルギーをより小さな渦に渡していきます。渦の寸法が、先に述べたレイノルズ数が1になるような λ_0 になるまでは、エネルギー消費を無視することができます。一方、渦寸法が λ_0 よりも小さな領域に入ってくると、渦はエネルギーを粘性消費しながら残ったエネルギーでさらに小さい渦群を作っていきます。このようにして、渦群を粘性の作用を無視しうる大きな慣性渦領域とエネルギー消費を伴う粘性渦領域に2大別できます（表5.7）。この両者の境界をなす渦のスケール λ_0 を乱流渦のマイクロスケール（Micro scale：渦レイノルズ数 = 1 の条件）と称します。

表5.7　渦のスケールとエネルギー消費

渦：大	Re 大	慣性領域	粘性作用無視可能
	渦 Re＝1	[Re の性格＝慣性力／粘性力]	
渦：小	Re 小	粘性領域	エネルギーの粘性消費

　慣性領域では、粘性の影響を無視できるので、乱れを規定する要素は、単位時間のエネルギー消費率（撹拌強度）ε_0（erg/cm³・s）と乱れ（渦）のスケール λ（cm）、流体の密度 ρ（g/cm³）の3者になります。これらの組み合わせに対して次元解析を行うと、慣性領域における渦の速度を表す式は、
$V_\lambda = \alpha(\varepsilon_0 \lambda / \rho)^{1/3}$
となります。α は比例定数です。

　渦の寸法がマイクロスケール λ_0 よりも小さい粘性領域では撹拌エネルギーの粘性消費が無視できなくなり、粘性領域では、慣性領域で考えた要素に流体の動粘性係数 ν（cm²/s）を加えて考えることになります。同じように次元解析を行うと、
$V_\lambda = \beta(\varepsilon_0 / \mu)^{1/2} \lambda$
となります。ここで β は比例定数です。

　$Re = (\lambda V_\lambda / \nu) = 1$ に V_λ を代入すると、**式5.15**の乱れのマイクロスケール
$\lambda_0 = (\nu^3 \rho / \varepsilon_0)^{1/4}$
が得られます。

> 慣性領域における渦の速度式　　$V_\lambda = \alpha \left(\dfrac{\varepsilon_0 \lambda}{\rho}\right)^{\frac{1}{3}}$
>
> 粘性領域における渦の速度式　　$V_\lambda = \beta \left(\dfrac{\varepsilon_0}{\mu}\right)^{\frac{1}{2}} \lambda$
>
> $Re = \lambda V_\lambda / \nu = 1$ に V_λ を代入　　乱れのマイクロスケール λ_0。　　$\lambda_0 = \left(\dfrac{\nu^3 \rho}{\varepsilon_0}\right)^{\frac{1}{4}}$　　—（5・15）
>
> V_λ：スケール λ の渦の速度 (cm/sec)
> ε_0：エネルギー散逸率 (m²/sec³)
> ρ：水密度 (g/cm³)
> ν：動粘性係数 (cm²/sec)
> μ：粘性係数 (g/cm・sec)
> α, β：比例定数

式5.15　渦速度と乱れのマイクロスケール

一般に、急速撹拌下で凝集に有効な渦の存在領域は、粘性領域と考えられます。なぜならば、粒子径よりもはるかに大きなスケールの渦に乗った粒子同士は、その渦の運動に乗って回転するのみで、懸濁粒子間に相対運動が生じて接近衝突することができません。レコードに乗った2個の豆が相対位置を変えずに回転する様子を想像して下さい。懸濁粒子が相互に接近して衝突するためには、懸濁粒子径に近い寸法を持った微小な乱流渦に乗った粒子が、近接する渦に順次手渡される形で運ばれ、ランダムに接近してくるような乱流輸送を考えることになります。そうすると、懸濁粒子の接近（輸送）に有効な乱流変動速度（自乗変動速度）は、

$V' \propto (\varepsilon_0/\mu)^{1/2} d$

となります。ここでdは、被凝集懸濁粒子の直径と類似の寸法をとることになります。

　乱流変動をしている懸濁粒子の持つ運動エネルギー E_{kt} は**式5.16**のように示されます。

$$E_{kt} = \frac{1}{2}mV'^2 = \frac{1}{12}\rho \pi d^3 V'^2 = \frac{1}{12}\gamma_s \pi \left(\frac{\varepsilon_0}{\nu}\right) d^5$$

$$= \frac{8}{3}\gamma_s \pi \left(\frac{\varepsilon_0}{\nu}\right) a^5 \quad -(5 \cdot 16)$$

m：球形懸濁粒子質量　　ν：水の動粘性係数
γ_s：懸濁粒子の比重　　ε_0：エネルギー散逸率
d,a：懸濁粒子の直径, 半径

式5.16　乱流変動時の懸濁粒子運動エネルギー

　一般に、凝集処理を行う時の急速撹拌の強度 ε_0 は、$10^3 \text{erg·cm/s} = 10^{-4}\text{J}$ 程度の大きさを持っていると考えられるので、**式5.16**から、実用的な駆動エネルギーは、$E_{kt} = 9.38 \times 10^5 \times a^5$ erg といった値をとると推測できます。**図5.5**は懸濁粒子の粒径と駆動エネルギーについて、ブラウン運動領域（ブラウン運動凝集領域）から乱流変動領域（乱流変動凝集領域）に至る変化の状況について、急速撹拌強度 ε_0 をパラメータとして描いたものです。ブラウン運動のエネルギーと乱流拡散輸送エネルギーが等しくなる粒径を推算すると、撹拌強度 $\varepsilon_0 = 10^3 \text{erg/cm}^3 \cdot \text{s}$ といった条件下で、半径 $a = 1.45 \times 10^{-4}$ cm がブラウン運動凝集と乱流拡散凝集の分岐点になるようです。1.5μmを越えると乱流拡散輸送のエネルギーが、粒径の5乗に比例して急増大し、急速に卓越駆動力になります。

エネルギー障壁のない場合（ゼロゼータ電位：等電点）まで電気2重層の荷電中和が進んでいる時には、駆動エネルギーの大小が問題となるのではなく、衝突速度を高めるためにブラウン運動を越えて、乱流拡散がどの程度有効かが問題の中心になります。

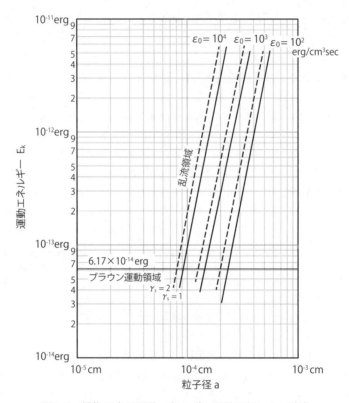

図5.5　凝集反応の駆動エネルギーの粒子径による変化

ここまで述べてきたように、粒子の相対的衝突を駆動するエネルギーとして、ブラウン運動と乱流変動の二つのランダム運動が主要なものであり、図3.15、図3.16に示したような粒子界面の電気2重層が示す反発ポテンシャルと粒子間に常在する吸合ポテンシャル（ロンドン・ファン・デル・ワールス力）の合成によって生ずる、2粒子間の相互作用の大きさを示す合成ポテンシャルの最大値 E_{max} を越えて、両粒子を相互に衝突合一できるかどうかが、凝集操作を進行させ得るかどうかの第一の判断基準となります。電気2重層はほとんどの場合、ある大きさの電位（多くの場合、ζ電位で代表されます）を持っていて、相互に反発力を示し、あるポテンシャル条件下で、衝突合一が可能になるかどうかを具体的に議論することができます。次項では、丹保がその機序を論じ、凝集現象の臨界凝集電位（臨界ゼータ電位）として±10mV程度を提案した過程を説明します。

⑻　臨界凝集ゼータ電位（Critical zeta-potential for coagulation）

　粒子の表面電位の分布が等電点に達していると、懸濁粒子間の反発エネルギー障壁がなく、粒子間の相互吸引力（ロンドン・ファン・デル・ワールス力）だけが働き、当然のこととして、凝集現象が生ずることになります。しかしながら、筆者らが計測した極めて多くの場合を含めて、界面電位がゼロ（等電点）にならなくても、そのわずか前、あるいは、わずか後の比較的小さなゼータ電位の範囲で凝集が起こることが知られています。このようなあるレベルまで界面電位を下げた時に凝集が生ずるに至る限界の電位を、筆者は臨界凝集電位、または臨界凝集ゼータ電位と定義しました。

　水処理におけるコロイド粒子の臨界凝集ゼータ電位について、リデック（Riddick. 1961）は色度粒子のような微小粒子の凝集について±5mV程度、粗懸濁粒子に対して±10〜20mVといった値を経験的に述べて定性的な説明を試みていますが、理論的な検討はされていません。また広範に変化する外的条件下では、一定の臨界ゼータ電位を求めることは無理であるといった知見が語られています。筆者（丹保、1964）は、凝集処理の指標として実用できる臨界ゼータ電位のあることを理論的に明らかにし、水処理操作への応用について、凝集剤の挙動やシリカ凝集補助剤の生成等にまで広く用い得ることを明らかにしました。

　2個の同種の懸濁粒子の相互作用、つまり、凝集の問題は図3.15に示すような、ブラウン運動あるいは乱流変動の運動エネルギーと電気2重層の反発エネルギーが、相互に作用する際のエネルギー平衡と卓越状態を定量的に検討することから始まります。このような2粒子間の分散・凝集の関係を論ずる Derjaguin-Landau-Verway-Overbeakによる「DLVO理論」が、問題の扱いを定量化する鍵となります。

　粒子の反発の電気的エネルギー分布は、**図3.14**の電位分布に反対荷電粒子の有効電荷を掛け合わせることによって求められます。この関係は、等しい性質の二つの粒子の表面電位があまり高くなく、拡散2重層の厚さに比して懸濁粒子径が相対的に大きな場合に、**式5.17**のように示されます。水処理において凝集処理が行われる条件近傍のポテンシャル分布と考えられる要件です。

　ここで、Φ_dはスターン層とグイ層の境界面における電位（e.s.u.）を表します。実操作の点から粒子の電気2重層のポテンシャル分布の起点としては、**図3.14**に示すように、粒子素表面の電位Φ_sそのものを用いるよりは、スターン層に吸着された反対荷電粒子が素表面を覆い、粒子をあたかも反対荷電粒子に覆われた粒子と考えて、グイ・スターン層の境界電位Φ_dから拡散層が始まるとして、電気2重層の相互干渉を考えると問題が扱い易くなります。

$$E_r = \frac{a d \Phi_d^2}{2} \ln\{1 + \exp(-\kappa H)\} \qquad \kappa a \gg 1 \qquad\qquad —(5\cdot17)$$

$$\kappa = \sqrt{\frac{4\pi e^2 \sum n_i Z_i^2}{DKT}} \qquad\qquad —(5\cdot18)$$

E_r：2個の粒子間相互の反発エネルギー（10^{-7}Jまたは10^7erg）
D：水の透電恒数（無次元：約80）
a：粒子の半径（cm）
Φ_d：グイ・スターン層の境界電位（e.s.u.）
$1/\kappa$：イオン分雰囲気の厚さ（cm）
H：2個の懸濁粒子間距離
e：単位電荷 4.803×10^{-10}（e.s.u.）
n_i：i種イオンの単位体積水中の個数（個/cm³）
Z_i：i種イオンのイオン価
K：ボルツマン定数
T：絶対温度

式5.17、式5.18　2個の粒子相互の反発エネルギー

　2個の懸濁粒子が相互に引き合うポテンシャルエネルギーE_a（ロンドン・ファン・デル・ワールス力）は、**式5.19**のように与えられます。

$$E_a = -\frac{A}{6}\left[\frac{2a^2}{H^2+4aH} + \frac{2a^2}{(H+2a)^2} + \ln\frac{H^2+4aH}{(H+2a)^2}\right] \quad —(5\cdot19)$$

2粒子間距離Hが非常に小さいとき

$$E_a \fallingdotseq -\frac{a}{12}\frac{A}{H} \quad —(5\cdot20)$$

E_a：吸引エネルギー（erg or J）
A：ロンドン・ファン・デル・ワールス定数

式5.19、式5.20　懸濁粒子2粒子間の相互吸引ポテンシャルエネルギー

　ここで、ロンドン・ファン・デル・ワールス定数Aは、独立の方法で直接求めることが難しいけれども、$A=10^{-12}$erg程度であると推定されています。2粒子相互間の距離Hが非常に小さいときに、E_aは式5.20のように近似的に求められます。
　式5.17と式5.19、あるいは式5.20を加え合わせることによって、図3.15の③合成ポテンシャルエネルギーE_iを求める式として、式5.21、あるいは式5.22が得られます。

$$E_i = \frac{ad\Phi_d^2}{2}\ln\{1+\exp(-\kappa H)\}$$
$$-\frac{A}{6}\left[\frac{2a^2}{H^2+4aH} + \frac{2a^2}{(H+2a)^2} + \ln\frac{H^2+4aH}{(H+2a)^2}\right] \quad —(5\cdot21)$$

$$E_i = \frac{ad\Phi_d^2}{2}\ln\{1+\exp(-\kappa H)\} - \frac{a}{12}\frac{A}{H} \quad —(5\cdot22)$$

式5.21、式5.22　2粒子間の合成ポテンシャルエネルギー

　この式によって求められる粒子近傍の合成相互ポテンシャル曲線は、図5.6の諸図に示すような形を持っており、図5.6a~cに見られるように、グイ・スターン層境界面電位Φ_d＜10mVと小さいときには、通常の自然水（κが10^5～10^6cm^{-1}）の範囲で吸引ポテンシャルが卓越し、相互凝集が障害なく進行します。しかしながら、計算例では境界面電位Φ_dが15mVを越えてくると、図5.6のd以下の諸図に見られるように、エネルギー障壁の丘E_{max}が発現するようになり、ブラウン運動あるいは乱流変動によってもたらされる懸濁粒子の運動エネルギーE_kの大きさが、式5.23に示すような粒子の相互会合の際のエネルギー障壁の高さE_{max}を越えなけれ

ばならなくなります。図中で相互エネルギー計算の際のパラメータとして用いた κ 値$10^{5.5}$から$10^{6.85}$は、米国の実在する諸水源の水質分析データーから丹保が計算した値を参照しました。

$$E_{max} < E_\kappa = \frac{1}{2} mV'^2 \quad —(5\cdot23)$$

式5.23 エネルギー障害壁のポテンシャル

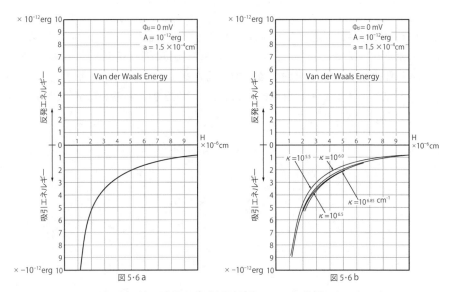

図5.6 粒子近傍の合成相互ポテンシャル曲線 a.b.

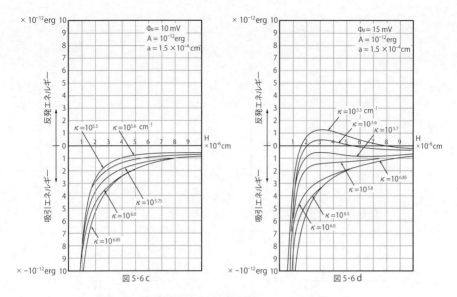

図5.6 粒子近傍の合成相互ポテンシャル曲線 c.d.

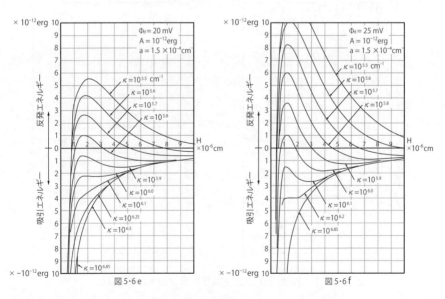

図5.6 粒子近傍の合成相互ポテンシャル曲線 e.f.

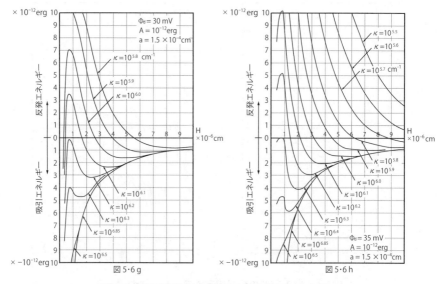

図5.6 粒子近傍の合成相互ポテンシャル曲線 g.h.

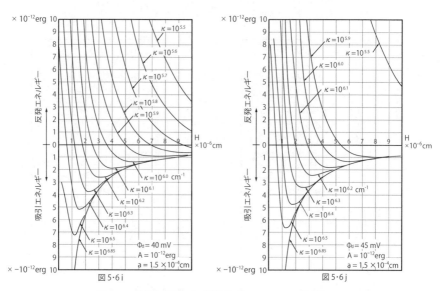

図5.6 粒子近傍の合成相互ポテンシャル曲線 i.j.

式5.21に見られるように、相互作用のエネルギーの大きさは、粒径 a に比例して増大するのに対して、駆動エネルギーはブラウン運動が駆動力の範囲では、$E_{kb} = 6.175 \times 10^{-14}$ erg（水温25℃）と一定であることから、懸濁物の粒子径が大きくなるにつれて障壁の高さも比例的に増大し、ブラウン運動領域においては、大粒径の粒子ほど凝集の進行に対する抵抗が大きくなります。

一方、等方性乱流駆動が卓越する領域では、図5.5に示すように、駆動力が有効な粘性渦（ミクロ渦の径が粒子径相当）の寸法の5乗に比例して急速に増加します。したがって、集塊粒子径が大きくなるにつれ、駆動力が粒径の5乗で増大し、エネルギー障壁の増加を急速に凌駕して凝集反応が容易に進行することになります。このことから、集塊粒子径が大きくなる際の駆動力の増加が、エネルギー障壁の増加を急速に凌駕して凝集反応が進行することになります。ブラウン運動駆動領域から乱流変動駆動領域に移行する遷移粒径のあたりが、エネルギー的に最も凝集の進行が困難になる粒径（クリティカル粒径）と考えられます。

図5.5から両領域が遷移する粒径では、撹拌エネルギー強度が10^4ergで臨界粒子半径 $a \fallingdotseq 10^{-4}$cm = 1 μm といった値をとります。撹拌強度が10^2erg と小さい場合、臨界粒子半径 $a \fallingdotseq 2$ μm と大きくなり、ブラウン運動から乱流各範囲へとスムーズにつながり難く、急速撹拌の強度（エネルギー逸散率）ε_0を10^3erg/cm³以上のレベルまで高くすることの重要性が理解できます。

図5.6のdからjまでの図のエネルギー障壁の高さが、おおよそ6.17×10^{-14}ergとなる条件を求め（内外挿によって）、拡散2重層の厚さの逆数 κ（自然水レベルで考えられる前述のκが$10^{5.5} \sim 10^{6.5}$cm^{-1}の範囲について）とグイ・スターン境界層電位 Φ_dを縦軸と横軸にとって凝集現象の発現／非発現領域の臨界線を描くと、図5.7のようになります。

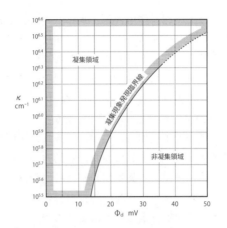

図5.7　凝集現象発現臨海線

　臨界凝集の発現するイオン雰囲気の厚さ $1/\kappa$ の値は、境界界面電位 Φ_d の増加につれて急激に減少（κ 値は増加）することがわかります。実際には、スターン・グイ層境界電位を直接計測することができませんので、実測できる唯一の界面電位であるゼータ電位との関係で表現することにします。球の周りの拡散2重層内のポテンシャル分布を表現する関数として、デバイ・ヒッケル（Deby-Huckel）の**式5.24**があります。

$$Z.P. = \frac{\Phi_d a e^{-kb}}{a+b} \fallingdotseq \Phi_d e^{-kb} \quad a \gg b \quad —(5 \cdot 24)$$

式5.24　デバイ・ヒッケル（Deby-Huckel）の式

　ここで、b は Φ_d の定義されるスターン・グイ層の境界面とゼータ電位の定義されるすべり面（せん断面）の距離で、ほぼ一定値をとるものと考えられますが、正確には分かっておらず、おおよそ $10\sim100$ Åのオーダーと考えられています。丹保の行った多くの実験からの推算値からもっともらしい数値として推定した $b=65$ Åを用いました。そこで、**図5.7**の横軸 Φ_d を**式5.24**の関係を用いて、κ 値とゼータ電位の関係で表現する臨界凝集ゼータポテンシャル図に書き換えると、**図5.8**のようになります。

この図から、領域が臨界凝集ゼータポテンシャルラインの左側の領域にあれば、凝集が進行し、右側の領域では分散状態が持続されて凝集が起こらないことになります。また、臨界凝集ゼータポテンシャルは、ほぼ11〜12mVの線をたどり、κ値が$10^{6.3}$といった高い水質領域になると、9〜10mVに臨界値が低下します。ちなみにこの条件はミシシッピ川の河口のニューオルレアンズ水道の原水のものであり、米国の他の水道原水や日本の河川水では10〜11mVを臨界凝集ゼータ電位として凝集操作を行えばよいということになります。±10mVを実用的には臨界凝集ゼータ電位とすることを丹保は提案しています。

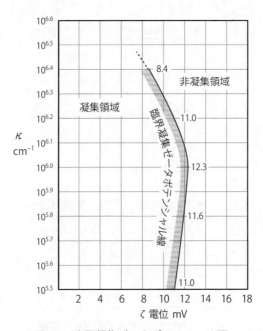

図5.8 臨界凝集ゼータポテンシャル図

(9) 凝集速度

もしも、懸濁粒子が等電点に達しているとすれば、相互のエネルギー障壁問題は存在せず、粒子相互の会合の機会がブラウン運動による場合と乱流変動による場合で、どの程度異なってくるかが問題になります。層流流れ場（ポアジュール流れなど）の高流速流線上の粒子が、隣接する低流速流線上の粒子に追いついて合一する

速度勾配凝集が、固定層の間隙流れ場などでは生じますが、一般的な凝集操作には使われませんので、ここでは撹拌系におけるブラウン運動と等方性乱流変動による衝突合一の速度比について考えます。

ブラウン運動によって、懸濁液単位体積当たり単位時間内に粒子が衝突する回数は、式5.25で与えられます。また、乱流変動による懸濁液単位体積当たり単位時間内に粒子が衝突する回数は、Kolmogoroffの局所等方性乱流条件下で、Levich（1962）によって式5.26のように与えられています。

$$N_{br} = 8\pi D_{br} d n^2 \quad —(5\cdot25)$$

N_{br}：懸濁液単位体積当たり単位時間内の粒子衝突回数
D_{br}：ブラウン運動による拡散係数
d：懸濁粒子の直径
n：懸濁液単位体積中の粒子の数

式5.25　ブラウン運動による粒子衝突回数

$$N_{turb} = 12\pi\beta\sqrt{\frac{\varepsilon_0}{\mu}}\, d^3 n^2 \quad —(5\cdot26)$$

N_{turb}：懸濁液単位体積当たり単位時間内の粒子衝突回数
β：比例定数（近似的に1と考える）
ε_0：単位体積中で単位時間に生ずるエネルギー消費率
μ：流体の粘性係数
d：粒子の直径
n：懸濁液単位体積中の粒子の数

式5.26　乱流変動による粒子衝突回数

式5.25と式5.26から、ブラウン運動と乱流変動による凝集速度（単位時間における粒子の衝突回数）の比は式5.27で表されます。また、粒子のブラウン運動による拡散係数D_{br}は、式5.28のアインシュタインの式で表されます。今、水温25℃の場合について考えると、式5.29のようになります。乱流撹拌強度ε_0は、大型の慣性領域の渦特性から式5.30のように表現されます。

$$\frac{N_{tub}}{N_{br}} = \frac{12\pi\beta\sqrt{\frac{\varepsilon_0}{\mu}}d^3 n^2}{8\pi D_{br} d n^2}$$
$$\fallingdotseq \frac{3}{2}\frac{d^2}{D_{br}}\sqrt{\frac{\varepsilon_0}{\mu}} \quad —(5\cdot27)$$

式5.27 ブラウン運動と乱流速度との比

$$D_{br} = \frac{KT}{3\pi\mu d} \quad —(5\cdot28)$$

D_{br}：ブラウン運動による拡散係数
K：ボルツマン定数
T：絶対温度
μ：粘性係数

式5.28 アインシュタインの拡散係数式

水温 25℃の場合
$T = 298°$
$K = 1.38\times10^{-16}\,\mathrm{erg/°C}$
$\mu = 0.0089\,\mathrm{g/sec/cm}$
$D_{br}(25℃) = 4.91\times10^{-13}/d \quad —(5\cdot29)$

式5.29 水温25℃の時の拡散係数

$$\varepsilon_0 \fallingdotseq \frac{\rho(\Delta U)^3}{l} \quad —(5\cdot30)$$

ε_0：乱流撹拌のエネルギー消費率 (erg/cm³·sec)
ΔU：渦スケール l(cm) の距離の平均流速差 (cm/sec)
ρ：流体密度 (g/cm³)

式5.30 乱流撹拌強度

そこで、水温25℃の場合に、ブラウン運動が卓越する領域から乱流変動が卓越する領域への遷移粒径は、**式5.31**で与えられます。

水温 25℃の時、式 5·27 に式 5·29 を代入し

$$\frac{N_{tub}}{N_{br}} = 3.24\sqrt{\varepsilon_0}\,d^3 \times 10^{13}$$

遷移粒径 ($N_{tur}=N_{br}$) d は
$$d = (3.09\times10^{-14}\times\varepsilon_0^{-\frac{1}{2}})^{\frac{1}{3}} \quad —(5\cdot31)$$

式5.31 ブラウン運動と乱流運動の遷移粒径

浄水場における急速（乱流）撹拌エネルギー ε_0 は、ほぼ$10^3\,\mathrm{erg/cm^3\cdot sec}$ と考えられるので、水処理系における衝突率からみた遷移径 d は、約$(2\sim3)\times10^{-5}\,\mathrm{cm}$といったサブミクロンのオーダーとなります。

　これらの衝突率の遷移径と臨界凝集ゼータ電位双方の議論からみて、等方性乱流強度が有効に働く渦径をサブミクロンにできるだけ近づけるように、撹拌強度を高

くしなければならないことの重要性が理解できます。これが、凝集剤注入条件の設定に多用されてきた定型的ジャーテスター試験で、最初の撹拌を200rpmといった$10^3 erg/cm^3 \cdot sec$をもたらす撹拌強度で行うことの意味です。当然のことながら、実際の薬品混和池での撹拌強度も、少なくても$10^3 erg/cm^3 \cdot sec$のオーダーで行う必要があります。

　日本の多くの上水や工業用水の浄水場における急速撹拌の強度不足は、通有の欠陥です。さらに、エネルギー障壁問題の対応とともに、粒子が相互に衝突会合するために輸送される時間が必要です。単位時間の衝突回数は

$$(\varepsilon_0)^{1/2} = G \text{（Camp）}$$

の表現による速度勾配値に比例しますので、弱撹拌では撹拌継続時間をG値に逆比例して増加させなければなりません。具体の撹拌操作の設計につては、フロック形成の操作とともに後述します。このことについても日本の実務的扱いは、十分な理論的理解のもとで進んではいないようです。

⑽　粒子間結合力と高分子による架橋凝集

　粒子相互間のイオン雰囲気（電気2重層）の干渉による相互作用のエネルギー障壁を基に論じられてきたDLVOの理論や丹保の臨界凝集電位理論の提案が意味するところは、コロイド粒子が集塊のために相互に会合し得る条件を示すというものです。しかしながら、粒子が会合を果たした後も、後続する固液分離操作のために、外乱に抗して集塊を維持するためには、ロンドン・ファン・デル・ワールス力を越えた化学的・電気的な結合力の補強が、多くの場合必要になってきます。これらの結合力を生み出すものとして、イオン結合、あるいは水素結合といった化学的結合力を発揮する架橋物質が求められることになります。

　このような化学的結合力を生じさせる状況として、次のような2つが考えられます。

① 両粒子がともに荷電が中和された状態で一様な表面荷電分布をもっていても、コロイド粒子相互間で集塊を維持/成長させるような結合力を発揮できず、両粒子間に化学的結合力を及ぼし得るような第3の架橋物質（Bridge）が存在するような場合です（**図5.9**）。

　　例えば、カオリナイト系の粘土の凝集の場合などで、ゼータ電位が中和され等電点に達していても、単純イオンのみでは乱流条件下で粒径（集塊）が大きくなるにつれて径の5乗に比例して増大する運動（乱流変動）エネルギーに抗して集塊を維持し続けることは困難で、両粒子に共吸着し、粒子間に架橋して結合を強

化するための正荷電、あるいは中性の重合イオンが必要になります。

　もう一つの場合は、

② 両粒子の電気２重層の電位が等電点付近に達し、直接接触可能になった状態にあっても、コロイド粒子表面がヘテロ（異種類）な荷電表面分布域を残していて、それらが互いに引き合うことができる状況にあるような場合です。

　例えば、タンパク質の構造が$^{COO^-}R^{NH^{4+}}$となって等電点が生じた後も、コロイド表面にヘテロな形でCOO^-とNH^{4+}の官能基が分布している場合や、モンモリオナイト系の粘土で、総体としての電気２重層の荷電中和が進行して等電点付近にあるものの、個々の粘土粒子のエッジや面に異なる荷電が局所的に分布している場合などです。微生物フロックの場合には、前者のような条件が緩く存在していると考えられます。

　１次粒子が２次粒子に着実に会合集塊していくためには、

① 適切な反発荷電の中和と、

② 適切な結合力の付与

の２つが操作の安定進行の基礎条件となります。

　このような２つの条件を充分に満たす化学的凝集剤の例として、無機や有機の高分子凝集剤があります。高分子物質は吸着性が強いので、懸濁液に添加されると、懸濁物質表面が吸着飽和に至るまで、ほとんど全量がコロイド粒子表面に集まります。したがって、ほとんどがスターン層に集まることになります。このような場合には、負に荷電した懸濁粒子表面の50％を正荷電高分子凝集剤が覆って、総体として粒子相互の反発電位が十分に低下した時に、最もよく集塊が進行することになります。反対荷電の高分子の添加量が大き過ぎると、コロイド粒子の表面を反対荷電の高分子が覆ってしまい、逆の反発力が増加して、コロイド粒子は再分散してしまいます。これを**図5.9**に示すように、解膠現象と呼んでいます。

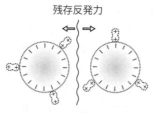
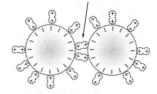

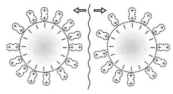

図5.9　高分子凝集剤の諸作用

　一方、高分子凝集剤には決定的な適用不全条件があり、万能ではあり得ないことを知っておかなければなりません。それは凝集剤の全てにわたっていえることですが、「凝集剤の作用時の寸法は、被凝集物質に対して十分小さくなければならない」という原則です。このことは、小さな有機コロイドに対して高分子ポリマーは使えず、加水分解後の分子の質量が高々1,500Daにとどまるアルミニウムや鉄塩が、いまだに凝集剤として主用されている理由であり、第3章の水処理のマトリックスのところで述べた凝集限界が、1,500Da付近であることの理由です。簡単にいえば、10,000Daの凝集剤は、1,500Daのフミン質粒子に吸着しても、フミン質粒子を吸着することにはならないことです。逆に、吸着剤としての性能は、高分子コロイドには全く期待できません。弁慶の薙刀で鯛の刺身を作るのは無理ということです。
　詳細は、後述する色度の凝集のところで説明します。

(11)　**凝集剤**（Coagulation agents）
　凝集処理に用いる薬剤は、凝集剤、凝集補助剤、フロック形成助剤に大別されます。
(a)　凝集剤（Coagulants）

これは、
① コロイド粒子などの表面荷電（電気2重層）を中和することによって粒子間の反発ポテンシャル障壁 E_r を消滅させて不安定化させ、粒子相互の衝突を可能にし、
② 両粒子間に架橋作用を発揮して結合を強化し、
フロック形成へと進むことを可能にする機能を持つ薬剤です。

(b) 凝集補助剤（Coagulation aids）
　凝集剤を有効に働かせるために、懸濁系の pH を制御したり、水の pH 緩衝能を高めたりする薬剤です。

(c) フロック形成助剤（Flocculation aids）
　粒子間の架橋作用を示し、フロックの結合を強化する薬剤です。
　(b)(c)を一緒にして凝集補助剤と称することもありますが、機能的には異なる作用を期待する薬剤です。
　凝集剤としては、アルミニウム、または鉄塩のような、水中で容易に加水分解して重合多価陽イオンを作るような金属塩が主に用いられてきました。陽イオン性の有機高分子も、高濃度の粗粒径のスラリー凝集などを目的とした汚泥処理系などで近年多用されていますが、分子量が大き過ぎて、微小粒子の2重層荷電中和の目的には使えないことと、希薄系に対しては、対応する分子の個数濃度が不足するために、水処理系への汎用には限界があります。
　電気2重層の荷電を中和するのに必要な反対荷電粒子を生成する凝集剤の量は、反対荷電イオンの電価が大きくなると急激に減少します。この現象は先に述べたように、シュルツ・ハーデイ（Shultz-Hardy）の法則として知られています。1、2、3、4価と反対荷電のイオン価が増すにつれて、2重層の荷電中和に必要な凝集剤量が1桁くらいずつ減少していきます。
　アルミニウムや鉄塩が凝集剤として広く用いられてきた理由は、後述するように、加水分解して実操作が行われる弱酸性の pH 領域では荷電中和能力が大きい多価の4価イオンとなり、荷電中和に有効に働くためです。
　表5.8は通常用いられる凝集剤の例です。

表5.8　凝集剤の例

物質名	化学記号
硫酸バンド (Aluminum sulphate)	$Al_2(SO_4)_3 \cdot 18H_2O$
アルミン酸ナトリウム (Sodium aluminate)	$Na_2Al_5SO_4$
硫酸第1鉄 (Ferrous sulfate)	$FeSO_4 \cdot 7H_2O$
硫酸第2鉄 (Ferric sulfate)	$Fe(SO_4)_3$
塩化第2鉄 (Ferric cloride)	$FeCl_3$
塩化コッパラス (Chlorinated copperas)	$FeCl_2 \cdot Fe_2(SO_4)_3$
水酸化カルシウム (Calcium hydroxide)	$Ca(OH)_2$

　アルミニウム凝集剤によるフロック形成反応について、古典的な水処理の教科書や普及解説本などでは、アルミニウム塩とアルカリ度は**式5.32**といった形の反応で進行し、酸であるアルミニウム塩は水中のアルカリ度$Ca(HCO_3)_2$を消費して水酸化アルミニウムのフロックとなり、CO_2を放出して水のpHを低下させ、生成した水酸化アルミニウムの析出物（フロック）が、水中のコロイドや懸濁質を包んで沈降分離すると説明されています。しかしながら、実際の凝集は中性の水酸化アルミニウム$Al(OH)_3$では果し得ません。

$$Al_2(SO_4)_3 \cdot 18H_2O + 3Ca(HCO_3)_2 \rightarrow 2Al(OH)_3 + 3CaSO_4 + 6CO_2 + 18H_2O \quad —(5 \cdot 32)$$

式5.32　アルミニウム塩とアルカリ度の反応

　先に述べたように、DLVOの理論等に基づく臨界凝集電位などの議論を説明できるアルミニウム塩や鉄塩の関与が、どのような機構で現れてくるかの研究は、1960年代の初頭に、丹保が米国のフロリダ大学のA. P. Black教授の下でこの問題を研究していた時代に、ようやく明らかにされるようになってきました。同時代の若かった研究仲間で、後にこの分野の大御所となった、Prof. J. J. Mogan（CALTIC）、Prof. C. O'Meria（Jhons Hopkins Univ.）、Prof. Packham（Imperial College London）、後に筆者の理論を引いて、1980年代に米国でこれらの仕事のまとめを果たしたProf. A. Amirthrajah（Georgia Tech.）やブラック先生の下で、ともに学んだProf. R. F. Christman（U. of North Calorina）、Prof. F. B. Berkner（U. of Meryland）などの多くの友人達と、その先達であったProf. W. Stumm（Harvard University。後にスイスETHスイス工科大学：Dubendorfスイス国立水研究所長）先生

や、筆者の大学院生で後任者となった渡辺義公教授（宮崎大学/北大/現中央大学）にいたる一群の研究者のほぼ1/4世紀にわたる研究の成果です。現在 IWA の Particle Separation の Specialist Group（代表北大木村克輝准教授）として、このグループは継続して活動しています。ろ過のところで理論を紹介した University College London の Prof. K. Ives、Archen 工科大学の Prof. Bernhalt が、このグループの創設の仲間として、凝集現象の解明に大きく寄与しました。

⑫　アルミニウム凝集剤

　アルミニウム塩は容易に加水分解して、酢酸と同程度の弱い酸性を示す両性電解質です。酸性側では正のアルミニウムイオンとして存在していますが、pHがアルカリ側に推移していくと、負のアルミン酸イオン（Aluminate）となっていきます。その過程を模式的に示すと図5.10のようになります。酸性のアルミニウム種にアルカリを加えてpHを上げていくと、OH^-イオンとアルミニウムが結合し、図5.10に示すような $Al_6(H_2O)_5 \cdot (OH)^{2+}$ や $Al_6(OH)_{15}^{3+}$、さらには荷電中和能力が最大になる4価の正価電ポリマー $Al_8(OH)_{20}^{4+}$ などの様々なアコ錯体が生成してくることが、Metijevic などの先駆的な研究によって明らかにされてきました。図5.11は、荷電中和能力が最大になる4価の正価電ポリマー $Al_8(OH)_{20}^{4+}$ の構造式を表しています。

　図5.12に示すように、アルミニウム溶液の NaOH 滴定曲線は、pH4～5の範囲で大きな緩衝能を示し、この領域で急速に加水分解が進行することを示します。pH4.5～5.0の付近でアルミニウムは加えられた OH^- イオンとほとんど結合し、加水分解重合が進行して pH4.5 のあたりで、$Al_8(OH)_{20}^{4+}$ あるいは $Al_7(OH)_{17}^{4+}$ といった多核錯体が生ずることを示しています。また、Brosset らは2価、1価の水酸化イオンもモノマーが主体ではないと考えています。実際のアルミニウム溶液では、これらが単種で存在しているのではなく、各pH領域で複数のアコ錯体が混在していると考えられます。アルミニウム多核錯体は熟成期間（Aging）を置くことによって、温度・濃度条件で5価のイオンが存在するとも言われていますが、筆者は確かめていません。

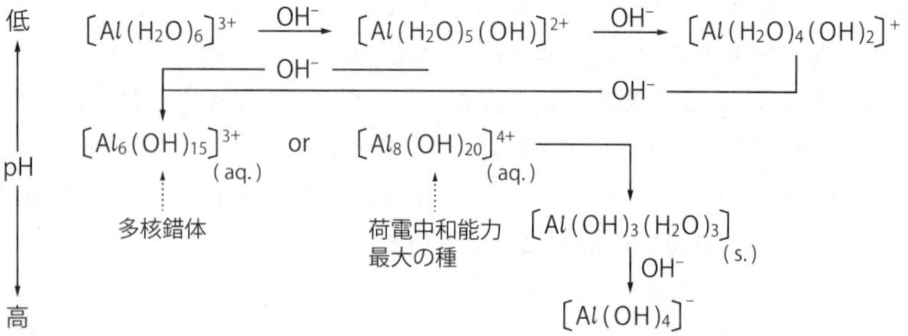

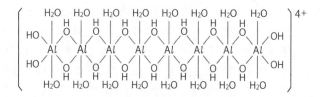

図5.10 pHとさまざまなアルミニウム種

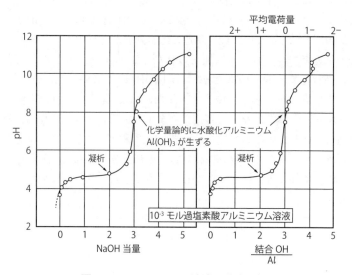

図5.11 $Al_8(OH)_{20}^{4+}$の構造式

図5.12 アルミニウム溶液の滴定曲線

図5.13は、アルミニウムの易動度をHitroffの原理に基づいて、筆者らが制作した電気泳動輸送管法によって測定した結果です。計測法については丹保・伊藤による水道協会雑誌508号 p38（1977年）の論文を参照してください。

酸性側で高い正の易動度を示しますが、pHが大きくなるとともに易動度は低下しpH7.5付近で等電点（易動度0）となり、アルカリ側で負の易動度を示すようになって、その値は大きく下がっていきます。顕微鏡泳動法では計測できない溶解性のアルミニウムアコ錯体の易動度（ゼータ電位）測定ができるのが、この方式の特徴です。式5.13と式5.14の関係から、易動度をゼータ電位に読みかえて議論を進めることができます。25℃の水の場合、ゼータ電位と易動度は、式5.33の関係があり、略算して電気易動度1がゼータ電位12.8mVとなり、丹保が提案した臨界凝集ゼータ電位は、易動度1弱と考えるとよいことになります。

$$Z.P.(mV) = 12.8 \times M(\mu m/sec/V/cm) \quad —(5\cdot33)$$
Z.P.：ゼータ電位
M：易動度

式5.33　ζ電位と易動度の関係

泳動時間2分間が筆者らの手法で易動度を計測できる最短時間であり、より短時間に生じたアルミニウム種の同定はできません。また、アルミニウムの濃度が高いと、同じ反応時間でも反応がさらに進んでいきます。したがって、図5.13ではアルミニウム濃度の高い場合には、正負の領域とも易動度の絶対値が小さく（反応が進んだ状態で、長い泳動時間での計測の場合に見られる状態に）なっています。このために、実際の凝集処理で急速撹拌槽になるべく近い状態のアルミニウム多核錯体のゼータ電位（易動度）を想定するには、近似的に、図の泳動時間2分間の白抜きの丸と角の状況を参照するのが良いように思います。

pH4.5に突出した高い易動度を示す領域があり、pH5.5を超えると急速に易動度は小さくなり、pH7.5付近に向かって正の易動度はプラトー状態を示してなだらかに減じ、pH7.5付近で等電点に達し、以後、急速に負の値を増し、pH9付近で負の極大値を示した後、負の値（絶対値）を再度減じます。

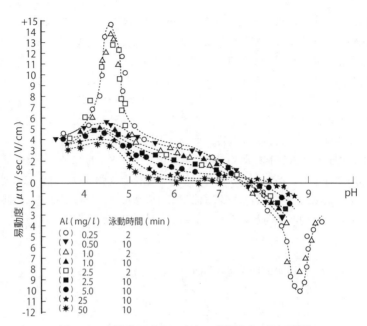

図5.13 水酸化アルミニウムの易動度とpHの関係

　また、図5.13に示すような易動度を発現するアルミニウム種が、どのような大きさを持つものであるかを推定するために、Al濃度0.8mg/lの溶質・コロイドの粒度分布を5〜10μmろ紙による分級で求めた結果を図5.14に示します。筆者らは残念ながらこれら分布種の同定ができませんでしたが、フロリダ大学のブラック教授グループの後輩である Prof. Singley らの仕事を参照すると、6種類のアルミニウム種を想定して、10^{-4} mol（2.7mg/l）溶液について各種のpH領域における存在比を求めて図5.15のような計算結果を得ており、筆者らの粒度分布測定結果と良好な対応付けができるようです。

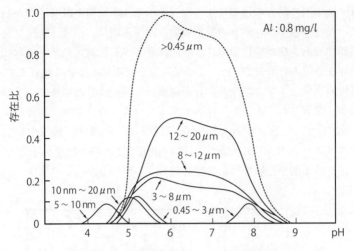

図5.14 pHと水酸化アルミニウムの粒径分布

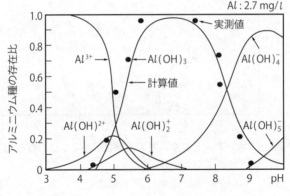

図5.15 pHとアルミニウム種の存在比

　図5.10に示すようにアルミニウムのモノマー Al^{3+} は、2価のアコ錯体となっていることが図5.12の滴定曲線から推定され、図5.10、図5.11に示すようにさらに重合して、pH4.5付近に大きさが5〜10nmほどの+4価の高分子多核アコ錯体となって存在していると考えられます。pHが5〜8といった領域では、粒径はすべて0.45μmを超えた懸濁体となっていて、$Al(OH)_3$に示されるような中性の水酸化アルミニウム析出物（Precipitates）として不溶化して、いわゆるアルミウムフロックを生じます。

これは、凝集剤の働きの最初に述べた古典的な作用機構の説明にかかわる成分です。後に、濁度や色度コロイドの凝集現象を論ずる際に、pH4.5付近の突出した正荷電多核錯体種および弱酸性領域に広範囲に存在する低荷電の多くの水酸化アルミニウムの存在の組み合わせが、様々な凝集現象を支配することに触れます。中性pH域の不溶性の水酸化アルミニウムの存在範囲は、他の成分と同様に、アルミニウム濃度に大きく影響されます。不溶性のアルミニウムフロックは、高濃度になるほど広いpH域に広がって存在することを図5.16は示しています。荷電中和能力の低い水酸化アルミニウムと荷電中和能力の高いpH4.5付近の多核錯体をどう使い分けるかが、後述の濁度や色度の凝集処理を設計する際のカギになります。

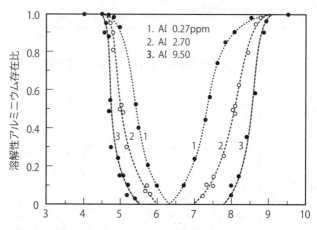

図5.16　水・アルミニウム系の溶解性アルミニウム存在比

　鉄塩の場合、pH3～4の領域で加水分解が顕著に進行し、$[Fe_2(H_2O)_8OH_2]^{4+}$といったアコ多核錯体が、荷電中和の主体となると考えられています。アルミニウムに比べてpHが1低い領域で加水分解重合が始まるようです。StummとO'Meriaが示したアルミニウムと鉄の各種アコイオンの存在常態を引用して示すと、図5.17のようであり、筆者等の諸計データと突き合わせて考えると、様々なアコ錯体の存在状態と対比して凝集の状況を理解することができます。

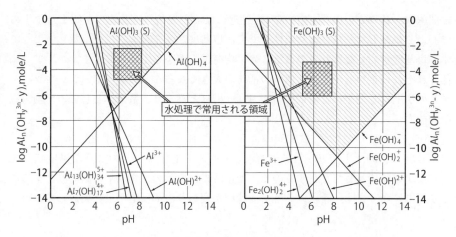

図5.17　AlとFeのアコ錯体と沈殿物の存在常態（Stumm, O' Meria）

　アルミニウム系の代表的な凝集剤として18世紀から工業的に用いられ続けてきた硫酸アルミニウム $Al(SO_4)_3 \cdot 18H_2O$（Alum）は186Daであり、その性状は先に述べたとおりです。アルミニウムアコ錯体の凝集剤として、日本の大発明品であるPACl（ポリ塩化アルミニウム、俗称パックPAC）は、現在、世界の無機凝集剤の主流になっており、600〜850Da程と想定されます。

　その性状を次に概説します。

　金属塩の加水分解重合反応と負荷電懸濁粒子群の荷電中和/架橋による有効な凝集操作は、アルミニウム濃度と加水分解重合の反応速度とが、密接微妙に絡み合って進行するため、添加凝集剤と水塊（懸濁液）との混合/分散の刻々の変化が重要になり、化学反応の進行とともに流体との混合をどのように制御できるかに影響されます。

　ポリ塩化アルミニウムは、安定した高機能の凝集剤を世界に送り出した日本の水道技術の最大の功績の一つとして挙げられます。大明化学㈱の副社長をされた伴繁雄氏の発明であり、広く製法を公開された功績を国内外で高く評価することが大切と思います。

　アルミニウム塩化物や硝酸塩を原材料として、高濃度下で図5.10に示した様な加水分解重合を行い、図5.12に示すような（結合 OH/Al）比が、凝析開始点の直前の２弱になる所までpHを上昇させて、溶解性アコ多核錯体の重合を進めます。市販のPAClはその比率を1.5（塩基度50％）程度にして作られているようです。滴

定曲線から比率が2.0（塩基度66％）付近になると凝析（不溶化）が始まりますので、よくコントロールされた条件下でも、塩基度70％を超えることは難しいようです。塩基度が高くなると系のプラスの平均荷電量が小さくなってきますが、アコ錯体それぞれの重合度が進み、個々の電荷が大きくなることによって、シュルツハーデイの法則にしたがって荷電中和能力は一桁ほど高まり、系全体としての平均荷電中和能力が大きくなると考えられます。

　PAClの一般化学式は、**式5.34**のように表されるようです。濃度はAlとして、ほぼ5％（Al_2O_3として10〜11％）溶液として作られます。このような濃度状態で安定なアコ錯体として存在するので、使用時には原液のまま原水に添加混合することが原則になります。希釈すると平衡状態が変わり白濁反応が生じ失活します。

$$[Al_2(OH)_n Cl_{6-n}]_m \quad\text{―― }(5\cdot34)$$
$$1 < n < 5$$
$$m \leq 10$$

式5.34　PAClの一般化学式

　わが国ではPAClをパック（PAC）と呼びならわしていますが、世界の常識では、PACはPowdered Activated Carbon（粉末活性炭）の略称で、PACは日本水道界のガラパゴス化した用語になってしまいますので、少なくとも国際的には使わない方が良いと思います。また、国内の論文や報告書で、凝集剤添加量を硫酸バンドx ppm あるいは mg/l とか、PACをx ppm あるいは mg/l 添加しています、というような表現がありますが、Alum（硫酸バンド）もところによっては結晶水が$16H_2O$や$14H_2O$であったりしますし、PAClも製法によって構造内容が異なりますので、技術報告や論文では相対的な評価を正しくするために、アルミニウム mg/l（as Al）量で添加濃度を表現することが、科学技術論文では必要になります。硝酸アルミニウムアコ錯体も多く作られていますので、粉末活性炭として広い分野で操作カテゴリーを表すことに用いられている「PAC」のような技術用語と摩擦を起こさないようにすることが、国際的にも注意が必要です。硫酸バンド10ppm（結晶水$18H_2O$）はAl濃度としては0.81ppmとなりますし、ポリ塩化アルミニウムの10ppmは、Al濃度として0.25ppm程度になり、製品によって値は変わってきます。

　PAClの製造では、アルミニウム濃度が数％の高濃度で管理された条件下で加水分解反応が進行します。しかしながら、急速撹拌池（あるいはジャーテスター）で

は、アルミニウム濃度がppmオーダーの低濃度で、しかも、混合の不十分から無視できぬ濃度分布がある中で、加水分解重合が不均一に進行します。桁違いの高濃度で反応管理が行われて均一な加水分解重合が進むPACl製造と、急速撹拌槽に添加された硫酸アルミニウムから生成するアコ多核錯体では、生成物の性質と均一性が大きく異なります。例えて言えば、100m競争をスタートから行う硫酸バンド添加の在来法では、様々な速さの子供が100mをそれぞれの速度で走り切って、ばらばらにゴールに飛び込んでくるような状態を想像すればよく、PAClでは60～70m（塩基度60～70％）までは、一団（濃度％オーダーの凝集剤）で一様に加水分解重合反応を進行させておいた後に、残り40～30m分だけを急速混和池で低濃度（ppmオーダー）での加水分解あるいはコロイドの荷電中和反応を行わせることになります。

　高濃度の加水分解重合反応で高荷電のアコ錯体を均質に生成することができるようになり、低い凝集剤添加量でもアルミニウムフロックを安定に作ることができるようになりました。この1960年代のPAClが出現によって、アルミニウム添加率の広い領域でのフロック形成が可能となり、フラクタルなフロック構造の研究が可能になりました。

　日本の浄水場の急速撹拌池設計の不十分さ（撹拌強度と時間の不十分と撹拌段数の不足による短絡流の危険）を、PAClの出現が補ったと考えます。

　硫酸バンドを急速撹拌槽へ直接添加して、原水中でアルミニウムの加水分解重合反応の進行と生成ポリマーによる懸濁質の荷電中和反応を同時並行的に行うことは、二段の反応を一つの反応槽で、微小のタイムラグを持ちながら並列的に進行させることになります。PAClの出現によって、凝集剤としてのアルミニウムアコ錯体の生成を先行して別途行い、次いで懸濁質の荷電中和反応とフロック形成架橋反応を直列に物理化学的に進行させるという、目的の明快な撹拌操作設計ができるようになったと考えます。

⒀　金属塩による懸濁質凝集のパターン

　水中に懸濁しているコロイド粒子を凝集させるには、正荷電を持つアルミニウムアコ錯体のうち適切なものを選んで懸濁質（コロイド）の表面荷電を中和して、懸濁粒子相互の会合（凝集）が可能になるようにしなければなりません。後続の固液分離を沈殿や砂ろ過床などで行うには、さらに会合（凝集）した粒子が外力に抗して、一定の寸法を維持することができるよう凝集粒子間の架橋結合力を加えてフロック化することを考慮しなければなりません。フロック形成補助剤（高分子物質）

などを加えることもありますが、基本的にはアルミニウムの凝析粒子（中性の水酸化アルミニウム）との共存が求められます。溶解条件によって様々なアルミニウム種が混合状態で存在しているので、操作条件としては急速な加水分解直後の処理水のpHを指標として、これら混合種の適切な利用を計ることになります。

　アルミニウムの添加量が同一の場合には、pH4.5～4.7付近に負荷電中和能力が最大のアルミニウムアコ錯体群があります。これは$Al_8(OH)_{20}^{4+}$といった種が主なものと考えられています。時には、$Al_{13}(OH)_{24}^{5+}$といった種が想定されていますが、筆者は5価のポリマー効果を明確に確認したことがありません。pHが上昇するにつれて正荷電総量は減少し、また単体の電荷も2+といったように低くなるので、シュルツハーデイ法則と相まって荷電中和能力が著しく低下し、pH7付近の中性域では、正荷電による荷電中和能力がほとんど無くなります。pH4.5周辺のpH領域では水酸化アルミニウムの多核錯体は、自身の持つ高電荷で互いに反発し合うようになり、溶解性重合体で存在しています。pHが6以上になってくると単体の荷電量が小さくなり、負荷電総量が少ない粘土系懸濁質の荷電中和凝集は可能ですが、総負荷電量の大きな微小コロイド（色度成分）などの凝集を進める能力はありません。pH8付近のアルミニウム水酸化物の等電点に近い中性pH領域では、アルミウム重合体は負コロイドの存在を要さず、図5.16に示すように、自身が水酸化アルミニウムとして不溶化（自己凝集）します。当然のことながら荷電中和能力はなく、原水中の負コロイドは分散した状態で残り、凝集作用を示しません。しかしながら、荷電中和された凝集体が共存している場合には、架橋物質としてフロック形成に寄与します。

　次に、粗懸濁質（コロイド）の代表として粘土を微小懸濁コロイドの代表として天然の泥炭地水の色度成分を対象に凝集の機序を説明します。自然系では多くのコロイドが−25mVほどのゼータ電位を持って安定に存在しているようです。赤血球も血液中でこのような値を持って安定に分散しているようです。

⒁　粗懸濁（粘土）系の凝集パターン

　ここに示す実験結果は、フロリダ大学で1962年に筆者が行ったもので、試水としてKaolinite 4（カオリン）の51.4ppmを蒸留・イオン交換水に加え、$NaHCO_3$50ppmをアルカリ度調整用に加えた懸濁液を用い、ジャーテスターにより、水温25℃で、急速撹拌120rpm10分間に続き、緩速撹拌（フロック形成撹拌）40rpm20分間を行い、静置30分間の沈殿操作の後、上澄水濁度を測定したものです。

　フロックのゼータ電位はフロックを急速撹拌して破壊した後、顕微鏡泳動法（ブ

リッグセル法）によって測定します。測定法については筆者の水道協会雑誌363号（昭和39年（1964年）12月 pp.15〜23）の報告を参照してください。

この検討は基本的に、沈殿操作を想定した凝集、フロック形成についてのものになります。直接ろ過や膜ろ過に対するフロック形成に重点を置かないミクロ集塊については、後の章で論じます。凝集条件は上述の懸濁液に、0.2NのHClあるいはNaOHを凝集剤添加後のpHが、一連の予期した数値になるように速やかに加えます。凝集剤を加えない場合のカオリン4のゼータ電位は、pH5以上では−30〜−35mVの範囲で、pHの増加とともにわずかずつ絶対値が増します。逆に、pHを3付近にまで低下させると、H$^+$イオンの効果で、ゼータ電位は−13mV付近にまで絶対値が低下し、臨界凝集電位に接近します。

図5.18〜図5.21は、硫酸アルミニウム Al$_2$(SO$_4$)$_3$・18H$_2$O の注入量を10、20、40、80ppmと変化させた場合の種々のpHにおける濁度除去とゼータ電位の関係を示しています。図5.22は、一定のpHの場合に、アルミニウムの添加量を増大させていくと、ゼータ電位がどのように変化するかを示しています。

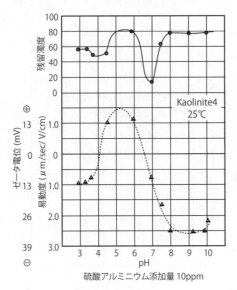

硫酸アルミニウム添加量 10ppm

図5.18　Al添加量と濁度除去とゼータ電位の関係

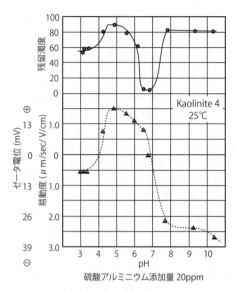

硫酸アルミニウム添加量 20ppm

図5.19 Al 添加量と濁度除去とゼータ電位の関係

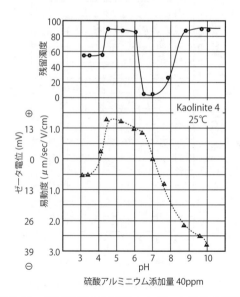

硫酸アルミニウム添加量 40ppm

図5.20 Al 添加量と濁度除去とゼータ電位の関係

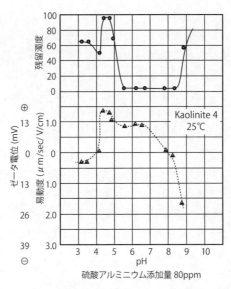

図5.21　Al 添加量と濁度除去とゼータ電位の関係

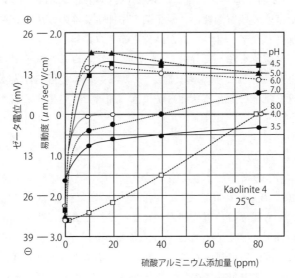

図5.22　Al 添加量とゼータ電位の関係

a) pH＜4 あるいは pH≒4.0の領域

　ゼータ電位は常に負側の領域にあって、飽和ゼータ電位でも等電点に達するのみで、電位逆転は生じません。この領域では、アルミニウムは主として3価の単純イオンで存在しており、図3.14で模式的に示した拡散2重層の説明で述べたように、電位の逆転は単純イオンでは生ずることがなく、スターン層にポリマーイオンが吸着して初めて生ずることになります。等電点でも明確なフロック形成が見られません。これはフロックの結合を維持するアルミニウム析出物がないためで、荷電中和のみによるロンドン・ファン・デル・ワールス力によるゆるい集塊が形成されるだけです。沈殿に有効なフロック形成操作（撹拌）の際のせん断破壊に耐えることができないため、ジャーテストではフロック形成はみられません。近年の膜ろ過(MF, UF など) の前処理凝集で、荷電中和のみを指標としたロンドン・ファン・デル・ワールス集塊が有効かどうかについて新しい目での検討が必要に思います。

b) 4＜pH＜5の領域

　pH が4.5から4.7付近に至る間に、pH の増加に伴ってゼータ電位は急速に増大し、pH4.8～4.9付近でピークに達し、以後 pH の増加につれて減少し始めます。この領域での上澄水の残留濁度は、凝集剤を添加する前のカオリン懸濁液の濁度よりも高く、添加されたアルミニウムが高荷電のアコ錯体となって、カオリンに吸着し凝集臨界ゼータ電位を超えて分散し、このアルミニウムコロイドの分散懸濁分だけ濁度を増加させていると考えられます。アルミニウムの過剰注入状態（荷電逆転で臨界凝集ゼータ電位を超える状態）が、低添加量でも発生する凝集不適切 pH 領域です。

c) 5＜pH＜6.5の領域

　ゼータ電位は pH の増加とともに徐々に低下していき、プラトーを形作ります。添加量が低い10～40ppm の状態では、高荷電のポリマーによって粘土懸濁系の荷電が逆転し、しかも臨界凝集電位超過が起こって、懸濁系は荷電反転分散状態に陥り凝集が起こりません。しかしながら、添加量が大きな80ppm の状態になると、図5.15、図5.16、図5.17に見られるように、アルミニウムの高濃度に由来する加水分解重合が進んで、より低荷電のアコ錯体が生成し、かえって荷電中和能力が減じてプラトーが明確に発現し、臨界凝集ゼータ電位の中に系が収まる範囲が広がります。それと同時に、中性の水酸化アルミニウム凝析物が存在するようになり、荷電中和された集塊物間の架橋が行われて、良好なフロックが緩速（フロック形成）撹

拌によって生成します。

d) 6.5＜pH＜8.5の中性pH付近の領域

pHの増大とともに急速にゼータ電位は低下し、正の臨界電位から等電点を経て負の臨界電位に至る間で荷電中和凝集が進みます。この領域では、アルミニウムは中性の水酸化アルミニウム沈殿物（Precipitates）を作り、荷電中和に加えて架橋結合が適切に起こり、粗懸濁質の凝集とフロック形成が最もよく行われる領域です。

e) 8.5＜pHの領域

負荷電のアルミニウム種のみとなり、荷電中和能力はなく、粘土粒子の荷電とほぼ等しい荷電状態での分散状態に戻ります。

表5.9はpHとアルミニウム種による凝集の特徴を整理したものです。

表5.9 Al種と凝集の関係

pH範囲	Al種による凝集の特性	
pH≦4	荷電中和できるが架橋できずフロック形成困難 主要種 Al^{3+}	
pH4～5	凝集不適切領域	
	pH4.5～4.7	荷電中和能力最大のアルミニウムアコ錯体群 錯体自身の高荷電で相互に反発 主要種 $Al_8(OH)_{20}^{4+}$
	pH5付近	錯体自身の荷電で相互に反発
pH5～6.5	Al添加レベル 小：粘土粒子の荷電反転が生じ分散 〃 大：低荷電アコ錯体生成で荷電中和能力小さくなり反発力減少 　　　　　　中性の水酸化アルミニウム凝析による架橋でフロック形成	
	pH6以上	負荷電総量が少ない粘度系粒子の中和凝集可 負荷電総量が大きい色度成分の凝集困難
pH6.5～8.5	中性の水酸化アルミニウムが形成され 荷電中和と架橋作用でフロック形成が円滑に進行　　主要種 $Al(OH)_3$	
	pH8付近	Al水酸化物の等電点領域 Al自身が水酸化アルミニウムとして不溶化(凝集) 荷電中和能力なし 架橋物質として作用
pH8.5以上	負荷電のアルミニウム種のみとなり荷電中和能力なく分散　　$Al(OH)_4^-$ など	

水中のカオリン粒子は、そのゼータ電位が凝集臨界電位10〜12mV以下であっても、必ずしも凝集集塊せず、集塊のためには中性の不溶性水酸化アルミニウムのある量が必要になります。$Al_2(SO_4)_3・18H_2O$として約10ppm、アルミニウムとして0.81ppm（1ppm弱）ほど存在していることが、フロック形成には必要であることが観測されました。

［解説］

　先に**式5.24**のデバイ・ヒッケル式の吸着層界面からゼータ電位が定義されるすべり（せん断）面までの距離を$b=65Å$とする筆者の推定値は、次のようにして求めたものです（詳細は、水道協会雑誌365号昭和40年（1965年）2月 p.35を参照）。

　実験で得られたカオリン濃度と等電点に至るまでに添加されたアルミニウム量をプロットすると**図5.23**のようになり、添加アルミニウムのほほ2／3程度が拡散層にあると考えられます。供試水のイオン構成に加えて、単純化して、分子量556の$Al_8(OH)_{20}^{4+}$イオンが10ppmの硫酸アルミニウム添加で1.39ppmほど拡散層に増えると推算できます。このようにして得られた拡散層におけるアルミニウム濃度$10^{5.94}$ppm（硫酸アルミニウム10ppm添加）から$10^{6.697}$ppm（80ppm添加）までの実験結果から、bの値を求める第一段階として、デバイ・ヒッケル式（**式5.18**）のイオン雰囲気の厚さの逆数κcm^{-1}を求めます。次に、デバイ・ヒッケル式（**式5.24**）に、実験によって求めた臨界凝集電位とグイ・スターン層境界電位Φ_dとイオン雰囲気の値κを代入してb値を求めると、6.52×10^{-7}cm（硫酸アルミニウム10ppm）から、6.34×10^{-7}cm（80ppm）と4段階の添加量とも6.5×10^{-7}cmと表現できるほぼ一定のbの数値を得ました。

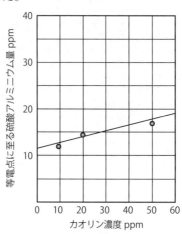

図5.23　アルミニウムの固定層と拡散層存在割合

水中のカオリナイト粒子は、そのゼータ電位が凝集臨界電位10〜12mV以下であっても必ずしも凝集集塊せず（pH 4付近の状況など）、凝集のためには中性の不溶性水酸化アルミニウムがある量存在している必要があります。それは、$Al_2(SO_4)_3 \cdot 18H_2O$として約10ppm、アルミニウムとして0.81ppm（1ppm弱）ほどが存在していて、フロック形成撹拌の際の外力に抗して集塊を維持し続ける結合力が補強されていることです。このことは、ジャーテストでフロック形成に必要であることが観測されます。この現象は水処理技術者の間では、Langelierらが結合アルミニウム仮説（Binder alum hypothesis）を提示して以来、比較的よく知られていますが、その機構については、筆者の学位論文の仮説（1965年）を参照し、それを受けてAmirtharajaが、1970年代後半に図5.24にまとめた考え方が現在の定説になっています。

　懸濁しているカオリナイト系の粘土は、ゼータ電位が凝集臨界電位以下になると、粒子相互間の直接会合が可能になります。DLVOの理論によれば、両粒子は会合後、ロンドン・ファン・デル・ワールス力で引合い、集塊を構成しようとします。集塊の大きさが小さい場合には、ロンドン・ファン・デル・ワールス力のみで集塊を維持できますが、速やかに沈殿するような数mmの寸法のフロックにまで、集塊を成長させるためのフロック形成撹拌（乱流変動速度）に抗して、集塊を維持し続けるには、結合力が不足します。そのための結合力を強化するのが、スターン層に吸着した水和析出物（Precipitates）が、別な粒子に共吸着して形成される架橋の存在です。このようにアルミニウム凝集剤の共吸着によって生ずる架橋凝集は、析出アルミニウムの寸法が100nmほどにもなると、エネルギー障壁の外側にまで架橋（共吸着）が伸びて、臨界凝集ゼータ電位以上の電位でも凝集が進行します。これは、高分子凝集剤の共吸着凝集と同じ機構です。Amirtharaja（1978、1981）はこの領域の凝集（フロック形成）をSweep coagulationと名付けています。

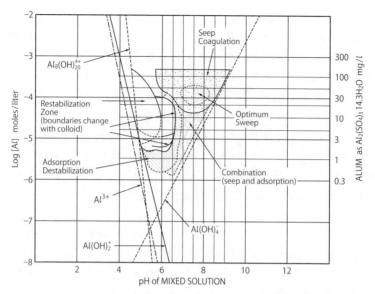

図5.24 Amirtharaja による硫酸アルミニウムの凝集の特性領域図
（AWWA proceedings 1981 No. 20155 p. 14）

上述のように、一般にいわれている凝集処理は、
① 荷電中和、ロンドン・ファン・デル・ワールス力による集塊と、
② ロンドン・ファン・デル・ワールス集塊同士が、不溶化したアルミニウム（Precipitates）の相互架橋（共吸着）作用によって、流体的破壊力（外力）に抗してフロック化（フロック形成）して成長する

2段階に機構を分離して考えることができます。

ジャーテスターはこの2段階を評価する試験法ですが、沈殿を必要としない膜処理の凝集や低濁度系の直接砂ろ過のための凝集処理が、ロンドン・ファン・デル・ワールス集塊のための荷電中和のみでよいのか、アコ錯体の共吸着をどの程度まで必要とするかといった理論的・実験的研究は、まだほとんど行われていないといってもよいでしょう。研究の進展が望まれます。

一方、ベントナイト（約90％がモンモリロナイト Montmorillonite）の懸濁液は、カオリン系の懸濁液のような架橋アルミニウムが存在しない pH 4～5 といった領域でも荷電中和が進行すると、荷電中和と架橋形成がともに生じて凝集・フロック形成が進み、沈殿分離がなされます。図5.25と図5.26は、ロンドン大学インペリアルカレジ（元英国水道研究所長）の旧友 Prof. Packham が行ったカオリナイト系と

モンモリロナイト系の50ppmの粘土懸濁液のジャーテストの結果を、横軸に処理pH、縦軸に残留濁度を1/2に低下させるのに必要な硫酸アルミニウムの添加量を取って示したものです。

カオリナイト系の懸濁液については、筆者の実験結果と同様に、アルミニウムがアコ錯体として存在し、不溶性となった水酸化物が共存している状態でのみ除去が有効に進んでいます。不溶性のアルミニウム水和物がアルミニウムとして1ppm弱、硫酸アルミニウムとして10ppmほど存在する条件下で、懸濁粒子の荷電が凝集臨界電位10～12mV以下であるということが、凝集フロック形成条件になります。カオリン系懸濁液では「不溶性の水酸化アルミニウム10ppmの存在が第一要件で、その状態で粒子のゼータ電位が、臨界値10mV内に収まるpHを探る」が凝集条件を求める手順になるでしょう。

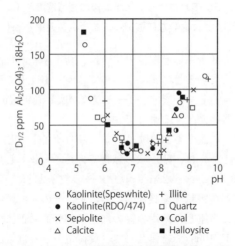

図5.25 カオリナイト系懸濁液の残留濁度を1/2にするために必要な硫酸アルミニウム注入率とpH

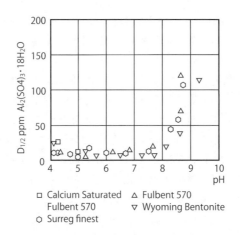

図5.26 モンモリロナイト系懸濁液の残留濁度を1／2にするために必要な硫酸アルミニウム注入率とpH

　一方、モンモリロナイト系の懸濁液の場合は、荷電中和の状況はカオリナイトとほとんど同じ形で進んでいると考えてよいのですが、pH4.0に至るまでの広い酸性域でも除去が有効に進行しています。ゼータ電位が臨界凝集電位(10〜12mV以下)になれば、いつでも凝集が生ずるようです。

　この理由は次のように説明されます。モンモリロナイト（したがって、それを主成分とするベントナイト）は、薄片状の鉱物で、粒子全体としてのゼータ電位は、自然水中では負荷電の-20〜-25mVオーダーの粒子として存在していますが、個々の粒子についての荷電状況を微視的にみると、その表面積中の大部分を占める上下の平面部分は負に帯電し、薄片の縁の部分は部分的に正に荷電している状態となっており（Iler, R. H. 1955）、総体として、負荷電粒子（電気泳動法による数値）として挙動します。そのため、ベントナイトの凝集では、正荷電の縁の部分と負荷電の平面部分間にクーロン力が作用して、荷電中和によって会合できるようになった（ロンドン・ファン・デル・ワールス集塊）粒子間の結合が強化され、架橋用の不溶性アルミニウムが無い状態でも3次元の立体構造を持つフロックが形成されると考えます。井戸の掘削にベントナイト系の高濃度スラリーを注入するのも、このような粒子間結合力を持つ粘土スラリーの構造粘性を利用するものです。

⒂　**天然着色水の凝集処理**

　天然有機着色水（フミン質類）の一般的な性質は次のようです。

有機の着色物質（フミン質類）を多量に含んでいる天然水は、世界各地の沼沢地帯、低湿地帯、泥炭地帯に広く分布しています。微生物処理を施した下水・廃水処理水中の色度（フミン質類）やパルプ廃水（リグニン類）に起因する色度も多くの河川で見られます。これらの着色物質の存在によって褐色を呈している水の飲用によって、直ちに健康を害するという報告はほとんど有りませんが、美観上好ましくなく、異臭味をしばしば伴うことから、飲料水として用いる場合には、色度の除去が求められます。工業用水、特に製紙工業や食品工業では、製品の着色を極端に嫌うので、色度除去が必須になります。

　自然着色水の飲用が、直接健康被害を生ずるわずかな例として、旧満州でロシアの軍医（N. Kaschin と E. V. Beck）によって報告されたカシン・ベック病があります。高色度の泥炭地水の摂取によって、四肢の発達の阻害や指が短くなるなどの症状が現れると言われていますが、病理学的な研究はまだ確定的な結論を得ていないようです。昭和30年代多摩川下流部で、東京都立大学の半谷教授らが汚染の進んだ玉川の東京水道水源としての利用に警告を発し、東京都は上水道での使用を止めましたが、危険に対する科学的な結論が得られないままにことは推移してしまったようです。

　それに対して、ライン川の下流水で最初に発生が認められたアムステルダム水道の Dr. Rook による、着色物質（フミン質類）を含む河川水への塩素添加によって生ずるトリハロメタン生成の指摘が、その後の殺菌による様々な微量塩素化合物やオゾン酸化物の問題にまで展開して、1970年代以降、水中の自然着色物質制御が、水質管理の大課題となりました。

　色度の測定は、白金コバルト標準液系列と供試着色水の裸眼による比較を定法とするものです。フミン酸類の褐色と白金コバルト標準液が、白色光下でほとんど同じ色相を示すことに基づいているものであり、光電比色計によって特徴的な波長を選んでの吸光度比を求めても必ずしも一致した曲線を示しません。したがって、この測定法は、用途に応じて、裸視による比較の曖昧さを一定の基準の下で定量的に相対化するものであることと理解しておく必要があります。

　色度の測定について筆者は、1962年フロリダ大学で米国東部諸州の沼沢地帯の水の処理を研究する際には、A. P. Black 教授と旧友 Dr. R. F, Christman（当時フロリダ大学大学院生，のちに U. of North Carolina, Chapel hill 公衆衛生工学科主任教授、国際フミン学会会長）が提案した430nmの吸収と pH8. 4を用いました。

　帰国して後の北海道の泥炭地からの褐色水の研究に際しては、波長390nmと pH 7.0を比色条件として常用しています。また、天然有機着色水と似た条件を有する

KP廃水の研究にもこれを用いています。北大衛生工学科水質工学講座の同僚，故那須義和教授は370nmと410nmの2波長を同時に使用していました。水道の公定法は390nmを奨めています。図3.35に示すように，有機着色水の吸収曲線は400nmより短い波長の側（不可視領域）では，波数増加とともに吸光度の急激な立ち上がりを見せ，400nm〜550nmの範囲で最大吸光度を示すプラトー状態になります。したがって，最も感度よく計測ができ，長波長による懸濁質の妨害がより少ない400nm前後の波長を多くの研究者が選んだことになると思います。基本は，白色光下の裸眼による比色であることを知って，光電比色を用いるということを忘れてはいけないと思います。

筆者らは，第3章で筆者らの研究室の主法の一つである「水質変換マトリックス」を説明する際に，自然由来の着色成分として，紫外部吸光度E260nmに吸収を示す環状化合物や不飽和結合を持つ化合物等の有機化合物（DOC）が，フミン質類由来のものであることを説明しました。この中で，（DOC/E260）比が生物分解性有機物（DOC）と生物難分解性有機物（DOC）の存在割合を示すものであることを定義して，1cm石英セルの吸光度E260とDOCmg/lの比（DOC/E260）によって水中の生物難分解性のフミン質類の存在割合，ひいては，生物分解性のDOCの存在割合を定量化し，微生物処理・自然浄化作用ではDOC/E260比によって，生物分解性の可能性/不可能性を定量的に表現できることを明らかにしました。

1,500Da以上の高分子部分についてはDOC/E260≒30が，1,000Da以下の低分子部分についてはDOC/E260≒50の部分が，生物難分解性の部分であることを明らかにしています（第3章3.5節参照）。図3.36は，一般試水の（DOC/260）比の測定によって，生物分解がどのぐらい進み得る水であるかを推定する図です。一般下廃水では（DOC/E260）比が500〜1,000ぐらいですが，DOCの90〜95％が生物処理によって分解することが推定できます。また，湖沼水でDOC/E260が100であるとすると，99.5％が生物難分解性のフミン質類（着色水）であることから，微生物処理はほとんど効果がないことがわかります。

この研究は筆者の研究室で1975年ころから幾つもの論文にまとめられ，J. of Water Pollution Control Federation（1980）に報告され，国際的にも広く知られるようになりました。亀井翼助手（のち助教授）が学位論文「Design of treatability taxonomy for the evaluation of water & wastewater treatment process（1979）」としてゲルクロマトグラフィーを用いた処理性評価の仕事をまとめたのを経て，扱いを広領域に展開し，「水質変換（評価）マトリックス」として今日のように汎用される北大丹保研究室の主法の一つとなりました。蛋白質の干渉がありますので汎用には注意が必要です。

筆者らがこの考えを公にし（1978，J. WPCF1980）、アメリカ化学会のデンバー年会に招かれ、フミン質特別セッションで招待講演（1987）したのと前後して、Prof. J. K. Edzwald らが SUVA（Specific UV Adsorption）と称する、筆者らとほとんど同形の自然由来の有機物を特徴付ける指標を発表しました。最初は、TOC と塩素殺菌副産物の関係が UV（254）とどのように関係するかとの表現として SUVA を考えたようです（1985）。筆者等のように処理性評価に進んだのは、我々の研究が J. WPCF に掲載された1980年と米国化学会での発表の1987年のしばらく後の1993年ころのことです。

　彼の指標は、我々の用いた E260（1 cm）の代わりに254nm（100cm）を用い、E 254/DOC として表現し、我々の指標の逆数としたものです。我々は、無機塩（硝酸系）との競合を避け、感度の最も良い260nmをスペクトロメータ上で選んだのですが、彼は単波長の安価な紫外部吸光度計が使える波長254nmを選びました。同時に、吸光度セル長を100cmとすることと、筆者らの指標を逆数化することによって一桁のわかりよい数値を得ることができ、簡便さが増したようには思います。そのために一方では、生物分解性/生物難分解性有機物の存在比の推定精度が少しく落ちるきらいがあります。また分子量分布を全く考えていないので、凝集、吸着といったプロセス選択のための指標としては全く使えません。

　自然由来の有機物（NOM : Natural organic matter）の大きな部分を占めているのが、茶褐色構成分のフミン質類で、植物の腐植態から抽出される多くの分子からなる集合体です。表現されている構造は様々ですが、基本的には芳香族環（Aromatics）が集合した高分子です。－COOH、－OCH$_3$、－NH$_2$、－NH$_3$、>C=O などなどの官能基を有しているとされる褐色無定形物質です。pH<1 の条件でも沈殿しない成分をフルボ酸（Fulvic acid）と定義します。成分は比較的低分子側に分布しています。pH を1以下にすると沈澱（凝析）する高分子側の成分をフミン酸（Humic acid）と称します。一切溶解しない部分を腐食質（Humic substances）といいます。表5.10

表5.10　フミン質類の分類

フルボ酸 Fuvic asid	pH<1で沈殿しない低分子側に分布する成分
フミン酸 Humic acid	pH<1で沈殿する高分子側に分布する成分
腐食質 Humic substances	pH にかかわらず不溶性の土壌

粒子の荷電状況については溶解性（コロイド寸法としても微細）であるため、顕微鏡泳動法では計測できず、電気泳動輸送管法による必要があります。後述の凝集試験結果の図5.43の石狩泥炭地水の色度成分の易動度を見ると、pH3付近で−1（μm/sec/V/cm）≒−13mVほどであり、pH=6付近に至るまで単調に負荷電の値が増加して、−4（μm/sec/V/cm）≒−50mV付近に至り負の極大値（下方に凸）を示します。pH7付近では負荷電の値が小さくなり、−3（μm/sec/V/cm）≒−40mVといった極大値（上方に凸）となり、pH10付近では再度−7（μm/sec/V/cm）≒−90mV近くまで低下するという動きを見せます。詳細な理由についてはよくわかりませんが、全pH領域で、高い負荷電量を持った粒子として自然水中に安定に分散して存在しているようです。pH2〜1以下にするとフミン酸が凝析するのは、易動度が−1（μm/sec/V/cm）≒−13mV以下になり、凝集が始まるためと考えられます。溶液のイオン強度によってはpH2以下で凝析が起こります。

BlackとChristmanによれば、筆者が米国東部の沼沢地で採水したような試料中の有機着色物質は、90%がフルボ酸、10%がフミン酸であるとしています。寸法は3.5〜10mμのコロイドであることが示され、筆者の計測でも10mμ以下のコロイドであることが確かめられています（分子質量の測定を当時はできませんでした）。一方、石狩泥炭地の着色水のゲルクロマトグラムは図5.27のように、1,400Da付近の成分20%ほどと1,000Da付近の成分80%ほどの2成分群に着色成分が分かれていることを示しています。

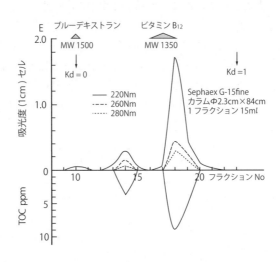

図5.27　石狩泥炭地の着色成分の分子量分布（Sephadex G15ゲルクロマトグラム）

自然水系の有機着色水は、植物の残渣が長時間にわたって分解して雨水によって水系に抽出されたものと考えられます。湿地は一般に、不透水性の岩盤や粘土層の上に雨水が浅く溜まったところに落葉や植物残渣が堆積し、その好気性分解からフミン質類が生成し、水中に溶出して、茶褐色の水を溜めていると考えられます。有機物の好気性微生物分解による代謝廃出物として生ずるフミン質の量は、嫌気性分解によって生ずる量の10倍ほど多く、分解したTOCの5％ほどにも達します（丹保、亀井：下水道協会誌　1981）。これが湿地水の着色成分が高い濃度を示す理由です。また、長期の滞留時間を持つ池、もしくは土壌表面の空隙では、フミン質が高分子の状態で存在しますが、ある種の重合が進むためと考えられています。このような高分子成分（フミン酸主体：DOC/E260＝30の成分）は、着色地下水が土壌を通過する際に土壌層に抑留されることから、中間流出として河川に流入する地下水は、主に分子量の小さな（フルボ酸主体：DOC/E260＝50）成分を含む状態で流出してきます。したがって、平常時の河川水の自然着色有機成分は、1,000Da以下の成分が主体となっています。洪水時には、土壌表層に蓄えられていたA_1層の高濃度のフミン質が、表面流出によって河川に流出してきますので、河川水中に高分子側の1,500Daといったフミン酸型の着色成分が出現します。水質マトリックスのところでも述べたように、凝集沈殿で高分子部分のみを除くことができますが、低分子部分は活性炭吸着で対応する成分です。後述するトリハロメタン制御の際のカギとなる流出現象です。表5.11

表5.11　河川水中の自然着色有機成分

平常時	1,000 Da 以下の低分子成分が主体 高分子成分が土壌に抑留され低分子成分が流出 活性炭吸着対応
洪水時	1,500 Da 以上の高分子成分含有 表面流出によって、土壌表層のフミン質が流出 凝集沈殿処理対応

　泥炭地・低湿地（スワンプ）は底に不透水層を持っていて水はけが悪く、雨水を溜めて浅い水溜まりを形成しています。そのために、懸濁質は静水中で沈殿分離されてしまい、水質成分の構成は、溜まった植物残体の好気性分解によって生じたフミン質類が、雨水に抽出されて存在しているだけで、一般に、透明な着色水の形で存在しています。したがって、これまでの計測法と、これからの凝集等の除去の議

論は、先ず、透明な天然有機着色水を対象として行うことになります。しかしながら、湿地の帯水層の底を構成する不透水層は完全なものでない場合が多く、かつ、一般に不透水層下部の帯水層は、酸素がなく嫌気性状態にあるため、鉄やマンガンなどは還元されて、Fe^{2+}やMn^{2+}などの形態で地下水に溶け込んでいます。

このような還元型の地下水が、スワンプ底の不透水層の破れ目から上昇して好気性の着色水塊に混ざりこむと、鉄・マンガンはフミン質分子と会合して保護コロイドを形成して還元型のまま、いわゆるフミン酸鉄などとして安定に存在することになります。電気泳動度やイオン交換樹脂で筆者らが極性を計測した石狩泥炭地水では、鉄はフミン質に保護された形で、全て負コロイドとして存在していました。通常の酸素曝気や塩素酸化でこの鉄を不溶化することはできず、ものによっては、オゾン酸化や過マンガン酸カリウムによる強い酸化でようやく水酸化鉄として凝析できました。一方、負荷電の色コロイドとしての状態のまま保護された形で、鉄はアルミニウム凝集で除去することができます。しかしながら、このようなフミン質による鉄やマンガンイオンの保護コロイドを実験室で人工的に作り出すことに、筆者はまだ成功していません。

透明な自然着色水が強い降雨などで湿地体から河川に流出してくると、濁質成分が混ざり、濁度と色度が共に河川水系に存在する状態が出現します。濁度と共存した際の色度計測と処理のアルゴリズムと操作特性をこの章の後半で扱いますが、図5.28のように、カオリン懸濁液が、波長200nm～1,000nmの広い波長域で一定の吸収を示すことを利用して、溶解性の泥炭地着色水の260nm（あるいは254nm）の標準吸光度を近赤外域の860nmの吸光度から推計した濁度分を補正分離して表現することを筆者らは行っています。筆者らが開発した凝集フロック形成の2波長凝集粒子分散計測法（Dual Wavelength Particle Dispersion Analysis：1990, 1993）の論文群を参照して下さい。

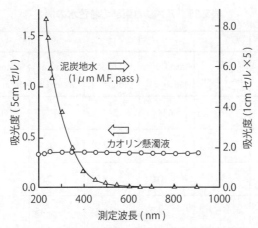

図5.28 色度と濁度成分の吸光度と測定波長

⒃ **米国東部の着色水の凝集例**

　筆者が1962年フロリダ大学のProf. A. P. Black研究室で行ったアメリカ東部各州の着色水の試験結果について説明します。採水地と水質の概略を**表5.12**に示します。1900年代の初め、緩速ろ過では処理できない着色水に対応することも大きな目的として、急速ろ過法を短期間で開発したアメリカ東部の諸都市の原水がどのようなものであったかを推測することができます。米国では数少ない軟水であり、弱酸性のpHを示す典型的な高色度自然着色水で、後述する北海道の泥炭地水と類似しています。どの資料も濁りをほとんど含んでいません。同研究室のR. F. Christmanが、フミン質の内容を解析し、フミン酸が10％、フルボ酸が90％程度との知見をくれました。

表5.12　アメリカ東部の着色水の例

Water No.	1	2	3	4	5	6
Source	Emerson Brook, Tewksbury, Messa.	Great Dismal Swamp, Norfolk, Va.	A Stream HartFord Conn.	A Stream near Miami, Fla.	A Stream near Miami, Fla.	Newnan's Creek, Gainesville, Fla.
Color (Color Unit)	70	434	240	292	312	94
Alkalinity (ppm as $CaCO_3$)	10.0	4.0	2.0	0	0	22.0
Total Hardness (ppm as $CaCO_3$)	30.0	10.0	8.0	8.0	8.0	18.5
pH	6.7	4.8	4.8	5.45	5.4	7.15

　実験では懸濁質凝集試験と同様に、標準的なジャーテストによる撹拌・沈降分離とブリッグスセルを用いた顕微鏡泳動法による微フロックの電気泳動度の計測をすべての試料について実施しました。1 l の試料をジャーにとり、0.1NのHClまたは飽和石灰水 $Ca(OH)_2$ の変量を凝集剤添加後のpHが所定値になるように加え、200 rpmの強撹拌をしつつ所定量の硫酸アルミニウム $Al_2(SO_4)_3・18H_2O$ を添加し、120 rpmの急速撹拌を2分間、40rpmのフロック形成撹拌を20分間行い、30分間静置後、100mlの上澄水を採取し、定性ろ紙を用いてろ別します。ろ液をBlackとChristmanの推奨する方法に従い、pHを8.4に調整し、光電比色計を用いて430nmの波長で白金コバルト標準液と対比して色度を測定します。ジャー中に残ったフロックについて、ブリッグスセルによってゼータ電位を測定すると同時に、操作pHを確定します。

　図5.29～図5.34は米国東部諸州の沼沢地の水に100～150ppmの硫酸アルミニウムを添加した場合の、各pHにおける色度除去と生成フロックのゼータ電位の変化を示したものです。また、図5.35～図5.39は、フロリダ大学のあるフロリダ州ゲインズビル市 (Gainesvill) 郊外のニューナン湖 (The Lake Newnan) から流出する小川の着色水に、30ppmから200ppmまでの硫酸アルミニウムを添加した場合のpHの変化に伴う色度除去とフロックのゼータ電位の関係を描いたものです。また図5.40はニューナン湖の試料の実験結果 (図5.35～図5.39) を総括して、横軸に硫酸アルミニウムの添加量を縦軸にゼータ電位をとってpHをパラメータとして、アルミニウムの添加量を増すことによって形成されたフロックのゼータ電位がどのよ

うに変化していくかを描いたものです。

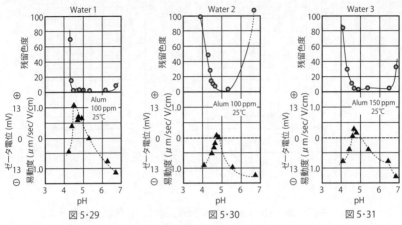

図5.29—図5.31　米国東部沼沢着色水ジャーテスト

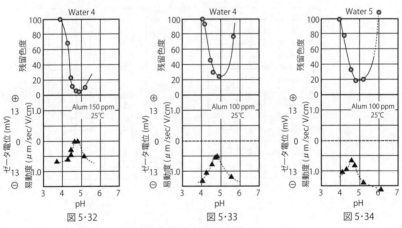

図5.32—図5.34　米国東部沼沢着色水ジャーテスト

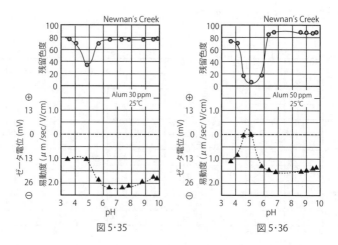

図5.35―図5.36　The Lake Newman Creek　着色水ジャーテスト

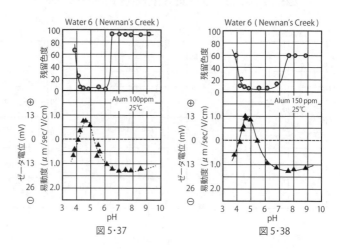

図5.37―図5.38　The Lake Newman Creek　着色水ジャーテスト

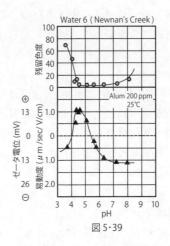

図5.39 The Lake Newman Creek 着色水ジャーテスト

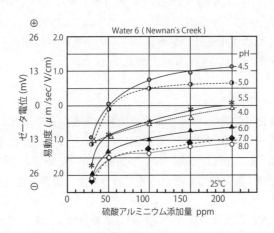

図5.40 アルミニウムの添加量とフロックのゼータ電位

　これらの硫酸アルミニウムを添加して種々の天然有機着色水を凝集処理した実験結果は、次のような共通の凝集パターンが存在していることを明らかにしました。

a) pH＜4.0の領域

　ゼータ電位は硫酸アルミニウム添加量が200ppmの最大値に達する領域でも、等電点に近づくだけで荷電逆転は起こらず、等電点でも色度除去は起こりません。こ

第5章　粒径／粒質の調整と固液分離プロセス　411

れは反対荷電イオンが単純アルミニウムイオンのため、架橋作用と荷電逆転作用がともになく、フロックを形成できなかったためと考えられます。

b) 4.0＜pH＜4.5付近の領域

pHの増加につれてゼータ電位は急激に増加し、荷電逆転も生じます。pH4.5〜4.7付近でゼータ電位の最大値が見られます。これは、最大の荷電中和能力のあるアルミニウム多核錯体（おそらく4価）が最大に作用しているためと推定されます。等電点に至っても凝集が見られませんが、架橋用のアルミニウム析出物がないためと考えられます。

c) 4.5〜4.7＜pH＜6の領域

最大ゼータ電位が見られた直後のpH領域に、最もよい色度除去の領域が現れます。この領域では、ゼータ電位の急激な低下が起こり、電位の逆転が起こっているような場合には、＋10mVから－10mVまで電位が下がっていく間の広い領域で良好な色度除去が見られます。臨界凝集電位10〜12mVの範囲内に、ゼータ電位の絶対値があることと架橋作用を持つアルミニウムの中性凝析物が10ppm程度存在することの両条件が満たされている領域と考えて良いでしょう。

d) 6.0＜pH＜8.5の領域

ゼータ電位の変化は緩慢で、アルミニウムの析出物が易動度＋3から＋2（μm/sec/V/cm）とプラトー状で減少していく（図5.13参照）ことと、色度粒子の易動度が図5.43に示すように、pH7付近において易動度が－5から－3の極大値へ、そして再び－5へと緩く変化することとの重ね合わせで、緩慢な変化を見せることになると思われます。

表5.13はpHと天然有機着色成分の凝集の特徴を整理したものです。

表5.13 pHと天然有機着色水のAlによる凝集の関係

pH範囲	Al種による凝集の特性
pH < 4	Al 200ppmでも等電点に近づくだけで凝集しない 単純イオン型 (Al^{3+}) のため荷電中和できるが架橋作用なくフロック形成困難
pH4〜4.5	荷電中和するが凝集しない 荷電中和能力最大のアルミニウムアコ錯体が作用 架橋用アルミニウムの析出なし 主要種 $Al_8(OH)_{20}^{4+}$
pH4.5 〜4.7<6	色度除去最適範囲 ζ電位が臨界凝集範囲にある 架橋用アルミニウムの中性凝析物が存在
pH6〜8.5	ζ電位が臨界凝集範囲外にあり凝集困難

次に、自然色度水凝集の機序について計測を進めて考察します。

色コロイドのような微コロイドの粒径は通常nm以下であり、粘土系などの粗コロイドは$10^0 \mu m$の粒径を持って存在しています。同一の粒子量（体積）を考えると、微コロイドは粗コロイドに対して10^6倍もの比表面積を持っていることになります。したがって、表面荷電密度に極端な差異が無ければ（実際に易動度$\mu m/sec/V/cm$は、1桁の範囲でしか違わない）、微コロイドの総荷電量は粗コロイドのそれに対して桁違いに大きなものとなり、アルミニウム凝集剤の最も大きな荷電中和能力が示されるpH領域を使って、負荷電の色の微コロイドの荷電中和を図り、臨界凝集電位10〜12mVの範囲内にアルミニウム・色コロイド微フロックの電位を持ってくることが、操作の第一要件になります。加えて、フロックがフロック形成撹拌強度のもとで必要な寸法まで集塊を成長させるための結合アルミニウム析出物（架橋物質）が、アルミニウムとして0.8ppm（硫酸アルミニウム10ppm）ほどの存在が必要になります。

色度水の多くの実験例でみると、荷電中和に必要な硫酸アルミウム添加量は、ほとんど数10〜数100ppmとなっており、添加量の絶対量は十分なことから、そのうちの10ppmほどを凝析させて、架橋のために働く条件を求めることになります。このことは、自然色度水の適切な処理条件は粗懸濁系の凝集条件とは逆に、アルミニウムアコ錯体が最大の荷電中和能力を持つpH4.5を基準点として、その少し高めのpH側に操作条件を設定し、凝集粒子のゼータ電位を臨界電位＋10mV〜−10mVの範囲内に持ち込むと同時に、アルミニウムの不溶性が少し増すところ（添加量の5〜10%）を求める（pH4.7〜6.0）ことと考えられます。

⑰ アルミニウムアコ錯体と色コロイドの相互集塊の機序

先の項で、筆者が米フロリダ大学で行った研究成果をもとに、自然水の色度成分がさまざまな pH で発現するアルミニウムアコ錯体等と相互作用を起こし、集塊してフロックを形成していくパターンを明らかにしました。

その後、北海道大学衛生工学科では、筆者が帰国後に作成した電気泳動輸送管法を用いて、溶解性領域の微小な色コロイドの移動度を測定することができるようになったことから、溶解性・懸濁性領域を通して、生成したアルミニウム・色コロイド集塊の粒度組成分布の計測結果と重ね合わせて、凝集パターンを凝集機序理解にまで進めて説明できるようになりました。ここでは、$0.45\mu m$ のろ紙の通過・不通過によって溶解性と不溶解性を分けて表現します。粒子径 $0.45\mu m$ は丹保が先に提案した凝集のための最悪粒径条件とほぼ近似しており、界面電気化学的観点からは、不溶性粒子とされたものは、凝集可能粒子と考えても良いと思います。

水中に添加されたアルミニウムが、それ自体でどのような状況になっているかをまず求めます。

マグネチックスターラーで撹拌しながら、蒸留水に硫酸アルミニウムを指定濃度になるように添加し、塩酸または水酸化ナトリウムを滴下して所定の pH とします。アルミニウムの分析は、ピペットで採水した試料 pH2.0 とし、モノマーイオンとして JISK0102 のオキシクロロ抽出法により得られたサンプルを比色定量します。孔径12、8、3、0.45、$0.10\mu m$、10、5 nm の各メンブレン・フィルタによって孔径ごとにろ別したろ液のアルミニウム量から、各フィルター間に存在しているアルミニウム粒子の存在量を示すと、前項で示した図5.14のようになります。また、Hitohoff 型の電気泳動輸送管法によって筆者等が測定したアルミニウムの易動度は、前項の図5.13のようであり、pH4.5付近に最大の荷電中和能力を持った溶解性のアルミニウム多核錯体が有り、pH の増加とともに急激に正荷電量が減少し荷電中和能力が低下し、非溶解性の析出物が出現することになることが、図5.14との対比で理解できます。

この関係は、「高い荷電中和能力を持った pH4.5 のアルミニウムアコ多核錯体の存在と中性側の pH 領域に寄ったところで生成する水酸化アルミニウム析出物の存在との適切な組み合わせが、粘土系懸濁液と色度系微コロイド溶液の両者ともに凝集操作の設計のカギである」ことを説明しています。その関係を概観できる、アルミニウムの存在状況を示す一例を図5.41に示します。

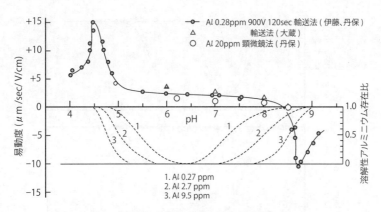

図5.41　アルミニウムの易動度と溶解性成分存在比

　凝集試験を行った原試水は札幌市郊外の泥炭地の井戸水で、濁度をほとんど持たない透明な着色水です。井戸水はpH6.0、色度80、TOC20mg/l、電気伝導度73.7 μs/cmの軟水です。

　試験は硫酸アルミニウム添加量一定で、pHを変化させるジャーテストを添加量の水準を変えながら繰り返します。原水を0.45μmのろ紙でろ過し、色度を20度に調整して試験を行います。凝集沈殿後の上澄み水を12μmのろ紙でろ過して、色度とアルミニウム濃度を測定します。12μmのろ紙は、直接ろ過による分離を模したものです。図5.42は、12μmのろ紙によるろ過前とろ過後の色度とアルミニウム濃度を示した図です。実線は、硫酸アルミニウム添加量を10ppm、30ppm、60ppm（Alとして0.8、2.4、4.8ppm）と変化させた場合の残留色度とアルミニウム濃度を示したものです。破線は、アルミニウム凝集剤のみでジャーテストを行った際のアルミニウム残留量を示します。図5.43は電気泳動輸送管法によって測定した試水の色度成分そのもの（色コロイド）と12μmろ紙を通過した成分のアルミニウムと色度の易動度のpHによる変化を示したものです。色コロイドの易動度のpHによる変化特性については先に述べました。

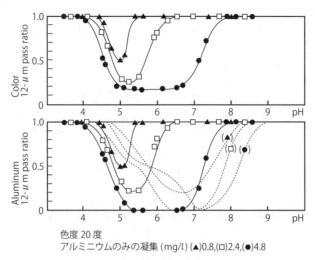

色度 20 度
アルミニウムのみの凝集 (mg/l) (▲)0.8,(□)2.4,(●)4.8

図5.42 色度除去ジャーテスト

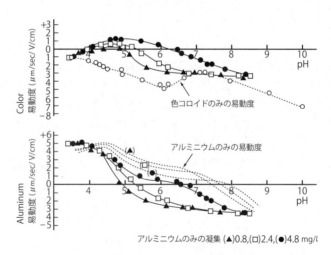

アルミニウムのみの凝集 (▲)0.8,(□)2.4,(●)4.8 mg/l

図5.43 色度・アルミニウム集魂の易動度

　もし、色度とアルミニウムの易動度の曲線が一致すれば、全てのフミン質類の粒子と添加したアルミニウム凝集剤のアコ錯体が、フミン質とアルミニウムの複合体 (Complex)、あるいは集塊として存在していると考えることができます。このような状況が見られるのは、pH4.7〜7.0といった領域になります。それに対して、pH

＜4.5〜4.7の領域では、色度とアルミニウムの易動度は大きく異なり、溶解性（分子量10^2オーダーのポリマー）のアルミニウム多核錯体（おそらく＋4価）は高い荷電中和能力を持っていますが、図5.23粘土系の所で説明したと同じように、スターン層に吸着して色コロイドと挙動をともにする部分とグイ拡散層に存在してバルク水に存在する部分とが分かれて、分散しているアルミニウム部分が高い易動度を示していると考えられます。図5.13に示したように、pHが5.0に近づく領域では急速に加水分解重合が進み、アルミニウムの正荷電が低下して荷電中和能力を減じ、1μmほどの大径の正荷電ポリマーとなって色コロイドに共吸着して架橋を作り、フロック化をすすめることが可能となります。このような条件下で、臨界凝集電位内にある色・アルミニウム複合体は集塊成長し、フロック化が進みます。

　図5.44は、各pH領域におけるアルミニウムと色成分の粒子径の分布を直接ろ別によって計測したもので、先に述べた諸状態を直接支持する結果を示しています。

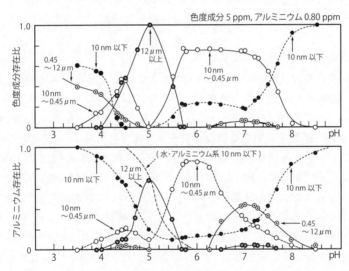

図5.44　色度成分、アルミニウムの粒径分布（色・アルミニウム系）

⒅　生成したアルミニウムフロックの構造

　上述のような機序で生成した粘土系懸濁質やフミン質などの色コロイドとアルミニウムや多核アコ錯体あるいは水酸化凝析物との結合によって生成する凝集体の構造を模式的に描いてみると、図5.45のようになります。

(a) 架橋型凝集（Bridging coagulation）

粘土系の懸濁質は粒径が1 μmのオーダーであるのに対して、色コロイドは10nmほどの粒径を持っていると考えられるので、その比表面積は10^4倍ほども違うことになります。そのため前述のように、色度成分などの微コロイドに対しては、その大量の表面荷電を中和するために、荷電中和能力の一番大きいアコ多核錯体（Al_8(OH_{20})$^{4+}$など）が卓越して存在するpH条件を選び、荷電中和を中心にした操作を行うことになります。それに対して粘土系の濁質では、架橋型のアルミニウム析出物が必要量得られる中性付近のpHで、荷電中和が臨界電位の範囲に納まるように、抑制的なアルミニウム添加量とpHを操作条件に選びます。

その結果、粘土系の凝集体（集塊）では、図5.45の(a)のように、最小必要量の凝析した水酸化アルミニウム（濁度100ぐらいまでならAlとして1 ppm以上）の架橋物質が生成する条件の下で、低注入量での高荷電の多核アコ錯体によって臨界凝集電位内に収まるように荷電中和を行い、粘土粒子を凝析物の架橋作用でつなぎ、フロックを形成していきます。これを架橋型凝集と呼んでいます。

(b) 相互凝集（Mutual coagulation）

着色成分のうちで、1,500Da程度以上の大きな寸法の成分（フミン酸など）は、凝集操作の対応可能成分になりますが（第3章水質変換マトリックスの項参照）、この成分の寸法でも粘土系懸濁粒子に比して圧倒的に比表面積が大きいため、荷電中和能力の高い領域で凝集剤を使う必要があります。pH4.5〜4.7といった領域で出現するアルミニウム種は、1,000Da付近であり、色度成分に比してわずかに小さい程度の重合体ですので、相互に対となって荷電中和する相互凝集の形で、色・アルミニウムの微フロックを形成します。しかしながら、この状態だけでは、沈降分離可能なフロックの大きさにまで成長することが難しいので、しかるべき量（Alとして1 ppm程度以上）の凝析したアルミニウム水酸化物（μmオーダーの寸法）が、結合用のフロック形成剤として必要になります。アルミニウム以外の高分子ポリマー（荷電量があまり大きくない）で代替することも可能です。したがって、形成される色度粒子のフロックは、相互凝集したアルミニウム・色粒子の微フロックを、その数十倍の寸法を持った不溶化した水酸化アルミニウムの凝析物でつないだ複合集塊物となります。

(c) 吸着型凝集（Adsorptive coagulation）

1,000Daより小さい色度成分（フルボ酸など）は、高荷電アルミニウム多核錯体

よりも寸法が小さいので、アルミニウム種と会合すると、色度成分がアルミニウム粒子の周りに吸着するような形で凝集します。正荷電のアルミニウム多核錯体のスターン層に色粒子が吸着する形で集塊物がつくられる負の保護コロイドとなります。このような負コロイド（保護膠質）が、さらに水酸化アルミニウムの凝析物で架橋されて、フロックを構成（吸着型凝集）することになります。

高荷電アルミニウム粒子や水酸化アルミニウム析出物は、色度成分を吸着するために必要な比表面積に限りがあり、吸着面積が小さいために吸着材としては有効なものではありません。このような低分子量の色成分は、巨大な吸着比表面積を持つ活性炭などの多孔質の吸着材で処理するのが定法です。

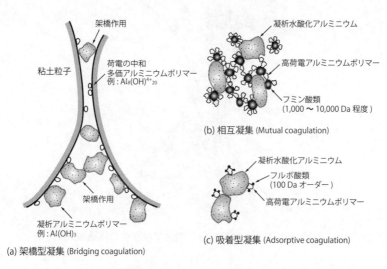

図5.45　凝集パターンの模式

⒆　多成分系の凝集

色度成分（Humic substances）と粘土コロイド成分などがともに存在している状態が多くの河川で見られます。

色度成分と濁度成分がともに問題となるレベルで混合している原水の凝集パターンは、色度除去が弱酸のpH5付近で良好に進行するのとほとんど類似のパターンで進みます。

その理由は、

①アルミニウムと色度粒子の相互凝集（Mutual coagulation、Complex formation）

が先ず起り、
②形成されたアルミニウムと色コロイドの微小集塊（マイクロフロック）が、荷電中和された粘土粒子群を架橋結合させ、
③さらに、2次集塊に進んで、粘土・色コロイドの複合フロックを構成するためです。

このような構造の粘土・色複合フロックの模式的な構造は、図5.46のように考えられます。（丹保1965）

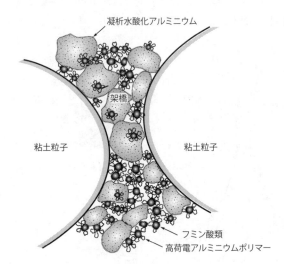

図5.46　粘土と色度成分の複合ブロックの構造模式

このようなフロックの形成がどのような機序で行われたかを確認するために、濁度50度（カオリン粒子12μm以上50%、3〜12μm50%）、色度20度（石狩泥炭地浸出水）の合成原水を用い、凝集剤として硫酸アルミニウム2.4mg/l (as Al) を添加して、ジャーテストを定法により行いました。その結果、pHと各成分の上澄み水濃度、およびpHと各成分の易動度との関係を濁度・色度・アルミニウム濃度を指標として描くと、図5.47、図5.48のようになります。（伊藤英司、丹保1981）表5.14

図から明らかなことは、
①　図5.47のジャーテストの結果から、色度と濁質の除去パターンは同一の形をとっており、色度成分単独の凝集パターンとほぼ同形で、pH5.0付近に最適凝集域がある。

②このアルミニウム添加量で濁度は完全に除かれているが、色度は色度・アルミニウム系の場合よりも、濁質の存在で除去性が少し良くなってはいるが、すべてを除去しきれないで存在する。おそらく、低分子のフルボ酸類などが残存していると考えられる。

③カオリン懸濁液のみの最適除去域がpH7.5周辺にあったのに、その特性は混合系では完全に消滅して、色度系のパターンにのみ支配されている。

④図5.48の易動度の変化パターンからみて、丹保の提唱した易動度1(μm/sec/V/cm)の中に絶対値が収まる条件で凝集が起こる臨界凝集電位の考え方が、この場合もあてはまる。

⑤pH4といった酸性側では、アルミニウムは色・粘土コロイドと行動をともにせず、凝集は起こらない。アルミニウムがモノマーの状態で拡散層中に分布している場合には、等電点付近にあっても架橋成分がなく、フロックを形成しない。

⑥pH6を超える中性から弱アルカリ性の領域では、アルミニウムは色度成分の荷電を中和する能力がなく、ほんのわずかの色成分のみが、色・アルミニウムの相互凝集あるいは微小アルミニウム水酸化物の表面を色コロイドが覆う吸着型の保護コロイド形成に進むものの、良好なフロックを作って除去を充分に進める能力はない。

図5.48のカオリンの易動度の推移からみて、粘土表面もアルミニウム・色コロイドの相互凝集微粒子が覆って、荷電は保護コロイドの負荷電と同じレベルで推移するように見えますが、筆者には直接的な観測ができませんでした。

表5.14 色度・濁度成分の高濃度混在時の凝集パターン

	濁質は除去できるが色度成分の一部は残存 低分子のフルボ酸類などが残る
pH4付近	アルミニウムはモノマーで存在し 架橋作用がなく凝集は生じない
pH5付近	最適凝集域 濁質のみの最適凝集域はpH7.5付近であるが 濁質の除去パターンは色度成分単独の場合と同形
pH6以上	アルミニウムの色度成分の荷電中和能力はない 色度成分の一部が相互凝集、吸着型凝集に進むものの 良好なフロックを作る能力はない

富栄養化防止のために、排水中のリンの除去が重要な凝集処理の対象になります。そのためには、色度成分と同様（もっと明瞭）に、アルミニウムの不溶域の中性から弱酸性域に移動し、アルミニウムアコ錯体がリンに対して最大の共錯体形成能力を持ち、かつ、結合アルミニウム（不溶性の架橋体）が 1 mg/l 以上存在することが必要条件になります。

　筆者のもとで道立公害防止研究所（現道立総合研究機構環境科学センター）の伊藤英司元水質部長と院生の橋爪君（後の厚生省・環境庁課長）達が行った、一連の労作が研究センター所報に報告されています。多成分系凝集研究の貴重な成果です。

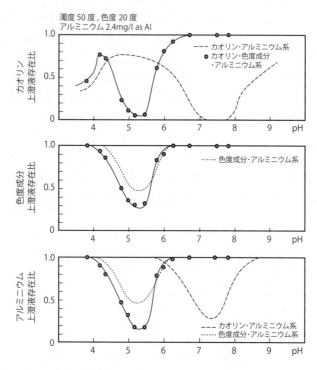

図5.47　ジャーテストによる色・濁質・アルミニウムの上澄水中濃度とpH

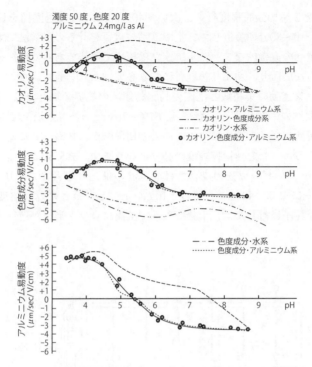

図5.48 ジャーテスト時のカオリン・色・アルミニウムの易動度とpH

⑳ ジャーテスト（Jar Test）

　前項までに凝集の理論とその操作因子について詳しく述べましたが、残念なことに理論のみで操作条件を求めきることは困難です。臨界凝集電位の評価による集塊過程の理解と指標化が進みましたが、それだけではフロック構成に進むための架橋要素の評価ができません。そのためには、実操作をベンチスケールで模擬操作する回分式凝集フロック形成試験が必要であり、ジャーテストが多年にわたり用いられてきました。

　ジャーテストは、図5.49に示すようなジャーテスターと称する多連の撹拌機を様々な撹拌強度（最低でも2段階）で駆動させることができる卓上装置で行います。凝集（化学的）条件を個々に変えた数個のビーカーの中の試水を凝集・フロック形成・沈殿させて、相対的に最も良い沈殿水（上澄水）を得る条件を選ぶ方法です。

　1 l ほどの試水をビーカー、あるいは角型の反応容器にとり、150〜200rpm程度

の急速撹拌を 5～10分間程度行い、次いで40～50rpm の緩速撹拌を10～20分間ほど行った後、10～30分間静置して、上澄み水の水質を計るのが常法です。しかしながら、実装置への直接的なスケールアップは極めて困難であり、撹拌条件については極端にならない限り、あまり神経質になる必要はありません。ただ、急速撹拌条件は、ブラウン運動凝集領域と乱流変動駆動領域の境界領域とでは、図5.5に示したように、撹拌のエネルギー消費率 ε_0 が10^4～10^5erg/㎤・sec 以上でなければ、凝集が 1 μm の最悪粒径条件を突破するための初期段階が、スムーズに進行しないので、この値を越えるような急速撹拌強度が必要になります。式5.30によって略算してみますと、12cm 径のビーカーの場合では、水流の供廻りを考えても10^5erg/㎤・sec 強のオーダーになり、40rpm とすると10^3erg/㎤・sec ほどの撹拌強度が得られ、粒径の大きな粒子に対しては、十分な条件で乱流フロック形成が進行する領域になります。

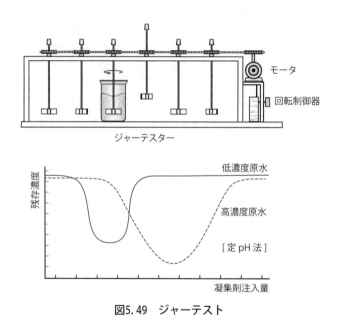

図5.49　ジャーテスト

アルミニウムなどの金属塩系の凝集剤は、操作時の pH に敏感に反応しますので、ある原水についての適切な凝集条件を求めるには、少なくとも凝集剤添加量と操作 pH の両指標の組み合わせで条件を定める必要があります。一般には、図5.50に泥炭地着色水のジャーテスト例で示すように、すべてのビーカーに対する凝集剤の注

入量を一定とし、0.1～0.01規定程度の HCl あるいは NaOH を変量加えて、pH をビーカごとに変化させて一連のジャーテストを行い、次いで凝集剤添加量を変えて、同じことを繰り返す定量注入・変 pH 法（Constant dosage-Variable pH Method）が、ジャーテストの基礎的な定法となります。薬品を並んでいるビーカーに同時に添加することが必要で、市販のジャーテスターには小さな試験管の同時添加装置が付けられているものを見かけます。

　図5.49のように、凝集剤の添加量を変える形のジャーテストは、最適な凝集 pH 領域が経験的によくわかっている場合にのみ可能です。例えば、粘土系濁質の中程度の濃度領域（10～100度程度）では、pH 7 付近の中性領域が色度水あるいは高色度を含む濁水なら、pH 5 付近の弱酸性領域が最適 pH 域として理解されます。しかしながら、pH を一定にして凝集剤量を変える方法は、手動操作では容易ではなく、重炭酸塩などのアルカリ度をわざわざ加えて緩衝能力を高めた操作がしばしば行われます。凝集剤とアルカリ助剤の同士討ちの無駄な薬品浪費にしか過ぎないことが見過ごされていることがあります。厳密に pH を一定にして凝集剤量を変えるには、自動制御が必要となり、高価なジャーテストになります。経験的にわずかな変化量をモニターする試験でのみ有用な方法であろうと思います。

　図5.50のように、定量注入・変 pH 法でジャーテストを行うと、どこまで凝集剤を増していけば、最大の除去率が得られるかを見出すことができます。有機成分除去など多くの場合、いくら凝集剤量を増してもそれ以上除去率が改善されない限界があります。限界除去率と筆者らは称しており、先の水質変換マトリックスの諸研究をはじめ北大丹保研では、凝集で除去されるという表現を使う場合は、この限界除去率を求めたうえでの数値ということにしています。凝集現象は最小限、反応 pH と凝集剤添加量という 2 次元平面上の最適条件探索であることを基本に考えることになります。

　一般に行われるジャーテストは、凝集・フロック形成・沈殿といった操作を模擬した試験です。一方、低濁度下では、凝集・直接ろ過による急速ろ過システム操作が推奨され、さらに MF 膜の普及によって膜前処理の凝集も普通に行われるようになっています。このようなプロセス検討の際に、これまでのジャーテストで対応するとすれば、撹拌強度・継続時間を考慮しながら、急速撹拌後すぐに、10～12μm 程度のろ紙でろ別して結果を評価することも可能です。

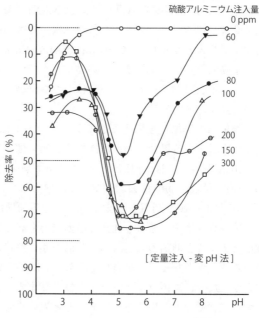

図5.50 泥炭水（DOC32ppm）の凝集マップ

⑵ フロック形成補助剤

　前項までに述べたように、ファン・デル・ワールス集塊のみでは集塊の結合強度が不足しており、フロック形成・沈殿操作に進むには、アルミニウム水酸化物のある析出量が結合剤（Binder）として必要です。また、直接ろ過といったマイクロフロック集塊で良い場合でも、ろ過池の砂粒との付着強度を増加させるために、高分子補助剤を加えて高速ろ過が設計されます。

　日本では合成高分子凝集剤/フロック形成補助剤の使用が制限されていて（高分子凝集助剤がわずかに含むモノマーの漏出を恐れて）、プロセス設計の自由度を大きく損なっているようにも思います。

　高分子凝集剤の使用に際しては、作用時の凝集剤寸法が被凝集成分（懸濁粒子）よりも十分小さいことが必要なため、多荷電であって、かつ低分子(1,000Da 以下)の金属アコ錯体が主凝集剤として広く用いられてきています。10^5～10^6Daにもおよぶ合成高分子凝集剤は、μmオーダーの寸法を持っている粘土系の粗懸濁質やすでに金属凝集剤で集塊したマイクロフロックの荷電中和・集塊成長に有効に働きます。

高分子凝集剤/フロック形成補助剤は、生成したフロックの強度のみならず、密度も高める働きをしますので、汚泥処理など高濃度系に多用されています。この章の5.3項でペレット凝集理論を説明しますが、その成立には高分子フロック形成助剤の存在が不可欠です。

　高分子凝集剤は天然高分子物質と有機合成高分子物質の両者があります。

　天然系では、アルギン酸ソーダ（海藻より抽出）、キトサン（カニ殻より抽出）、活性ケイ酸（Activated silica）などがあり、負荷電のポリマーとしてフロック形成助剤として働きます。活性ケイ酸は米国シカゴ水道のベイリス（J. R. Baylis）が、1937年に発表（J. AWWA, vol. 29 p. 1355, 1937）して以来、無機高分子助剤として広く用いられています。近年ではわが国の水道機工㈱が開発したシリカ鉄凝集剤の主成分として用いられています。筆者は、1962年フロリダ大学でベイリスシリカの生成機構を解明して以来、1980年代の北大におけるシリカ鉄凝集剤の機構解明まで活性シリカにかかわってきました。その展開を次に述べます。

　合成高分子凝集剤/助剤はモノマーの重合によって作られますが、単分子重合と複数のモノマーの共重合の両者があります。いずれにしても重合後に一部未反応のモノマーが残りその毒性が問題とされます。様々な分子量、荷電密度、重合鎖形態（線形、側鎖型）のものが用途に応じて作られます。荷電の種類によって、陽イオン性（Cationic polymer）、中性（Nonionic）、陰イオン性（Anionic）に分かれます。陽イオン性（Cationic polymer）のみが凝集剤として用いられますが、中性および陰イオン性ポリマーは、フロック形成助剤（高分子架橋剤）、あるいはろ過助剤として働きます。その代表的な構造を例示すると図5.51のようです。

名称	構造式	分子の質量 (Da) とイオン性
Polyacrylamide	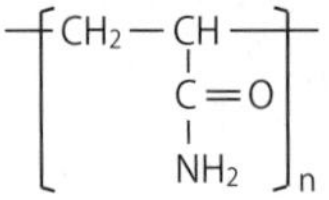 −[CH₂−CH(C=O)(NH₂)]ₙ−	$10^5 \sim 10^7$ 非イオン性(中性)
Hydrolyzed polyacrylamide	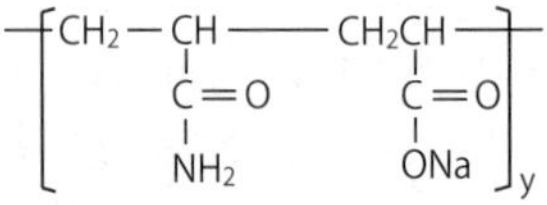 −[CH₂−CH(C=O)(NH₂)−CH₂CH(C=O)(ONa)]ᵧ−	$10^4 \sim 10^7$ 陰イオン性
Poly(DADMAC) or poly(DMDAAC) polymers	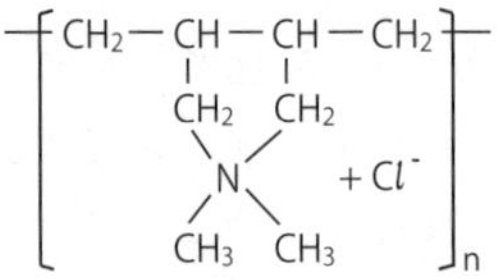 −[CH₂−CH−CH−CH₂ (CH₂)(CH₂)N(CH₃)(CH₃)⁺Cl⁻]ₙ−	$10^4 \sim 10^6$ 陽イオン性
Quarternized polyamines	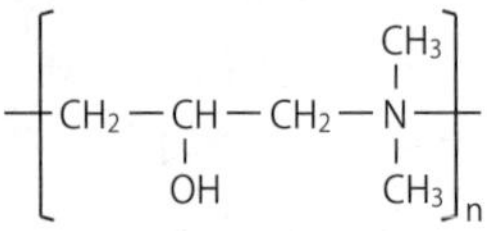 −[CH₂−CH(OH)−CH₂−N(CH₃)(CH₃)]ₙ−	$10^4 \sim 10^5$ 陽イオン性
Polyamines	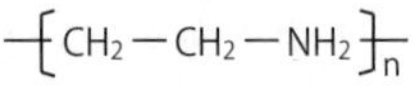 −[CH₂−CH₂−NH₂]ₙ−	$10^4 \sim 10^7$ 陽イオン性

図5.51　高分子凝集剤・フロック形成助剤の構造

　高分子架橋は、基本的には懸濁粒子群に対する高分子鎖の共吸着現象で、電気2重層におけるスターン層吸着の一種であり、ある粒子に吸着した高分子鎖の一端がグイ層の先まで伸び、近隣粒子のスターン層に共吸着する形で架橋が成立します。したがって、高濃度懸濁系に対してきわめて有効な凝集剤ということになります。John's Hopkins大学の旧友 Prof. C. O'Melia は、**図5.52**に示すような、高分子鎖の共吸着状態をパターン化して説明しています。先の**図5.9**に説明した現象のより詳細な模式的安定化、再分散に至る過程の説明が見て取れます。

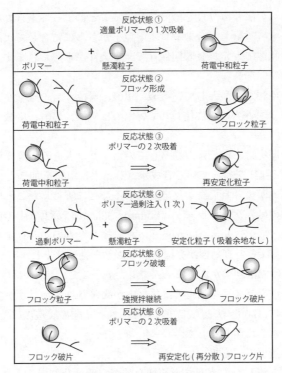

図5.52 ポリマーによる荷電中和と架橋の模式図（O' Melia による）

⑵ 活性ケイ酸とポリシリカ鉄凝集剤（PSI）

　筆者が米国留学の最初（1962年）に A. P. Black 先生の下で、アメリカの水ガラス製造の大手 Phyladelphia Quartz Co. から材料の提供を得て行った研究が、当時、無機凝集補助剤として最も広く用いられていた Baylis 法による活性ケイ酸（Activated silica）の製造過程の理論解明と最適条件確認の仕事でした。

　活性ケイ酸（Activated silica）はケイ酸の負荷電の重合コロイド粒子で、アルミニウム凝集剤などの助剤として ppm オーダー添加することで、生成フロックの強度・密度を高め、凝集・フロック形成反応を加速/安定に進めることができる助剤で、毒性に対する心配もないことから、広く用いられました。ろ過助剤としても高速ろ過を可能にしますが、ろ材との高い結合力を示すために、通常のろ層粒度構成では、損失水頭の急増加が問題になります。しかしながら、粗ろ材を使うことによって、300～400m/日といった高速ろ過を可能にすることができます。

製法は水ガラスのアルカリ度を酸で中和することによって重合コロイド粒子の生成を促し、しかも、重合した分散コロイド粒子がさらに結合してゲル化しないように分散コロイド状態で安定に長時間保存できる条件が求められます。(図5.1コロイド分散系の3態を参照)

　アルカリ度を中和する酸として、硫酸、塩酸、炭酸ガス、硫酸バンド、硫安など様々ありますが、内外で一般に使われていたのは硫酸、塩酸、炭酸ガスによる方法です。

　活性ケイ酸の歴史は、Baylisが勤務していたシカゴ水道の水源ミシガン湖の水が、同じような濁度とpHを持っている合成水(蒸留水に塩類を加えた水)に比べて、硫酸アルミニウムがより良い凝集反応を見せることに着目したことに始まります。その差が生ずるのは、ケイ酸ソーダ(Sodium Silicate)が大気中の炭酸ガスによって、Sodium OxideとSodium Bicarbonateに転換したものが共存する状態になった時であり、Baylisはその有効性が発揮されることを見つけました。一方、新鮮なSodium Silicateだけでは効果がありませんでした。そこで、Baylisは酸で中和したSodium Silicate(水ガラス)を加えて凝集反応が改善されるかどうか試行錯誤の繰り返しの検討の後に、Baylis法として知られる活性ケイ酸の製造法にたどりつき、1937年の論文で公表するに至りました。

　活性ケイ酸製造上の留意事項は、
①適切な濃度に希釈した水ガラスを適切な酸で(活性化剤を選んで)、ある部分まで中和してシリカゾルを形成する。(不溶化・ゾル形成)
②所定時間シリカゾルを熟成してゾルを成長させる。
③生成したゾルがゲル化しないように所定時間後に所定濃度に希釈し、保存性を与える。
といった過程を適切に組み立てることです。

　Baylisは、次の手順を提唱しています。
①ケイ酸ソーダ(水ガラス)を希釈して、SiO_2の1.5%溶液(アルカリ度8,000ppm as $CaCO_3$)を作る。
②市販の濃硫酸(94.5%以上)を5倍ほどに薄めて20%の希硫酸を作り、SiO_2の1.5%溶液に加えて撹拌しながらアルカリ度の中和反応を進め、アルカリ度がほぼ1,200ppm as $CaCO_3$(80%中和)となるように調整する。このことによってシリカのゾルが生成し、この場合のpHは9.0となる。
③2時間ほど静置して、生成したシリカゾルの熟成(ゾルの重合の進行による粒径成長)を行い、

④ SiO_2濃度が0.5％になるように3倍ほど希釈して、ゾル（Sol）がさらに結合してゲル化（Gelation）して活性を失うことないようにして、長時間安定に活性シリカゾルとして作用できるように調整する。

　Baylis はおそらく膨大な数の試行錯誤の繰り返しによって、ケイ酸コロイドの凝集促進作用を発見し、さらに Baylis Sol といわれる硫酸活性化法を確立したと思われますが、詳細の論理は報告されていません。そこで筆者は、Baylis の条件がどの程度論理的な判断で裏打ちできるかを検討することをしました。結論を先に述べるならば、彼は1937年という早い時期に、ほとんどピンポイントで最適条件を経験の積み重ねで見つけたようです。驚くべき練達と努力の成果と驚嘆するばかりです。

　筆者の追試の手順と結論について述べてみます。

　水中に溶存しているケイ酸類は、ケイ酸モノマー $Si(OH)_4$ として、または pH が十分に高いときには、ケイ酸イオン類（$HSiO_3^-$、SiO_3^{2-} など）として存在しています。図5.53に示すように、ケイ酸の溶解度は中性 pH 付近では pH に無関係でほぼ一定で、温度によって大きく変化します。多量の溶解性ケイ酸を含む系の pH を下げると溶解度が減少し、溶解度を超えた分のケイ酸イオンモノマー $Si(OH)_6^{2-}$ は重合してポリマーイオンとなります。ポリマーイオン（トリマー）の構造は、図5.54のように考えられています。

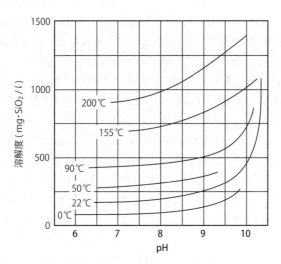

図5.53　シリカの溶解度（後藤1961）

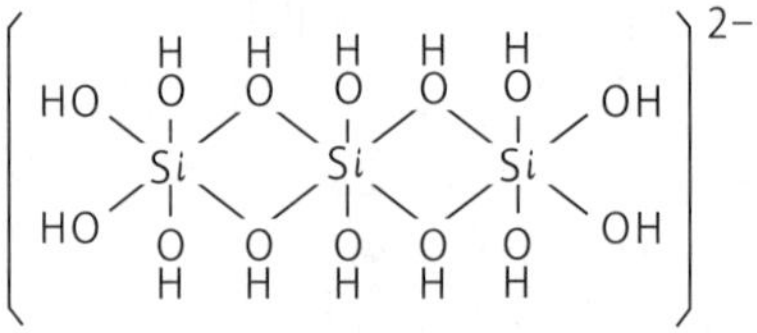

Poly-Silicate Trimer

図5.54　重合シリカイオン（トリマー）

　このようにして生成したポリマーが、無定形ケイ酸コロイドの状態で熟成(養生)によって重合度を増していきます。そのまま放置しておくと、コロイド粒子群（ゾル）は２次的な凝集を起こしてゼラチン状に固化（ゲル化）し、凝集剤としての効力を失います。そこで、ゲル化が生じない低濃度にまで希釈して活性を保つようにします。

　しかしながら、このような条件をすべて組み合わせて実験を行うことは極めて困難なことから、筆者がとった最適条件の探索は、次のような物理化学的条件上で解に至る経路で求めるものです。

　先ず、水ガラスの主成分である Na_2O と SiO_2 の比率の異なる規格品（JIS１～３号ケイ酸）のうち、中和用の硫酸が少なくて済む Na_2O（９～10％）が SiO_2（28～30％）に比して一番少ない JIS３号ケイ酸を材料に選びます。活性化の中和条件としては、pH９以下では図5.53に示したように、常温付近ではほとんど溶解度が変わらないので、操作の余裕を見て pH8.5を中和目標値とします。

　この場合、SiO_2 の濃度をどこまで高くすることができるかは、シリカポリマーの生産効率と関係してきますが、高濃度では、中和後のゲル化時間が短すぎて安定なコロイドゾルの熟成ができません。Na_2O と SiO_2 の比が１：3.3のケイ酸ソーダ（水ガラス：JIS３号）を種々の濃度の硫酸で中和し、ゲル化に至る時間と pH の関係を求めると図5.55のようになります。この図に見られるように、中性から微アルカリ性の領域で最短ゲル化時間が現れてきます。pH8.5まで中和した時に、熟成時間を２時間とろうとすれば、２％の SiO_2 がゲル化しない濃度にまで希釈する前に、重合熟成を進め得る時間ということになります。濃度を1.5％まで下げれば、ゲル化に至る時間が数か月にもおよび、実用上十分に使用し得ることになります。このように、ゲル化を生じさせる pH が、活性ケイ酸の調整に大きく影響することから、活性化 pH の設定を厳しく定めることが必要となります。

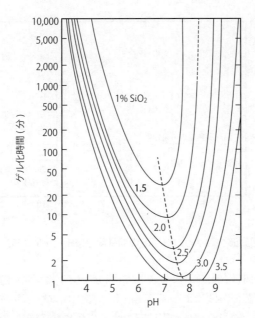

図5.55 ゲル化に要する時間とpHとSiO₂noudoとの関係（Merril 1950、丹保加筆）

前述のように、重合の進行に対して高いpHの時に、結合に必要なOHが十分に供給されて、コロイドケイ酸の生成を良好に進めることができるのは、次の理由からです。

図5.56に示すように、SiO_2が0.75ppmで形成されたコロイドシリカ（ゾル）の界面動電位は、$-20 \sim -30$ mVの値を持ち相互に反発しあっています。これは臨界凝集電位より高いポテンシャル（絶対値）を持っているために、集塊（凝集）することなく、重合は個々の粒子として進んでいくためと考えられます。図5.56から臨界凝集 Z. P. 13 mV（易動度 $1\,\mu m/sec/V/cm$）となるpHは、ほぼ6.5となります。また、図5.55の各濃度のゲル化時間が最小となる破線をSiO_2濃度0.75％の位置まで外挿すると、最少ゲル化時間を与えるpHは、ほぼ6.5となり、臨界凝集点における凝集の発現がゲル化へとつながり、臨界凝集電位の機構は、この場合も普遍的機構として存在していると考えられます。

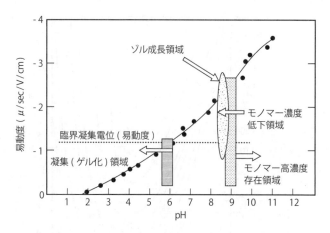

図5.56　シリカコロイドの易動度とpH（丹保 1962）

　熟成時間を2時間ほどとることによって、高分子シリカゾルの寸法の増大（重合）が進行します。後藤の方法によって、NaFによる生成コロイドの溶解速度を0.12Nの塩酸添加状況で計測した結果が**図5.57**です。横軸に熟成時間、縦軸に6時間熟成した重合の溶解速度に対する各熟成時間の溶解速度の比を取ったものです。溶解速度比が大きいということは、生成したコロイド粒子の寸法が小さいということであり、この数値が1となることは、その時間以上の熟成は意味を持たないということです。

　図5.57から明らかなように、熟成時間は、Baylisが提案したように、2時間というのが必要最小時間であることがわかります。このようにして生成したBaylis silica solが、1960年代から1980年代まで、無機のフロック形成助剤として日米で広く凝集沈殿、高速ろ過、硬水軟化の沈殿に用いられてきました。特にわが国では、高分子合成補助剤の規制がきつく浄水用に用いられませんでしたので、1 ppm（SiO_2）以下の添加量でろ過障害を起こすことなく、低濁低温時の沈殿効率向上と浄水処理の安定維持に広く使われました。

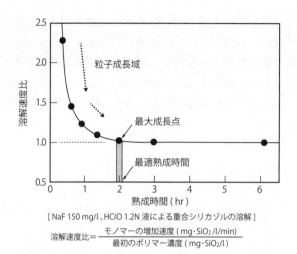

図5.57　シリカゾルの溶解速度比（丹保　1962）

　1980年代に入って、次に述べるようなMetal-silicate凝集剤の提案が、水道機工㈱の長谷川孝雄氏らによってなされ、Silica Solの活用に画期的な展開が始まります。彼は、第4章4.1水平流沈殿池の構造と池内構造物の図4.45〜48に述べた国産技術フィン付傾斜板（Finned chanel separater）の研究を北大丹保研で行っていた水道機工㈱の橋本克紘博士のチームの一員として参加していました。この新たな沈降装置の研究に引き続き、今度は彼が主体となったポリシリカ鉄の有効性の評価と作用機序の研究が、北大丹保研で始まりました。

　図5.56に示すように、基本的に水ガラス（ケイ酸ソーダ）は強アルカリ側で安定に存在しており、酸による中和で中性pHあるいは弱アルカリ性pHに近づくことによって、溶解度が急激に減じ、重合してゾルを形成し、引き続きゲル化して固体となります。その境目を縫ってBaylisは、高分子のゾルが実用上安定に存在する条件を見出しました。その機序について、丹保のフロリダ大学における研究は、臨界凝集電位支配の生成機構を明らかにしています。

　酸性側でもアルカリ側と同様に高いシリカの溶解度が発現しますが、原料がもともとアルカリ性の水ガラスであるが故に、酸性側から系をアルカリ側にシフトさせてシリカゾルを作るということを試みた者はいませんでした。どのような動機で、酸性側からゾル形成を試みたかについて、承知していませんが、後の展開を考えると、コロンブスの卵であると考えて良いと思います。図5.58は図5.55と同様に、SiO_2

のゲル化時間とpHの関係を筆者が1960年代から参考にしてきた「The Colloid Chemistry of Silica and Silicates : R. K. Iler, Cornell Univ. Press, N. Y.（1955）p. 45」に模式的に描かれているもので、pH 2 付近に最大の安定度（溶解度）があることを示しています。図5.55、図5.58から判ることは、水ガラスのpHを一挙に4.0以下に下げると、シリカは安定に溶液、あるいはゾルとして存在することです。

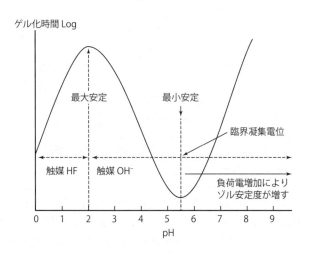

図5.58　ゲル化時間とpHの関係

長谷川の金属・シリカ複合凝集剤に関する提案を、活性ケイ酸（重合ケイ酸ゾル化：Baylis sol）機構を研究した筆者の理解の上で解明します。

JIS 3 号ケイ酸を用い SiO_2 濃度を硫酸等で pH4.0 程度に低下させると、重合が進みゾルが形成されますが、ゾル形成（モノマーの重合）の条件は、ゲル化が急速に進行する臨界凝集電位を少し超えたところが最も有効です。したがって、図5.58で見られるように、pH4.0付近で数時間重合を進めます。重合の触媒は OH 基です。極限粘度を指標として、熟成の進行、さらにはゲル化による失活の危険を管理します。図5.59は重合反応の進行時間と極限粘度（Limitting viscosity）の増加の関係を pH ごとに示したものです。また、図5.60は極限粘度と重合ケイ酸ゾルの分子量の関係を示しており、両対数グラフ上で、正の直線関係を持って重合度が上がることがわかります。

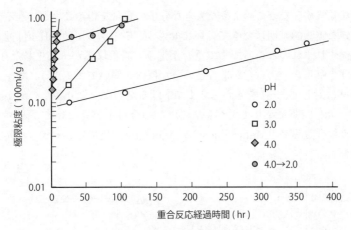

図5.59 シリカの重合反応時間と極限粘度の増加（長谷川による）

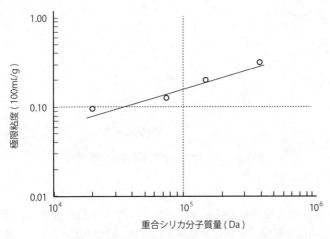

図5.60 極限粘度と重合シリカ分子量の関係（長谷川による）

　両図を参照すると、pH4付近では急速に重合度が上昇しますが、ゲル化する直前に少しの時間余裕をもってpHを1.5〜2.0まで下げると、最大安定度条件となって重合の進行がゆっくりとなり、安定なゾル状態を長時間保つことができます。このようにして生成した酸性側でのゾル（Hasegawa sol）は、**図5.61**に示すように、10^5〜10^6Daといった範囲に分布を持つ高分子コロイド粒子で、Beylis solが10^4Da強に過ぎないのに比して一桁以上大きく、架橋能力が大きく卓越している特質を持

第5章　粒径／粒質の調整と固液分離プロセス　**437**

つことになります。なぜこのような大きな分子の質量を得ることができるかについては、明確な実験的証明はできてはいませんが、シリカゾルがpH4付近という臨界凝集電位すれすれのところまで重合が進み、凝集反応が一部生じたうえでpHを2に下げて解重合・再重合が進むといった機構が働いているように推論されます。Beylis solに対して、pHを4から2まで下げるために、より多くの酸が必要といったことが少し問題になりますが、金属塩と複合材を容易に作ることのできる金属・シリカ複合凝集剤（Metal-Silicate coagulant）の構成という大きな特徴の方がより意味のある特性となります。

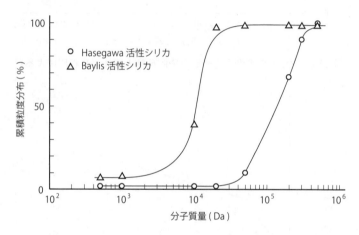

図5.61　シリカゾルの分子質量分布特性

　金属・シリカ複合凝集剤の特徴は、アルミニウムや鉄が強酸条件下（pH1.5～2.0）では単純な金属陽イオンとして存在し（図5.17参照）、完全に一様分散している溶液と安定に一様分散しているシリカゾルを隣り合わせた形で、分子対分子の対を作るように重ね合わせることができます。単純に、鉄あるいはアルミニウム溶液と生成したシリカゾルを混合すれば良いだけのことになります。したがって、どのような比率でも良いわけですが、水処理用ではSi:Feの比を1:4～3:1ぐらいの範囲で、用途に応じて混合しているようです。

　鉄やアルミニウムイオンが加水分解重合して、正荷電の多核アコ錯体を形成し、水中の負荷電のコロイド類と荷電中和凝集反応が進行する際に、架橋剤としての負荷電シリカゾルが、常に一対となって凝集剤の直近に存在しており、高分子補助剤

を添加して一様混合するという凝集フロック形成操作の最も難しく、かつエネルギーの必要な場面で、フロック破壊忌避といったデリケートな配慮を省くことができます。均一なフロックの構成ができるので、フロックの構造密度も高くなります。

　生成したフロックの沈降性をPAClとPSAlの場合について比較した一例が図5.62であり、シリカゾルの効果が大きく沈降性を改善していることを示しています。また、電気泳動輸送管法で溶解性領域を含むポリシリカ鉄（PSI）の電気泳動度を求めた結果が図5.63です。基本的には、鉄塩の易動度パターンと同様の凝集特性を持っており、図5.64（粘土系懸濁液）、図5.65（フミン系色度成分）に示すように、丹保の臨界凝集電位理論に規定される形で、易動度が1（μm/sec/V/cm）以下の範囲にある場合に、荷電の正負を問わず凝集が進行していることがわかります。ポリシリカ鉄によってフロックの物性が改善されますが、荷電中和凝集反応の生起にマジックはなく、在来の操作を踏襲すればよいことになり、伝統的な凝集剤としての機能を持ち続けることができます。

　"Hasegawa sol"と共存させる金属イオンとして、アルミニウムと鉄が最も一般的です。近年、アルミニウムが脳に蓄積している現象とアルツハイマー病の関係が疑われて、飲料水中に残存する凝集剤のアルミニウム量を極小にする努力が求められています。コロイドシリカがアルミニウムアコ錯体と常に共存しているPAClは、アルミニウムを漏出させるリスクが、硫酸バンドあるいはPAClのみの凝集に比してはるかに小さい利点があります。さらに、鉄塩を共存させるPSiFeでは、アルツハイマーとの関連がなくなります。鉄とシリカゾルの混合凝集剤は、単にPSIと称して市場に出ています。

　鉄は昔からある古い凝集剤ですが、処理水中に微量でも残留すると色度を生ずる欠陥があり、また純度の高い鉄剤は比較的高価で、普通の製法で作られても、純度の高いアルミニウムが長い間使用されてきました。微量着色問題は、残留アルミニウムの場合と同じように、シリカゾルが常に共存しているPSiFe混合凝集剤では、容易に解決することができます。

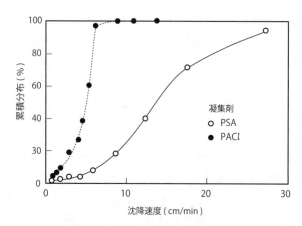

図5.62　フロックの沈降速度の比較

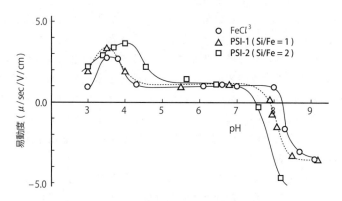

図5.63　塩化鉄と Psi ゾルの易動度と pH

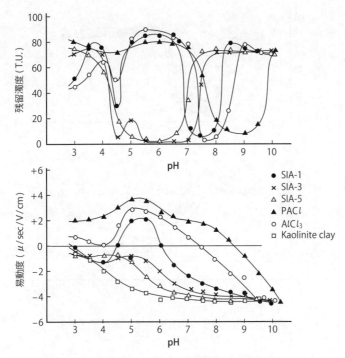

図5.64 カオリンフロックの残留濁度、易動度と pH

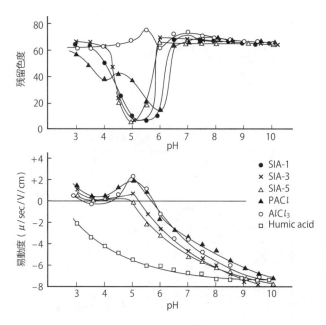

図5.65 色フロックの残留色度、易動度とpH

⒇ **急速混和池**：Flash mixer、Rapid mixing tank

　凝集作用を進行させるためには、第一に凝集剤やアルカリ助剤、フロック形成助剤を適時に、適当な順序と方法で原水に添加し、できるだけ速やかに一様な分散を計り、均一な凝集反応を生じさせる必要があります。この段階で、加水分解や荷電中和などの化学反応、界面電気化学反応は終了し、極めて小さな10^0〜$10^1 \mu m$オーダーの微フロック（マイクロフロック、Micro-floc）が形成されます。この単位操作を急速撹拌（Rapid mixing）と称します。

　薬品の添加は通常、アルカリ調整剤、フロック形成助剤、凝集剤の順序で行われます。前二者については、一様に完全溶解もしくは分散するのに必要な強度と時間を持った撹拌を与えればよく、薬品を着水井に添加し、流入水路/管で混和させることがしばしば行われます。強度とともに短絡流を生じさせないように、**図4.25**のトレーサ曲線に示した様な、混合に必要な滞留時間を考慮して、できるだけ押し出し流れに近い乱流水路系での投入が採用されます。凝集剤の添加は所定の強度ε_0 = 10^3〜$10^4 erg/cm^3 \cdot sec$を持った局所等方性乱流の形成が必要なので、確実な強制撹拌方式が必要になります。そのような場合、撹拌槽は完全混合流になるので、

単槽では短絡流の発生が強く現れて、一様な反応の進行を妨げるので、少なくても複数の混和池を直列に配することが必要になります。できれば3槽直列が望まれます。

　我が国で急速撹拌池を直列多槽化することはほとんど行われておらず、設計指針にも盛られていません。米国等の設計思想との大きな違いです。その差の出る大きな理由は、我が国と米国とでは、処理の注目すべき水中不純物が異なっているためではないかと思います。荷電中和能力を最大に発揮しなければならない色コロイドなどの微コロイドの凝集には、急速混和池における反応の均一/確実性は、非常にデリケートな撹拌操作が必要なのに対して、粘土コロイドなどの粗懸濁質が対象となる場合は、少量の凝集剤でも架橋凝集が行われ、時としては低い分散度のために、凝集剤の濃い溶液塊が局所的に存在していて、生成した水酸化金属の粒径が相対的に大きくなり、以後のフロック形成に有利になるといった逆現象すらあり得ます。

　凝集剤の注入濃度の大小も、混合強度・滞留時間分布と関係があります。荷電中和能力が最大の関心事となる微コロイドの凝集に際しては、撹拌強度の小さい混和池では、低濃度で凝集剤（例えば、アラム1～0.1％）を用いるとよい場合があります。粘土などの粗懸濁質の凝集では、高濃度（10％）を使います。一般的に、粗懸濁質を扱う場合には、急速混和地の設計にさほど神経を使わなくても、問題が顕在することは少ないようです。我が国の水道の設計指針がこれらの点について無頓着でこられた理由かも知れませんが、良いことではありません。PACl（通称PAC）の発明は、急速撹拌の粗放さを補う大発明であることを先に述べました。

　急速混和池の撹拌方式として、上下迂流式水路、機械式撹拌槽、スタテックミキサー、低揚程ポンプ等があり、アルカリ助剤やフロック形成助剤の添加については、そのいずれを用いても良いのですが、凝集剤については、2～5分間程度の滞留時間を持つ機械式撹拌槽の複数槽の直列構成が必要になります。数分間の滞留時間がマイクロフロックの確実な形成のために必要です。跳水（Hydrauric jump）による凝集剤の混和は、マイクロフロック形成のための滞留時間が不足で適当ではありません。マイクロフロックの構成にも撹拌強度Gとともに撹拌継続時間Tの考慮が必要です。

　機械式撹拌機を備えた混和池は、槽を多段に配したもので、単槽の構成は図5.66に示すようになります。撹拌槽の深さと平面辺長の比は1：1～3：1くらいが普通です。パドル式では容量が2㎥程度までの小撹拌槽に用いられますが、それよりも大きな30㎥位までの撹拌槽では、プロペラ式、タービン式が用いられます。撹拌軸の中心を槽の中心から偏らせて、水流の共回りを少なくし、動力消費を大きくし

て撹拌効果を高める方法がとられます。

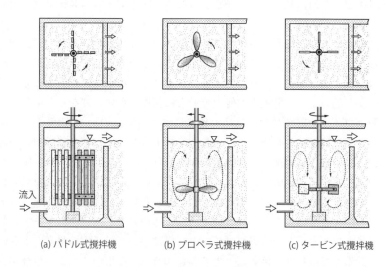

図5.66 急速混和槽の諸形式

5.2 フロック形成操作

(1) 設計理論の歴史的展開

　第3章の水質（変換）マトリックスによる処理プロセスの選択を論じた項で、図3.27あるいは図3.32に示したように、図3.40に示した分離プロセスを選択する際、操作エネルギーやコストが最小になる固液分離操作で対応できるところまで、あらかじめ不純物寸法を大きくしておく粒径成長操作が、水処理系で多用されています。その理由は、1 m^3 が1トン（1,000 kg）もある重い物質である水を毎日少なくても100 m^3、多いときには100万 m^3 も一つのプラントで処理しなければないことから、結果として、極端に低エネルギー消費率の分離操作が必要になります。その最たるものが沈殿処理で、文明開闢以来、人類が使ってきた最古の歴史的固液分離法です。少ないエネルギーで水と分離するためには、分離すべき不純物の性質を水分子と大きく異なる状態にまで改質して、シンプルな駆動条件を満たすようにする必要があります。

　溶解している不純物を化学反応、あるいは生物化学反応で不溶化して、コロイドからさらに粗懸濁質まで持ち込む操作を凝析処理（Precipitation）といいます。一

方、物理化学的操作（荷電中和、ファン・デル・ワールス集塊など）で集塊を進めるのが凝集処理（Coagulation）です。凝析処理によって不純物は、ろ紙や砂ろ過層で分離できるような寸法になります。さらに、コロイド粒子や粗懸濁質、ファン・デル・ワールス集塊をさらに大きな塊にまで成長させて、重力や遠心力などの物理的な駆動力を利用して少ないエネルギー消費で容易に水から分離できるようにする操作をフロック形成（Flocculation）と称します。

丹保が凝集処理の研究を始めた1960年代になって初めて、浄水場の沈殿池にフロッキュレータと称する緩速撹拌操作が導入されるようになりました。ちなみに、1950年代までの急速ろ過法のプロセスには、フロッキュレータの設置が有りません。丹保が学生時代（昭和28～32年：1953～1958年頃）に、実験の場として使わせてもらっていた札幌市の旧藻岩浄水場は、旧関東州（現中国）大連の浄水場と並んで日本最早期の急速ろ過浄水場の一つで、北大の倉塚良夫教授の指導で1937年（昭和12年）に造られた名浄水場の一つですが、凝集剤が添加された水は、急速混和地からすぐ沈殿池に流入していました。

キャンプ（T. R. Camp）のフロック形成理論（G-Value、GT-Value 理論）が、1953年米国の土木学会誌（Flocculation and Flocculation Basin : Proc. A. S. C. E. Vol. 179, No283, pp 1～18, 1953. 9）に掲載され、それ以降、これがこの分野の基本理論となりました。

丹保が北大工学部を卒業したのが1955年ですから、その時にはフロック形成の研究は水処理の最先端の研究で、国内外の研究者が成果を競っていました。50年もこの研究を続けるうちに、国内には誰も競う仲間がいなくなり、次世代の多くが活性汚泥研究に蝟集し、やがてそれも去り、微量汚染やリスク問題へと環境工学分野が展開する今日にまで来ています。今、60年前を振り返って若いころの仕事を再整理して、今の読者にお伝えするのもこの本の目的です。

筆者が最初に水道協会誌に投稿した論文（凝集操作における撹拌の研究：水道協会誌301号 pp45～50、1959）は、キャンプのGT値の意味を確認するものでした。図5.67は、濁度50度のカオリン懸濁水を凝集させ、水平軸流型のフロック撹拌槽を用いて、種々の撹拌強度（G値）でフロック形成を進めた結果を示すものです。横軸に積算GT値をとり縦軸に採取した10分間静置上澄みの濁度と実験用フロッキュレータと沈殿池（表面負荷率 $Q/A = 0.42 cm/min$）を経た処理水の沈殿後水の清澄度が、撹拌の進行とともにどのように向上するかを求めたものです。おそらく、GT値の効果を具体的に実験結果で示した本邦で初めてのデータであったと思います。多くの水道人から手紙をいただいたことを思い出します。この試験は今の知識でい

えば、微フロックの大型フロックへの吸合が、G値(撹拌の動力消費率：エネルギー消費率　sec^{-1}）と撹拌時間T（sec）の積の無次元数で決まるということの最も初歩的な証明であったと思います。

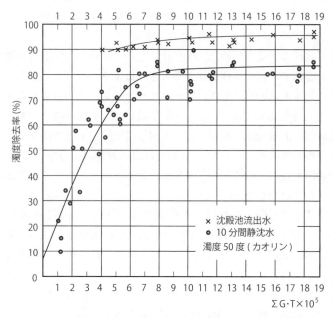

図5.67　積算G·T値と濁度除去率

　図から濁度除去率は、積算GT値（無次元）の増加とともに、ある一定値（実験では6～8×10^{5}位）まで高い相関をもって増加して行き、撹拌強度G（1/sec）あるいは撹拌時間T（sec）のいずれかが卓越した意味をもつものでないことを示しています。この一連の研究で、高い撹拌強度下でのフロック破壊現象や低濁度と高濁度時における設定GT値に対する懸濁質濃度の影響の問題の存在が理解され、筆者のその後の研究につながっていきます。
　キャンプは1943年 Stein, P. C. と共著で発表した最初のフロック形成に関する論文、「Velocity Gradient and Internal Work in Fluid Motion : J. of Boston Society of Civil Engineers」に基づいて、流体のある点におけるフロック形成（Flocculation）の進行は、その点における流水の速度勾配と凝集される粒子の濃度に比例することを明らかにしました。しかし、フロック形成池の設計指標に展開してG値、GT値

を提案した1953年の論文では、なぜか、1943年の Stein との共著論文で既に触れている粒子濃度との関係に触れていません。Camp と Stein は原論文（1943年）で、ある流動点の速度勾配（Gradient of Fluid Velocity：G）は、流体の単位体積の粘性せん断による動力消費（Power loss per unit volume）に比例することを述べています。筆者が先節で凝集駆動エネルギーを論ずる際に、Kolmogoroff の局所等方性乱流理論を引いて説明した撹拌槽の水流の構造は、図5.4に示したように、等方性乱流構造を持つものであり、集塊に基本的に有効なエネルギー消費率 ε（動力消費率 W）は、最大渦寸法 l で（容器の最大断面）、そして距離 l だけ離れた2点間の速度差 ΔU で示される渦速度 V_l（最速の渦速度）と水の粘性係数の関係によって、式5.35のように規定されます。Camp の G 値は、層流領域における衝突合一を分子粘性によるエネルギー消費を示す速度勾配と結びつけた表現で、乱流撹拌槽の平均自乗変動速度に関しての記述が少しありますが、それを定量的には示し得ていないようです。

　先の式5.30に示したように、Kolmogoroff の理論により単位体積の流体のエネルギー消費率 $ε_0$ は、撹拌装置の最大渦寸法 l と最大速度差 ΔU といったマクロな撹拌装置の物理数値から推算できます。Camp はこのような物理的条件を速度勾配 G＝ΔU/l（1/sec）と表現し、筆者の用いてきた Kolmogoroff 流の等方乱流理論表現で示せば、式5.36となります。

$$G = \left(\frac{W}{\mu}\right)^{\frac{1}{2}} \quad\quad —(5\cdot35)$$

G：撹拌槽の自乗平均速度勾配
　　(Root mean square velocity gradient, sec^{-1})
W：撹拌槽単位体積の単位時間動力消費
　　(g・980 cm^2/sec^2/sec・cm^3・sec ＝ erg/cm^3・sec)
μ：流体の粘性係数 (g/cm・sec)

式5.35　撹拌槽の自乗平均速度勾配

$$G \propto \left(\frac{ε_0}{\mu}\right)^{\frac{1}{2}} \quad (\text{sec}^{-1}) \quad\quad —(5\cdot36)$$

$ε_0$：乱流撹拌エネルギー消費率 (erg/cm^3・sec)

式5.36　Kolmogoroff 流の自乗平均速度勾配

例えば、水深10cm、流速100cm/sec の等流水路でのフロック形成を考えたとします。

この時のレイノルズ数は、
$Re = hV/\mu = 10 \times 100/0.01 = 10^6$
となり、水路は完全な乱流状態にあります。Campの表現では、この水路の最も大きな渦の寸法は水深hであり、水路の最速水流（表面近傍の流速）が最も強い渦を作り、渦寸法$l=h$で、渦速度ΔU（水路の最高速度）を持つ渦から乱流スペクトルが始まります。このことは、Kolmogoroffの等方性乱流の場合も同じことになります。この例の場合、CampのG値とKolmogoroff流のG値は、表5.15のようになります。ここで、KはCampのG値と乱流エネルギー消費率ε_0で表現したG(ε_0)値の換算係数です。この例では、K≒1/30ということになります。正確には、全エネルギー消費率、あるいは動力消費率を実測または計算によって詳細に算出し換算係数を求めることになります。

表5.15　CampとKolmogoroff流のG値の計算例

水深10cm、流速100cm/secの等流水路の場合のG値

Camp（ラミナー）　$G = \Delta U/l = 100/10 = 10 \text{ sec}^{-1}$

Kolmogoroff流　$G = K(1 \times 100^3/10)^{1/2} = K \times 10^{2.5} \text{ sec}^{-1} = K \times 316 \text{ sec}^{-1}$

K：CampのG値と乱流エネルギー消費率ε_0で表現したG(ε_0)値の換算係数

CampとSteinのG値理論は、層流条件下で記述されるStokesの式を基に、運動量の輸送が分子運動によってなされるポテンシャル流れの解から提案されています。しかしながら、実際のフロック形成の撹拌は乱流領域で行われることから、対流（渦流）による運動量の輸送が卓越しています。このような高レイノルズ領域における乱流拡散による混合は、微小水塊の乱流拡散による運動量輸送作用によって生じて、粘性に類似のいわゆる乱流粘性によって支配されることになります。

x、y、z 3方向の変動速度 u'、v'、w'の u'v'、u'w'、v'w'等々の組み合わせ流速の瞬間変動値の時間平均（自乗）をとって、分子粘性に加えて乱流変動による見かけ応力（後者の方が圧倒的に大きい：Reynolds応力）を考えて、ナビエストークス（Navier-Stokes）の基礎方程式を解くことになります。しかしながら、レイノルズ応力は乱流変動の機構がわからなければ計算することができず、非線形現象で

あるため乱流構造を規定して、数値解により複雑な計算をする必要があり、一般的な解はありません。

そこで筆者は、Kolmogoroff の等方性乱流下に卓越する乱流輸送構造を規定する方法によって問題を扱うことにしました。米国留学中（1962年）に入手し、以後多くの研究に用いてきた諸理論を明快に述べたロシア科学アカデミーの Veniamin. G. Levich の名著「Physicochemical Hydrodynamics : Prentice-Hall, Inc. N. Y. (1962)」があります。筆者の研究は、この著書に負うところが大です。世界の質変換工学・化学工学の基礎的文献として、多くの学問分野に寄与しました。Kolmogoroff の等方性乱流理論については、J. O. Heinz の「Turbulence : McGraw-Hill, N. Y., London (1959)」、訳本では J. C. Rotta (1972) 著、大道道雄訳「乱流、岩波書店 (1975)」などが、理論の理解に有用です。

Camp と Stein の1943年原論文から始まる G 値の理論は、幸いにも分子粘性のみが支配する領域における動力消費（エネルギー消費）の形が、形式的には乱流による構造粘性領域でも近似的に使えること（粘性係数と乱流粘性係数の形態近似的な読み替え）で、現在まで使えたということが幸いでした。しかしながら、全く異なる現象をトータルなエネルギー（動力）消費で、総括的（比例的）に指標化できる見かけ指標ということであり、凝集理論の深化には対応できないことに留意する必要があります。

この章では、Kolmogoroff の局所等方性理論によって北大の丹保研を中心に、1965年以来展開してきたフロック形成の理論について、その展開の道筋を説明します。

もう一つ大切なことは、日本の水道施設設計指針でも世界の多くの教科書・技術書でも G 値と GT 値については理解しているようですが、懸濁質の濃度 C_v について考慮していないことです。1960年代になって、急速ろ過システムでは凝集剤を急速混和池に投入した後、滞留時間20〜40分間程度を持つ緩速撹拌を行うフロッキュレータを設置するのが常法になります。一方、活性汚泥法では、返送汚泥を曝気槽に流入させた後に、微生物群集を沈殿池に直接導入して分離します。この理由は、活性汚泥法では3,000mg/l もの高濃度粒子群を最終沈殿池に流入させるのに対して、浄水場の沈殿池では、低濁時には10mg/l、その他の時期でも10^1〜10^2mg/l 程度の懸濁物濃度の流入であり、微粒子群（凝集した Micro-floc）の個数濃度（正確には体積濃度）が小さく、所定の時間内では粒子が衝突合一して大径の沈降可能なフロックにまで成長できないために、一定の緩速撹拌の継続（一定の大きさの GT 値）によって衝突合一を進める必要があるためです。

低濁時（濁度10度以下など）なら急速撹拌で凝集したのみのマイクロフロックを

そのまま砂ろ過池に導いて、直接ろ過で固液分離することができます。50mg/lもの懸濁質になると、沈殿池で少なくても95％ほど分離できる表面負荷率を持ったフロック群にまで成長させなければなりません。活性汚泥法の高濃度スラリーは濃度が大きいため、沈殿池流入時の乱流噴流が減衰するまでの数十秒間といった短時間で、粒子の衝突成長が進行します。もちろん、さらに短時間の緩速撹拌を加えれば、より均質フロック群にまで成長を促すことができます。懸濁質の濃度 C_v がどのような大きさを持っているかが、今一つの重要な操作因子になります。

フロック形成を支配する最終指標として、懸濁質の体積濃度 C_v を加えた無次元指標 GC_vT 値が、フロック形成過程の評価と設計に必要であることを丹保は1964年以来提唱し説明してきました（1964博士論文、水道協会雑誌431号、441号、449号、454号、456号、1970～1972年、589号、1983年、Water Research vol. 13、1976に4編）。最終的には水道協会雑誌、IWA の Aqua に GCT 値を使っての設計手順を説明しましたが（水道協会雑誌685号，1991年、J. Water SRT-Aqua、1991）、今でも設計指針には G 値と GT 値のことしか書かれていません。残念なことです。

Camp と Stein が速度勾配値（G 値）を凝集の強度指標であるとした最初の論文（1943年）には、G 値と「懸濁粒子の個数」に比例して粒子集塊が進行すると書いておきながら、その後、広く読まれた G 値と GT 値を提案した Camp 単名の論文（1953年米国土木学会誌）では、T 値の重要性を加えて GT 値を提案しながら、粒子個数については論じていません。残念なことです。その後筆者と時を同じくして、Hudson(1965)、Fair & Gemmel(1964)、Swift & Friedlander(1964)、Cockerham & Himmerblau (1974) らが、フロック形成の動力学的研究を展開しました。当然のことながら、フロック形成操作の動力学的評価では、物質収支を考えねば成り立たず、懸濁成分の濃度（個数濃度あるいは体積濃度）が、物質収支保存の基本的考慮の対象になります。北大丹保研での仕事とこれらの研究の基本的な違いは、フロックあるいはフロック群の物性についての詳細な議論なしに動力学（衝突合一）過程を扱い、フロック形成過程の速度指標（操作変数）を定義したために、懸濁質濃度を考慮しながらもフロック形成進行を記述する簡易モデルを提示することに留まっていることです。

丹保は動力学式として、懸濁粒子寸法分布の経時変化を記述するコロイド科学分野での古典的な論文、M. v. Smoluchowski の「Versuch einer mathematischen Theorie der Koagulationskinetik kolloider Lösungen、Z. phys. Chem. vol. 92、pp 129～168、1917」に起点を置いて研究を展開しました。Smoluchowski の論文はコロイド粒子（均一寸法）がブラウン運動による集塊合一し粒径分布を大きくしてい

く過程を記述したポピュレーションモデル（Population balance model）で、フロック粒子のクラスターとしての性質にまで言及してはいますが、フロックの破壊については論じていません。筆者らは Smolchowski モデルに起点を置いて、フロックの構造密度（フラクタルな性質）、その成長破壊までを考慮した、局所等方性乱流下における集塊進行過程を記述するポピュレーションモデルを乱流フロック形成池から溶解空気浮上法の微フロックを含む集塊にまで展開しました。

次に、フロックの性質（構造密度と強度）と集塊の成長過程を記述する動力学過程（ポピュレーションバランスモデル）を順次説明します。

(2) フロックの構造密度

沈殿分離操作の設計に先立って、凝集されフロック形成を受け成長する粒子の沈降速度を明確に計算評価できなければ、フロック形成過程を理論的に表現できません。そこで必要となる理解は、生成フロックの密度と寸法（沈降速度）の関係です。密度と成長限界寸法は撹拌強度によって支配されます。このためには先ず、生成フロックの密度と沈降速度がどのようにして決まるかの検討を行い、その後、撹拌強度と限界成長フロック径（フロック強度）の検討を行いました。

丹保が大学院在学中に求めた数少ないいわゆる原書の一つに Harmer E. Babitt, James J. Doland の「Water Supply Engineering, McGraw-hill Book Co. Inc. (1955) があります。当時の最新の高価な外来文献でようやく入手した記憶があります。おそらく、衛生工学が土木の小分野であった時代の最後の時代の文献で、当時は、日本の多くの水道工学のレベルもこの段階にとどまっていたと思います。今では開くこともなくなりました。1970年ソ連を訪れ、モスクワでろ過の大家 Prof. Mintz と時間を過ごすことがあった際、ソ連では共通教科書が自身で作られておらず、Babitt & Doland の全訳本であったのにも驚きました。ほとんど同じ頃、Gorden Maskew Fair & John Charles Geyer の「Water Supply and Waste-Water Disposal」John Wiley Sons, Inc. (1954) が出ました。衛生工学・環境工学が土木工学の小分野から環境工学へと大きく成長していく転機となった教科書（パラダイム創生）で、同時期に出版された書物として対象的なものであると思います。ちなみに筆者は、後者の影響を強く受け、終生の座右の書としてこの旧版を Fair 先生のサインとともに愛蔵しています。1963年のデンバーで開かれた AWWA の総会で Fair 先生の講演を聞きましたが、その時に「He is the MOZES in the field of water science and technology」と紹介されたことを半世紀たった今も鮮明に覚えています。長々と書きましたが、この大きな端境期に、コロイドの凝集とフロックの物性、

フロック形成性操作に関する理解は大きく動き出していました。凝集剤の働きの理解とともに、DLVOの理論などが導入されたいきさつは、凝集の項に述べたとおりです。

　フロックの物性については鉄塩凝集ではアルミ塩凝集より重いフロックができる等のことが書かれていますが、いずれの著書にも定量的な評価が行われた節はありません。そこで筆者は単純に、アルミニウムフロックはどのぐらいの密度を持っているのかをまず知ろうと考えました。凝集していく過程でフロックは大量の空隙水を内包するはずですから、フロック密度は空隙水の内包状態に規定される構造性をもったものであろうと想定したわけです。そこで手始めにフロック密度を測定する方法の開発から始めることにしました。

(3)　フロック密度測定法

　フロックは加水分解したアルミニウム懸濁質が結合して架状に絡み合い、その空隙に多量の水を包含している極めてもろい粒子です。したがって、計測はフロックが水中に懸濁している状態のままで、直接触れることなく行う必要があります。また、フロックは式4.13、式4.14などで述べたように、沈降中に衝突集塊して、粒子寸法，形状等を容易に変える沈降凝集現象を示すので、単粒子としての性質を把握するためには、できるだけ希薄懸濁液の状態でフロックを独立粒子として存在させて測定を行うようにしなければなりません。そこで、このような測定条件を満たすために、図5.68に示すような角型ジャーテスタ（フロック形成槽）の下部に、透明の静水沈降管を設置し、この管内を沈降するフロック粒子の形状寸法を外部からカメラで接写すると同時に、沈降速度を追跡する接写撮影装置を製作しました。

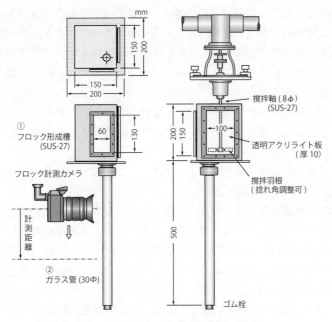

図5.68 フロック沈降速度（密度）測定装置

操作は、

① 撹拌槽に3ℓ懸濁液（カオリン50ppm）を満たして、所定量の硫酸アルミニウム、あるいはPACl（パック）を添加し、pHを0.025NのNaOHで所定の条件に調整し、所定の撹拌強度と継続時間（急速撹拌100rpmで5分間＋緩速撹拌40rpmで20分間）で、凝集フロック形成を行います。この場合、室温と水温に差があると沈降管の中に温度対流が生ずるので、懸濁液を十分に室温になじませてから実験を始めます。また、沈降（計測）管内の熱対流の発生やフロック粒子に対する熱輻射でフロック粒子の内部水温が上がる心配があり、沈降試験の際の写真照明はもとより、計測者自身からの熱放射に対しても細心の注意が必要になります。そのために、照明も蛍光灯の弱光線、計測者と装置の間には断熱遮蔽をして熱撹乱を最小に抑えます。

② 緩速撹拌が終了し、フロックが形成された段階で、フロック形成槽の底に付してある沈降管上部の鉄製の小上蓋を短時間静かに開き、数個のフロックを沈降管に落とし込み、再度蓋を閉めます。

一回のフロック形成撹拌による測定可能な時間は10分間程度であり、落とし込

みを数回繰り返して、数個以上のフロックの沈降速度と粒径の計測をします。
③フロック沈降速度の測定は沈降管に落とし込まれたフロックを接写ベローズを付した一眼レフカメラを沈降管から20cmほどの位置にエレベータ三脚上に設置したカメラの視野内にとらえ、ストロボを発光させて撮影し、粒子形状と寸法を推計するための写真を撮ります。

　同時に、三脚のエレベーターを5cm移動（巻き下げ）させながら、当該フロック粒子を追跡し、5cm沈降するに要した時間を計測して沈降速度を算定します。

④撮影したフイルムは現像後、プロジェクターでスクリーンに投影し、正確な寸法と形状（2次元径）を記録します。

沈降粒子は、終末沈降速度で定速沈降しており、概算したレイノルズ数から、**図4.2**と**表4.2**に示したストークス式で、粒子径と沈降速度の関係を規定できます。ここで、抵抗係数 C_D は粒子の形状によって変わる係数であり、観測の結果から近似的に球と立方体の中間ぐらいにあると考え、おおよそ正八面体程度の値をとると仮定し、**表4.3**に示されている形状係数 $\varphi = 0.847$ を用いて計算を行うこととしました。**図4.5**に示す非球形粒子の抵抗係数 C_D とレイノルズ数 Re の関係から、$\varphi = 0.847$ の粒子のストークス領域における抵抗係数は、$C_D ≒ 45/Re$ と推定されます。この関係をストークス式に代入することによって、フロック粒子の沈降速度は**式5.37**で与えられ、沈降管中のフロックの沈降速度 w (cm/sec) から、フロック（構造）密度 ρ_f (g/cm³) が求められます。ここで、d_f はフロックの径（cm）、ρ_w は水の密度 (g/cm³) です。

$$w = \left[\frac{4g}{3} \cdot \frac{Re}{45}\left(\frac{\rho_f - \rho_w}{\rho_w}\right)d_f\right]^{\frac{1}{2}} ≒ \frac{g}{34\mu}(\rho_f - \rho_w)d_f^2 \quad -(5\cdot37)$$

w：沈降管中のフロックの沈降速度 (cm/sec)
d_f：フロックの径 (cm)
ρ_w：水の密度 (g/cm³)
ρ_f：フロックの密度 (g/cm³)
$\rho_f - \rho_w = \rho_e$（フロックの有効密度）

式5.37　フロックの沈降速度

以後の実験データの整理にあたっては、有効密度（Effective density or buoyant density of flocs）$\rho_e = \rho_f - \rho_w$ を定義して、すべての実験結果をフロックの密度その

ものではなく、有効密度を主指標として、感度よく表現することにしました。例えば、フロック密度 ρ_f が1.01と1.02(g/cm³)のフロック粒子があったとした場合、その密度 ρ_e 差は、(1.02-1.01)/1.01＝1％に過ぎませんが、有効密度 ρ_e の差で表現すると、(0.02-0.01)/0.01＝100％となって、フロックの物性を明確に表現できます。同時に、**式5.37**から明らかなように、フロック粒子の沈降速度 w は有効密度 ρ_e と線形関係にあり、直接比例します。

　この関係を確認するために、次のような予備実験を行いました。
先ず、カオリン濃度50ppmに調整した懸濁液（北大工学部の井水：水温11℃、pH 6.9、Mアルカリ度1.97meq/l）に、硫酸アルミニウムを添加する条件で行いました。得られた結果は、有効密度 ρ_e が 2×10^{-2} ～ 10^{-3} (g/cm)の範囲に広く分布しており、フロックはどのぐらいの密度を持っているかという最初の問いに定量的に答え得る結果ではありませんでした。そこで、フロックの密度はフロックを構成する粒子の性質でなく、構造によるものであろうというもう一つの想定から、その構造の主要素と考えられるフロック寸法に支配されているという仮説をたて、フロック有効密度とフロック寸法の関係をプロットして見たところ、**図5.69**に示すような明確な直線関係が得られました。

　直線関係が確認できたことから、このような直線関係がどのように、フロック形成因子（凝集条件、懸濁質の種類など）に支配されているかについての検討に進みます。

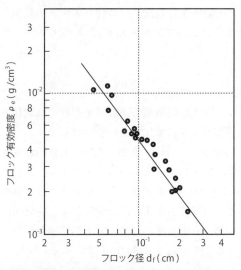

図5.69 フロック径の有効密度と径の関係（硫酸アルミニウム凝集）

⑷ フロック密度関数

図5.69に示すように、フロック有効密度 ρ_e とフロック粒子径 d_f は両対数プロットで、良好な直線回帰を示すことがわかります。後述するように、すべてのフロック径と有効密度の関係は、基本的に両対数プロットで直線関係にあることが確かめられています。このような関係を満たす回帰式は、**式5.38**のような形をとると考えられます。丹保・渡辺（1967）は、この回帰式をフロック密度関数（Floc density function）と名付けました。

$$\rho_e = \rho_f - \rho_w = \frac{a}{(d_f/1)^{K_\rho}} \quad —(5\cdot38)$$

ρ_e：フロックの有効密度 (g/cm³)
ρ_f：フロックの密度 (g/cm³)
ρ_w：水の密度 (g/cm³)
d_f：フロックの径 (cm)
a, K_ρ：凝集・フロック形成条件によって決まる定数
　a：回帰直線が $d_f=1$ cm の時に想定される有効密度 ρ_e
　K_ρ：両対数グラフ上の直線の勾配 (無次元)
　1：次元を整えるための数値 (cm)

式5.38　フロック密度関数

　式の次元を整えるために、フロック径 d_f を径1 cmで除して右辺分母を無次元化して式の斉一をとり、実験式を特性式に一般化します。実験値を整理して、実験の各系列ごとに最小2乗法によって定数 a と K_ρ を求め、フロック密度を表現する特性値とします。

(a) 凝集剤の添加率とフロック密度

　先ず、カオリン濃度と様々な凝集剤の添加量をそれぞれ変化させてフロックを形成し、フロック密度がどのように変化するかを検討します。

　アルカリ度として50mg/l の NaHCO₃ を加えた20～1,000mg/l のカオリン懸濁液を中性 pH 領域で、硫酸アルミニウムとパック（PACl）を凝集剤として加え、添加アルミニウム濃度を0.5～100mg/l の範囲で大きく変化させて密度関数を求めました。

　図5.70から**図5.73**とその特性値をまとめた**図5.74**に、凝集剤添加率 ALT 比（Aluminium Turbidity Ratio）を主指標として、凝集剤添加量が及ぼすフロック構造密度の変化を示します。ここで定義する ALT 比は、

ALT 比＝添加したアルミニウム濃度/懸濁質濃度（無次元）

で示され、実験結果を示す図は、無次元化された ALT 比で統一的に表現することができます。

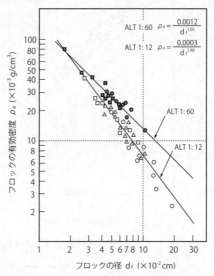

図5.70　フロックの有効密度と径の関係（硫酸アルミニウム凝集）

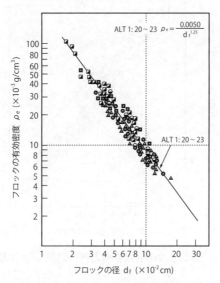

図5.71　フロックの有効密度と径の関係（硫酸アルミニウム凝集）

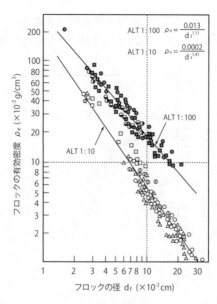

図5.72 フロックの有効密度と径の関係（PACl 凝集）

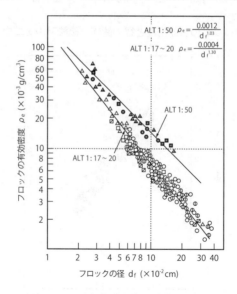

図5.73 フロックの有効密度と径の関係（PACl 凝集）

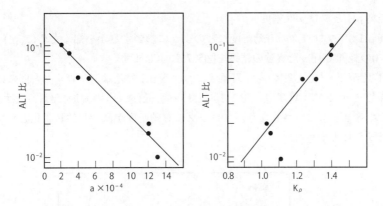

図5.74 ALT比とフロック密度関数の特性値aとK_ρの関係

　これらの実験結果から明らかなように、凝集剤添加率の大小はフロックの有効密度に大きな影響をおよぼし、あるALT比で形成された粘土フロックは、アルミニウム凝集剤の種類や濁質の個々の濃度レベルに関係なく、ALT比によって定まるフロック密度を持ちます。図5.74はその関係を示す図です。

　これらの図から、次のことが分かります。

① ALT比（アルミニウム注入率の割合）が大きくなると、同一粒径のフロックの密度は低くなる。

② ALT比が小さくなると、粒径の増加に伴うフロック密度の減少率は小さくなり、ALT比が1/50～1/100ぐらいになってくると、フロック密度関数の指標値K_ρはほぼ1となり、フロックの沈降速度は粒径の1乗に比例して増加する。

③硫酸アルミニウム凝集の常用値に近いALT比1/20～1/10といった領域では、$K_\rho ≒ 1.3$～1.4程度であることから、フロックの沈降速度は粒径の0.7～0.6乗に比例して変化する。

④同じALT比であれば、硫酸アルミニウムによるフロックもPAClによるフロックも同一密度関数で表現されるが、

⑤PAClによるフロックの沈降性が良いとされる理由は、PAClは低いALT比で凝集、フロック形成を進行させ、同径のフロック形成に高ALT比を要する硫酸アルミニウムフロックよりフロック密度が大きくなること、また同一ALT比では硫酸アルミニウムに比して、より大型のフロックが形成されることによると考えられる。

(b) 凝集 pH とフロック密度

凝集 pH が、フロックの有効密度にどのように影響するかを知るために、pH を6.5から8.0の範囲で行った実験の結果を図5.75に示します。

ALT 比が 4×10^{-2} 以上の高注入領域における pH の差は、フロック密度にほとんど影響しませんが、ALT 比が 2×10^{-2} といった低注入率の領域では、K_ρ は pH が大きくなるとともに小さくなり、フロックの有効密度が減少し、膨潤化したフロックが形成されます。

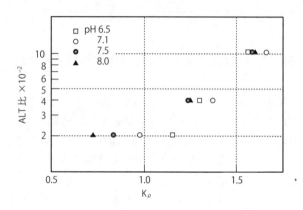

図5.75　pH を指標とした ALT 比と特性値 K_ρ の関係

(c) 撹拌強度とフロック密度

図5.76は、フロック形成撹拌強度とフロック粒子塊の有効密度の関係を示した図です。この通常程度の撹拌強度の変化範囲では、フロック密度関数に大きな変化はないようです。さらに撹拌強度を高めると、フロックの破壊が進行してフロック径が小さくなり、結果として密度が高くなりますが、密度関数自体にほとんど変わりはありません。これは寸法に支配されるフロック構造と密度との基本的な関係の理解となります。

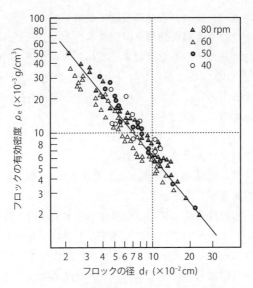

図5.76 撹拌強度とフロック有効密度

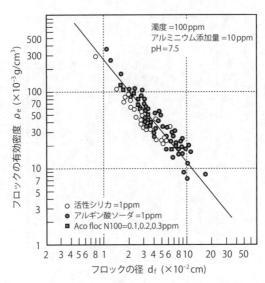

図5.77 フロック形成助剤のフロック密度に及ぼす効果

(d) フロック形成助剤のフロック密度に及ぼす効果

図5.77は、様々なフロック形成助剤を添加することによって、フロックの有効密度がどのように変化するかを示した図です。これらのフロック形成助剤を用いても、K_p値はほとんど変わらないことからフロック構造に変化がないと想定されますが、結合強度が大きくなるために、より大きなフロックを同一撹拌強度下で作ることができ、沈降速度を高めることができます。

(e) アルカリ度がフロック密度に及ぼす影響

濃度50mg/lのカオリン懸濁液を蒸留水と水道水をベースに作り、凝集フロック形成実験を行った結果を示します。

50〜200mg/lのアルカリ度（NaHCO$_3$）を蒸留水と水道水にそれぞれ加えて凝集・フロック形成を行い、その時のフロック有効密度とフロック径の関係は、図5.78、図5.79のようになりました。水道水のアルカリ度は20mg/l（as CaCO$_3$）です。結果は、原水のアルカリ度は通常の範囲ではフロック密度関数にほとんど影響することがありませんでした。

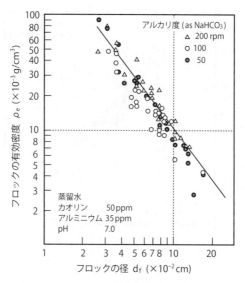

図5.78　アルカリ度とフロック密度の関係（蒸留水）

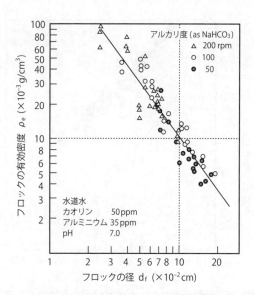

図5.79 アルカリ度と粘土フロック有効密度の関係（水道水）

(f) 様々なフロックの密度関数

図5.80は、下水の活性汚泥法で生成した微生物フロックの有効密度とフロック径の関係を正常状態のものとバルキングを起こした状態のものを示しています。フロック形成の要素である粒子が細菌・微生物で、その寸法が大きなことから、正常な活性汚泥フロックの有効密度は、アルミニウムフロックより一桁ほど高いようです。バルキング汚泥は色度フロックと似たような有効密度を示します。また、図5.81は、硫酸第二鉄で凝集させたカオリンのフロックの有効密度とフロック径の関係を示しています。鉄塩によるフロックは、アルミニウム凝集フロックとほとんど差がないようです。

図5.82と図5.83は、それぞれ硫酸アルミニウムと硫酸鉄で色度成分を凝集した結果です。

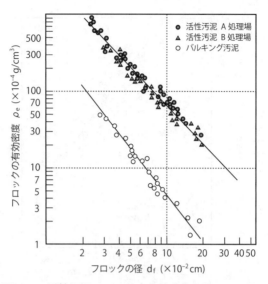

図5.80　活性汚泥フロックの有効密度とフロック径

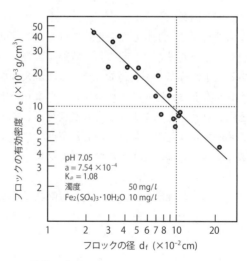

図5.81　鉄塩で凝集させたカオリンフロックの有効密度

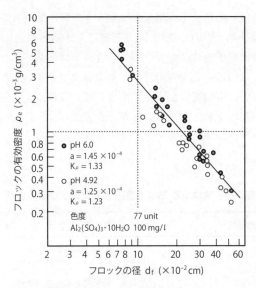

図5.82 硫酸アルミニウムで凝集した色度フロック

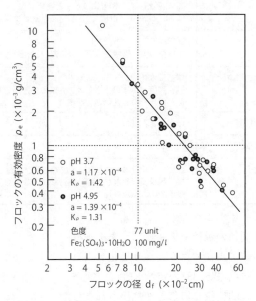

図5.83 硫酸鉄で凝集した色度フロック

第5章 粒径／粒質の調整と固液分離プロセス

色コロイド（色度）と粘土を凝集したフロックの密度は明らかに異なり、色フロックの有効密度は、粘土フロックの1/4程度にしか過ぎません。フロックを形成するもともとの要素粒子の寸法が異なる（色度粒子は小さい）ために、同一寸法のフロックを構成するのに必要な要素粒子の集塊個数が大きいことから、空隙割合が大きくなってしまい、有効密度が小さくなると考えられます。一方、凝集剤の種類による有効密度の差はないと考えることができます。

　表5.16は、フロック形成に影響すると考えられる主な因子とフロック密度の関係を整理したものです。

表5.16　フロック形成影響因子とフロック密度の関係

影響因子	密度変化の状況
ALT比	ALT比：大　同一径であれば密度は小 　　　　：小　粒径増による密度の減少率は小
PACl凝集剤 （沈降性改善理由）	低ALT比で凝集・フロック形成が進行する 同径であれば、AlよりALT比が小さくて済み密度は大
pH	高ALT比領域：密度にほとんど影響なし 低ALT比領域：pHが大きくなると密度が減少、膨潤化
撹拌強度	通常程度　：大きな変化なし 撹拌強度大：破壊されて小径になり、密度が大になる
フロック形成助剤	構造に変化なし 結合強度が増すので径を大きくすることができる 径が大きくなり沈降速度が増加
アルカリ度	ほとんど影響なし
鉄塩凝集剤	Alと同様
色度粒子	径が小さくフロック形成に多量の粒子が必要 粒子数が多いことから空隙割合が大となり密度は小 凝集剤による差なし

(g)　フロック密度関数の数値モデルとフラクタル特性

　凝集剤として硫酸アルミニウムとポリ塩化アルミニウムを使用した上述の諸実験で、フロック密度関数(式5.38)の定数K_pは、アルミニウム注入率と濁度の比（ALT比）によって、一義的に決まることが見出されました。

　ALT比が1/50〜1/100では$K_p ≒ 1.0$程度、

　ALT比が1/20〜1/30と大きくなると$K_p ≒ 1.3$程度

となり、通常の凝集フロック操作では、$K_p \fallingdotseq 1.0 \sim 1.4$程度の範囲になります。

フロック形成過程（衝突合一過程）は、一種のランダム現象として取り扱えることに着目して、乱数を用いた衝突合一過程のシミュレーションによってフロック構造を解明しようとする試みは、最初にVold（1963）によってなされました。Voldのモデルは、初期粒子が乱数によって定められた位置から、乱数によって定められた次の位置まで移動することによって、一個ずつフロックに衝突合一を繰り返してフロックが成長していくモデルです。しかしながら、複数個の初期粒子が集合している集塊粒子群（フロック）同士が衝突合一していくような、通常のフロック形成過程を適切にモデル化してはいません。したがって、このシミュレーションモデルによって形成されたフロックは、モデルの特性上、実際に形成されるフロックよりも高密度なものになります。

このために、より実際のフロック形成過程に近づけるために、次のようなシミュレーションモデルを考えました。

①シミュレーションモデル操作を2次元で行い、密度関数（3次元）に換算する。
②単位直径を持った初期粒子は、平面上に一様に分布している。
③初期粒子の位置を座標（X, Y）で表示する。
④移動先の位置を乱数で指定し衝突合一させる。
⑤衝突合一した粒子は、新しい集合体としての粒径（2方向平均径：衝突半径）と重心を持つ。
⑥粒子の大きさによって重みをつけた一様乱数により粒子選択を行う。
⑦衝突合一の頻度を計算する。
⑧合一した粒子全体をフロックとみなして、含まれる初期粒子数iとフロック平均径d_fを求める。

この操作を繰り返していけば、次第に成長するフロックの直径d_fと集合個数iの関係が求められます。

種々の計算結果を総括して、横軸に初期粒子に対するフロックの相対径d_f/d_1をとり、縦軸にフロックに含まれる初期粒子個数iをとって描くと、**図5.84**のようになります。

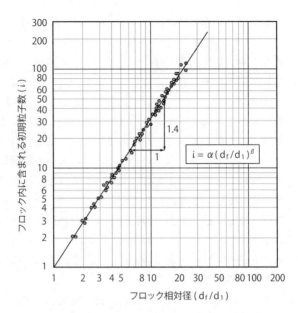

図5.84 フロック相対径とフロック内の初期粒子数の関係（2次元モデル）

図から、

$i = \alpha (d_f/d_1)^\beta$

の関係が成立します。その回帰線の勾配 β がほぼ 1.4 となることから、2次元を3次元モデルに換算すると $\beta \fallingdotseq 2.1$ となり、係数 $\alpha \fallingdotseq 1$ となります。したがって i 個の初期粒子が含まれるフロックの有効密度 ρ_{ei} は、**式5.39**のように示されます。

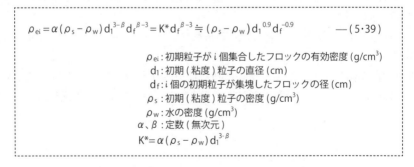

$$\rho_{ei} = \alpha(\rho_s - \rho_w)d_1^{3-\beta}d_f^{\beta-3} = K^* d_f^{\beta-3} \fallingdotseq (\rho_s - \rho_w)d_1^{0.9}d_f^{-0.9} \quad —(5\cdot39)$$

- ρ_{ei}：初期粒子が i 個集合したフロックの有効密度 (g/cm³)
- d_1：初期（粘度）粒子の直径 (cm)
- d_f：i 個の初期粒子が集塊したフロックの径 (cm)
- ρ_s：初期（粘度）粒子の密度 (g/cm³)
- ρ_w：水の密度 (g/cm³)
- $\alpha、\beta$：定数（無次元）
- $K^* = \alpha(\rho_s - \rho_w)d_1^{3-\beta}$

式5.39 初期粒子 i 個を含むフロックの有効密度

粘土粒子（濁質）が初期粒子となっている場合には、$\rho_s = 2.65 g/cm^3$、$d_1 = 2 \sim 3 \times 10^{-4} cm$ 程度ですから、**式5.38**の定数 K_p と a は、それぞれ0.9、$(1.1 \sim 1.5) \times 10^{-3}$ 程度と計算されます。

先の実験データ（**図5.72**、**図5.73**など）の示す密度関数の定数 a、K_p は、ALT 比に大きく支配され、その変化は粘土系懸濁質の場合、**図5.75**のようにまとめられます。シミュレーションにより作られたモデルフロックは、濁質そのものを初期（要素）粒子として論をすすめたので、このモデルフロックは ALT 比がゼロの場合に該当します。この点を考えると、実験結果を示す**図5.75**とモデルフロックの示す a, K_p の値はよい適合を示しており、フロックの構造が丹保・渡辺の想定どおりであることが明らかとなりました。**図5.85**は Vold（1963）、**図5.86**は筆者ら（1971）のモデルフロックの計算結果例を示したものです。

初期粒子が一個一個と結合していく Vold モデルでは、現実よりはるかに高密度のフロックしか作られませんが、高次の集合体同士の結合を考える筆者らのフロックモデルによって、初めて成長した現実のフロック構造が再現できるようになりました。

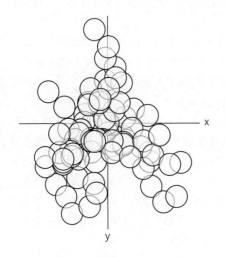

図5.85　Vold のモデルフロック

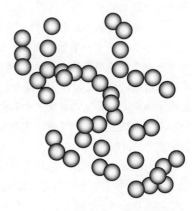

[初期粒子 41 個で構成]

図5.86　丹保・渡辺のモデルフロック

我が国のフラクタル物理の先達、中央大学の松下貢教授が日本物理学会誌（No 14p. 842～844、2006）に筆者らの一連の仕事をレビューしていただいたことを抄訳すると次のようになります。

　1980年代に入って、マンデルブロー（Benoit B. Mandelbroit、1977）が定義した自己相似性を表現するフラクタル物理現象が広く論議されるようになって、コロイドの凝集もフラクタル集塊としてモデル化が行われるようになりました。T. A. Witten & L. M. Sander（Phys. Rev. Lett. 47、1981、pp. 1400）がブラウン運動で要素粒子が一つずつ衝突合一する集塊を拡散律速集塊（Diffusion-limited aggrregation : DLA）と定義しました。それに対して、小集塊と小集塊が集合成長する凝集現象を P. Meakin（(Phys. Rev. Lett. 51, 1983, pp. 1119)）と M. Kolb et. al.（Phys. Rev. Lett. 51, 1983, p. 1123）は、クラスター凝集（Cluster-cluster aggregation : CCA）と称するモデルを提示しました。

　CCA モデルに対応する実験が意識的に行われたものとして、金コロイドの凝集を題材とした1984年の D. A. Weitz & M. Oliver（Phys. Rev. Lett. 51, 52. p. 1433）の実験があります。丹保らのフロック密度関数の研究は、これら研究に先立つこと10年以前、フラクタル概念が提示される前に行なわれたフラクタル構造性に関する世界最初の研究です。

　フロック密度関数の係数 K_ρ は、フロック有効密度を集塊の構造密度として示す自己相似のフラクタル数値であり、フラクタル次元 $D = 3 - K_\rho$ にそのまま換算できるフラクタル集塊特性を表すモデル指標です。CCA モデルが対応するコロイド凝集体の構造については、大規模な計算機シミュレーションの結果も参考にして、反応律速的集塊の場合のフラクタル次元は $D \fallingdotseq 2.00$、拡散律速的な場合は $D \fallingdotseq 1.75$ といった値が確立しています。実験結果を**図5.74**から求め、フラクタル次元 D を計算すると、ALT 比が 10^{-1} といった高濃度注入系では $K_\rho = 1.4$ といった値をとり、フラクタル次元は $D \fallingdotseq 3 - 1.4 \fallingdotseq 1.6$ といった値となります。これは、拡散律速的な CCA の典型であること示しています。一方、ALT 比が 10^{-2} といった低注入率系では、$K_\rho \fallingdotseq 1.0$ といった値をとり、フラクタル次元は $D \fallingdotseq 3 - 1.0 \fallingdotseq 2.0$ といった値となり、反応律速的な CCA モデルに正確に適合します。

　以上述べてきたように、凝集操作で形成されるフロックの密度は、集塊構造によって決まる密度でフラクタルな特性を持っており、フロック密度関数の定数 K_ρ あるいはフラクタル次元 D によって構造が決まります。実用的にこの現象を記述すると、ストークス領域における粒子の沈降速度 w は、**表4.2**に示したように、粒子の直径の2乗に比例して、

$w=(g/18)\rho_e d^2$

ですが、密度関数を導入すると、

$w=(g/18)(a/d^{K\rho})d^2=Ad^{(2-K\rho)}$

となります。

　ここで、A：定数で、先に述べたように、高濃度アルミニウム注入率 ALT 比10^{-1}のような場合、$K_\rho \fallingdotseq 1.4$程度の値をとり、低濃度注入率$10^{-2}$といった場合は$K_\rho \fallingdotseq 1.0$となるので、ストークス領域の沈降速度$w=Ad^1$（低濃度注入率）あるいは$w=Ad^{0.6}$（高濃度注入率）となります。

　稠密な低アルミニウム注入率フロックの場合、沈降速度は粒径に比例して増加するのみで、径が２倍でも沈降速度は２倍になるのみです。膨潤な高注入率フロックでは、径が２倍になっても沈降速度は1.52倍になるだけで、粒径増大による沈降速度の改善は遅々たるものになってしまいます。このことから、いかに稠密なフロックを作り沈降速度を大きくするかということが、固液分離速度と発生汚泥量の両面で重要なことがわかります。パック（PACl）の出現で、低 ALT 比のフロックを作ることができるようになったことの意義です。

(h)　研究の背景

　この実験研究は北大衛生工学科の一連の卒業論文研究で行われたものです。昭和42年（1967年）卒業の渡辺義公君（後に宮崎大学/北海道大学教授）と次の昭和43年（1977年）卒業の清水慧君（後に日水コン社長）が、夜を徹して注意深く精密に行ったものです。昭和43年になって、幸運にもパック（PACl）が安定的に入手できるようになり、清水君の時になって初めて、硫酸バンドではできなかったアルミニウム添加率を大幅に変えても（低い ALT 比でも）凝集フロック形成を確実に行うことができるようになりました。このことによって、ALT 比という概念を定着させることができました。後に、この研究を報告したIWA（国際水協会）の研究誌 Water Research の1967～2007年の40年間の TOP10論文に、この「Physical Characteristics of Flocs-I: The Floc Density and Aluminum Floc」（Water Research Vol. 13、pp. 409～419、1978）が選ばれました。日本語の報告は「アルミニウムフロックの密度に関する研究Ⅰ、Ⅱ、Ⅲとして、それに先立つ昭和42年（1967年）10月、水道協会雑誌397号、昭和43年（1968年）11月、水道協会雑誌410号、昭和46年（1971年）10月、水道協会雑誌445号に掲載されています。

　国外での報告は、アメリカの水道協会雑誌1968年 vol. 60、No 9、pp. 1040～1046に、North Western 大学の Lagvanker, A.L. と Gemmell, R.S. が「A size-density rerationship for flocs」と題して報告したのが最初のものとされています。ほとんど同時期の研究ですが、手法として濃度（密度）の異なるサッカロース（Sucrose）糖溶解水に、フロックを一個ずつピペットにとって落とし、中立的（浮かばず沈まぬ）状態になったことをもってフロックの Buyant density とする方法です。しかしながら、先に述べたフロック計測の必須条件としての非撹乱状態で（フロックに触れず）密度を測定するということができず、さらに、多数のフロックを連続的に安定に計測することができないこともあって、フロック密度関数に近い定性的な知見を得てはいますが、大量の精密な測定ができないことから、コロイド科学としての提案もなく、工学的にも汎用性と再現性のある測定結果とフロック形成理論への展開までできませんでした。その後、このグループは発展的な研究を全く行っていません。

(5) フロックの強度

　一次（初期）粒子が集塊してフロックを形成する初期の段階では、凝集条件のみを満たしていれば、フロックは成長を続けます。しかしながら、ある寸法に達すると、フロック塊に加えられる外力が、フロックの結合力を上回って破壊が生じます。この場合、破壊を生じさせる外力に抵抗し得るフロックの結合力の大小によって、ある凝集条件下で成長し得る最大成長フロック径が決まります。同一の凝集条件（粗懸濁質、凝集剤添加条件）下で生成するフロックの場合、撹拌強度が大きくなると、成長可能フロック径は小さくなることが定性的に知られています。

　このような現象を定量化することによって、ある撹拌強度下（局所等方性乱流条件下）における最大成長フロック径を指標にして、直接測定することができないフロックの結合強度を示す方法を丹保ら（水道協会雑誌427号、pp. 24～35、1970、Water Research, vol 13, pp. 421～427、1979）は初めて明らかにしました。フロックの破壊については Smoluchowski の論文でも触れておらず、Parker et al.（1971）が同時期に似たような報告をしていますが、丹保以前の報告は皆無と考えられます。その後、Water Research Vol 39, No14, Sept. 2005にロンドン大学 Univesity College の Prof. Gregpry らが Revew Paper を投稿しています。丹保の論文を基本に展開した英国の Bach の1967以降の一連の論文を紹介していますが、その前に Water Research に投稿されている筆者らの原論文は見逃しているようです。もちろんそのはるか前に日本の水協誌に原論文があることなどは知る由もなく、日本語の論文のローカル性が問題になります。水協誌に最近日本の研究者が投稿しなくなったこと、下水道協会が早々と研究誌を廃刊したことの意味でしょう。

(a) 成長可能最大フロック径 d_{fmax} を求める理論

　フロック形成は乱流撹拌条件下で進行します。フロックを破壊する渦の大きさは、ほぼフロックの寸法に近い微小渦であり、この寸法までの渦に乱流エネルギーが伝達されてくる構造は、局所等方性乱流と考えて良いでしょう。したがって、撹拌機によって生成された大きな渦が持ち込んだエネルギーの単位体積の流体中で消費される乱流エネルギー消費率 ε_0（erg/cm³·sec）で規定される Kolmogoroff 理論で記述される（Heintz, 1959、Batchelor, 1958、Levich, 1962）局所等方性乱流渦による力（引きちぎり型の破壊、あるいはせん断型の破壊のいずれの場合でも）が、フロックの結合力を上回って破壊が生ずると考えます。

　空隙率 e（Porosity、無次元）を持つフロック結合力 B_e（g·cm/sec²）は、フロック破壊断面の実膜断面積 A_e（cm²）= d_f^2（1−e）に、フロック粒子の実質部分の結合強度 σ（g/cm·sec²）を掛けて、

$B_e \sim d_f^2 (1-e) \sigma$

のように示されます。

　空隙率 e は、フロック密度関数式5.38と体積 V、密度 ρ_f の撹拌強度とフロック破壊径（最大成長径）の関係を示す形で整理し、フロック粒子の構成部分（空隙の水部分 V_e とフロックの実質部分(1−e)V）の物質収支を示す、

$\rho_w V_e + \rho_0 (1-e) V = \rho_f V$

の関係に、フロック密度関数の特性値 K_ρ を用いて、

$(1-e) \sim (d_f/1)^{-K_\rho}$

のように置き換えると、空隙率 e のフロックの結合力 Be は、式5.40のように示されます。

$$B_e \sim \sigma d_f^{2-K_\rho} \quad —(5·40)$$

B_e：フロック結合力 (g/cm·sec²)
σ：フロック粒子の実質部分の結合強度 (g/cm·sec²)

式5.40　空隙率 e のフロックの結合力

　それに対して、直径 d_f のフロックに働く局所等方性乱流渦による最大動的外力（動圧強度差 Δf_{df}（g/cm·sec²））は、フロックの両端の距離 d_f の2点間の乱流変動速度の2乗平均差として、**式5.41**のように表されます。

$$\Delta f_{d_f} \propto \rho_w \frac{\left|v_1' - v_2'\right|^2}{2} \quad \text{—(5・41)}$$

ρ_w：水の密度 (g/cm³)
v_1', v_2'：d_f 離れた水分子それぞれの変動速度 (cm/sec)
$\left|v_1' - v_2'\right|^2$：2 点間の変動速度差の時間平均絶対値

式5.41　局所等方性乱流渦による最大動的外力

　Kormogoroff の局所等方性理論によれば、2 点間の乱流変動速度の時間平均絶対値は、距離 d（フロックの直径）だけ離れた 2 点間のスケール λ=d の乱流渦の速度 v_λ=d に等しいと考えられます。

　これは、慣性渦領域で**式5.42**、粘性渦領域で**式5.43**のように示されます（Levich 1962）。

$$v_{\lambda=d} = \alpha \left(\frac{\varepsilon_0 d}{\rho_w}\right)^{\frac{1}{3}} \quad d \gg \lambda_0 \text{（慣性領域）} \quad \text{—(5・42)}$$

$$v_{\lambda=d} = \beta \sqrt{\frac{\varepsilon_0}{\mu}} d \quad d \ll \lambda_0 \text{（粘性領域）} \quad \text{—(5・43)}$$

ここで、$\lambda_0 = \left(\frac{\nu^3 \rho_w}{\varepsilon_0}\right)^{\frac{1}{4}}$ （乱流渦のマイクロスケール） —(5・44)

v_λ：スケール λ の乱流渦の速度 (cm/sec)
ε_0：エネルギー消費率 (erg/cm³・sec)
ν：水の動粘性係数 (cm²/sec)
μ：水の粘性係数 (g/cm・sec)
$\alpha \fallingdotseq 1$, $\beta \fallingdotseq 1/4$ あるいは $(1/15)^{1/2}$

式5.42～式5.44　乱流渦の速度と乱流渦のマイクロスケール

　式5.42と**式5.43**を**式5.41**に代入し、作用する力はフロックの表面積に比例すると考えると、フロックにかかる総破壊力 ΔF は、**式5.45**と**式5.46**のように表されます。

$$\Delta F \sim \rho_w^{1/3} \varepsilon_0^{2/3} d^{8/3} \quad \text{（慣性領域）} \quad \text{—(5・45)}$$

$$\Delta F \sim \rho_w \left(\frac{\varepsilon_0}{\mu}\right) d^4 \quad \text{（粘性領域）} \quad \text{—(5・46)}$$

式5.45, 式5.46　フロックにかかる総破壊力

フロックの破壊限度（最大成長径 d_{max}）は、フロックの結合強度と乱流破壊力が等しくなる条件で決まると考えられます。そこで、式5.40と式5.45あるいは式5.46が等しくなる条件、$\Delta F = B_e$ に相当するフロック径 d_{fmax} は、式5.47と式5.48のように求められます。

$$d_{fmax} = k^* \sigma^{-(2/3+K_\rho)} \cdot \rho_w^{-(1+K_\rho)} \cdot \varepsilon_0^{-(4/3+K_\rho)} \qquad d \gg \lambda_0 \text{（慣性領域）} \quad —(5\cdot47)$$

$$d_{fmax} = k^{\#} \left(\frac{\sigma}{\rho_w}\right)^{1/(2+K_\rho)} \cdot \left(\frac{\mu}{\varepsilon_0}\right)^{1/(2+K_\rho)} \qquad d \ll \lambda_0 \text{（粘性領域）} \quad —(5\cdot48)$$

d_{fmax}：$\Delta F = B_e$ 相当径
$k^*, k^{\#}$：係数（それぞれ次元をもつ）

式5.47，式5.48　フロック最大成長径

フロック密度関数の特性値 $K_\rho \fallingdotseq 1.0$（低 ALT 比$10^{-2}$）〜1.4（高 ALT 比$10^{-1}$）といった値を想定し、撹拌強度とフロック破壊径（最大成長径）の関係を示す形で整理すると、乱流撹拌条件下での有効エネルギー消費率 ε_0 は、フロック形成槽の撹拌翼の回転数 Nr（rpm）の3乗に比例することから、式5.49、式5.50のようになります。

$$d_{fmax} = k^* \varepsilon_0^{-1/(4/3+K_\rho)} \fallingdotseq k^* \varepsilon_0^{-(0.43\sim0.37)} \sim Nr^{-(1.3\sim1.1)} \qquad d \gg \lambda_0 \text{（慣性領域）} —(5\cdot49)$$

$$d_{fmax} = k^{\#} \varepsilon_0^{-1/(2+K_\rho)} \fallingdotseq k^{\#} \varepsilon_0^{-(0.33\sim0.29)} \sim Nr^{-(1.0\sim0.88)} \qquad d \ll \lambda_0 \text{（粘性領域）} —(5\cdot50)$$

K_ρ：フロック密度関数特性値
Nr：撹拌翼の回転数（rps）
ε_0：乱流撹拌エネルギー消費率（erg/cm$^3\cdot$sec）
μ：水の粘性係数（g/cm$\cdot$sec）
λ_0：局所等方性乱流のマイクロスケール（Kormogoroff scale, cm）
　　 $= (\nu^3 \rho_w / \varepsilon_0)^{1/4}$　ν：水の動粘性係数（cm^2/s）
ρ_w：水の密度（g/cm^3）
k^*：フロック強度を表す係数で
　　 フロック密度関数の指数 K の関数

式5.49，式5.50　撹拌強度とフロックの最大成長径

(b) 最大成長径 d_{max} と有効撹拌強度 ε_0 の関係の実験的評価

図5.87に示すような$10 \times 10 \times 20$cmのパドル型の撹拌翼を備えたフロック形成槽を用い、水平回転軸の周りの垂直円断面上を1 rpmで周回する角柱槽内の凝集懸濁液に、パドルで弱撹拌を与えて大径のフロック形成を促し、フロックが成長しても大径フロックが撹拌槽底に沈降しないような操作を行って、実際のフロック形成槽で進行している現象をモデル化します。

カオリン粘土の凝集に$Al_2(SO_4)_3 \cdot 18H_2O$を用いて、100rpmの急速撹拌を5分間、所定強度の緩速撹拌を30分間行いながら、撹拌槽全体を水平軸の周りに1 rpmの速度で回転させ、20〜30個の成長したフロックの径を写真測定し、最大フロック径d_{max}を推定します。

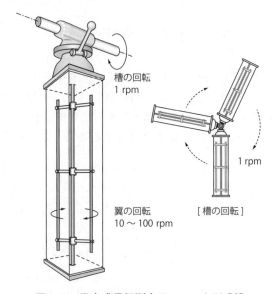

図5.87 最大成長径測定用フロック形成槽

図5.88、**図5.89**は、粘土アルミニウムフロック形成時の撹拌回転速度N_r[rpm]と最大フロック径d_{max}[mm]の関係を両対数グラフ上にプロットしたもので、勾配がほぼ-1.0〜-1.2の直線に回帰しており、**式5.49**と**式5.50**で予測された状態が確認できます。**図5.88**に見られるように、pHが6.5から8.0へと増加すると、同一撹拌強度下で成長する最大フロック径が、pHとともに大きくなり、かつフロック強度が増します。

pH6.5ではALT比によって最大フロック径が微妙に変化し、低ALT比の方の径が大きくなり、強いフロックができるようです。このことは、直接ろ過あるいは低濁度原水凝集の際のろ過池での付着強度の確保と損失水頭が発生し難いという意味では、注目すべき現象です。pH7.1以上の中性pH領域では、この範囲のALT比の変化は有意でないようです。中性領域では、析出アルミニウム粒子の量が十分あるためと考えられます。

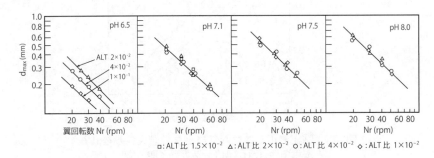

□:ALT比 $1.5×10^{-2}$　△:ALT比 $2×10^{-2}$　○:ALT比 $4×10^{-2}$　◇:ALT比 $1×10^{-2}$

図5.88　粘土アルミニウムフロックの最大成長径 d_{max} と擬集条件（pH，ALT比，Nr）

　図5.89は、ベイリス活性ケイ酸を凝集補助剤として添加することによって、フロックの最大成長径が大きく改善されることを示しています。このことは、凝集沈殿では沈降速度が増加して極めて有効ですが、ろ過池のろ材間隙の閉塞が、活性ケイ酸の添加で急速に進むことから、粗大ろ材と高ろ過速度で対応する必要のあることがよく知られています。しかしながら、高速ろ過の必要条件として、フロックの強度の問題はまだ定量化されていません。古典的な問題ですが、検討に値する基本問題でしょう。

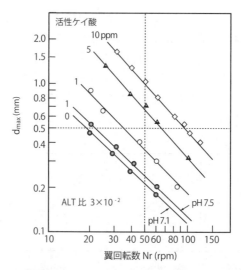

図5.89 粘土アルミニウムフロックの最大成長径 d_{max} と凝集条件 (pH, ALT, 活性ケイ酸, Nr)

　フロック形成の動力学過程を一般化するには、撹拌強度を有効エネルギー逸散(消費)率 ε_0 [erg/cm³・sec] で共通指標化して表現することが必要になります。

　丹保らは、

① 縦型のフロック形成槽の撹拌軸にトルクメーターを装着して、直接的に総エネルギー消費(逸散)率 ε_* を式5.51によって求め、撹拌槽のエネルギー消費分布の局所性を補正して、フロック形成が有効に進行しているバルク部分の有効エネルギー消費率

$$\varepsilon_0 \fallingdotseq (0.1 \sim 0.2)\varepsilon_* \text{ [erg/cm³・sec]}$$

程度と想定する方法と、

② 粘土粒子のアルミニウム凝集による高濃度の最大成長フロック群に、マイクロフロックを混入して接触凝集フロック形成を行い、所定の時間間隔で静止沈殿させた上澄水のマイクロフロック濃度(濁度)の時間減衰(1次反応)勾配を求め、**式5.52**に示す接触フロック形成速度理論(Water Research、Vol.13、pp.441〜448, 1979：最大成長フロック群に対する微フロックの衝突合一確立を考慮した計算式)を用いて、有効エネルギー消費率 ε_0 [erg/cm³・sec] を推定し、

　さらに、

③ 両者の比較によって妥当性を検討する、

ことを行いました。

$$\varepsilon_* = \frac{T \cdot g_c \cdot \omega}{V} \qquad —(5 \cdot 51)$$

$$\frac{dn}{dt} = \frac{-1}{5\sqrt{15}} \sqrt{\frac{\varepsilon_0}{\mu}} \cdot V_f \cdot n \qquad —(5 \cdot 52)$$

ε_*：総エネルギー逸散率 (erg/cm^3·sec)
T：撹拌トルク (g_{weight}·cm)
g_c：ニュートンの重力換算係数 (980gcm/g_{weight}·sec^2)
ω：撹拌翼の角速度 (1/sec = 2πNr)
Nr：撹拌翼の回転速度 (rps)
V：フロッキュレーターの容積 (cm^3)
n：マイクロフロックの個数濃度 (1/cm^3) or 濃度 (mg/l)
V_f：最大成長フロックの体積濃度 (-)

式5.51, 式5.52 有効撹拌強度とフロック形成速度

上述のような二つの方法で推定した有効エネルギー消費率 ε_0 を示すと**表5.17**のようになります。二通りの ε_0 の推定方法で概略の数値が求められ、このようなパドル式のフロック形成撹拌槽では、

$\varepsilon_0 \fallingdotseq (0.15〜0.20)\varepsilon_*$

といった概算が成立するようです。

表5.17 撹拌槽の有効エネルギー消費率 ε_0 （erg/cm^{3}sec）

Nr (rpm) 回転数	ε_* (erg/cm^3·sec) 総消費率	ε_0 = (0.1〜0.20) ε_* 総消費率からの推測	ε_0 (erg/cm^3·sec) 接触凝集からの推測
10	3.4×10^{-1}	$(3.4〜6.8) \times 10^{-2}$	–
20	2.4×10^{0}	$(2.4〜4.8) \times 10^{-1}$	3.8×10^{-1}
30	7.7×10^{0}	$(7.7〜1.5) \times 10^{-1}$	1.5×10^{0}
35	1.3×10^{1}	$(1.3〜2.6) \times 10^{0}$	3.4×10^{0}
40	1.9×10^{1}	$(1.9〜3.8) \times 10^{0}$	3.4×10^{0}
45	2.6×10^{1}	$(2.6〜5.2) \times 10^{0}$	–
50	3.5×10^{1}	$(3.5〜7.0) \times 10^{0}$	–

このようにして推算された有効エネルギー消費率 ε_0 を持つ撹拌強度と、対応する最大フロック成長径 d_{max}（破壊径）の関係は、**図5.90**に示すように、両対数グラ

フ上で直線を示します。図中に乱流渦のマイクロスケール λ_0 の直線を示しますが、アルミニウム－粘土フロックの破壊領域はマイクロスケールの上下近傍にあり、慣性領域と粘性領域のいずれにもまたがる微妙な位置にあります。実用的には、実験的に**式5.49、4.50**の－0.33前後の指数を決めることになります。

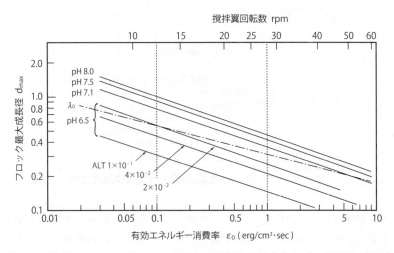

図5.90 粘土アルミニウムフロック最大成長径と有効エネルギー消費率の関係

(c) フロック強度の推計

　フロック粒子の結合強度 σ を直接求めるよりも、与条件での最大成長径 d_{max} を求める方が実用的です。粘性領域での d_{max} とフロックの結合強度を示す関係は、前掲の**式5.48**のように示されます。この式の係数 k^* を理論的に知る方法がないので、実用に際しては、ある標準的条件で生成されたフロック群を標準とし、その最大成長径 d_{max-1} と対比するフロック群の最大成長粒径 d_{max-i} の関係を示すフロック結合力を示すプロットを**図5.91**のように行います。また、**式5.48**から、標準状態と考える凝集条件でのフロック最大成長径 d_{max-1} と対比するフロック群の最大成長径 d_{max-i} の結合強度 σ_1 と σ_i の比は、**式5.53**のようになります。

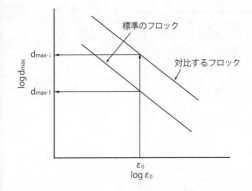

図5.91　フロック強度の対比　　　式5.53　標準、対比フロック群の最大成長径と結合強度

$$\frac{\sigma_i}{\sigma_1} \fallingdotseq \left(\frac{d_{max\text{-}i}}{d_{max\text{-}1}}\right)^{2+K_\rho} \quad —(5\cdot53)$$

σ_i：対比フロック群の最大成長径 $d_{max\text{-}i}$ の結合強度
σ_1：標準フロック群の最大成長径 $d_{max\text{-}1}$ の結合強度

　図5.88や図5.89で示される中性pH条件下で、ALT比 2×10^{-2} の硫酸バンド添加時を標準フロック（$K_\rho \fallingdotseq 1.07$）とした場合の σ_i/σ_1 比は、ALT比を5倍の 1×10^{-1} とした場合、6倍に急増しますが、フロック密度は小さく膨潤になり、$K_\rho \fallingdotseq 1.4$ となります。また、ALT比 3×10^{-2}、pH7.5で活性シリカ（Baylis sol）を1ppm加えることによって、フロック強度比は3.9倍になりますが、K_ρ は1.15倍にとどまり、稠密なフロック状態を示します。それに対して、高分子凝集補助剤（Acofloc：中性）を加えてアルミニウムによる凝集を試みると、図5.92に示すような、大幅に増大した最大フロック径 d_{max} が得られます。同一撹拌強度の場合ALT比 2×10^{-2} の硫酸バンド添加に、アコフロックを0.2ppm加えることによって、$d_{max\text{-}i}/d_{max\text{-}1} \fallingdotseq 5$ といった大きな改善が見られます。式5.53によって相対的な結合力を推算すると、前節で述べたように高分子助剤を加えても、$K_\rho \fallingdotseq 1.0$ といったフロックを膨潤させることがない値が想定できるので、

$(\sigma_i/\sigma_1) \fallingdotseq 5^{(2+K_\rho)} \fallingdotseq 5^3 = 125$ 倍

といった大きな結合強度を与えることができます。

　一方、絶対値としての結合強度の測定について様々な試みがなされていますが、まだ確実な計測例がありません。

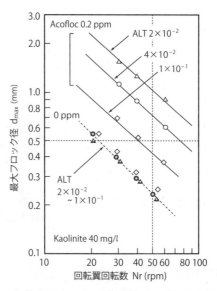

図5.92 高分子フロック形成助剤(Acofloc)添加によるアルミニウムフロックの最大成長径の増加作用

(6) フロック形成過程の理論的記述

(a) 衝突合一の基礎式

ラミナー条件(Grad)下で単位体積中に含まれる n 個の直径 d の懸濁粒子が、単位時間に衝突する回数を Ngrad として、Smoluchowski (1917) は**式5.54**を示しました。また、Camp (1955) はフロック形成池の衝突条件を示す特性値として平均速度勾配 Ggrad 値 (sec^{-1}) を提案し、エネルギー消費率(動力消費)ε (erg/cm^3 sec) から求める**式5.55**を提示しました。

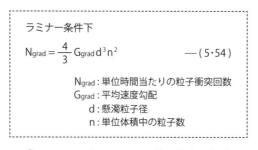

ラミナー条件下

$$N_{grad} = \frac{4}{3} G_{grad} d^3 n^2 \quad —(5 \cdot 54)$$

N_{grad}:単位時間当たりの粒子衝突回数
G_{grad}:平均速度勾配
d:懸濁粒子径
n:単位体積中の粒子数

式5.54 Smoluchowski の粒子衝突回数式

$$G_{grad} = \left(\frac{\varepsilon}{\mu}\right)^{\frac{1}{2}} \quad\quad —(5\cdot 55)$$

ε：エネルギー消費率 (動力消費 erg $/cm^3 sec$)
G_{grad}：平均速度勾配 (1/sec)

式5.55　Campの平均速度勾配式

　しかしながら、実際のフロック形成槽では、ほとんど常に乱流条件下で進行し、ラミナー条件下で分子運動によって生ずるエネルギー消費率 ε_{grad}（速度勾配 G_{grad}）と乱流条件下での微小水塊モーメンタム輸送によって生ずるエネルギー消費率 ε_{turb}（乱流速度勾配 G_{turb}）とは大きく異なります。前項で平衡水路中の水流でのラミナー速度勾配と乱流条件下でのエネルギー消費から**式5.55**形式の G_{turb} の粗推算によって述べたように、同じ速度勾配であっても、

$G_{grad} : G_{turb} \fallingdotseq 1 : 30$

といった大きな差になります。
CampのG値は、

$G_{turb} = (\varepsilon_{turb}/\mu)^{1/2}$

として、CampとSteinの原論文を離れたところで基礎式の理論の考証なしに運用されることになります（形態近似です）。

　乱流条件下でLevich(1962)は、Kolmogoroffの局所等方性乱流条件下で、**式5.26**のような単位体積懸濁液の粒子 n $[cm^{-3}]$ の単位時間での衝突回数 N_{turb} を与えています。

　フロック形成のほとんどの場合が乱流条件下で進行しているので、SumoluchouskiやCampとSteinが示した層流条件下での衝突速度**式5.54**とLevichの局所等方性乱流下での衝突率を示す**式5.26**を対比すると、その係数が $4/3 : 12\pi\beta$ となっており、$1.33 : 38$（$\beta \fallingdotseq 1$として）$\fallingdotseq 1 : 29$ となって、筆者の先の並行水路での粗計算の結果とよく適合します。同じG値でも、ラミナー系と乱流系で30倍も衝突合一頻度に差のあることを基本式からも知ることができます。Campの誤解です。

　粒径 d_1 のみからなる均一寸法の凝集条件を満たしている初期粒子群をフロック形成槽に導入して撹拌を加えると、初期粒子 d_1 同志の衝突によって、2倍粒子(Two hold particle) d_2 が生じ、d_1 粒子と d_2 粒子の衝突合一によって3倍粒子 d_3 ができ、d_1 と d_2 の衝突合一によって d_4 粒子が、d_2 と d_3 の衝突で5倍粒子 d_5 ができるというよ

うに、次々と初期粒子d_1の高次結合粒子 i 倍粒子d_iが誕生します。i 倍粒子d_iと j 倍粒子d_jの単位時間単位体積の流体中で生ずる衝突回数は、**式5.26**を基にして**式5.56**のように示されます。

$$N_{ij} = 12\pi\beta\sqrt{\frac{\varepsilon_0}{\mu}}\left(\frac{1}{2}d_i + \frac{1}{2}d_j\right)^3 n_i n_j$$

$$= Kd_1^3(i^{1/3} + j^{1/3})^3 n_i n_j \quad —(5\cdot56)$$

d_1：初期粒子の直径 (cm)
d_i：i 倍粒子直径 ($=d_1 i^{1/3}$)
d_j：j 倍粒子の直径 ($=d_1 j^{1/3}$)
n_i, n_j：i 倍粒子、j 倍粒子の個数濃度 (1/cm^3)
K：フロック粒子衝突速度定数
$= 3/2\sqrt{15}\pi\sqrt{\varepsilon_0/\mu}$ (cm^3/sec)
ε_0：フロック形成槽の有効エネルギー消費率 (erg/cm$^3 \cdot$sec)

式5.56　i 倍粒子と j 倍粒子の衝突回数

様々な寸法のフロックが、衝突合一の進行によってフロック形成槽の中にできてきますが、与える撹拌強度によって最大成長可能なフロック寸法（初期粒子の集塊上限）S 倍粒子 $d_{max} \leq d_s$ が、前項で述べたような筆者の式から求められます。したがって、衝突合一と破壊の双方向の作用によって、最終平衡時にはS種類の寸法のフロック粒子が、ある寸法分布を持って撹拌槽中に存在することになります。

丹保・渡辺のフロック密度関数を考慮することによって、フロックの集塊が進行すると、フロックの密度が急速に低下する（同じ i 倍粒子でもフロック密度が低下すると、それに相当する分だけ衝突半径が増大する）ことによって、衝突頻度（フロックの成長速度）が加速されます。i 倍粒子の直径 d_i が、密度関数の定数 K_p を用いてフロックに含まれる空隙水の分だけ増加するとして補正すると、**式5.57**のようになり、フロック密度関数を考慮したフロック形成のための衝突式は、**式5.58**のように修正されます（丹保・渡辺の衝突式）。

> 密度関数を用いた i 倍粒子径
> $$d_i = i^{1/(3-K\rho)} d_1 \qquad —(5\cdot 57)$$
>
> 丹保・渡辺の衝突式
> $$N_{ij} = K d_1^3 (i^{1/(3-K\rho)} + j^{1/(3-K\rho)})^3 n_i n_j \qquad —(5\cdot 58)$$

式5.57, 式5.58　i 倍粒子とフロック形成衝突式

(b)　フロック群の成長と粒径分布推算

　ある集合数 R を持つフロック R 倍粒子のある時間 t についての増減を考えると、**式5.59**のように書くことができます。式の成り立ちは、i 倍粒子と R−i=j 倍粒子が衝突して R 倍粒子ができる（i+j=R）倍粒子の生成の項と R 倍粒子に i 倍粒子が衝突して R 倍粒子でなくなるもう一つの項の和として、R 倍粒子の消長を記述し、それぞれ存在しているであろう i 倍粒子すべての総和を求めるものです。

> $$\frac{dn_R}{dt} = \frac{1}{2} K d_1^3 \sum_{i=1}^{R-1} [i^{1/(3-K\rho)} + (R-i)^{1/(3-K\rho)}]^3 n_i n_{R-i}$$
> $$- K d_1^3 \sum_{i=1}^{x} (i^{1/(3-K\rho)} + R^{1/(3-K\rho)})^3 n_i n_R \qquad —(5\cdot 59)$$
>
> $\left(\sum_{i=1}^{x} i n_i = n_0 , n_1 = n_0 \right)$
>
> 第1項：i 倍粒子と [R−i=j] 倍粒子が衝突して
> 　　　　[i+j=R] 倍粒子が生成する項
> 第2項：R 倍粒子と i 倍粒子が衝突して R 倍粒子が減少する項

式5.59　R 倍フロック粒子の増減

　式5.59はすべての衝突が有効に合一にまで進むことを示す式です。さらに、最大成長粒子径 d_{max} に到達した S 倍粒子以上のフロックは存在しないという成長限界を考えると、**式5.60**のように、積分領域を修正することが必要になります。

$$\frac{dn_R}{dt} = \frac{1}{2} K d_1^3 \sum_{i=1}^{R-1} \alpha_R [i^{1/(3-K\rho)} + (R-i)^{1/(3-K\rho)}]^3 n_i n_{R-i}$$
$$- K d_1^3 n_R \sum_{i=1}^{S-R} \alpha_{R+i} (i^{1/(3-K\rho)} + R^{1/(3-K\rho)})^3 n_i \quad —(5\cdot60)$$

式5.60 成長限界のS倍粒子を考慮したフロック粒子の増減

また、式5.61、式5.62のように粒子個数 n とフロック形成速度係数 K の関係を無次元化することによって、式5.60を式5.63のように無次元化表示することができます。

$$N_i = \frac{n_i}{n_0}, \quad \sum_{i=1}^{R} i N_i = 1 \quad —(5\cdot61)$$

無次元化フロック形成時間 (m)

$$m = K d_1^3 n_0 t \fallingdotseq 1.22\sqrt{\frac{\varepsilon_0}{\mu}} d_1^3 n_0 t \quad —(5\cdot62)$$

$$\frac{dN_R}{dm} = \frac{1}{2} \sum_{i=1}^{R-1} \alpha_R [i^{1/(3-K\rho)} + (R-i)^{1/(3-K\rho)}]^3 N_i N_{R-i}$$
$$- N_R \sum_{i=1}^{S-R} \alpha_{R+i} (i^{1/(3-K\rho)} + R^{1/(3-K\rho)})^3 N_i \quad —(5\cdot63)$$

式5.61, 式5.62, 式5.63 フロック粒子の増減の無次元化

式5.63をS=50次連立方程式としてRunge-kuttaによる数値解法で解いた一例を示すと、図5.93のようになります。ここでは、衝突合一確率を仮に $\alpha R = 1$ として計算を進めています。しかしながら、フロック形成槽における各寸法群の粒子数の変化の実測結果は、図5.94のようであり、この違いは衝突合一確率 α の変化を考慮していないことが原因と推論されます。

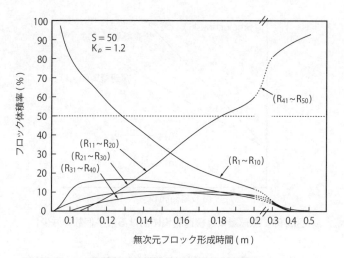

図5.93　無次元フロック形成時間

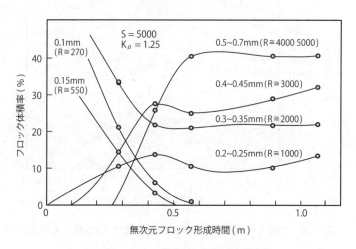

図5.94　フロック形成の進行試験結果

ブラウン運動下での衝突合一係数αについては、von Smoluchowski の解を Kruyt（1952）が紹介した図5.95と、Hahn と Stumm（1968）の実験結果図5.96が参考になりますが、等方性乱流条件下での記述はありません。

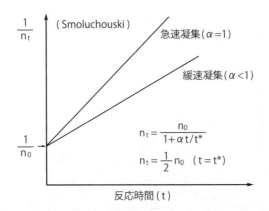

図5.95 急速凝集と緩速凝集における粒子個数の減少

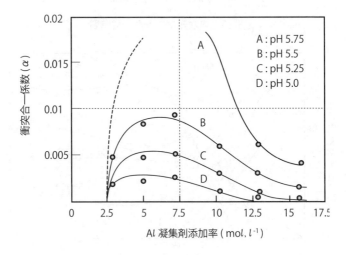

図5.96 衝突合一係数と凝集剤添加量の関係 (Stumn et. al.)

実際のフロック形成槽における乱流条件下での衝突合一確率は、フロックの破壊限度集塊数Sを考えに入れて表現されなければなりません。

S倍粒子以上の粒子はないことから、S倍粒子との衝突合一確率は0ということになります。初期粒子同士の衝突合一確率$α_0$は、懸濁質への凝集剤粒子の被覆度によって定まる数値です。1倍（初期）粒子からS倍粒子に至る間のR倍粒子は、その中間のある値をとることになります。そこで、R倍粒子の衝突合一確率を$α_R = f(α_0·S·R)$の形で表現できると想定し、図5.94などの実験的な観察の上で、定性的

に衝突合一確率を**式5.64**のような形で表すことができると考えました。

　様々な実験結果(粒径分布、沈降累積除去率)への試行錯誤的適用によって最も適合性の良い数値として、n≒6が得られました。**式5.64**の衝突合一確率を**式5.63**に代入すると、**式5.65**に示すような無次元化したフロック成長過程を求める式(フロック形成式)が得られます。

$$\alpha_R = \alpha_0 \left(1 - \frac{R}{S+1}\right)^n \quad -(5\cdot64)$$

α_R：R倍粒子の衝突合一確率
α_0：初期粒子の衝突合一確率

式5.64　衝突合一確立式

$$\frac{dN_R}{dm} = \frac{1}{2}\sum_{i=1}^{R-1}\alpha_0\left(1-\frac{R}{S+1}\right)^6 [i^{1/(3-K_\rho)}+(R-i)^{1/(3-K_\rho)}]^3 N_i N_{R-i}$$
$$-N_R\sum_{i=1}^{S-R}\alpha_0\left(1-\frac{R+i}{S+1}\right)^6 (i^{1/(3-K_\rho)}+R^{1/(3-K_\rho)})^3 N_i \quad -(5\cdot65)$$

式5.65　無次元化フロック形成式

(c)　フロック形成過程を規定する4つのパラメータ：m、S、K_ρ、α_0

　式5.65から、フロック形成過程はm、S、K_ρ、α_0 の4パラメータを知ることができれば、すべての進行過程を定量化することができることになります。

　m値は無次元化されたフロック形成時間で、**式5.62**のように定義され、CampのG値を借りて表現すれば、「GC_0T」値に比例する指標となります。ここで、C_0は初期フロック粒子群の体積濃度(無次元)です。フロック形成池の形成反応の進行度は、GC_0T値によって規定されるものであり、Campの提唱したGT値では不十分であることを示します。S値は、与えられた撹拌強度ε、あるいはGの下で成長できる最大粒子d_{max}への初期粒子d_1の集合(最大)個数を示し、**式5.66**で求められます。式中の与えられた撹拌条件下で成長できるフロックの最大径d_{max}は、先の**式5.49**、**式5.50**および**図5.90**などによって求められます(丹保、穂積　1979)。

$$S = S_m^{(3-K\rho)/3}, \quad S_m = \left(\frac{d_{max}}{d_1}\right)^3 \quad —(5\cdot66)$$

S：最大径における初期粒子集合数
d_{max}：最大粒径
d_1：初期粒径

式5.66　最大粒子径における初期粒子の集合数

　K_ρ値は先に述べたフロック密度関数（丹保、渡辺　1979）の特性値で、**式5.38**によって定義され、アルミニウム粘土フロックについては**図5.74**のように与えられます。α_0は初期粒子の衝突合一確率であり、粘土などの被凝集粒子表面への凝集剤の（吸着）被覆率に支配されると考えられます。粘土アルミニウムフロックのゼータ電位の実測結果と、フロック形成試験結果を数値実験（シミュレーション）の結果と突合すると、通常の凝集条件下で、被覆率は20～30％程度と考えて良く、$\alpha_0 \fallingdotseq$ 0.3程度の値をとると考えられます。色度フロック、微生物フロックのα_0の値については、さらなる検討が必要と考えています。

(d)　フロック粒子径分布の標準化：Normarization

　式5.65を様々なS値とK_ρ値についての数値解をRunge-Kutta法によって求めた1例を示すと、**図5.97**のようになります。横軸に初期粒子の集合個数（集塊数R）をとり、縦軸に累加体積百分率（％）をとった累積粒度分布図です。フロック形成初期の$\alpha_0 m$が小さな段階でのフロック粒子群の寸法成長は顕著ですが、形成時間が進んで$\alpha_0 m$が大きな値の領域に入ってくると、分布の成長は緩慢になり、ついにある分布以上に成長しない最大成長分布（Ultimate equiribrium floc size distribution）に到達します。

　最大成長分布に達したフロック群の累積体積率50％の時の集塊数R_{50-ult}は、様々な凝集条件にもかかわらず、集塊数$R_{50-ult} \fallingdotseq 42$という値をとり、様々な凝集条件の最大フロック粒径分布をR_{50-ult}を分母として、$R^* = R/R_{50-ult}$で標準化（というNormarize）し、集塊数R^*をフロック密度関数を考慮してフロック体積率に換算すると、異なる最大集塊数S_m、密度関数の指数K_ρの違いに関係なく、**図5.98**のように標準化された一本の累積最大成長フロック体積分布曲線に帰一します。このことは、フロック成長過程の最終段階のフロック粒度分布に自平衡性（Self prserving characteristics）があることを示しています。SwiftとFriedlandaer（1964）は、かつて、ブラウン運動下での水和ゾルの凝集で自平衡分布性があることを報告しています。

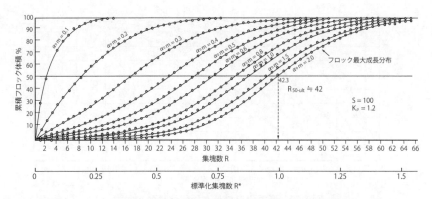

図5.97 フロック $\alpha_0 m$ とフロック累積体積(粉度)分布の変化(成長)

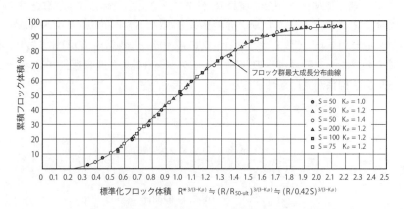

図5.98 標準化最大成長フロック粒子体積分布曲線

このような一本の標準化された最大成長フロック体積分布曲線が得られることに加えて、フロック群最大成長曲線 $R_{50}^* = 1$ 以外の $R_{50}^* = X$ の分布についても無次元化、標準化を試み、筆者の行った数値計算の結果を統合して示した結果は、図5.99のようであり、R_{50}^* をパラメータとするフロック形成過程のすべての標準化累積フロック体積曲線は、凝集フロック形成条件の K_ρ、S_m に関係なく、同一の累積曲線で表されることが示されました。

第5章 粒径／粒質の調整と固液分離プロセス

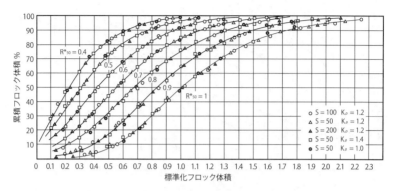

図5.99 標準化フロック累積体積分布曲線

ここで、R_{50}^*は標準化された集塊数R^*がフロック群累積体積が50％に達するときの値です。R_{50}^*で示されるフロック群の体積分布に到達するのに要する無次元化フロック形成時間$\alpha_0 m \propto GC_0T$は、フロックの最大成長集塊数S_mの関数であり、様々な条件でのフロック形成過程のシミュレーション計算の結果は**図5.100**のようになり、**式5.67**の関係が見出されました。

$$m \sim S_m^{-\gamma} \quad\quad —(5\cdot 67)$$

m：無次元化フロック形成時間
S_m：最大成長集塊数

式5.67　mとS_mの関係

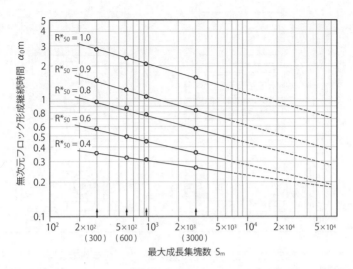

図5.100 無次元フロック形成継続時間 $\alpha_0 m$ と最大成長集塊数 S_m の関係

(7) 実験によるフロック形成理論の検証

上述のフロック形成理論をモデルフロッキュレーターによる回分式フロック形成実験によって検証します。

図5.101に示すような角型水槽に、水平軸パドル型撹拌機を設置した大型の試験装置を用いました。フロック形成の進行状況を確認するために、装置を稼働させながら隔時的に不撹乱採水して透明セル内に導きフロック粒子群を写真撮影し、粒径分布を求めます。撹拌強度は、図5.87、表5.17の場合と同様の撹拌槽強度評価方法（Tambo & Hozumi：1979）により定めました。有効撹拌強度 $\varepsilon_0 \sim Nr^3$ の関係が明確に認められ、パドル撹拌回転数 Nr が 3 rpm～20rpm の間で、有効撹拌エネルギー消費率 ε_0 は $10^{-2} \sim 2 \times 10^0 (erg/cm^3 sec)$ の範囲になります。

第5章 粒径／粒質の調整と固液分離プロセス 493

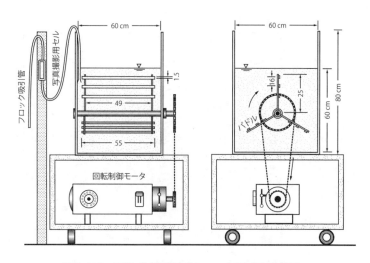

図5.101　回分式パドル型フロック形成実験装置

　ここでは実験結果を累積粒度分布ではなく、理想的沈殿池の累積沈降率で表示します。4章で述べた理想的沈殿池の沈降挙動（図4.7）と累積沈降速度分布曲線（図4.9）を参照して下さい。

　図5.102は、横軸に標準化無次元化沈降時間 θ^* をとり、縦軸に累積除去率 q(%) をとった最大成長状態にしたフロック群の累積沈降除去率曲線です。
ここで、無次元沈降時間 θ は、

$\theta = (t_i/t_1) \times 100$ （%）

であり、t_1 は初期（1倍粒子が）沈殿池を沈降しきるに要する時間（sec）、t_i は i 倍粒子が沈降しきるに要する時間（sec）です。全ての最大成長時の累積沈降曲線を標準化沈降時間 $\theta^*=K^*\theta$ として補正係数 K^* をかけて表現すると、一本の標準化最大成長フロック群の累積曲線に帰一することが分かります。

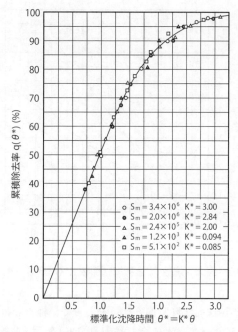

図5.102 標準化最大成長フロック群累積沈降曲線

　図5.103は、最大成長フロックへの初期粒子集塊数 S_m によって決まる標準化のための係数 K^* の値を、粘土-アルミニウムフロックのフロック形成実験結果から求めたものです。先の理論的な考察の際の数値実験によって、図5.98と図5.100、式5.67の組み合わせで、一本の標準化最大成長曲線が得られたことと同じ手順で、回分式フロック形成実験結果を沈降曲線で表現した場合にも、同形式の標準化係数 K^* の扱いを導入して、実験的にも最大成長フロック群に、同じ自平衡分布の存在することが確認されました。図5.102は、最大成長平衡粒径分布に達した、標準化時間沈降 $\theta^*=K^*\theta$ に対して示される1本の標準化除去率累積曲線です。このときの標準化のための補正係数 K^* とフロック粒子の最大(初期粒子)集塊数 S_m の関係は、図5.103のように示されます。

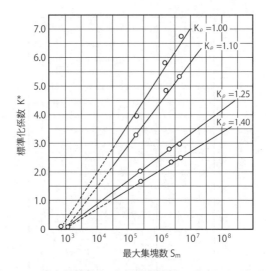

図5.103 最大集塊数 S_m と標準化係数 K^*（パラメータ K_p）

図5.104は、横軸に無次元沈降時間 θ （%）をとって、様々な撹拌継続時間（無次元撹拌継続指標 m）によって、累積除去率 $q(\theta)$ （%）を示す曲線が、最大成長曲線に向かってどのように進んでいくかを写真測定によって計測した実験結果です。初期状態 m = 0 では、累積沈降曲線は直線ですが、撹拌継続時間 m の増加とともに最大成長曲線（図5.102の状況）に至るまで集塊が進みます。図5.104によると、m = 5.0 といった無次元撹拌継続時間で最大成長平衡分布にほぼ達するようです。

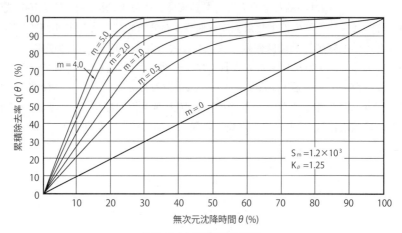

図5.104 累積沈降曲線

図5.104に示すような、無次元沈降時間 $\theta = t_i/t_1$ での累積沈降除去 $q(\theta)$%の関係を示す図を $\theta^* = K^* \theta$ の関係を導入して、標準化して累積沈降除去率 $q(\theta^*)$ を求めると、様々な無次元化累積沈降曲線は、図5.102に示すような1本の標準化無次元累積沈降曲線に帰一します。最大成長フロック群の標準化無次元累積沈降曲線が、すべての凝集フロック形成条件で同一の曲線で表現できることが解かったので、他の撹拌継続時間 m の成長途中のフロック分布も、最大成長平衡分布が同じ曲線になるように標準化 $\theta^* = K^* \theta$ して、これらの場合にも、最大成長の場合と同様手順で標準化が可能かどうかの検討を進めます。

最大成長平衡分布に達した累積沈降曲線（曲線 m）の除去率が、50%になるときの累積沈降曲線の沈降時間 θ に対応する標準化沈降時間 $\theta^* = K^* \theta$ を単位として、横軸を K^* 倍伸縮させて、沈降曲線を図5.105、あるいは図5.106、最終的には図5.107のように書き換えます。その場合、無次元フロック形成時間 m に対応する標準化撹拌時間（パラメータ）mK^* を求め、最大成長フロック群に達する標準化無次元撹拌継続時間 $q^*_{50max} = 1$ と定義します。

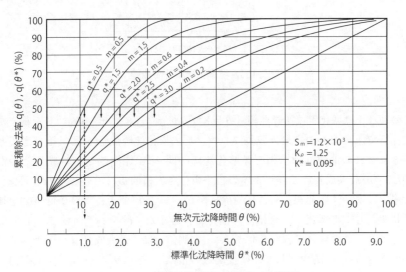

図5.105　標準化累積沈降曲線（実測値）

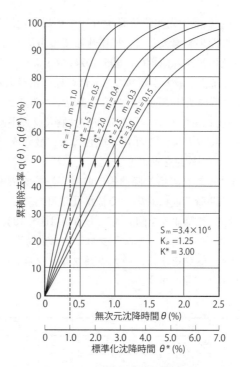

図5.106　標準化累積沈降曲線

　このような標準化累積沈降曲線［$\theta^*=K^*\theta$　v.s.　$q(\theta)$ or $q(\theta^*)$］を様々な凝集条件下で求めたものを最大成長フロック群の累積沈降曲線 $q^*_{50max}=1$ を定規として、それぞれの曲線群の横軸を標準化沈降時間 θ^* で伸縮させて合成したのが図5.107です。最大成長粒子群が1本の自平衡分布累積曲線に帰一したのと同様に、成長途中の累積沈降曲線群も、50％除去率が、同じ θ^* 値を持つ粒子群（q^* を無次元撹時間として標準化した累積沈降曲線群）もまた、q^* をパラメータとして標準化されます。この場合の標準化係数 K^*（実測値）は、最大成長フロックへの初期粒子の集合数 S_m の関数として、密度関数の指標 K_ρ をパラメータとし、図5.107中に示しています。この場合、無次元フロック形成時間 m とフロックの最大成長度（初期粒子集塊個数）S_m の関係は、実測結果から図5.108のように示され、フロックの最大成長度（集塊数 S_m）から、ある分布 q^* のフロック群を作るのに必要な無次元フロック形成撹拌継続時間 m が、どの位必要であるかを求めることができます。

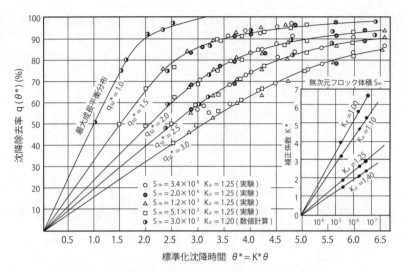

図5.107 無次元汎用フロック形成操作図（M曲線）

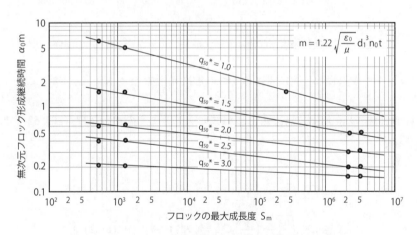

図5.108 フロック形成時間 m とフロック最大成長度 S_m の関係

(8) フロック形成操作制御図によるフロッキュレーターの設計

　上述のような理論的検討と実験的検証によって、フロック形成過程は、図5.107（無次元汎用フロック形成操作図）、図5.108（フロック形成時間 m とフロック最大成長度 S_m の関係図）、図5.109、または図5.90（フロック形成撹拌強度 G or ε_0 と最大成長フロック寸法 d_{max} の関係図）、図5.74、あるいは図5.75（フロック密度関数

第5章　粒径／粒質の調整と固液分離プロセス

の特性値：指標図）などを用いて、次に述べるような手順で理論設計が可能になります。

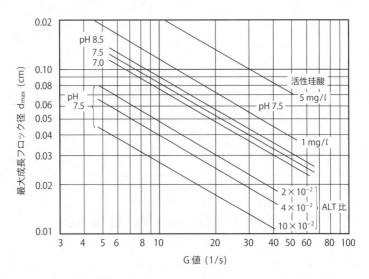

図5.109 撹拌強度（G値）と最大成長フロック径（d_{max}）の関係

フロック形成過程は、次に述べる4つの無次元指標 m と S_m、α_0、K_p によって、記述できます。
①無次元指標の m 値は、無次元化したフロック形成度の進行指標（式5.62）で求められます。

$$m = 1.22\sqrt{\frac{\varepsilon_0}{\mu}}\, d_1^3 n_0 t$$
$$\fallingdotseq 1.22\sqrt{\frac{0.1\varepsilon}{\mu}}\cdot\left(\frac{6}{\pi}\right) C_0 t \fallingdotseq 0.723\, G C_0 t \quad\text{—(5·62)}$$
$$\text{または}, G C_0 t \fallingdotseq 1.38\, m$$

式5.62（再掲）　無次元化フロック形成時間（m）

②無次元指標 S, S_m は、そのフロッキュレーターで成長できる最大フロックに初期粒子の集合数あるいは初期粒子との体積比で、式5.66で表されます。

③最大成長フロック径 d_{max} は式5.49、あるいは式5.50のように表されます。

多くの場合、フロック寸法が局所等方性乱流のマイクロスケール λ_0 より小さな粘性領域にあるとすると、一般には式5.50のように考えて良いようですが、図5.90に示したように、凝集補助剤や高分子凝集剤を用いて生成した高結合強度のフロックでは、慣性領域にある場合もあります。

以上述べてきたように、

1）フロック形成過程を記述するには、Camp の提案した G 値、GT 値では不十分です。

丹保・渡辺の提案した初期フロック群の体積濃度 C_0 を考えに入れた無次元フロック形成進行度 m 値、あるいは乱流下で定義される $G_{turb.}$ 値 $= (\varepsilon_0/\mu)^{1/2}$ を用い、撹拌強度を使い慣れた GT 値の形で表現した GC_0T 値による線図を運用し、設計を進める必要があります。総エネルギー消費率の10％程度が有効エネルギー消費率 ε_0 $\fallingdotseq 0.1\varepsilon_*$ となると想定して、フロック群が最大成長平衡に達するに必要な撹拌継続時間 T を求めるために、無次元標準化した m 値、あるいは GC_0T 値を用いて、どこまでフロック形成を進めるかを操作図によって探索します。

必要な無次元フロック形成撹拌継続時間指標 $m_{ult.}$、あるいは GC_0T 値は、フロッキュレーターで最大成長フロックを初期粒子の何倍粒子（S_m 値）にまで集塊させるかによって異なってきます。通常のフロック形成では、数 μm の微フロックを数100 μm の良く成長したフロックにまで集塊させる操作を行います。これは、$S_m \fallingdotseq 10^6$ 程度の集塊度を求めることに相当しますので、その場合には、前掲の諸図から、最大成長度に至るに必要な m 値あるいは GC_0T 値と S_m 値との関係を求める図5.110によって、必要な GC_0T 値が1.7程度、m 値が1.2程度であろうと推算できます。

原水濁度が20度程度までの低濁度原水の場合には、ALT 比を極めて小さくとり、砂ろ過池の損失水頭の増加と濁質の破過を長時間にわたって抑制する沈殿池無し（あるいは通過のみ）の直接ろ過法を用いることが合理的です。直接ろ過法を用いる場合にも、あらかじめ直接ろ過に適切なフロック形成が必要になります。ALT 比を 0.005～0.0025 と極めて小さくして、20～30 μm 程度の小さなフロックを生成させます。このようなフロック形成操作をマイクロフロッキュレーションと称します。図5.108、図5.109を参照し、図5.110から $S_m \fallingdotseq 10^3$ の場合に、最大成長平衡分布に到達するに必要な無次元撹拌継続時間 GC_0T 値は、7程度の値が必要になることがわかります。

例えば、先の**図5.105**の$S_m = 1.2 \times 10^3$の場合、最大成長に至るm値は0.2程度であり、**図5.106**の$S_m = 3.4 \times 10^6$の場合m値はほぼ1です。

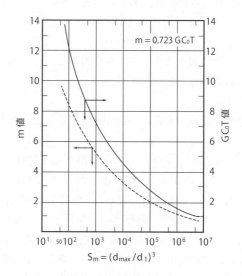

図5.110 フロック形成に必要なGC_0T値とm値の関係

2）**図5.110**を用いて、最大成長に達するに至るGC_0T値あるいはm値が解ると、

次に、設計のための実撹拌継続時間T（フロック形成値の所要滞留時間）を求めるために、急速撹拌池から流入してくる初期フロック群の体積濃度C_0、あるいは$d_1{}^3 n_0$を知る必要があります。

これにはいくつかの方法があります。

①初期フロック（急速撹拌池流出マイクロフロック）の径d_1（一様な径を仮定）と個数濃度n_0（均一分布を仮定）を求めます。

最近は、粒度測定と個数計測を自動的に行う器械が適切な価格で入手できますので、これを常備することができれば、日々の運転管理にも有効であるだけではなく、設計の基本データをとるためにも有用です。

②第2の方法として、測定例を援用する既存の知見からのC_0の簡易推定法も、現場には有用です。

25mg/lの粘土懸濁液に、1mg/lのアルミニウムを添加して急速撹拌凝集させた粒子群について写真計測を行ったところ、平均的な粒子径d_1は4×10^{-3}mmで、その時の個数濃度n_0は1.1×10^6(cm^{-3})でした。したがって、この場合の体積濃

度 $C_0 ≒ 3.4 × 10^{-5}$ で0.003%となり、濁度 CT（mg/l）と体積濃度 C_0（無次元）の関係は、

$C_0 = 1.35 × 10^{-6} CT$

となります。図5.109から必要なフロックの最大成長径 $d_{max} ≒ 0.5$ mm を与える有効撹拌強度 $G = (ε_0/μ)^{1/2}$ を求めると、20s^{-1} となります。

また、最大集塊寸法比は、

$S_m = (d_{max}/d_1)^3 ≒ (500/4)^3 = 1.7 × 10^6$

となり、図5.110から最大成長平衡に達するに必要な無次元フロック形成時間は、$GC_0T ≒ 1.0$、式5.62から

$T ≒ 1.0/GC_0 = 10^6/(20 × 34) ≒ 1470s ≒ 24min$

となります。

この場合 Camp の GT 値は、$20 × 1470 ≒ 30,000$ ほどになります。また、濁度が5 mg/l と低濃度の場合に同様の計算を試みると、

$T = 10^6/(20 × 7) ≒ 7140s ≒ 120min$

となり、GT 値は $20 × 7140 ≒ 142,800$ と大きな値になり、両者の間で4.5倍も差が出てしまい、GT 値は操作/設計指標としての意味を持ち得ません。

　Camp はフロックの体積濃度 C_v についての考慮を欠いたため、推奨 GT 値として23,000〜210,000と大きな幅を持った値を提唱しており、これが長い間、フロック形成の指標と考えられてきましたが、意味のある設計基準にはなり得ません。懸濁質の初期体積濃度 C_0 を導入することによって、はじめて確定的な無次元設計指標 GC_0T を定義し得て、明確に設計寸法を定めることができます。

③第3の方法として、粘土とアルミニウムの体積比から C_0 を求める方法があります。

　中性 pH 領域では、不溶化した水酸化アルミニウムがフロック体積の大部分を占めています。中性領域で不溶化した1 mg/l の水酸化アルミニウムは、1 mg/l の粘土に比して約55倍の体積を占めることが観測されています（松井・丹保：凝集制御のためのフロック径のオンライン計測、水道協会雑誌664号、1990）。したがって、密度2.6g/cm^3 の1 mg の粘土が占める体積は $4 × 10^{-4}$ cm^3 程度となることから、不溶性のアルミニウム水酸化物1 mg/l は、その50倍ほどの体積 $2 × 10^{-2}$ cm^3 を占めると考えられます。そこで、25mg/l の粘土懸濁液を1 mg/l のアルミニウム添加で凝集させるという先の凝集条件に適用すると、その初期フロックの体積濃度は、アルミニウムと粘土それぞれの体積濃度を加えることによって $C_0 ≒ 3 × 10^{-3} = 0.003$ % となります。この体積率は先の項のマイクロ写真による実測の体

積率と同じで、二つの推計方法が確かなことが認められます。この第3の推計方法は、ALT比の異なる広範囲の粘土系の凝集フロック形成操作の設計に際して、指標 GC_0T 値を算出するのに必須の C_0 値を求める方式として汎用できます。

④色コロイドをアルミニウムで凝集したフロックの初期体積率は、中性領域では、アルミニウムのみの不溶化凝析物とほぼ等しいと考えて差し支えありません。しかしながら、色アルミニウムフロックを弱酸性領域で生成させた場合の体積率は、中性領域の場合に比して極めて小さい値をとることになります。

⑤加算法による初期フロックの体積濃度 C_0 の推定方法を、直接ろ過などの Micro-flocculation 操作の場合について考えてみます。

このような場合、微小フロック径を3μmから30μmに成長させると考えると、$S_m=10^3$ となります。フロック群が最大成長（平衡）分布に達するに必要な無次元撹拌継続時間 GC_0T 値は、図5.110から約5となります。そして、$d_{max}≒30\mu m$ を図5.109から外挿的に推定すると、$G≒5×10^2$ 程度といった値となります。

直接ろ過操作は、低濁の粘土懸濁液10mg/l に ALT比0.005程度の低添加率で凝集が行われ、ろ過にかけられることになります。初期フロック体積濃度 C_0 は上述の推算法によって、$5×10^{-6}$ 程度の値をとると推定されます。そこで、マイクロ・フロッキュレーションに必要な撹拌継続時間（フロック形成槽の所要滞留時間）は、$T≒5/GC_0≒5/(5×10^2)(5×10^{-6})≒2,000s≒33min$ となり、微フロックの形成でも ALT比の極めて低い条件下のフロック形成では、通常のフロック形成に近い撹拌継続時間が求められます。直接ろ過では、しばしば細菌や極微細粒子の漏出が問題になります。これは低濁でもフロック形成には十分なフロック形成時間をとる必要があることを示しています。一方、高い G 値で長い撹拌を与えるとフロックの界面劣化が起こることがありますが、この定量的な評価はまだ十分でなく、研究テーマであろうと思います。

3）フロック成長分布が最大平衡に至る前にフロック形成を打ち切った場合の粒度分布（累積沈子速度分布）は、図5.107の $q^*≫1$ のような場合になります。図5.108を用いて、最大成長径 S_m と無次元フロック形成継続時間 $m=GC_0t$（t：撹拌継続時間）を求めて、その両者の数値が交わる点が対応する q^* をパラメータとする図5.107の汎用フロック形成曲線を用いて、標準化沈降時間（実沈降時間に読み替える）と沈降除去率%の関係を計算することができます。

多くのフロック形成池は、多段の撹拌槽から構成されています。始めフロックの寸法が小さいときは破壊をあまり気にせず衝突合一速度を上げるために、高い撹拌

強度（高いG値）で操作を進め、フロックが大きくなってくると破壊を避けるために撹拌強度を落とす（低いG値）テーパードフロック形成（Tapered Flocculation）が行われます。強（$G \fallingdotseq 30s^{-1}$）から中（$G \fallingdotseq 10s^{-1}$）、そして弱（$G \fallingdotseq 3 \sim 5s^{-1}$）へと強弱をつけた段階的撹拌です。その全てを筆者の手法で処理するのは困難ですが、GC_0T_1、GC_1T_2、GC_2T_3といった連続の扱いが必要になります。フロック形成槽の2段目以降はC_0ではなく、フロック密度関数で示したように、一個のフロックにおける粒子の集合数が大きくなって構造密度が低下し、その分だけC_1あるいはC_2となって見かけ体積が増加します。それに伴って集塊速度が増していきます。

⑼ **接触フロック形成**：Contact flocculation

接触フロック形成は、大径の高濃度フロック群が懸濁している系に微小フロックを流入させ、大径の成長フロック（Grown flocs）に微フロック（Micro flocs）を吸合（付着）集塊させて、急速に微フロック（流入懸濁質）を減少させる操作です。第4章の上昇流式沈殿池の項で述べたフロックブランケット型の高速沈殿池（図4.51）、あるいはスラリー循環型高速沈殿池（図4.52）に汎用されるフロック形成操作で、活性汚泥法の返送汚泥との接触フロック形成や部分的に逆混合（Back mixing）のあるフロック形成池でも同じような現象があります。

(a) 乱流撹拌槽における接触フロック形成

接触高速凝集沈殿池の分離挙動について、第4章の上昇流式沈殿池のところで、流動層分離操作を図4.59によって式4.44～式4.47を中心に述べましたが、ここでは、さらに乱流撹拌条件下での接触フロック形成について述べます。接触凝集沈殿池の形式で言えば、アクセレーターと称される沈殿池のフロック形成過程が典型的なものになります。

高濃度の成長フロック群が懸濁しているところに微フロック群を導入すると、短時間で成長フロックへの微フロックの衝突吸合が進みます。前項に筆者が定義した図5.107に示すように、高濃度の大径フロック群が最大成長フロック粒径分布に達していて、かつ分布が特定できる最大成長フロック群に対しては、微フロックの衝突合一を理論化することができます。

接触高速凝集沈殿池では、高濃度の最大成長フロック群の大きなGC_0T値を常に保持できることから、C_0が大きい分だけ撹拌強度Gと継続時間Tを小さくすることができます。Gを小さくすることによって、前項の図5.19、式5.49、式5.50に示したように、最大成長フロック径d_{max}を大きくすることができ、後続する沈殿分

第5章　粒径／粒質の調整と固液分離プロセス

離装置の表面負荷率を大きくとった高速分離が可能になります。撹拌継続時間については、Gを小さくした分を割り引いた残りの必要時間分を所要のGCT値から求めます。これは高速凝集沈殿池の操作設計原理です。図5.111

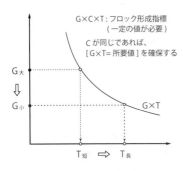

図5.111　フロック形成の操作設計原理

$$F = \frac{12}{\sqrt{15}} \pi \sqrt{\frac{\varepsilon_0}{\mu}} \left(\frac{D}{2} + \frac{d}{2}\right)^3 Nn \quad —(5 \cdot 68)$$

D,d：成長フロックと微フロックの直径 (cm)
N,n：成長フロックと微フロックの個数濃度 (cm^{-3})
ε_0：有効エネルギー消費率 (erg/cm^3・sec)
μ：粘性係数 (g/cm・sec)

式5.68　成長フロックと微フロックの衝突回数

　実用的には、接触フロック形成池の乱流撹拌条件下でのフロックの最大成長粒径 d_{max} は、$3〜5×10^{-1}$mm程度の範囲にあります。一方、接触撹拌池に流入してくる微小フロック粒子の直径dは、$5〜20\mu m$（$5〜20×10^{-3}$mm）程度です。このような、成長フロックと微フロックの衝突が単位時間、単位体積の流体中で生ずる衝突回数Fは、Levich 式(1962)を基に丹保、穂積（Water research vol. 13pp441〜448, 1979）の一連の研究の中で、式5.68のように示されます。

このような極端に粒径の違う粒子群が撹拌を受ける時、
①成長フロックは最大成長平衡フロック粒径分布に達しており、成長フロック同士の成長は見込めない、
②微フロック同士の衝突合一径は、その微小な衝突径の故に、成長フロックと微フロックの衝突半径(D+d)/2に比べるとはるかに小さく、ほとんど無視できると考え、
③2つの粒径Dとdの大きさは極端に異なり、D≫dであることから、衝突半径は(D+d)/2<Dと近似することができ、ND^3≫nd^{3}であることから、フロック群のある時間内における体積濃度を $V_f \propto ND^3 ≒$ Const. と仮定し、
④最大成長フロック群と微フロックの衝突回数Fのうち、衝突合一確率P*を掛けたP*Fの速度で、微小フロックの接触フロック形成（微フロックdの個数濃度n

の単位時間の減少(dn/dt)が進む、
との条件の下で、式5.52から式5.69が導き出されます。接触フロック形成の基本式です。

$$\frac{dn}{dt} = -\frac{3\pi}{2\sqrt{15}} P^* \sqrt{\frac{\varepsilon_0}{\mu}} ND^3 n \fallingdotseq -\frac{9}{\sqrt{15}} P^* \sqrt{\frac{\varepsilon_0}{\mu}} V_f n$$

$$= -K_{turb} n \quad\quad\quad —(5\cdot69)$$

V_f：成長フロック(母フロック)群の体積$=(\pi/6)ND^3$
K_{turb}：接触フロック形成反応係数(乱流撹拌)
$= 9\sqrt{15} P^* \sqrt{\varepsilon_0/\mu} \ V_f$

式5.69 接触フロック形成基本式

式5.52は、接触フロック形成操作が微小フロック個数 n についての1次反応であることを示しています。1次反応の速度定数 K_{turb} は、$V_f(\varepsilon_0/\mu)^{1/2}$ に比例し、結果としてフロック形成度は GCT 値に支配されます。式5.52を初期 $t=t_0$ の時の粒子個数 $n=n_0$ の条件で積分し、時間 t で達成される微小フロック個数 n の残存率 n/n_0 を求めると、式5.70のようになり、微小フロックの除去率は、
$R = 1 - (n/n_0)$
となります。

$$\frac{n}{n_0} = \exp\left(-\frac{9}{\sqrt{15}} P^* V_f t\right) = \exp(-K_{turb} t) \quad —(5\cdot70)$$

n：接触時間 t における微小フロック個数
n_0：初期の微小フロック個数

式5.70 時間 t における微小フロック残存率

微フロックの個数濃度 n は、微フロック群の示す濁度に比例するので、フロック形成過程の試料を試験管に不撹乱採水し、短時間静置沈降させた上澄みの濁度 T^* を計測し、採水時の濁度 T_0^* との比を取れば、$T^*/T_0^* \sim n/n_0$ の関係から容易に反応の進行状況とその定数を推定することができます。

図5.112は、回分式フロック形成槽に、
①硫酸バンドで凝集したカオリンフロックを長時間継続撹拌(40min)して、最大

成長平衡分布に達したフロック群を作り、
②写真測定によって粒径分布を求め、成長フロック群の体積濃度 V_f を算出し、
③別のジャーテスターで同一凝集条件で生成した微フロックを最大成長平衡分布に達している大型フロック群が懸濁している回分式フロック形成槽に加え、
④一定時間間隔ごとに不撹乱採水し、短時間静置沈降後の上澄みの濁度（微フロック残存濃度）を計り、
⑤横軸に接触フロック形成撹拌時間 t、縦軸に微フロックの示す濁度 T^* をとって、整理した試験結果の一例をプロットしたものです。

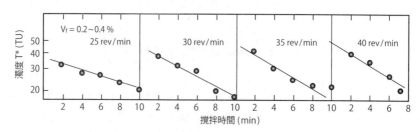

図5.112　撹拌時間と微フロック濃度の減少

　図5.112から明らかなように、微フロックの濃度 T^* は撹拌時間 t に比例して減少していき、式5.52、あるいは式5.69の線形減衰関係の成立を示しています。また、図5.113は、上述の1次反応減衰式の反応定数 K_{turb} が、成長フロックの体積濃度 V_f に比例することを示し、図5.114は、K_{turb}/V_f が、撹拌翼の回転数 $N_r^{3/2}$ と直線関係にあることを示しています。等方性乱流下でのエネルギー消費率 $\varepsilon_0 \sim \varepsilon_*$ は、撹拌翼回転数 N_r^3 に比例することから、式5.52の関係が証明されます。

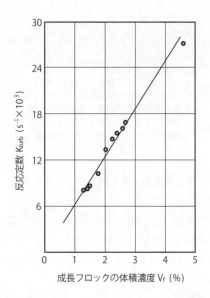

図5.113 反応定数 K_{turb} と成長フロック体積濃度 V_f の関係

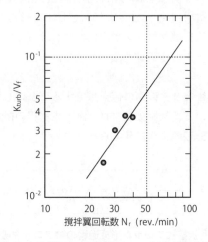

図5.114 撹拌翼回転数 N_r と乱流下での摂食フロック形成衝突合一係数 K_{turb}/V_f の関係

次に、成長フロック群と微フロック粒子の衝突合一係数 P^* の大きさが、どの位かということが問題になります。式5.64、式5.65の運用の成果を参照して、最大成長粒子群と微フロックの衝突合一確立は、式5.71のように記述できます。

第5章 粒径／粒質の調整と固液分離プロセス **509**

$$\bar{P} = \alpha_0 \sum_R X_R \left(1 - \frac{R}{S+1}\right)^6 \qquad —(5\cdot71)$$

α_0：初期衝突合一確率
　　（無次元、多くの場合 1/3 程度の値）
R：成長フロックへの初期粒子集合数（無次元）
S：ある撹拌条件での最大成長フロックへの
　　初期粒子集合数（無次元）
X_R：最終（最大成長）平衡分布での成長フロック群
　　におけるR倍粒子の存在割合

式5.71　最大成長粒子群と微フロックの衝突合一確率

最終平衡分布に達した成長（母）フロック群について計算シミュレーションを行い、また、**図5.87**の装置を用いて回分式接触フロック形成操作を行った実験データとの照合の結果、乱流撹拌下での接触フロック形成操作の際の衝突合一確率は、
$P^* ≒ (2.8～1.9) \times 10^{-2} ≒ 1/35～1/53$
といった数値が得られました。

この場合、トルクメーターで実測した総エネルギー消費率 ε_* の10〜20%を想定すればよく、有効撹拌エネルギー $\varepsilon_0 = 0.15\varepsilon_*$ として計算を行い、得られた結果を総体的に考えると、乱流接触フロック形成操作における母フロック（最大成長平衡粒子群）と流入微フロックの衝突合一確率として、
$P^* ≒ 1/45 ≒ 0.022$
といった比較的小さな衝突合一確率の値を想定することになります。

上述の諸数値をまとめて、乱流接触フロック形成過程の微フロック吸合式を整理すると、実用式は、**式5.72**のように与えられます。

$$\frac{dn}{dt} = -\frac{1}{5\sqrt{15}}\sqrt{\frac{\varepsilon_0}{\mu}} V_f n = -K^*_{turb} n \qquad —(5\cdot72)$$

式5.72　乱流接触フロック形成過程の微フロック吸合実用式

(b)　フロックブランケット流動層における接触フロック形成

図4.59に示すように、成長フロック群が上昇水流に支えられて流動層を形成し浮遊している領域（フロックブランケット）に、下方から流入してきた微フロック群が、フロックブランケットを構成する成長フロック群にトラップされて濃度を減じ

ていく状況は、式4.46、あるいは式4.47で定式化されることを示しました。ここではさらに進めて、大径の流動層構成フロック（フロックブランケット粒子）と流入してくる微フロックの衝突合一確率$P^\#$が、どの程度のものであるかを実験的に求め、ブランケットにおける接触除去の実用式を導きます。

上昇流式フロックブランケット沈殿池では、成長した大径のフロック群が上昇流によって浮遊懸濁して流動層（厚さ1～2 m）を形成し、そこに凝集を終えた微フロック群がブランケット下方から上昇流に乗って流動層に流入し、流動層の大径の母フロックに衝突して吸合され除去されます。

流入してくる微小フロックが、流動層を構成する大型のフロック群（母フロック群）に接触し吸合されて減少していく過程は、次のような一連の諸状況を仮定して、式5.73のように表すことができます。

①直径Dの大径のフロック（母フロック）は、上昇流速V_sと釣り合う沈降速度を持っていて、静止状態で浮遊している。
②直径dの微フロックは、上昇流速V_sでブランケットに流入してくる。その径はd≪Dであり、微小粒子の沈降速度は大径粒子の沈降速度V_sに比べて無視できるほど小さい。
③直径Dとdの2種類の粒子の衝突は、接近流速V_sと衝突半径(D+d)≒Dとし、微フロック粒子の寄与分は無視する。
④微フロック同士の衝突合一は、除去に及ぼす影響が小さいので無視する。
⑤径Dの粒子に対する微フロックdの衝突合一確率$P^\#$を考えに入れる（流体力学的な接触確率と凝集剤の被覆率にかかわる現象の相乗効果を係数化する）。

式4.45を書き換えると、ブランケット底からの上方へ移動する微フロック群（水流）の流動時間tに伴う微小フロック個数濃度nの減少速度dn/dtは、式5.73のようになります。

この式は、Campが米国土木学会誌（Sedimentation and the design of settling tanks, Trans. Am. S. C. E2285, pp. 895～953, 1945）に提案した沈降速度差による凝集の式と基本構造は同形です。第4章の凝集沈降の項の式4.13等を参照してください。

$$\frac{dn}{dt} = -\frac{\pi}{4}P^\# V_s(D+d)^2 Nn = -\frac{\pi}{4}P^\# V_s D^2 Nn \quad d \ll D \quad —(5\cdot73)$$

式5.73　流動時間に伴う微小フロック個数濃度の減少速度

式5.73は流過時間 t の代わりにフロックブランケット下端（流入）からの距離 z に流達する間の除去を示す式に書き換えると式5.74のようになります。

$$\frac{dn}{dz} = -\frac{\pi}{4} P^\# D^2 N n = -\frac{3}{2} P^\# \frac{V_f}{D} n = -K^\# n \quad -(5 \cdot 74)$$

$$\text{ここで、} K^\# = \frac{\pi}{4} P^\# D^2 N = \frac{3}{2} P^\# \frac{V_f}{D}$$

式5.74　流動距離に伴う微小フロック個数濃度の減少速度

$Z = 0$ で $n = n_0$ の条件で式5.74を積分すると、厚さ z のフロックブランケットの微フロックの除去率 n/n_0 が、式5.75のように与えられ、フロックブランケット層の厚さの指数関数でブランケットの除去率が向上することがわかります。この際の反応係数は、V_f/D に比例することから、ブランケットを形成する成長フロック群の濃度を大きくとり、かつ粒径を小さめに抑える条件を満たす低速流動層の採用が高い除去率を求めるカギになります。実用的には 3～10cm/min の上昇流速（表面負荷率）がとられるようです。

$$X = 1 - \left(\frac{n}{n_0}\right) = -\left(\frac{T}{T_0}\right) = 1 - e^{K^\# z} \quad -(5 \cdot 75)$$

X：微フロックが母フロックに吸合除去される割合
T_0, T：ブランケット流入部と高さ z の微フロック濁度
$K^\#$：速度定数 $[= -(3/2) P^\# (V_f/D)]$

式5.75　流動距離に伴う微フロック個数濃度の減少率

そこで、式5.73～式5.75に記述した関係が実際に成立するのかを確かめ、また除去の構造を正確に記述するために、成長フロックと微フロックのブランケット層における衝突合一確率 $P^\#$ の大きさが、どの程度であるかを確認する必要があります。このために、図5.115に示すようなパイロットプラントによる検討を行いました。

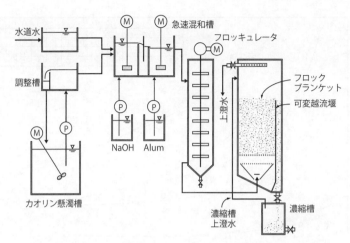

図5.115　フロックブランケット型上昇流式凝集沈殿実験装置

　実験では、カオリン系粘土懸濁液を中性 pH で硫酸バンドによって凝集させたフロックを分離します。ブランケットに流入させる微フロックは、急速撹拌を経た径 $d = 2 \times 10^{-2}$ mm〜8×10^{-2} mm の微フロックと $d = 10^{-3}$ mm の凝集剤を混和させただけのフロックをブランケット下部から流入させます。フロックブランケットの深さ z を越流堰の高さを調整して変化させて、深さ z の異なるブランケットからの流出水濁度 T_z を測定します。フロックブランケットは、原水濁度、注薬率、上昇流速を変えて、それぞれの場合について長時間運転を継続した後、フロック体積濃度 V_f とブランケットのフロック径 D が定常になったことを確かめて、微フロックの除去を測定します。**図5.116**に濁度 $T = 20$ mg/l の原水について、表面負荷率とブランケット厚さ z=L を変えて行った実験例を示します。

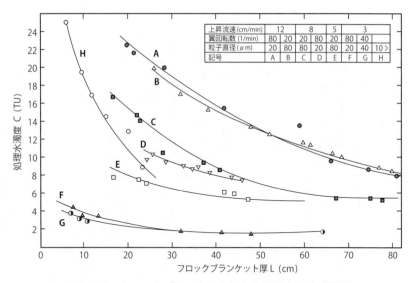

図5.116 フロックブランケット厚Lと処理水濁度の関係

上昇流速 3 cm/min の場合について、ブランケット厚さによって処理水濁度がどのように変化するか、半対数プロットで整理すると**図5.117のようになり、式5.75**に示す懸濁微フロック濃度 n の1次反応で、ブランケットの抑止が進むことを示しています。

（2～4）×10^{-2}mm に集塊させた微フロック F と G の場合の除去は、急速混和のみの d ≒ 10^{-3}mm 程度と考えられる H の場合に比べて著しく改善されており、微フロック形成でも、ある大きさの GC_0T 値を加えておくことの価値を示しています。このことは、急速混和池でも大きめな撹拌強度で最大成長平衡になるような撹拌継続時間 T を与えて、微フロック径を 10^{-3}mm から 10^{-2}mm の微フロック群に成長させておくことが、接触凝集沈殿池でも重要であることを示しています。もちろん、通常のフロック形成でもこの意味は重要で、跳水（Hydarauric jump）や単純な水流衝突での混和装置では、急速撹拌時に生成される微フロック（Micro floc）が、その強度で最大成長平衡に至るための時間、無次元撹拌継続時間 GC_0T（具体的には撹拌継続時間 T）が不十分であることを示唆します。

急速撹拌もまた第0段目のフロック形成プロセスと考えて操作を設計すべきです。独立して存在する大径の粒子 D と微小粒子 d の衝突確率を Fuchs(1964)は、Potential flow の場合 3（d/D）を提示しています。母フロック径 D ≒ 1.5mm、微フロック径

を 4×10^2 mm（急速撹拌成長粒子 F と G の場合）と 4×10^{-3} mm（混合のみの H の場合）と想定し、衝突合一確率を Fucks の式によってポテンシャル流（Potenntial flow）を仮定して推算すると、微フロック形成撹拌を行った場合0.08、混和のみの場合0.008と10倍ほど違ってきます。合一確率 $\alpha_0\fallingdotseq 1/3$ を想定していますので、衝突合一確率 $P^\#$ は両者の積となります。

微フロック形成撹拌を行った F、G のような場合、
$P^\#\fallingdotseq 0.08/3\fallingdotseq 0.027$、混合のみの H の場合は、$P^\#\fallingdotseq 0.008/3\fallingdotseq 0.0027$ となります。

一方、実験データから推定される衝突合一確率は、$P^\#\fallingdotseq 0.1$（F と G の場合）と $P^\#\fallingdotseq 0.015$（H の場合）であり、Fucks のポテンシャル流を想定した推定値よりも数倍大きな値となります。これは、フロックブランケット内の乱れた流れによって、衝突確率が高まっているためと考えられます。レイノルズ数の小さいろ過池内の衝突合一確率が、ポテンシャル流の想定値よりも高いことと同じ状況が生じていると想定されます。

急速撹拌を最大フロック成長平衡分布（GCT）近傍まで継続しておこなった場合には、フロックブランケットの衝突合一確率 $P^\#\fallingdotseq 0.1$ といった値を想定して良いと考えられます。

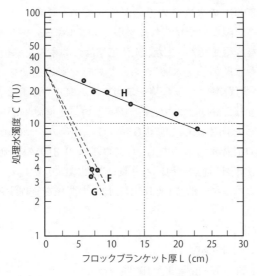

図5.117　フロックブランケット厚さと処理水濁度の半対数プロット

これまで撹拌強度の表現として、
①有効撹拌エネルギー消費率 ε_0 (erg/cm^3·s)
②総撹拌エネルギー消費率 ε^* (erg/cm^3·s)
　さらには、
③キャンプのG値 (s^{-1}) を挙げてきました。

　Campと Stein は1943年の原論文で、「流体のある点におけるフロック形成(Flocculation)の進行は、その点における流水の速度勾配に比例する」ことを明らかにし、式5.35に示した様な形で、層流条件下での分子粘性によるエネルギー消費率を基にして、層流時速度勾配 G_{grad} を定義しました。しかしながら、実際のフロック形成操作は乱流条件下で行われます。乱流条件下では、Kolmogoroff局所等方性乱流理論から Levich が示したように、乱流エネルギー消費率 ε を用いて、式5.36のように示されます。式5.35と式5.36が同形であることから、また層流粘性係数 μ と乱流粘性係数 $(\mu+\nu)$ を用いた場合、速度勾配 G_{turb} は式5.30と式5.36のように表され、次元も同じことから、Camp の速度勾配(Velocity gradient)という言葉が拡大使用(本質的には誤用ですが)されてきました。同じエネルギー消費率でも、層流下と乱流下での衝突速度(確率) G_{grad} と G_{turb} は、1:30ほどの大きさの違いがあります。層流フロッキュレーションは粒状層ろ過の間隙などで見られますが、エネルギー効率の観点からは有効な操作方式にはなり得ません。また、流体工学的なエネルギー損失(消費)率(撹拌機の動力損失や水路の損失水頭)から、フロック形成速度を計算する場合には、総エネルギー消費率 ε^* からG値を求めます。筆者の理論は有効エネルギー消費率 ε_0 を基準としていますので、$\varepsilon_0 \fallingdotseq 0.1\varepsilon^*$ といった有効率が総消費率の10%程度であるといった関係から、有効G値:$G_{effect} = (\varepsilon_0/\mu)^{1/2} = (0.1\varepsilon^*/\mu)^{1/2}$ となって、機械的動力消費から求めたG値(グロス)の0.31倍の有効 G_{effec} 値を用いて、筆者の操作設計図:理論を用いると良いことになります。

　参考のためにエネルギー消費(逸散)率と動力の関係を整理すると次のようです。
1 kg·m/s = 1/75hp
1 hp = 75kg·m/s = 0.736kW
1 erg/cm^3·s = 1.36×10^{-3}hp = 1×10^{-4}kW/m^3

⑽ 急速混和池とフロック形成池

(a) 急速混和池（Flash Mixer）

　凝集操作の第一段階は、凝集剤、アルカリ助剤、フロック形成補助剤を適時に適切な順序で原水に添加し、できるだけ速やかに一様分散を計り、均一に加水分解・結合反応を生じさせることです。この段階で凝集剤の加水分解、懸濁コロイド粒子群との界面物理化学反応は終了し、極めて小さな素凝集粒子（Micro floc）が形成されます。この単位操作を急速混和と称します。

　薬品の添加は通常、アルカリ助剤、凝集剤の順序で行なわれます。フロック形成補助剤は、凝集剤添加の前か後かのいずれか効果の良く出る順序で加えます。粘土などの粗コロイドの場合は、前後のいずれでも良いようですが、色コロイドのような微コロイドの場合には、後に加えると良いようです。

　混和地の撹拌方式には、上下迂流水路、オリフィス管路、スタティックミキサー、機械翼撹拌、低揚程ポンプ、跳水などの諸方法があります。凝集剤添加の際には、少なくとも2～3分間以上の滞留時間を持つ、直列多段の撹拌槽の採用が望まれます。これは、複数（2～3）段数を持つことによって、単槽の場合に避け難い短絡流による未反応部分の漏出を抑えることができるからです。低揚程ポンプや跳水の使用は、一様混合を短時間（瞬時）で果たす利点がありますが、その反面、一定の大きさ10～30μmのマイクロフロックにまで成長させられず、フロック形成操作の初期粒径条件d_iを小さなところから出発することになってしまい、次のフロック形成池の低撹拌強度のもとで、長時間の撹拌を必要とすることになります。

　オリフィス管路やスタティックミキサーは、短絡流を持たない優れた混合特性を示します。また、一定の滞留時間を保持することができ、フロック形成の初期粒径d_iを大き目のところから始められる利点があります。急速混和は、フロックの破壊を論ずる必要のない0段目のフロック形成池と考えることができる操作です。単純な迂流水路への薬品の注入は、水路全体に一様分散に要するための時間がかかり、加水分解反応が不均一になって望ましくありません。粘土懸濁質のような粗コロイドの凝集は加水分解した金属水酸化物による粗粒子の架橋反応が主体ですから、撹拌条件の選択は比較的厳しくありませんが、荷電中和が決定的な支配操作になる色コロイドなどの微コロイドの場合には、急速な凝集剤の一様分散と所定時間を要する接触結合のための滞留時間の両者を満足させる撹拌操作が必要で、設計条件を厳しく論ずる必要があります。日本の水道設計設計指針の混和槽設計の考え方は、もう少し詰める必要がありそうです。

　機械式撹拌機を備えた混和池は図5.66のように、深さと幅の比が1：1～3：1

ぐらいの角槽が普通であり、短絡流による反応進行の不均一性を避けるために、少なくても2槽以上の直列の槽列を必要とします。

パドル式は（容量が2 ㎥位まで）小撹拌槽に適し、それ以上になるとプロペラ式（30㎥位まで）やタービン式が一般に用いられます。タービン式の場合、撹拌翼径と混和池辺長の比を1 : 3～1 : 4程度に取る場合が普通で、プロペラ式ではさらに大きな比率とします。また、撹拌機の回転軸を槽の中心から偏心させることによって、槽内の水と翼との供廻りを少なくし、撹拌効果を高めることも試みられています。混和池の所要撹拌強度として、総エネル消費率 $\varepsilon_* \doteqdot 10^3$（erg/㎤・s）程度が考えられます。

(b) フロック形成池（Flocculator）

フロック形成の進行速度は G^*C_v 値に比例し、その形成度は G^*C_vT 値で決まってきます。与えられた水質（懸濁質濃度）に対して、フロック形成池の撹拌強度 G^* と撹拌継続時間 T をどのように決めるかが設計条件のカギになります。撹拌強度 ε_0 が大きくなるほど、フロック形成速度が大になりますが、その反面フロックの早期破壊が生じて、最大成長度 S_m を小さくさせてしまい、十分な沈降速度を持ったフロックを作ることができません。そこで、まだ小さいフロック形成の初期段階には高い撹拌強度を与えてフロック形成速度を高め、フロックの成長に伴って破壊を考慮して、段階的に撹拌強度を低下させフロック径を大きく保つテイパードフロッキュレーション（Tapered flocculation）が広く行われています。

この撹拌強度の範囲は、通常 $\varepsilon_0 \doteqdot 0.1$、$\varepsilon_* \doteqdot 10^0 \sim 10^{-2}$（erg/㎤・s）程度で、3段階ぐらいに分けて強度を落としていきます。Camp は G^* 値を90、50、20（S^{-1}）の3段に強度変化させることを提唱しています。撹拌継続時間 T は、一般には30分間程度の場合が多いのですが、無次元化フロック形成進行速度指標 m 値（式5.62）の定義から、低濁度の原水については長時間を要し、高濁度の原水については短時間でよいことを先の理論のところで説明しました。

一般に広く用いられるフロッキュレータは、図5.118に示すような、迂流型、ボルテックス型、パドル型等です。

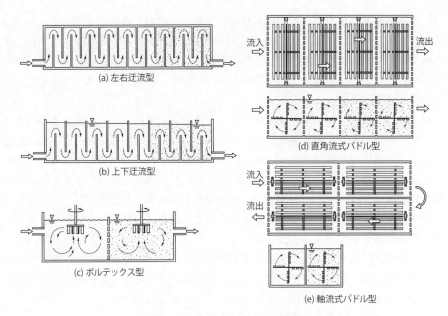

図5.118 フロッキュレータの例

　フロッキュレータに要求される水流のパターンは、
① フロックが大きく成長できるような弱い乱流撹拌強度で、
かつ、
② フロック形成槽全断面にわたって大規模な水深方向の循環流れを作り、大きく成長したフロックが池底に沈むことがない、
③ フロッキュレータは全断面にわたる緩い対流を持つことが必要であり、短絡流に対する考慮が必ず必要、
という、3条件をともに満たすことが必要です。

　このような観点から、水路式の上下迂流型、あるいは、水平軸を持つパドル型が好ましいことになります。先に述べた、フロックの最大成長径を求める実験に用いた図5.87のモデルフロッキュレータは、撹拌槽が軸周りを1 rpmで回転して上下転倒を繰り返すことによって、大型フロックを作るための撹拌パドルの弱撹拌強度下でも、成長した大型フロックを沈殿させずにフロック形成が進むように考えた北大丹保研型の実験装置です。市販のジャーテスターでは、凝集反応の研究は可能ですが、フロック形成沈殿の研究は、定性的な評価にとどまります。

　水平軸パドル型の撹拌機は、水中軸受けが必要になります。過剰な重力による下

方への荷重を避けるため、撹拌翼の材料を選択し、浮力と重力が平衡して、軸受けに偏荷重がかからないように工夫します。前塩素処理を行う多くの浄水場では、水中軸受けにマンガンなどが析出して作動不良になる例が見られました。中心軸受け支持の代わりに、フロッキュレータ軸端の回転円周上に駆動ローラーを配して安定に駆動する試みもあります。

ボルテックス型フロッキュレータでは、全槽対流の生成と弱い撹拌強度の局所等方性乱流形成の両立に難があり、ジャーテスターの場合の困難と同じ理由で、安定で的確な形成速度を持つフロッキュレータを設計することは困難です。途上国の多くの浄水場では、製作容易な縦型撹拌機のフロック形成槽が見られますが、2つの機能を的確に作り出すことが困難で、機能上からは推奨できません。

パドル式では軸方向に水流を流すか、直角流の場合には多段に撹拌槽を設置し、整流壁で短絡流を抑制する方式を用います。

上下迂流式が最も短絡流に強く、弱撹拌と切り返しによる成長フロックの沈殿をも避け得て、優れた効果が期待できます。その反面、処理流量変動にたいする対応に難がありますが、複数水路を考える等によって対処可能です。

ボルテックス型は短絡流抑制の観点でも推奨できません。

フロッキュレータの撹拌強度指標 G_* 値 (s^{-1})、または総エネルギー逸散率 ε_* (erg/cm³·s) と撹拌動力消費 P (g_w/s·cm)、または迂流水路損失水頭 h_f (cm) 間には、**式5.76**や**式5.77**のような関係があります。

$$G_* = \sqrt{\frac{\varepsilon_*}{\mu}} = \sqrt{\frac{Pg_c}{\mu V}} \quad \text{(機械撹拌フロッキュレータ)} \quad -(5\cdot76)$$

$$= \sqrt{\frac{\gamma h_f g_c}{\mu T}} \quad \text{(迂流式フロッキュレータ)} \quad -(5\cdot77)$$

V：フロック形成槽の容積 (m³)
T：滞留時間 (s)
γ：水の単位体積重量 (gw/cm³)
g_c：重力換算係数 (980gm·cm/gw·s²)

式5.76，式5.77　撹拌強度指標と動力消費

ここで、水平軸パドル型のフロッキュレータの場合の ε_* の概略値は、**式5.78**で推算できます。

$$\varepsilon_* = \frac{\gamma C_d [2\pi(1-K_r)n]^3}{2V\rho g_c} \sum_i A_i r_i^3 \quad -(5\cdot78)$$

A_i：回転翼の運動方向に直角な面積 (cm²)
r_i：回転翼から翼までの距離 (cm)
C_d：翼の抵抗係数 ($\fallingdotseq 1.3 \sim 1.5$)
n：翼の回転速度 (rpm)
ρ：水の密度 (g/cm³)
K_r：水の供廻り係数 (無次元)
$K_r n$ は水の回転数を示す

式5.78　総エネルギー逸散率

(c) 薬品注入装置

　水処理に使用されるほとんどの薬品は、高い溶解度を持っているので、濃厚水溶液として原液を作成し注入することが、多くの場合可能です。石灰のように溶解度の低い薬品は、スラリーとして常時撹拌懸濁させて注入するか、時には粉末状態で直接添加します。薬品注入装置をこのような注入時の薬品の性状から分類すると、湿式と乾式に分かれます。我が国の環境は、一般に高温多湿ですから、気湿の影響を受けやすい乾式は、北海道などの比較的湿度の低い地域以外は用いない方が良いでしょう。

　また、注入量の設定方式によって、定量注入、処理量比例注入、さらには流量と主要水質因子に連動した操作アルゴリズムを作ってのプログラム自動注入などが行われます。浄水処理では、原水の濁度が1対100以上にも変動しますので、自動制御による注入機構になれた操作者が、突発的な濁度の大変動に対応できず、運転中止に追い込まれることがあります。それに対して、下水や排水の処理では、変動幅がさほど大きくないのが普通です。

　注入機に求められる性能として、正確さに加え、取扱いの容易さや水量・水質変動対応性、耐薬品腐食性、耐摩耗性、耐震性などが必要になります。

5.3　ペレットフロック形成：造粒沈殿法（Pellet flocculation）

　高濁度原水を処理する新しい浄水方法として、また、下水有機廃水の処理を（凝集＋好気性生物処理）によって脱リンまで考えて、短時間に処理する新処理システムの中心技術として、北大丹保研が開発した固液分離法を説明します。

(1) ペレット流動層による高濁水の高速分離

　アジアやアフリカ、南米諸国には、濁度が10^2〜10^4 mg/l にもおよぶ河川水を原水とする浄水処理で、清澄処理が求められているところが数多くあります。中国の黄河の水を例に挙げると、下流域の鄭州の例では、常時 1 g/l = 10^3 mg/l の懸濁質を含み、洪水時には10^0 g/l = 10^5 mg/l を大きく超えます。インドネシアやマレイシアの河川も10^4 mg/l に及ぶ高濁水が普通であり、インド、ブラジル等の諸大河川も10^2〜10^3 mg/l の高濁水が普通に流れています。

　これらの高濁度の水を在来型の凝集・フロック形成・沈殿で処理するのは容易ではなく、あらかじめ、取水を前貯留池あるいは沈殿池で長時間かけて単純沈殿させ（黄河開封では10日間、蘭州では数時間の予備高分子凝集沈殿など、インドネシアのスラバヤでは１日ほどの単純沈殿）た後で、通常の急速ろ過システムで処理します。また、従来の高速凝集沈殿池（スラリー循環型、フロックブランケット型）では、排泥が間に合わず、沈殿池の機能が損なわれます（アジスアベバ、スラバヤなど）。

　そこで丹保らは、黄河本流の用水調査（1983、1984）を行ったうえで、有機高分子凝集剤を用いるペレット流動層による新処理法を検討しました。その結果、数分間のペレット流動層滞留時間で沈降分離した後、上澄水を直ちに急速ろ過池に流入させることができ、かつ生成汚泥（ペレット）は含水率がペレット化するだけで70%にまで低下して、簡単に脱水操作に移行できる高濁度水の処理について、新方式の機序と設計法を明らかにしました。（丹保、于、王、松井、1983、1987、1992）

(a)　流動層によるペレット凝集の概念

　従来の凝集・フロック形成プロセスでは、凝集剤の添加によって不安定化された懸濁微粒子（初期粒子）が、ランダムに衝突結合して、膨潤な集塊物であるフラクタルなランダムフロックを形成します。ランダムフロックはそのフラクタルな性質の故に、フロックが成長する過程で、フロックに取り込まれる空隙水の割合が増大し、径の増大とともにフロック密度が減少していきます。フロック径が増大しても沈降速度は、ストークスの法則が示すように、フロック径の２乗に比例して急増することにはならず、丹保・渡辺のフロック密度関数が示す、$d^{(2-K_\rho)}$倍にしかなりません。K_ρは１〜1.4位の値をとりますから、先述のように、沈降速度は径 d の１乗から0.6乗に比例して増加するだけであり、生成した膨潤なフロックの脱水も容易ではありません。

　浄水処理での流動層造粒操作としては、オランダのロッテルダム水道の Graveland博士のカルシウム硬度の晶析分離法が、成功裏に実用化されています（Graveland A.：Water softeing by christallization、Aqua：vol. 29、nNo 2, pp. 3～4, 1980およびGraveland A. et. al.：Development in softening by means of pellet reactor、JAWWA：vol. 75、pp. 619～626、1983）。後の溶解成分の凝析（Precipitation）処理の項で詳述します。

このような操作は、準安定領域処理（Metastable state region operation）という括りで、さらに広く理解できる概念と筆者は考えています。

金属イオンを例にとると、過飽和領域にある溶液は容易に溶解成分を凝析（不溶化）しますが、図5.119に模式的に示すような飽和領域の周辺部の準安定領域では、溶液平衡の点からは不溶化する条件にあるものの、具体に凝析を見るまでには、ある熟成時間を置くことが必要です。しかしながら、準安定領域にある溶液に凝析物と同じ性質を持つ固体成分を導入すると、導入固体の表面に液相の溶解成分が急速に凝析し、しかも、生成した凝析物は高密度である場合が多いというすぐれた分離特性を示します。このような操作を晶析（Christarization）と一般に呼びます。

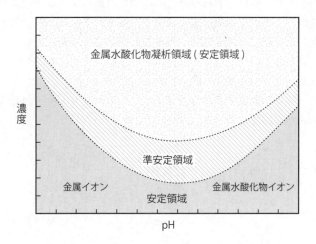

図5.119　金属イオンの凝析パターンの模式図

上述のような準安定領域の概念を粘土系の懸濁液の凝集フロック形成に拡大応用することを筆者らは考えました。粘土粒子は1 μm前後に粒子径分布の中心を持つ粗コロイドで、自然水中では、表面電位（ゼータ電位）が－20～－30mV程度の負荷電で相互に反発しあって、水中に安定に分散しています。

このような粒子を集塊させるために、凝集剤の添加により生じた水中の多価のプラスイオンまたは重合体によって粘土粒子の荷電中和を行い、粒子相互間の電気的反発力を小さくして、粒子の不安定化を進めます。安定な凝析領域にある凝集剤濃度とpH領域では、析出した水酸化物の架橋作用も生じ、ランダムフロックがフラクタルに成長します。
　一方、凝集剤の量がわずかに少ないか、pHがわずかに酸性かアルカリ性に偏った程度のある狭い領域では、金属イオン凝析の場合と同様に、コロイド凝集でも急速にはランダム集塊が生じない準安定凝集域が存在します。これは、水酸化アルミニウムの準凝析域と考えても良いでしょう。もし、最初の凝集条件を準安定領域に設定することができれば、すなわち、個々の粒子同士が凝集して集塊したランダムフロックを作り、フロック集塊内にたくさんの空隙を内包しないような条件を選ぶことになります。微小粒子と同じ準安定条件で予め形成してある固相と微小粒子を混合して、同時に結合力強化のためのポリマーを瞬時に添加混和し、準安定領域で生成した凝集微粒子を固体表面に衝突付着させます。このことによって、微小粒子一層ずつの固層表面への付着を進行させることが可能になります。このことによって、フロックのフラクタル集塊による高次の空隙を含まずに、初期粒子相互間の空隙率だけしか存在しない、同心球状の集塊物（ペレット）が成長していくことになります。このようなペレット粒子の密度は粒径に関係なく、初期空隙率のみの均一な高密度の球ができ上がります。図5.120は、ランダムフロック（フラクタル集塊）と初期粒子が一個ずつ既成粒子に付着成長していくペレット粒子の形成過程の特徴を模式的に描いたものです。

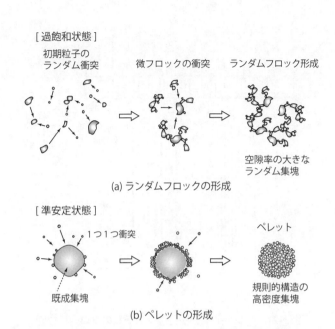

図5.120 ランダムフロックとペレット集塊の形成形態の相違

(b) ペレット流動層分離装置

　上述のような考えを**図5.121**に示すようなペレット流動層操作によって実現することを考えます。アルミニウム凝集剤で荷電を臨界凝集電位近傍まで中和した粘土粒子（初期粒子）を既成の集塊が懸濁している流動層に連続的に導入すると、初期粒子は次々と大型の集塊（ペレット粒子）に1つずつ衝突付着しようとします。この時、適切なタイミングで高分子凝集剤を加えて、初期粒子と既成粒子（流動層を構成しているペレット粒子）の結合強度の強化を促すと、初期粒子の付着が完成して、高密度のペレット粒子が一層ずつ同心球的に成長していきます。この時、適切な撹拌を流動層に加えることによって、初期粒子がペレット表面に不整形に成長することを妨げ、球に近い形状に成長させることができます。

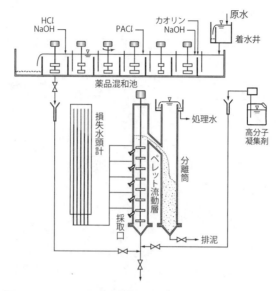

図5.121　ペレット流動層分離システムのフロー構成図

　ペレット流動層分離システムは、
① 微フロックをつくるための薬品混和池、
② 撹拌翼付のペレット流動層（上昇流）、
③ 固液分離筒
　の三つの部分で構成されます。
　基礎実験に用いた装置は、流動層と固液分離筒ともに内径10cmのアクリル樹脂を用い、流動層厚さを145cmに設定し、余剰生成ペレットを流動層上面から分離カラムへ密度流で越流させ、流動層を一定の厚さに保ちます。流動層の上昇流速（空塔速度）を標準的には30～70cm/minの高速（通常の高速沈殿池の10～20倍）で運転します。
　黄河や東南アジアなどのシルト粘土懸濁系を想定して、カオリン（$d=0.55\mu m$）3,000mg/l を水道水に懸濁させたものを原水として基本的な検討を進めます。金属凝集剤として、ポリ塩化アルミニウム（10% as Al_2O_3）を用い、有機高分子フロック形成助剤として、三井サイアナミド社製のポリアクリルアミド系アコフロックN-100PWG（MW1600×10^4Da、ノニオン性）、アコフロックA-100PWA（MW1700×104Da、弱アニオン性）、アコフロックA-110PWG（MW15600×10^4Da、

中アニオン性）を結合強化用のために用います。アルミニウム凝集剤と高分子フロック形成助剤の注入率は、それぞれ ALT 比（単位濁質量あたりのアルミニウム注入量）と PT 比（単位濁質量あたりのポリマー固形物量）で表現し、在来型との特徴的な差異を明確に表現します。

(c) ペレット流動層の熟成と定常状態への到達
a）ペレットの核となる粒子の生成
　ペレット流動層によって高濁水を高速処理するための最初の段階は、流動層中にペレットの核となる大径の高速沈降粒子群を安定的に作り出すことです。
　流動層カラムの底から高濁度の原水を導入し、アルミニウム凝集剤とフロック形成高分子助剤を添加すると、最初にランダムフロックが形成されます。生成したランダムフロックはフラクタル構造をもち、空隙率は高いものの、高分子フロック形成助剤によってフロック強度が大きいために、大径のフロックとなっています。したがって、基本的には大径のランダムフロックが集団沈降する表面負荷率の操作領域内で、従来の接触高速沈殿池と同様の 3～5 cm/min 程度の空塔上昇速度で運転を開始します。

b）ペレットの高密度化
　運転を継続していくうちに、流動層を構成しているランダムフロックは、高分子助剤の結合力に助けられて、Syneresis 作用（ゲル収縮による液体分離作用）によって、空隙率を減じて高密度化し、ペレットの核粒子が熟成的に形成されていきます。したがって、熟成の進行（流動層の個々のランダム集塊粒子の密度上昇）に応じて、流動層の空塔速度を徐々に上げていくことが可能になります。
　Syneresis 作用については、荏原インフィルコの中央研究所長であった遊佐氏が、汚泥脱水操作についてこの機構を研究して成果を発表し、実機を創っています。また、上昇流式高速沈殿池を研究した角田氏は、流動層にこの作用があることを間接的に示しています。さらに本質的には、Syneresis 作用の高速流動層分離における働きは、次に述べる第 3 の機構の発現に至る過渡段階での準備機構と明確に位置付けて、初めて筆者が提案する準安定領域操作によるペレット凝集処理を理論的に確立できることになります。

c）流動層でのペレットの成長
　原水濁度 3,000 mg/l の場合には、3～5 cm/min くらいの最初の流動層空塔上昇

速度から、徐々に上昇流速を増し、ほぼ30分間位の時間を経ると、このペレット流動層分離装置が目標とする処理速度30cm/min に到達できるようです。時間が経過し、流動層厚さが増してくると、流動層構成粒子がランダムフロック形状から球形のペレット状態の粒子に次第に変化していくことが、写真観測によって確かめられます。

　流動層を構成する粒子が高密度化してくると、図4.54や式4.39に示すように、流動層を構成する粒子の水中密度が大きくなるとともに、流動層の損失水頭が大きくなってきます。図5.122に流動層高さと損失水頭の関係を示しますが、流動層が30cm/min の目標速度に到達しても、なお数時間後まで損失水頭が各層厚とも増加し、全層（145cm）の密度変化が見られなくなる定常状態までは8時間にも及ぶことが観測されています。その間の粒径分布は、図5.123のように、2時間経過後に大きな変化がなく、図5.122に示すような損失水頭の増加はゆっくりと進みます。これは Syneresis 作用の効果と次に述べる既成ペレット上への微フロックの one by one 型で積もっていく付着（空隙率は微フロックの一次集積空隙となり、図4.80に示すように配列状態によって異なり、立方体の0.476が最も大きく、菱面体の小さな値 0.2595の間の数値をとる）による表面積層（チャイナマーブル状）の進行が、ランダムフロックと入れ替わっていくことによるものと思われます。

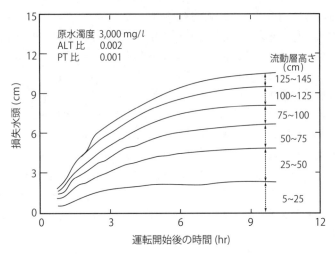

図5.122　流動層における損失水頭の経時変化

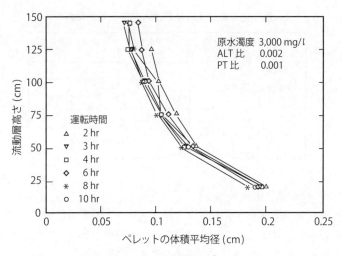

図5.123 ペレット粒径のプロフィル

d) 微フロックの積層型付着

　そのための緊要な操作は、one by one 積層型で微フロックを母ペレット表面へ積層させる形の付着に持っていくことです。そのためには、ポリマー添加位置と注入法をどのようにするかがこのプロセス操作のカギになります。

　表5.18に示すように、原水にポリマーを添加した後に、通常のポリ塩化アルミニウムを添加して急速撹拌とフロック形成を行ったのでは、先ずランダムフロックができてしまい有効なペレットは生成せず、また、薬品混和池でのポリマーの同時注入も良好なペレット形成は見られません。結果として、微フロックが流動層下部に流入する直前、あるいは流動層最下部に直接に結合剤としての高分子ポリマーを注入することによって、微フロックがお互いにランダム集塊することなく個々にポリマーと結合し、母ペレット上で初めて微フロックが接着する形をとるのが良いと考えられます。あくまでも、微フロックのランダムフロック生成を進行させること無しに、フラクタル性を持たない微粒子積層（チャイナマーブル状）を作ることを考えます。

　この場合、GC_0T 理論から考えて、最大のフロック粒子濃度を持つ流動層ペレットの濃度が、集塊する最大速度を支配することになるはずですから、流動層のC（個体濃度）を積極的に利用することによって、フロック形成を流動層内で短時間で遂行できることが理にかなっていることになります。

表5.18 高分子凝集剤注入方式と処理効果

高分子凝集剤注入位置 または注入方式	処理水濁度 (mg/l)	ペレット有効密度 (g/cm^3)
流動層直下	< 5	0.17
流動層に入る前に急速撹拌	25	0.11
薬品混和池	25	0.08
薬品混和池・フロッキュレータ経由	ペレット流動層形成されず	

e) ペレットの同心球状型成長

one by one 型で微フロックが既成（母）ペレットの表面に輸送付着しても、先行付着している微フロック上に後続の微フロックが付着して、樹枝状や丘状に不陸な凸凹面を作ってしまっては、同心球状の望ましい形のペレットができなくなります。そこで、流動層に回転パドルによって、ペレット表面に不整形に成長する微フロック結合をそぎ落とすようなゆるい撹拌を連続的に加えます。強度が強すぎるとペレット本体が破壊され、不足すると良い形の高密度のペレットが作れません。

予備実験の結果から、G_{turb} 値を30s^{-1}程度にとるのが良いのではないかと考えています。同じ G 値を与えるにしても、高濃度のペレット層を撹拌するので、撹拌翼近傍に局所的過剰強度が出ないように、撹拌翼の枚数を多くした方が良いと考えます。この実験的研究においては、幅2cmの撹拌翼を8cm間隔で8枚設置し、36 rpm で撹拌しました。しかしながら、スケールアップの研究を十分にできませんでしたので、実用化データをさらに求めることが必要です。

f) ペレットの有効密度

ランダムフロックが高分子フロック形成助剤の添加による Syneresis 作用で高密度化していく効果と、ペレット流動層操作の one by one 付着成層型で成立するペレットの密度を比較するために、ランダムフロックを長時間撹拌して到達できる Syneresis 作用の効果を丹保・渡辺のフロック密度関数で評価し、流動層操作で得られるペレットフロックの密度を比較したものが図5.124です。One by one 付着成層型ペレットと同様の d≒0.1cm の寸法のランダムフロックを Syneresis 作用で作るには、2時間以上の撹拌継続時間が必要です。このことから、それよりも大径のランダムフロックをペレット相当の密度にまで Syneresis 作用で高めるのは不可能のようです。

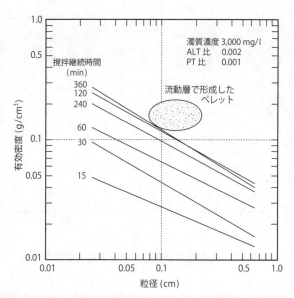

図5.124 ジャーテスタによるフロック密度関数型の経時変化

(d) 流動層の空塔上昇流速の効果

　空塔上昇流速30cm/minの場合に、流動層から分離塔に溢流するペレットの単粒子沈降速度は1cm/sec以上あり。表面負荷率が0.5cm/sec＝30cm/minの分離塔で余裕をもって固液分離・排泥ができます。さらに高い空塔上昇流速で運転した場合の処理効果を検討した結果を図5.125と図5.126に示します。

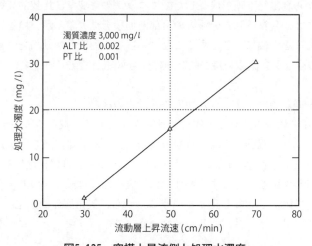

図5.125 空塔上昇流側と処理水濁度

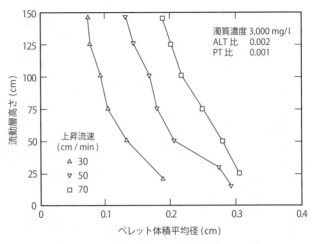

図5.126　空塔上昇流側とペレット粒径プロフィル

　上昇流速30cm/min の条件で、この145cm の流動層厚で処理水濁度2 mg/l が得られます。上昇流速を上げていくと、図5.126に示すように、流動層のペレット粒径を増加させる形で、自平衡的に安定に流動層が構成されます。このペレット流動層分離システムの安定性に関する重要な知見です。しかしながら、不整形成長を制御するために流動層撹拌で削り取られた凸部の微フロック集塊が、流動層から流出して行くことを止め切れず、図5.125に示すように、上昇流速の増加に比例する形で処理水濁度が悪下してしまいます。この場合に流出して行く懸濁質の大部分は、ペレット表面から剥離し不整形成長した微フロックの集塊で、比較的高い沈降速度を持っていることが観察され、分離塔の上部断面積を拡大するか、傾斜管などを装着して表面負荷率を大幅に小さくすることによって、固液分離効果を改善し、50～70 cm/min もの空塔上昇流速を持つ超高速操作も可能と考えています。

(e)　ペレット凝集のアルミニウム注入条件設定の検討

　ALT 比と PT 比（ポリマーと濁度の比）が、ともに生成ペレットの性状を支配しますが、ペレット流動層処理の最初の段階は、最も分離に適したアルミニウム粘土微フロックをいかに経済的に作るかということです。丹保は図5.8に示したように、通常の凝集沈殿を目途とする操作では、実用的には微粒子のゼータ電位を−13 mV 付近にまで低下させると良いということから、実用臨界凝集電位±10mv を提案しています。ノニオン性、あるいはアニオン性のポリマーをフロック形成助剤と

して用いる場合には、負荷電の粘土粒子の表面荷電を臨界電位まで、あらかじめ落としておくことが必要です。

　高密度のフロックを作るためには、できるだけ低い ALT 比を用いることが求められます。粘土アルミニウム微フロックのゼータ電位を Rank Brother 社製の Electrophoresis Appatratus Mark Ⅱ を用いて測定した濁質濃度3,000mg/l の場合の ALT 比とゼータ電位の関係を図5.127に示します。

　ジャーテストで清澄な上澄水が得られるゼータ電位は、b 点付近であり－14mV 程度です。通常の浄水操作では、目標値－10mV を考えると ALT 比0.006程度（a 点）となり、厳密なジャーテストによって求めた ALT 比0.004弱（b 点）の50％増しになります。それに対して、3,000mg/l の高濁原水のペレット流動層による処理では、ALT 比0.002程度（c 点）で良く、その際のゼータ電位は、－20mV 程度の大きな値を示しています。同様な操作をカオリン濃度300、1,000、10,000mg/l について、所定のゼータ電位を与える ALT 比との関係を求めたたところ、図5.128のような関係が得られました。

　図中、
①は実用的な通常凝集処理の指標値－10mV に到達するのに必要な ALT 比、
②は凝集電位－13～－15mv に達するのに必要な ALT 比、
③はペレット流動層処理に最小限必要であると考えられる－20mV に到達するのに
　必要な ALT 比、
を示します。

　いずれの場合も、原水濁度と所要 ALT 比の関係は、両対数プロット上で直線関係を示しています。ペレット粒子形成に必要とされるゼータ電位の低下レベルは、－20mV とランダムフロックの場合の所要 ALT 比の半分程度で良いことに注目です。この理由については後述しますが、荷電中和と架橋をアルミニウムの加水分解重合物のみで行う凝集フロック操作と、荷電中和をアルミニウム多価重合イオンで行うとともに架橋を高分子凝集剤に分担させて行う操作とに明確に区分できるプロセスの違いがあるように思います。

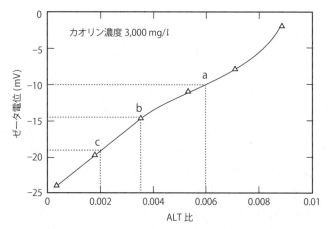

図5.127 微フロックのゼータ電位と ALT 比の関係

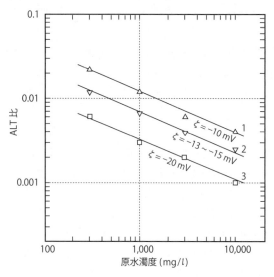

図5.128 荷電中和程度に応じる ALT 比と原水濁度

　また、生成したペレット流動層形成用の微フロック径が、生成するペレットの密度を支配するようです。様々な ALT 比で生成した微フロックを急速撹拌直後に採取し、顕微鏡撮影によって粒径分布を調べた体積平均径と生成したペレットの有効密度の関係を求めると、図5.129のようになります。ALT 比の増加に伴って微フロ

ック径は増大し、わずかながら空隙率が増し、微フロック密度が低下します。図中の密度は、フロック密度関数によって推定した数値です。その結果、生成した微フロックが同心球状に積層したペレット粒子の密度も、初期微フロックの構造密度に支配されることになります。GCT 値が有効で撹拌時間が一定ですから、凝集剤の注入率、原水濁質の濃度によって決まってくる体積濃度 C 値の大小が、微フロックの寸法と密度を決めることになります。したがって、ペレット凝集では最小のALT 比を $-20\mathrm{mV}$ の臨界条件を目指して選ぶことが肝要です。

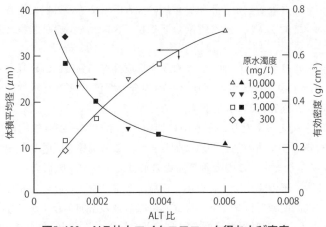

図5.129　ALT 比とマイクロフロック径および密度

(f)　有機高分子フロック形成助剤の注入条件の検討

　ノニオン性あるいはアニオン性の有機ポリマーは、アルミニウムで荷電中和された粗懸濁粒子や微フロックの表面に吸着し、同じ状況下にある微粒子・微フロック間に、共吸着型の架橋を形成すると考えられます。ポリマーの架橋結合能力は、ポリマーの吸着率（飽和吸着量に対する吸着量の比率）に支配されます。Smellie と La Mer（1968）は、ポリマー分子が均一に吸着するという仮定の下で、Langmuir型の等温吸着線を用い得ることを示しました。ここで用いた有機フロック形成剤のポリマーは、小さな基本ユニットの連鎖構造を持っているので、細長い分子の一端が微懸濁粒子の表面に吸着し、他端が溶液中に伸びていると考えられます。吸着している基本ユニット数が、全鎖の中の一定割合であると考えれば、ポリマー全体の吸着量で吸着率を表現することができそうです。

　そこで、様々な注入条件で溶液中に残留するポリマー濃度（TOC）を測定して、

微小粒子へのポリマーの吸着状態を調べました。ノニオン性、アニオン性のポリマーの作用はほとんど変わらず、ここではノニオン性のポリマーアコフロックN-100 PWG（MW1600×10^{4}Da）を中心に検討を行います。10^{7}Daにも及ぶポリマーは、鎖の長さが10^{-4}～10^{-5}mmにもおよび、600～1,000Da程度のアルミニウム高分子による荷電中和架橋が、問題とする反発エネルギー障壁の外側にまで、長い結合の手が伸びることになります。重合金属塩によって凝集が進行する±13mVといった臨界凝集電位の2倍近くの-20mVまでの荷電中和では、微フロック同士のランダム集塊は難しく、相互凝集が進みません。ポリマーの添加によって、この長い高分子鎖による架橋結合（共吸着）が、電気2重層の最大障壁位置の外側で進むことになり、-20mVといったより高いゼータ電位の下でも、ペレット集塊が進むと考えられます。

　急速撹拌後にポリマーを添加し、フロック形成撹拌15分後に、ポリマーの注入率（PT比）と上澄水中に残留するポリマーの割合の関係を求めた結果（平衡吸着値と考えられる）を図5.130に示します。

　PT比0.001を超えるあたりから水中に残留するポリマーが直線的に増加し、吸着している有効ポリマーの割合が急減少します。この関係を吸着等温線で示すと図5.131のようになります。この吸着等温線の形は、ポリマー吸着の典型的なもので、低濃度領域で吸着率の急速な上昇を示し、粒子とポリマーの高い親和性（Affinity）を示します。高濃度域ではプラトーに達し、吸着量の増加がわずかになります。濁度3,000mg/lの場合、流動層で良好なペレットが作られる最小PT比0.001の場合は、ポリマーの80％ほどが微小懸濁粒子に吸着し、吸着等温線がプラトーに達する直前の位置に相当します。

　カオリン濃度300、1,000、10,000mg/lの原水に、ゼータ電位が-20mVになるように、ポリ塩化アルミニウム注入率をALT比0.006、0.003、0.001に選び、様々なPT比で実験を行った結果、PT比がALT比の1/2程度になるようにポリマーを注入したところ、図5.132に示すように、80％％程度のポリマー吸着率を示し、この値が実用的な適切な注入条件であることが推測されます。

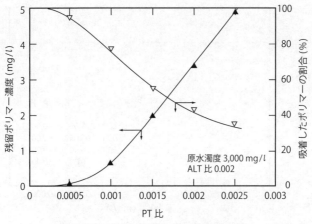

図5.130　PT比とポリマーの吸着状態

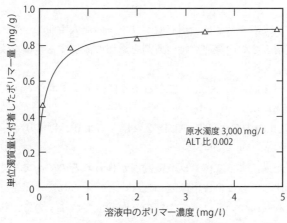

図5.131　ポリマーの吸着等温泉

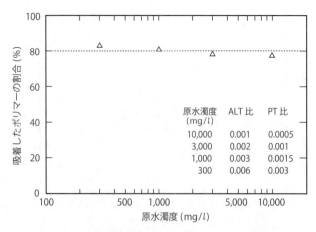

図5.132 最終薬注条件下でのポリマーの吸着割合

(g) ポリ塩化アルミニウムと架橋用有機ポリマーの注入手順

凝集剤と架橋剤の2つの機能を持つ薬剤を適切に添加する手順を決めるには、先ず、

① 懸濁粒子のゼータ電位が−20mVになるように、アルミニウム注入率（ALT比）を決定し、

② PT比がALT比の1/2（PT=ALT/2）になるよう、にポリマー注入率を決めます。

薬剤の一対の効果によってペレット流動層が作られるので、アルミニウム注入率（ALT比）が変化してもこの比率は変わらないと考えられます。異なる凝集剤とポリマーの組み合わせについては、また別の対が構成されますので、新たな試験的検討が必要になります。

(h) 最適注入条件下での操作結果：結論

上述のように定めた最適と考えられる操作手順を踏んで、カオリン濃度が300、1,000、3,000、10,000mg/lの4水準の高濁度懸濁液に対して、空塔上昇速度30cm/minのペレット流動層分離操作の結果、処理水濁度は原水濁度が300〜3,000mg/lの範囲では1mg/l以下であり、10,000mg/lに至って10mg/lに増加しました。形成されたペレット粒子の有効密度の概観は図5.124に示したようですが、凝集条件ごとに詳細に見ていくと図5.133のようで、濁度に対するアルミニウム注入率（ALT比）

は、高濁度になるにつれて大幅に減少するだけでなく、生成ペレットの有効密度も増加します。

このように、ペレット流動層分離操作は、操作時間、所要薬品量、生成集塊粒子の密度ともに高濁度になるほど、高度に有効性を増す「高懸濁液対応分離操作」であり、低濁系の凝集フロック形成処理と画然と分けて運用すべき操作と筆者は考えています。

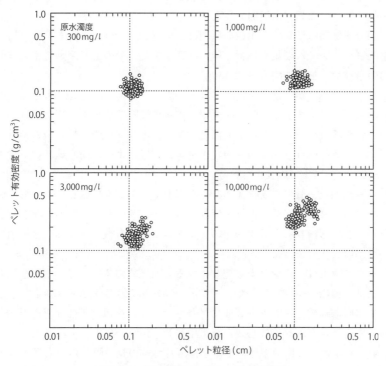

図5.133　原水濁度とペレット有効密度

また、各実験において分離筒に越流してくるペレット沈殿物（汚泥）を採取して、1㎜目の金網上に置くと、ただちに含水率が70％台にまで低下します。したがって、ペレット流動層方式では、汚泥の濃縮過程が不要で、走行ろ布上に排泥するだけで、迅速簡単に低含水率の汚泥が生成され、すぐにでも脱水処理することができます。この場合も図5.133に示すように、高濁度になるほど低含水率の汚泥を作ることができて、「高懸濁液対応分離操作」の特徴が汚泥処理にまで及びます。

このペレット流動層操作の特徴を整理すると、
① $10^3 \sim 10^4 mg/l$ の高濁度原水を数分間程度の短い滞留時間で、凝集・フロック（ペレット）形成・固液分離を完了させ、清澄な処理水を得ることができる。
　この方式によって形成分離されるペレット粒子の有効密度は、在来の凝集・フロック形成法によって生成するランダムフロックより一桁以上高く、高沈降分離速度が安定的に得られる。また、分離した汚泥の含水率が低く、濃縮操作無しで脱水ろ過できる。高濁度水の対応に苦慮している国々の効率的な新技術として、小中規模施設に即刻実用展開できる。
② 流動層分離処理のペレット生成の原理は、荷電を－20mV 程度までに中和した原水懸濁質をランダム凝集が進行し難い状態にして、その上で流動層流入直前に架橋用のポリマーを添加する。
　ポリマーの長い腕の助けを借りて、－20mVでランダム凝集が進行できない電位分布の下で、エネルギー障壁（電気二重層重畳障壁）をまたぎ、部分的に荷電中和された濁質粒子とペレット表面との間で、ポリマーの共吸着型の架橋付着を一個ずつ進める（One by One 微粒子付着）方式による、同心球的ペレット成長（チャイナマーブル型成長）を行う。
③ ポリマー添加後、微フロックがペレット表面でランダム集塊し、不整形な成長が生じないように、常に緩い撹拌を流動層に加え、ランダム集塊の存在を抑止する。
④ 流動層におけるペレット凝集の際のアルミニウムと有機ポリマーの2種類の凝集剤の役割は、次のようになる。
　アルミニウムは、ランダム集塊を生ずる直前までの荷電の部分中和を担い、ポリマーは、架橋の長さを利して、－20mVの荷電状態でランダム凝集できない微粒子を共吸着現象でペレット表面に付着させる作用を担い、部分荷電中和された微粒子間のランダム凝集に必要な荷電中和レベル－13mVに至るに足りない5～7mVのわずかな電位低下分の不足を、ポリマーの長い吸着鎖が素懸濁粒子間に共吸着することによって、荷電中和不足分と結合強度の付与をともに果たしている。
　ランダムフロックを作ってポリマー添加による凝集でも、Syneresis 作用によって経時的に似たような成果が得られるが、全く機構の異なる操作であることに留意して、適切な安定操作条件を正しい機構理解の基で設定することが肝要である。
　この研究は1983～1985年にわたり、中国の西安建築科技大学に招かれて、水処理の講義・技術移転と共同研究を黄河流域と渭水流域で行った折に工夫したことに始

まります。

　当時の中国の乏しかった技術と資材の下で、3号凝集剤と称された有機ポリマーで、渭水や黄河の高濁水を容易に処理することできました。黄河が天井川となっていて、後に断流が始まる所となった鄭州では、水道や灌漑用に揚水した10g/lもの高濃度の黄河水を数日〜数週間、河岸の大きな沈砂池に貯留し、沈殿物を黄河堤防の築堤用の石垣囲いの中に浚渫ポンプ船で汲みだし、年オーダーで堤防を少しずつ高くしていく工法をとっていました。薬品を使わず時間をかけて、黄河堤防を部分ずつ年間数10センチ高め続ける中国流の方式に感心したものです。同様の高濁原水に、小さな水道や灌漑系での分散取水にも使える方式として、汚泥の処理・再利用まで考えてこの研究を開始しました。

　西安建築科技大学の旧友于洋池教授との交流に始まり（Tambo N.、Yu PC、Wang XC1987）、大学院修士学生であった王暁昌君が、後に北大の丹保研に留学し、学位論文の仕事としてこの一連の研究に携わりました。帰国後、同大学の于先生の跡を継いで教授となり副学長を務め、その後は、丹保の水代謝システム制御の地域・都市水システム研究を引き継いで、AWAのこの領域のリーダーの一人となっています。

　中国では、原理を技術システム化する研究を進めることが難しいのか、実機への拡大研究が未だ進んでいないのは残念です。

⑵　ペレット流動層による高濁色度水の処理

　ペレット流動層処理操作は、東南アジアやアフリカ、南米の高濁水にも応用できますが、黄河水と違ってこれらの南の地帯では、厚い植生に由来する密林や湿地から流出してくる高濃度のフミン質類の色度の処理を並行して考えなければなりません。次に、高色濁度水の処理にこのペレット流動層分離操作が、どのように適応できるかを検討します。

　フミン質類の着色成分の寸法は、粘土系の懸濁質に比べて3桁ほども小さく、10^3〜10^2Daの範囲にあります（第3章水質マトリックスの項、図3.37、図3.38などを参照）。凝集沈殿によってこのような色度を除去する際のアルミニウムなどの無機凝集剤の必用添加率は、粘土系に比して格段に高く、形成するフロックは膨潤で、固液分離速度も小さく、分離した汚泥の脱水性も悪い状態を示します。もし、ペレット流動層分離法が適用できて、その高度分離の特徴を発揮できれば望ましいことです。この場合、one by one型で初期粒子が既成（母）ペレット上に、積層的に付着していく過程がどのように設定できるかが、特性の異なる色粒子の微フロ

について検討することが出発点になります。

　初期微粒子の性状（寸法、形状、密度、凝集性等）が、生成ペレットの分離性を左右します。フミン質の密度はわずかに$1.2g/cm^3$であり、粘土粒子の水中密度（有効密度）より一桁ぐらい小さくなります。しかも、既に微フロック形成段階でフラクタル集塊が進んでおり構造密度が大きく低下していれば、Syneresis作用で高密度化を図っても、色度成分のみではペレット構成に至りません。しかし、色度成分に対して相当量の高密度の粘土粒子が共存する場合には、アルミニウム等の無機凝集剤の添加で粘土と色度が共集塊して、密度の高い微フロック（初期粒子）を作ることができれば、ペレット流動層生成に進むことが期待できそうです。そこで、様々な2成分共存の原水を想定して、図5.121の実験装置を用いて検討を行いました。

(a)　2成分系の実験概要

　水道水に、カオリンと$0.45\mu m$メンブレンフィルターでろ過したクラフトパルプ希釈黒液を加えて所定濃度の濁度と色度の供試原水を作ります。KPパルプ黒液の主成分はリグニンで、自然着色水と類似の凝集性を持っています。色度の測定はpH 9.0を基準として行います。無機凝集剤としてポリ塩化アルミニウム（PACl 10% as Al_2O_3，通称パック）を有機高分子凝集剤（フロック形成架橋助剤）として、ノニオン性ポリマー（アコフロックN-100PWG）を用いました。

　その手順は次のようです。
① ジャーテストによる予備試験を定量注入・変pH法により行い、凝集に適切なpHを選定します（図5.134）。

　　その結果求められた最適pH 5において、アルミニウム凝集剤の量を変えて、必用添加量の検討を行います。その際生成した微小共凝集粒子の荷電状態を顕微鏡電気泳動法(Particle Micro-Electrophoresis Apparatus Mark Ⅱ：Rank Brothers社製)により測定します。この場合、有機高分子ポリマーを加えても、ジャーテストによる色度除去率の改善はありませんでした。
② 流動層操作は粘土系のペレット形成と同様の条件を踏襲し、空塔上昇速度30cm/min、流動層撹拌回転数36rpm（$G \fallingdotseq 30sec^{-1}$）とし、流動層のペレットの垂直方向粒径分布、損失水頭、処理水濁度と色度、分離筒越流ペレットの含水率を継時的に測定するとともに、各採水点から取り出した個々のペレットの単粒子沈降速度と有効密度を測定します。

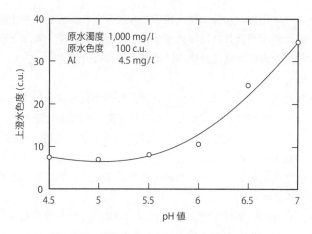

図5.134 凝集 pH による上澄水色度の変化

　先の色度と粘土系の凝集の項で述べたように（**図5.46、図5.47、図5.48**などを参照）、色度の凝集では、アルミニウム加水分解重合体の荷電中和能力の最も高い pH 4.5～5 付近の領域が荷電中和に最適ですが、フロック形成・沈殿分離のため、乱流フロッキュレータの撹拌に耐える結合力を微フロックに与える架橋用物質が必要で、水和析出物のアルミニウム沈殿物の共存が求められます。実処理系では、最適 pH と架橋物質の両条件が近接して存在する、やや高い pH5.5 あるいは 6 弱の領域を設定し、荷電中和とフロック結合架橋条件を満たします。この場合、結合剤として微小色度フロックに、高分子有機ポリマーを加えることができれば、荷電中和と架橋強化の2つの機能を分け、アルミニウム凝集は pH 5 弱の高荷電中和能力を最大に発揮できる点で行い、架橋強化作用はポリマーに期待すればよいことになります。

　これは、アルミニウムの荷電中和作用と架橋作用が、どのように共同して働くかということであり、次のような理由に因ります。

　濁度と色度が同時に存在する場合には、

①水中に加えられたアルミニウムは数秒で加水分解が進み、4価のアルミニウムアコ錯体を作り、次いで、そのほとんどが色コロイド（フミン質類）と錯体形成反応を行い、荷電中和を遂げて色度成分の微フロックを作ります。

②粘土粒子に比して色コロイドは個数濃度が極端に大きく、かつ荷電密度が大きく負の易動度が高いことから、アルミニウムアコ錯体のほとんどが色コロイドと優先的に反応します。

③アルミニウムアコ錯体の一部は粘土粒子にも配分されますが、粘土粒子は粒子径が大きく、個数濃度が相対的に極めて小さいことから、粘土粒子と荷電中和反応を営むアルミニウムアコ錯体の比率は低いことになります。

このようにして、

④荷電中和された色コロイドは、ブラウン運動と微小乱流変動によって衝突合一が進んで微フロック状態にまで成長し、粘土粒子間の架橋が可能な寸法にまで大きくなって、粘土・色度共集塊フロックが形成されます。(図5.46参照)

色度共存系の粘土粒子の表面に吸着した形で存在している色アルミニウム錯体の荷電状況は、色度共集塊微フロックの泳動度を顕微鏡泳動法で測ることによって推測することができます。

実験の結果、pH5.0の条件下で、カオリンの泳動度は-1.7 (μm/s/V/cm) に比して、色コロイドは-2.3 (μm/s/V/cm) であり、より大きな負荷電値を示しました。図5.135は濁色度2成分系の等電点に至るのに必要なアルミニウム注入率を濁度と色度の組み合わせで実測した結果で、荷電中和に必要なアルミニウム注入率は、$10^2 \sim 10^3$ mg/l といった高濁度の共存下でも、上述のような機序が働いて、一義的に色度によって支配されていることがわかります。

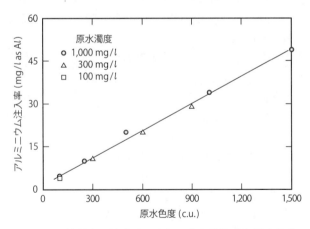

図5.135　等電点に達するアルミニウム注入率と原水色度

流動層による2成分系の処理実験を色度とカオリンの懸濁液を使い、空塔上昇速度30cm/min、ジャーテストによる最適色度除去率に設定したアルミニウム添加率 (pH5.0) と必要最小限のポリマー添加で行った結果を表5.19に、○、△、×の記

号で示します。

表5.19 原水の組成と流動層の状態

カオリン濃度 (mg/l)	1,000						300			100
色度 (c.u.)	100	200	500	1,000	1,500	2,000	300	600	900	100
流動層の状態	○	○	○	○	△	×	○	△	×	○

○：良好なペレット，△：塊状フロック，×：ランダムフロック

　表に示したように懸濁質濃度が100〜1000mg/lの広い領域で、色度と濁度の比が1：1までは良好なペレット流動層の形成と十分な懸濁質除去、それに伴う良好な色度除去が見られます。色度については10％弱の凝集困難な低分子成分があり、アルミニウム凝集では、除去できません。カオリン濃度1,000mg/lに対して色度1,500度（c.u.）で、その比率が1：1.5になると、塊状の粒子はできましたが、球状の良好なペレットにはなりません（△印）。高分子有機ポリマーのSyneresis作用による高密度集塊の構成と考えられます。また、色度をそれ以上の比率に高めた場合には、ランダムフロックしか形成できず、ペレット化が不可能であり（×印）、架橋用有機ポリマーの添加量を増してもペレットの生成は見られません。

　流動層分離が運転開始時間後どのように進行していくかを色度除去率の変化で示すと図5.136のようであり、分離上澄水の色度は時間とともに改善され、95〜93％程度の最大除去率に到達します。分離水を0.45μmでろ別したところ、すべての色度は凝集して微フロック化していることが分かりました。問題は、流動層の固液分離が最終安定状態に到達するのに、低色度では4時間ほど、高色度では0.5〜1時間ほどの時間を要することです。これは生成した色度微フロックがペレット上に付着して、有効な表層形成にかかる時間の違いであり、Syneresis作用での高密度集塊から、色・カオリン共凝集微フロックのone by one型の付着同心球的チャイナマーブル型の成層成長に移行する過程と考えられます。

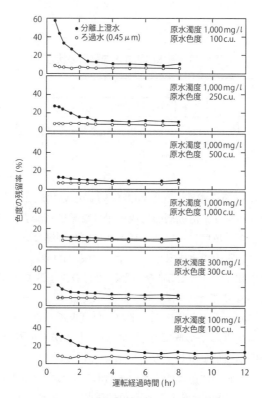

図5.136 流動層操作による色度除去

　色度成分は10^3Da付近の微粒子であるため、ポリマーによる架橋が有効になるには、ポリマーよりも大きな寸法の色度微フロックにまで成長していなければなりません。最小限の構造密度の存在を想定して、色粘土共微フロックが母ペレット上に付着し、ペレット粒子の形成が進むと考えます。色度の微フロック化の際には、空隙のある構造粒子が初期粒子となりますが、色度の共存比が高くなってくると、必然的に初期の色コロイド凝集の際の構造密度の低下が効いてきて、生成したペットの有効密度は、図5.137(a),(b)に示すように低下します。

　濁度の高い系の方が高ペレット密度を示しますが、中程度の濃度の原水濁度100mg/lの場合でも、生成ペレットの有効密度は、粒径1mmの粒子で0.002g/cm³と、ランダムフロックの場合の2.0〜2.5倍の高い値を示します。高濁系（1,000mg/l）では、色粘土ペレット粒子の有効密度は0.1g/cm³であり、ランダムフロックの10〜15

倍に達します。

　系外に分離筒から排出された汚泥の含水率を1mmメッシユの網の上に置くことによって、容易に脱水します。その含水率を計測した結果は、図5.138のようです。色度対濁質濃度比が1：1までは、このような簡単な脱水分離によって、汚泥の含水率をただちに90％以下に低減でき、汚泥濃縮操作なしに脱水機にかけることができます。

　ペレット流動層処理は、濁質系、色濁質共存系双方について、高濃度懸濁系に対して決定的な有効性を持つ処理方式であろうと考えます。

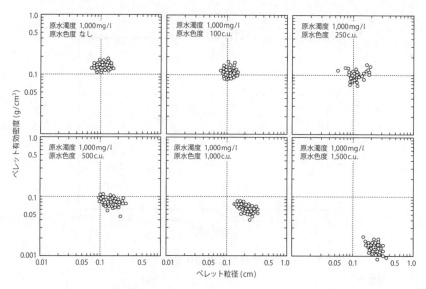

図5.137(a)　色濁質共存系から生成した流動層ペレット粒子の有効密度

第5章　粒径／粒質の調整と固液分離プロセス　547

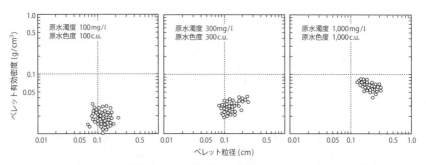

図5.137(b)　色濁質共存系から生成した流動層ペレット粒子の有効密度

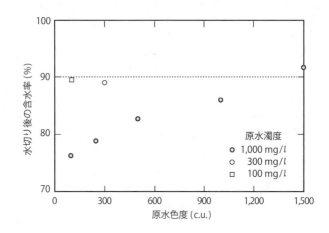

図5.138　1mmの網目上で水切り後のペレット含水率

(b) 処理機構の考察

処理機構について若干の考察を試みます。

ペレット集塊は、先行して生成しているペレット粒子（母ペレット）の表面に、初期粒子（荷電中和し衝突すれば集塊できる条件にある粒子）を一つまた一つと付着させて積層していく（one by one 型付着、チャイナマーブル型積層球形成）操作です。もし、初期粒子を均一な球体と仮定すると、有限空間に均一球を充填する場合と同じように、理想的なペレットを構成する初期粒子集塊体の空隙率は0.4前後となります（**図4.80参照**）。濁度1,000mg/l の粘土懸濁液を処理する場合、薬品混和池で形成される粘土アルミニウム微フロックの平均粒径は25μm程度であり、その有効密度を丹保・渡辺のフロック密度関数で計算すると、0.28g/cm³となります。

濁質濃度1,000mg/lを処理した流動層で形成されたペレットの有効密度の実測値は、0.139g/cm³という高い値を示しました。

この数値から逆算してみると、ペレットを構成する初期粒子の集合体の空隙率は、0.5程度と推定されます。この値は球体の理想的充填空隙率0.40を若干上回っていますが、実際の微フロックは球ではないので、one by one型で理想的にペレット粒子に初期微粒子が積みあがって生成したペレットの空隙率は、少し高めになるはずです。推定空隙率0.5という数値は、粘土微フロックがほとんど最密状態でペレットを構成しているということを証明していると考えて良いようです。

ペレット集塊が進行していくためには、微フロックと既成（母）ペレットの結合を強固にするための有機高分子架橋剤の存在が不可欠です。用いた有機ポリマーは、10^4Daオーダーで、直鎖の延長が数10μm程度と考えられます。水中ではかなり屈曲していて、有効長は一桁小さい数μmのオーダーとも考えられます。母ペレットと微フロックの径を考えて、ポリマー鎖長が上記の数10μmから数μmの間にあるとすると、両者の結合は図5.139のような3形態が考えられます。

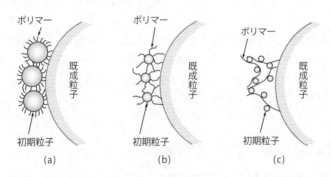

図5.139 初期粒子の相対的粒径とポリマー架橋による結合の形

微フロックの径がポリマー分子よりも十分に大きい場合には、(a)のような形態をとり、ポリマーの占める空間は極小となって、高密度なペレットができます。微フロック径がポリマーの鎖長と近い場合、または遥かに小さな場合には、(b)あるいは(c)の形をとり、ポリマー「橋」の占める空間が相対的に大きくなり、高密度のペレット粒子を構成することはできません。粘土粒子のみ、あるいは色度粘土粒子共凝集の径が、数10μmの微フロックの場合には、(a)状態となり良好なペレットが形成されますが、色度のみ、あるいは色度成分が卓越した数μm径の微フロックの場合には、(c)の状態となりペレットは形成されません。

このような検討の結果、ペレット流動層による色度・濁度2成分系を処理操作をまとめると、次のようになります。

① 色度が100c.u.～1,000c.u.の高い値でも、濁質がほぼ同程度の濃度（mg/l）以上共存していれば、30cm/minといった大きな空塔上昇速度を持ったペレット流動層による処理が安定にできる。

② 上述のような原水に対して、凝集可能な色度成分（1,500Da超）と濁度成分のほとんどを除去できる。

③ ペレット化が可能な凝集条件下で生成した2成分ペレットの有効密度は、0.02～0.1g/cm³程度であり、容易に濃縮脱水できる。

④ 色濁度2成分系の凝集条件は、色度のみを凝集するのとほぼ同条件で、pH5で等電点、あるいは臨界凝集電位-10mVに達するまでのアルミニウム添加量で高除去率を達成できる。共存する濁度の影響は荷電中和に関してほとんど影響を受けない。

⑤ このような高色度・高濁度条件を持つ河川水は、東南アジアやアフリカ、中国大陸、南アメリカに広く分布しており、より大型施設へのスケールアップ研究が望まれる。

ペレット流動層の動力学的理論研究については、王と丹保（水道協会雑誌706号、1993年）を参照して下さい。また、下水処理に際しての流動層（ペレット）凝集については、後の生物処理の章で説明します（清水、丹保他、下水道協会誌論文集vol.29、No.339）。

5.4　気固複相の凝集・フロック形成

(1)　溶解空気浮上法の気固コロイドの集塊

(a)　溶解空気浮上法概説

浮上処理は、固体粒子や液体粒子を液相（水）から分離させるために広く用いられる単位操作です。

水中に懸濁している固体粒子あるいは異種の液体粒子の密度が、水よりも小さな場合には沈降と逆の現象を生じて、懸濁粒子固有の浮力により上向運動を開始して浮上し、液（水）面へ集まり、そこで捕集されて系外に除去されます。懸濁媒（水）との密度差が小さく、分離（上昇/沈降）速度が微小過ぎて単純な浮上や沈殿で分離し難い懸濁質に対しては、しばしば空気などの微気泡を懸濁質に付着させて浮力（密度差）を増加させ、分離速度を大きくして浮上分離させる操作が行われます。

微気泡を密度の低い個体懸濁粒子（塊）に付着させて、浮上分離させる溶解空気浮上法（Dissolved air flotation）が、浄水処理、下水処理、産業排水処理に広く使われ、技術が洗練されてきました。低濁度や高色度の水を低温時に処理しなければならない北方圏諸国や湖水・貯水池の富栄養化に伴って生ずる藻類の除去、海水淡水化や海水利用のための前処理として藻類や微濁質を除去する際などに、溶解空気浮上法が広く用いられています。また、下水処理水の再生利用の際の金属塩による凝集フロックなどは、難沈降性の代表的な懸濁粒子であり、溶解空気浮上法の代表的な適応例です。浮上法（Flotation）には、前節4.1.2に述べたように、鉱山工学の選鉱操作に広く用いられてきた泡沫分離法（Froth flotation）があります。この方式は、基本的に気固吸着現象を主体に行われる操作で、固液分離4(2)のところで機序について説明しました。

水処理システムで最も広く用いられる加圧空気浮上法は、4(2)に挙げた**図4.70**のように、3通りのシステムが考えられますが、大別すると、原水加圧法と循環水加圧法になります。

a) 原水加圧法

原水中に懸濁している被除去物質が凝集性粒子である場合には、被処理水が加圧ポンプや減圧弁を通過する際に、フロック構造が破壊されて分散してしまう恐れがあります。このため、再凝集性の高いフロック粒子の場合や薬注点を減圧後に薬注して凝集を進めるような場合にのみ採用可能な方式です。

b) 循環水加圧法

この方式は原水加圧法の持つ欠点を避けるために考えられました。懸濁質を含まない処理水の一部が、加圧空気吸収の対象となります。浮上分離槽流入直前で、加圧され多量の空気を溶解した処理水が、減圧されて微気泡が析出した直後に原水と混ぜ合わされ、気泡のフロック付着と包含が行われます。この方式では、フロックを含む原水は加圧ポンプや減圧弁を通ることがなく、凝集性粒子（フロック）の破壊による除去率の低下を招くことがありません。しかしながら、循環法では浮上分離槽の処理流量が、原水に循環水が加わった水量分が増加するために槽の寸法が大きくなり、所要動力量も増加します。一般には、循環水量を原水量の20〜30％以下に抑え、空気溶解圧力を高めにとって槽の寸法の増加を抑える設計がなされます。この方式が総合的に高い処理効果が得られるとして、最も広く用いられています。

この項では、**図4.70**(c)のような循環水加圧浮上プロセスを対象として、急速混和

池とフロック形成池を経たフロック粒子群が、浮上槽の流入域で気固接触操作を受け、浮上域で分離されるシステムを対象に、フロック形成と流入域での気固混合・接着の動力学過程を明らかにします。

循環水加圧浮上プロセスについては、英国の Water Research Center（Medmenham Laboratory と Stevenage Laboratory）が、1970年代後半に精力的な実用研究を行いました。1976年7月 Suffolk 州 Felixstowe で行われた国際会議の Proceedings（発表論文集）に、当時の成果を集大成しています。R. Zabel、R. A. Hyde（(1976、1978)、J. G. Walzer（1978）らが、優れた論文を報告しています。しかしながら、浮上操作の気泡附着の動力学的研究は、ほとんど行われておらず、1990年代に入ってから J. K. Edwald（1990、1991）らが、ラミナー環境下での Camp 型の気固付着浮上モデル（Single collector collision model）を提案しています。丹保、福士らは1980年代の前半から総括的な動力学モデルの研究を行い、水道協会雑誌603号 pp. 17～27（1984.12）、604号 pp. 2～6（1985.1）、606号 pp. 22～30（1986.3）、607号 pp. 32～41（1986.4）、610号 pp. 2～11（1986.7）、630号 pp. 48～51（1987.3）で一連の報告をし、実際の乱流条件下での気固集塊現象の機構を世界に先駆けて明らかにしました。また、1986年に東京で開かれ World Congress III of Chemical Engineering で発表し、乱流下で進行する気固集塊の動力学モデルとして化学工学分野で認知されることになりました。

この動力学モデルは、前掲の水道協会雑誌610号に掲載されるとともに、Florida Orland（1994.4）で開かれた IWA の International Specialized Conference on Flotation Process in Water and Sludge Treatment での丹保の報告、専門グループの相互討議を経て、後に福士、丹保、松井の連名で Wat. Sci. Tech. vol. 31、No 3～4、pp. 37～47、1995に掲載されました。現在、実際池の乱流条件下で進行する成長フロック群に対する微気泡付着とその浮上分離の動力学過程を記述する標準的なモデルとされています。

Edwald らのモデルは、現実の加圧浮上操作では存在し難く、フロック径（d_f）が気泡径（d_a）に対して十分に小さい（$d_f \ll d_a$）場合の特異条件下での解と考えられます。筆者らの論文 Wat. Sci. Tech. Vol. 31（1995）を参照下さい。

溶解空気浮上法の装置群は図5.140に示すように、凝集のための薬品を添加混和する急速混和槽、フロック形成槽と成長フロックへの微気泡付着を進行させる乱流混合域を流入端に持つ浮上槽からなります。フロックへの気泡付着が完了し、大きい浮上速度を得た気固（フロック）集合体が、浮上槽表面に浮上スラッジ（浮渣）として浮き上がり、表面から掻き取られ、分離槽の下層から清澄な処理水が取り出

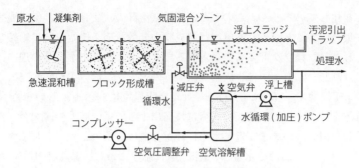

図5.140 循環水加圧浮上プロセス（凝集・浮上）

されます。処理水の一部は、所定量の溶解空気を含む循環水を作る空気溶解槽に送られ、同時に、所定圧力の空気がコンプレッサーで送り込まれます。また、浮上汚泥（浮渣）掻取装置やポンプなどが必要になります。

運転の準備は、所定の溶解空気量を持つ加圧水を作ることから始まります。

最初は水道水を用い、運転が定常化すると処理水に切り替えて、水循環（加圧）ポンプで空気溶解槽に加圧水（処理水の一部）を満たし、加圧水が所定の空気濃度（飽和状態）になるまで圧搾空気をコンプレッサーによって送り込みます。

空気の主成分は水に対する溶解性の低い窒素や酸素が、各成分の溶解度はヘンリーの法則（Henry's Law　式4.80）に従い、それぞれの気体の圧力（分圧）に比例して溶解量が増していきます。図4.71に加圧力と飽和空気溶解量を示しました。現用されている様々な溶解槽の基本構造を第4章の浮上の項の図4.72に示してあります。

次に、原水に所定量の凝集剤、凝集補助剤を急速混和槽で添加し、生成した微フロックを次のフロック形成槽に導き、所定の寸法の成長フロック群を作ります。第5章の凝集、フロック形成操作で詳述したプロセスです。

生成したフロック群は破壊を避けて、浮上槽の微気泡付着を進行させる気固（フロック）混合ゾーンに静かに流入させます。空気溶解槽から循環してくる加圧水には、空気を4 kPa程度の圧力で飽和状態まで溶け込ませてあり、減圧弁で大気圧(浮上槽の水深を加えた1.3kPa程度)にまで瞬時に減圧することによって、混合ゾーンで微気泡を発生させます。この時、水は微気泡で白濁します。

発生した気泡径分布を写真測定で求めた結果は、図4.74のような分布になります。平均径は60μm程度であり、カオリンフロックに付着した後の気泡径分布を計測した結果も平均径はほぼ60μmで、微気泡径の寸法分布は、減圧直後の発生時も付着後も

ほとんど変化していません。このことは、微気泡群の寸法分布は、気固混合ゾーンで変化・集合することなく、微気泡は生成時の分散状態を終始安定に維持して、流入してくる成長フロック群に衝突付着するためと考えられます。その理由は、浮上電位法で計測した水道水中に生成した微気泡のゼータ電位分布が図4.76のようであり、中性pH領域で$-150mv \gg -10mv$（凝集臨界電位レベル）といった大きな負の表面荷電を持っていて、相互の負荷電反発によって気泡同士の衝突合一が妨げられ、分散した微気泡のまま安定に水中に浮遊し続けるためと考えられます。

　気固混合ゾーンにおける水流は、図5.141に示すように、減圧オリフィスを通じ流入する減圧噴流に駆動される混合流であり、$10^2 cm/sec$ オーダーの流速 v を持ち、$10^1 \sim 10^2 cm$ オーダーの断面寸法 L を持つ流れであることから、レイノルズ数 $Re \fallingdotseq vL/0.01 \gg 4,000$ となり、乱流状態にあると考えられます。流入水の平均流速から見ても、$v \fallingdotseq 30 \sim 50 cm/sec$ とすると、$Re \fallingdotseq (30 \sim 50) \times (10 \sim 100)/0.01 \gg 4,000$ となって、気固混合ゾーンは乱流条件下にあり、フロックに対する微気泡の衝突付着現象は、フロック形成操作と同じく、局所等方性乱流下の動力学現象として扱うことが必要となります。したがって、Edwald, Malley et. al. (1990、1991、1992) が想定した層流域における Single-collector collision model のように、層流条件下でフロックの沈降と気泡の浮上速度の和によって、あるいは気泡のブラウン運動によって、気泡が一個ずつフロックに衝突して付着するという形で気泡付着が進行すると考えるような現象ではなく、また、Camp が沈降速度の異なる大粒子（高沈降速度粒子）が沈降中に遅い沈降（小）粒子に衝突して成長し、沈降速度を増すといったモデルの浮上版のような形で問題を扱うことはできません。実際の現象は、乱流混合条件下での衝突合一現象によって説明されなければなりません。局所等方性乱流下のフロックと気泡の衝突合一の動力学については、次の項で詳述します。

　参考のために、図5.141の(a)と(b)図に、丹保・福士らが考えている乱流下 (Isotropic turbulence を想定) における Population balance model と、Edwald らが層流条件下（静水でもよい）でフロック粒子の沈降速度と気泡の浮上速度の加算で一個ずつ気泡の付着が進行すると考えた Single-collector collision model を模式的に示しました。

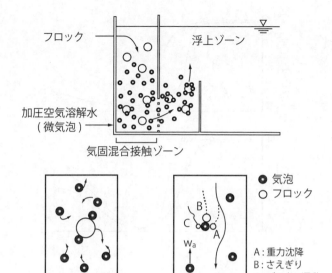

図5.141 気固混合接触ゾーンにおける気泡とフロックの衝突合一の状況

(b) フロック粒子への気泡の付着と浮上過程

回分式フローテーションテスター(北大型、図4.73)を用いて、凝集フロック形成のジャーテストと同様の回分式浮上分離試験を次の特性の異なる懸濁成分について行い、凝集沈殿との差異について検討しました。
①アルミニウム水酸化凝析物のみのフロック
②粘土アルミニウムフロック
③色アルミニウムフロック

a) 水酸化アルミニウムフロックへの気泡付着と浮上分離

図5.142に、アルミニウム析出物のみのフロックが、微気泡と結合してどのように浮上分離されるかを、pHとアルミニウム除去率、フロックの易動度との関係で示します。

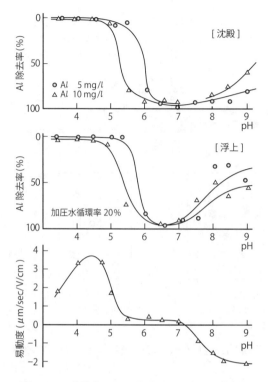

図5.142 水酸化アルミニウムフロックの浮上

　実験は札幌市水道水に硫酸アルミニウムを所定濃度になるように添加し、直ちにNaOH、あるいはHClで所定のpHに調整し、フロック形成沈殿（ジャーテスト）と気泡導入浮上処理を行います。水酸化アルミニウムの易動度をRANK BROTHER社のPARTICKLE MICRO-ELECTRO PHORESIS APPARATUS MARK Ⅱで測定します。

　沈殿による除去が、易動度 $+1 \sim -1\,\mu m/s/V/cm$ の範囲で良好に発現し、臨界凝集電位の分離限界を示しています。しかしながら、溶解空気浮上の除去は、$+1 \sim 0\,\mu m/s/V/cm$ の範囲に分離域が限られて、アルミニウムフロックが正荷電の領域でのみ良好な除去が見られます。水酸化物が負荷電の領域では、浮上分離が期待できません。このことは、図4.76に示したように、中性pH付近で$-100mV$ もの高い負荷電を持つ微気泡は、負荷電領域にあるアルミニウム水酸化物に付着できず、したがって、気固付着集塊が進行せず、溶解性空気浮上法が適応できないことを意

味します。

b) 粘土アルミニウムフロックの浮上分離

　前項と同様の方法で、沈殿と浮上処理の比較試験をカオリン50mg/l を懸濁させた札幌市水について行い、その結果を図5.143に示します。

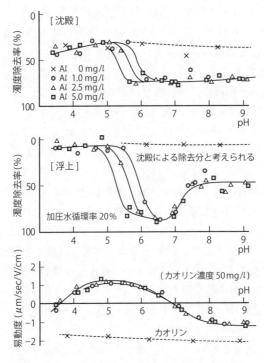

図5.143　粘土アルミニウムフロックの浮上

　最下段の図は、カオリンフロックの易動度を電気泳動法によって測定したものです。カオリン粒子は－2 μm/s/V/cm 前後の負の易動度（ポテンシャル）を持っています。凝集、浮上による除去が生じているのは、中性から弱酸性のpH領域で、易動度が＋1～－1 μm/s/V/cm の範囲に凝集フロックの電位がある場合で、丹保の示した臨界凝集電位内にゼータ電位（易動度）が収まっている凝集条件と一致しています。ところが、弱アルカリ側に向かうと、易動度が－1 μm/s/V/cm 以下にあってもpHが7.2～7.3となると、急激に浮上分離除去率が悪くなります。このこ

とは、図5.143に示したように、アルミニウム水酸化物の電位がマイナスになって、負荷電の微気泡と付着できなくなることが理由と考えられます。もちろん、負荷電カオリン粒子に負荷電微気泡が直接付着することはあり得ず、フロックへの気固付着は、アルミニウムなどの正荷電の析出凝集剤の仲立ちによって進行することを示しています。

c) 色アルミニウムフロックの浮上処理（KP黒液）

図5.144は、クラフトパルプ廃水、KP黒液を希釈した着色水を試水として、前項と同様の沈殿と浮上の回分式実験を行った結果です。色度除去率は、紫外部吸光度390nmを指標として示します。

粘土懸濁液の場合と同様に、凝集色フロックの易動度が、$-1～+1\,\mu m/s/V/cm$ の臨界凝集電位領域にある場合には、沈降分離が有効に進行しています。色コロイドの凝集条件のところで述べたように、$-2～-3\,\mu m/s/V/cm$ の範囲にある色コロイドは、自身の持つポテンシャルも粘土粒子に比べて少し大きめの負の値を持っています。しかしながら、粒子径が粘土に比べて色コロイドは10^2倍以上も異なるため、同一濃度の場合、色コロイドの比表面積は10^4倍も大きくなり、表面荷電量も10^4倍といった極端に大きな違いになります。

色コロイドでは、アルミニウムの場合、荷電中和能力が最大になるpH5付近が凝集条件に選ばれるのに対して、粘土系では、荷電中和能力の過剰を抑制して、フロック維持に有効なある量（Alとして1mg/l程度）の架橋能力が必要であり、中性pH領域が適当な凝集条件を満たすと考えています。（第5章5.1コロイドの凝集 図5.13、図5.16、図5.18～22、表5.9（粘土系）、図5.29～40（色コロイド系）、図5.45と図5.46（凝集パターン）などを参照）

したがって、図5.144に示すように、希釈されたKP黒液の場合、pH5付近でアルミニウム過剰による荷電逆転が生じ、沈殿や浮上による除去がない場合を除いて、弱酸性領域からアルミニウムの正の荷電領域の範囲内では、臨界凝集電位内の条件で、凝集沈殿浮上が進行します。ただし、浮上の場合には、先述の粘土系の場合と同様に、負荷電のアルミニウム水酸化物が生成するpH7.2よりもアルカリ側では、気泡がフロックに付着することができず、浮上操作は進行しません。色・粘土系については、凝集条件が色度支配になることを先述しましたが、色コロイドの浮上と同様に、アルミニウムが負荷電を持つ領域では浮上操作ができません。

重要なことは、凝集沈殿に比べて溶解空気浮上法は、凝集剤として用いる金属水酸化物が負荷電位に転じるアルカリ側では、負荷電の微気泡が付着せず、運転操作

できない原理的制約があることを知っておかなければなりません。

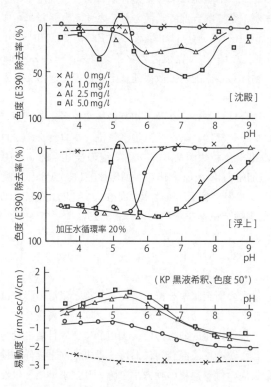

図5.144 色アルミニウムフロックの浮上

(2) 溶解空気浮上プロセスの気固集塊生成の動力学

(a) 気泡・フロック群の衝突式

先のフロック形成の項で詳述したように、微小水塊の乱流変動により単位体積の流体中で、単位時間に生ずる微小粒子間の衝突回数 $N_{turb.}$ は、Levich の局所等方性乱流理論による表現では、現象を粘性領域拡散律速と考えると、式5.26で表すことができます。

また、現象を局所等方性乱流の慣性領域か粘性領域のいずれで論じたらよいかを式5.42〜式5.44によって判定します。

浮上槽の気固混合接触ゾーンでは、**図5.140**、**図5.141**に示したように、主として、加圧空気溶解水のジェット噴流によって撹拌が行われ、加圧水のジェット噴流の持つ運動エネルギーが、全て混合部で逸散されるとすると、総エネルギー逸散率（消費率 $erg/cm^3 \cdot sec$ or $10^{-7} W/cm^3$）は、筆者らの実験例では$10^{-1} \sim 10^{-2} erg/cm^3 \cdot sec$ 程度と考えられます。したがって、乱流渦のマイクロスケール λ_0は$500 \mu m \sim 1 mm$のオーダーと考えられ、粘性領域支配の拡散律速反応を想定できることから、**式5.26**を基本式と考えます。

フロック形成の場合は、フロック粒子相互の衝突を考えるだけで良いのですが、浮上槽の接触混合ゾーンでは、気泡 − 気泡、気泡 − フロック、フロック − フロックの3種類の衝突の組み合わせがあります。気泡の径 $d_a = 62.8 \times 10^{-4} cm$、気泡数 $n_a = 5.86 \times 10^4 cm^{-3}$（加圧力 $4 kg/cm^2$, 15℃、循環比0.1）、カオリン凝集フロックの径 $d_f = 400 \times 10^{-4} cm$、フロック個数 $n_f = 2 \times 10^2 cm^{-3}$（ALT 比0.05、カオリン$50 mg/l$、pH7.25）といった実験データを参照して、**式5.26**によって各々の場合の衝突回数の比を略算すると、

$$N_{air-air} : N_{air-floc} : N_{floc-floc} \fallingdotseq 330 : 57 : 1$$

となります。

先述のように、最大の衝突確率を持っている気泡と気泡の合一は、高い負の表面電位に妨げられて存在できません。またフロック同士の衝突合一（成長）は、気泡との衝突に比して一桁低い頻度のもので、実用的に気固付着の動力学過程の議論では無視できます。したがって、混合層における浮上性向上操作の検討は、既成フロック粒子群への微気泡の付着過程の動力学を論ずればよいことになります。

(b) 気泡付着過程の動力学式

気泡付着過程の定式化は、i個の気泡が付着しているフロック数が、気固混合接触ゾーンで接触混合時間の経過とともにどのように変化していくかという形で表現されます。

定式化を行うに際しての仮定条件を次のように考えます。
①気固混合接触ゾーンの撹拌強度は、平均的な有効撹拌強度（エネルギー逸散率）ε_0 （$erg/cm^3 \cdot sec$, W/cm^3）で示し得る。
②気泡径 d_a は一定とし、平均径を用いる。
③気泡とフロックの衝突径（$d_f + d_a$）は、付着気泡数にかかわらず一定とする。
④フロックに一旦付着した気泡は離脱しない。
⑤フロックの径に応じた最大付着気泡数 m_f がある。

⑥清澄系の操作では、単位体積の水中の微気泡数は不変とする。

　このことは、浮上に利用される気泡数（付着気泡数）は析出した総気泡数に比して少ない割合であり、高濃度の懸濁質の浮上操作では重要な操作指標である気－固比を論じないことを意味します。高濃度汚泥浮上系などの操作では、気泡数の経時的減少を考慮しなければなりません。

⑦フロック粒子と気泡の衝突の際に、衝突付着確率（Collision-attachment factor）αがあり、衝突した気泡のある割合だけが付着する。

　i個の気泡が付着している径d_fのフロックの個数濃度N_{fi}が時間とともに変化して行く過程は、**式5.26**を変形して**式5.79**のように書くことができます。気泡付着がない初期の場合の個数濃度（N_{f0}）の減少速度式を書分けると**式5.80**となります。また、水中の気泡個数濃度の減少速度は、**式5.81**のように求められます。

　気泡は負に強く帯電しているので、フロックに付着するためには、フロック表面の正荷電のアルミニウム水酸化物と付着結合する必要があります。フロック表面の接着に有効なアルミニウム凝析物の存在比をα_0とすると、α_0を初期の衝突付着確率（係数）と想定することが可能で、径d_fのフロックに付着できる最大の微気泡数m_fは、**式5.82**のように求められます。多くの実験結果から、$\alpha_0 \fallingdotseq 0.3 \sim 0.4$といった数値が想定されます。また、気泡の付着が進行して、表面が負荷電の気泡に覆われる割合が増してくると、i個の気泡が表面に付着したフロックへの後続する気泡の衝突付着確率α_{fi}は**式5.83**に示すように、次第に低下していきます。$i=m_f$となって最大付着個数になると、気固接着現象は終ります。径d_fのフロックに付着する平均気泡数$\bar{i}_f$は、撹拌継続時間とともに**式5.84**のように増していきます。

$$\frac{dN_{fi}}{dt} = \frac{3}{2} \pi \beta \left(\frac{\varepsilon_0}{\mu}\right)^{\frac{1}{2}} n_a (d_a + d_f)^3 (\alpha_{fi-1} \cdot N_{fi-1} - \alpha_{fi} \cdot N_{fi}) \quad (i = 1 - m_f) \quad —(5 \cdot 79)$$

$$\frac{dN_{f0}}{dt} = \frac{3}{2} \pi \beta \left(\frac{\varepsilon_0}{\mu}\right)^{\frac{1}{2}} n_a (d_a + d_f)^3 (-\alpha_{f0} \cdot N_{f0}) \quad (i = 0) \quad —(5 \cdot 80)$$

$$\frac{dN_a}{dt} = -\int_0^\infty \left\{ \frac{3}{2} \pi \beta \left(\frac{\varepsilon_0}{\mu}\right)^{\frac{1}{2}} n_a (d_a + d_f)^3 \sum_{i=0}^{m_f - 1} \alpha_{fi} \cdot N_{fi} \right\} dd_f \quad —(5 \cdot 81)$$

$$m_f = \pi \alpha_0 \left(\frac{d_f}{d_a}\right)^2 \quad —(5 \cdot 82)$$

$$\alpha_{fi} = \alpha_{f0}\left(1 - \frac{i}{m_f}\right) = \alpha_0 \left(1 - \frac{i}{m_f}\right) \quad —(5 \cdot 83)$$

$$\frac{d\bar{i}_f}{dt} = \frac{3}{2} \pi \beta \left(\frac{\varepsilon_0}{\mu}\right)^{\frac{1}{2}} n_a (d_a + d_f)^3 \alpha_0 \left(1 - \frac{\bar{i}_f}{m_f}\right) \quad —(5 \cdot 84)$$

N_{fi}: i 個の気泡が付着した単位体積中のフロック個数 (cm^{-3})
　t: 気固混合域の滞留（接触）時間 (sec), β: 無次元≒$1/\sqrt{15}$（無次元）
ε_0: 有効エネルギー逸散率，消費率、$erg/cm^3 \cdot sec$
　μ: 水の粘性係数 ($g/cm \cdot sec$), d_a: 気泡径 (cm), d_f: フロック径 (cm)
d_{fi}: i 個の気泡が付着した径（≒d_f, 気泡付着による径の変化を無視）
　n_a: 気泡の個数濃度 (cm^{-3})
m_f: 寸法 d_f のフロックへの最大気泡付着数（無次元）
α_{fi}: i 個の気泡が付着が付着した径のフロックへ輸送されてくる
　　気泡の衝突合一（付着）確率（無次元）
　　フロック表面を覆う気泡数によって減少する
α_0: 初期衝突付着確率（実次元）

式5.79〜式5.84　気体付着とフロック個数温度

(c) 動力学式の無次元化と実用解

　上述の気固付着過程の動力学式は、次のような無次元変数を導入して、無次元化することができます。福士（八戸工業大学教授）は博士論文（北海道大学1986）で、原式の Laplas 変換を行い、解析解を求めています。

　気泡径 d_a とフロック径 F をともに分布の平均で代表させて、近似的にフロック F に i 個の気泡が付着していく個数 N_{Fi} の変化を計算する無次元式が、**式5.85**のように求められます。

$$N_{Fi} = {}_{mF}C_i \exp\{-(1+F)^3 \theta\}[\exp\{(1+F)^3 \theta/m_F\}-1]^i \quad (i=0 \sim m_F) \quad —(5 \cdot 85)$$

$_{mF}C_i$：m_F と i の組合わせ（Mathematical combination）
F：フロック径（$=d_f/d_a$）
N_{Fi}：気泡 i 個付着のフロック径 F の個数濃度（$=n_{fi}/n_f$）
N_a：付着していない気泡個数濃度（$=n_a/n_0$）
m_f：径 F のフロックへの最大気泡付着数（$=\alpha_0 F^2$）
θ：正規化混合拡散時間（$=d\theta/dt=N_a$）
n_a：浮遊気泡の平均個数濃度

式5.85　気泡 i 個付着の径 F のフロック個数濃度

ここで、$_{mF}C_i$ は m_F と i の組み合わせ（Mathematical combination）
無次元化された諸数値は、
フロック径：$F=d_f/d_a$
気泡 i 個付着のフロック径 F の個数濃度：$N_{Fi}=nf_i/n_f$
付着していない気泡個数濃度：$N_a=n_a/n_0$
径 F のフロックへの最大気泡付着数：$m_f=\alpha_0 F^2$
無次元混合撹拌継続時間：$T=(3/2)\pi \beta (\varepsilon_0/\mu)^{1/2} n_a d_a^3 \alpha_0 t$
付着の進行による浮遊気泡数の減少を考慮し正規化した混合拡散継続時間 θ：$d\theta/dT=N_a$
径 f のフロックの平均個数濃度 N_f
浮遊気泡の平均個数濃度 n_a
水の粘性係数 μ
係数 $\beta=(1/15)^{1/2}$

　フロック形成動力学式全てで Levich 式に丹保らが常用している数値と、寸法 d_f のフロックの平均個数濃度 $\bar{i}_f$ を用います。このことによって、寸法 F のフロックに付着する気泡の平均個数 $\bar{i}_F$ は、**式5.86**のように示され、$\bar{i}_F$ の計算は**式5.85**を用いた N_{Fi} の計算より容易であり、実用的に充分な精度を持っています。また、二つの無次元混合撹拌時間 θ と T の関係は**式5.87**のように示されます。

$$\bar{i}_F = m_F[1 - \exp\{-(1+F)^3 \theta/m_F\}] \quad —(5\cdot86)$$

$$\frac{d\theta}{dT} = 1 - N_0 \int m_F[1 - \exp\{-(1+F)^3 \theta/m_F\}] f(F) dF \quad —(5\cdot87)$$

式5.86 気泡の平均個数、式5.87 無次元混合撹拌時間

　この**式**5.87中のフロック寸法の分布 $f(F)$ は、先の丹保・渡辺がフロック成長関数で論じたように簡単ではなく、通常の場合には、数値解を求める必要があります。右辺第2項は気泡のフロック接着によって、液系に自由浮遊している気泡の減少を示します。正規化（無次元化）された混合撹拌継続時間 θ は、気泡のフロックへの接着計算の際には、いかなる場合でも必要になります。特に、高濃度の懸濁系では、液系の自由浮遊気泡濃度が急減少するので、時間とともに補正することが必須であり、無次元撹拌継続時間 T を補正する役目を果たします。このことは逆に、浄水処理などの希薄懸濁系では $\theta \fallingdotseq T$ となって、無次元撹拌継続時間のみで現象を記述できることになります。

　図5.145(a)、**図5.145**(b)は、**式**5.85によって気泡付着過程を計算した例です。

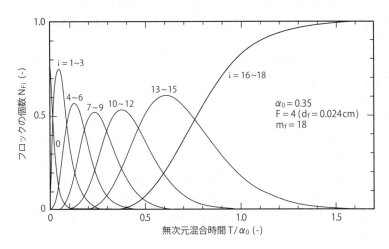

図5.145(a) 無次元混合時間Tとi個気泡付着フロックの相対個数変化

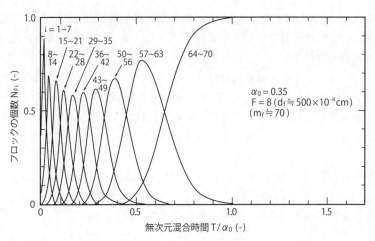

式5.145(b)　無次元混合時間Tとi個気泡付着フロックの相対個数変化

(d) 気固結合フロックの浮上速度の計算

上述のような気泡を付着させたフロックの浮上速度を次のように求めることによって、浮上分離槽の必要な表面負荷率を定めることができます。

密度関数によって変化するフロックの有効密度と付着気泡の浮力を合成して、通常の場合の粒子の浮上速度はストークス領域と想定し、気泡付着フロックの上昇速度 W_{af} を計算します。気泡内の気体の運動を考えて、エマルジョンの沈降について提示されている Rhbczski-Hadmard の式を参照して、気泡付着フロックの上昇速度式は**式5.88**、**式5.89**、**式5.90**のように書けます。

$$w_{af} = \frac{4g}{3\mu k} \cdot \frac{i(\rho_w - \rho_a) - a(d_f/1)^{-k_\rho}(d_f/d_a)^3}{i + (d_f/d_a)^3} d_{af}^2 \quad —(5\cdot88)$$

$$d_{af} = (d_f^3 + i d_a^3)^{\frac{1}{2}} \quad —(5\cdot89)$$

$$k = \frac{16 i d_a^2 + 45 d_f^2}{i d_a^2 + d_f^2} = \frac{16 i + 45 (d_f/d_a)^2}{i + (d_f/d_a)^2} \quad —(5\cdot90)$$

式5.88, 式5.89, 式5.90　気固結フロックの浮上速度

ここで、g：重力の加速度、ρ_w、ρ_a：水と空気の密度、a、K_ρ：フロック密度関数の係数、d_{af}：気泡付着フロックの直径、i：フロックへの付着気泡数、d_f、d_a：フロックと気泡の直径

実操作で、フロックへの付着気泡数は $i \fallingdotseq 10^0 \sim 10^2$ のオーダーで、フロックの有効密度 $\rho_e = \rho_f - \rho_w \fallingdotseq 10^{-3} \sim 10^{-1} g/cm^3$、気泡とフロックの相対寸法比 $d_f/d_a \fallingdotseq 10^0 \sim 10^1$ のオーダーあることから、フロック寸法と付着気泡数が、気泡付着フロックの浮上速度を支配することになります。浮上処理におけるフロック形成操作の重要性を示すものです。

図5.146は、式5.85、式5.86によって求めたi個の気泡を付着させた寸法Fのフロック個数濃度（無次元）N_{Fi} から、無次元撹拌混合時間 T/α の進行によって、どのように浮上速度が改善されるかを示すシミュレーション結果です。

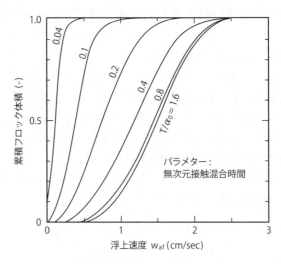

図5.146　浮上速度（表面負荷率）に応じた（累積フロック堆積）除去率向上の計算結果

(e) 実験によるモデルの検証

提案した動力学モデルを実証するために、北大式フローテーション試験機（図4.73参照）を用いた回分式浮上試験と小型連続流浮上システム（処理量 $1 l/min$）試験を、カオリンフロックと色度フロック（希釈 KP 黒液）を対象に行った結果を次に示します。

丹保・穂積（1979）の最大成長粒径から推定した有効撹拌エネルギー消費率は、回分式で $6\times10^{-2}\mathrm{erg/cm^3\cdot sec} = 6\times10^{-9}\mathrm{W/cm^3}$、また連続流では $0.6\mathrm{erg/cm^3\cdot sec} = 6\times10^{-8}\mathrm{W/cm^3}$ ほどになります。連続流実験装置の撹拌混合部のエネルギー消費率は回分式より高く、若干のフロック破壊が見られました。

　色度フロックの浮上操作前後の粒径分布は図5.147のようであり、発生気泡量はヘンリーの法則から求め、循環比0.1で加圧力392kPaの場合、$7.4\times10^4\mathrm{cm^3}$ でした。気泡径とフロック密度関数のための沈降速度測定は、顕微鏡ビデオ撮影によって求めます。動力学式の運用にあったって明確になっていない係数は、衝突付着確率 α であり、粘土系では、先に $\alpha_0 \fallingdotseq 0.35$ 程度と推定してきましたが、構造の違う色度フロックについての値の推定が必要になります。α_0 の値を様々に変えて、色度フロックの浮上速度の計算を行ったところ、図5.148に示すように、$\alpha_0 \fallingdotseq 0.4$ を仮定したシミュレーション結果（図中の網掛け部分）と実測結果（図中の丸）が、良い適合を見せ、粘土アルミニウムフロックの浮上の場合に想定した $\alpha_0 \fallingdotseq 0.35$ とほとんど同じ（少し大きめ）の数値が得られました。図5.148の二つの図から、さらに広い範囲で、アルミニウム添加率を大きくすると、α_0 の数値が大きくなっていくことが観察されています。

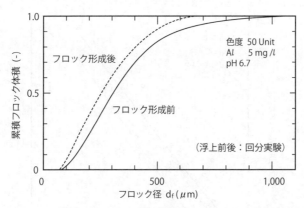

図5.147　色度（KPパルプ黒液希釈）フロックの粒径分布

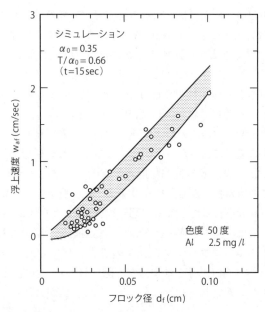

図5.148(a) 気泡付着色度フロックの浮上速度と粒径(アルミニウム添加率別)

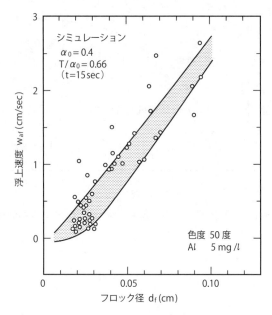

図5.148(b) 気泡付着色度フロックの浮上速度と粒径(アルミニウム添加率別)

粘土アルミニウムフロックの浮上速度が、気泡混合付着時間の増加とともにどのように進んでいくかを、動力学モデルで計算した結果と回分式浮上試験結果で検証したのが図5.149です。実験結果は、動力学モデルの有効性を証明しています。

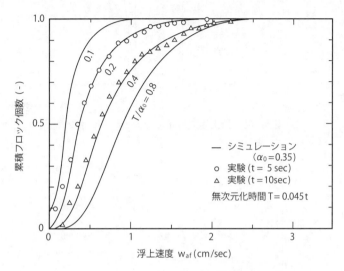

図5.149 粘土アルミニウムフロックの浮上速度分布の改善（回分実験）

また、色度アルミニウムフロックの撹拌混合時間の推移に伴う浮上速度分布の増加過程のシミュレーション結果は、図5.150のようで、アルミニウム添加率が高い5 mg/lで、α_0 = 0.40の場合の浮上速度の増加は顕著であり、注入率が2.5 mg/lと低い、α_0 = 0.35の場合と明確な差が出ています。この結果が、連続浮上実験によってどのように現れてくるかを求めたのが、図5.151の(a)と(b)の図です。両者ともほぼ同様の除去率を示していますが、詳細に見ると、アルミニウム低添加率2.5mg/lの場合には、浮上槽の底面にわずかながら沈殿したフロックがあり、浮上処理水色度は14.8度と、5 mg/lの高注入率の11.1度より若干劣り、気泡付着条件α_0がギリギリで浮上要件を満たしているらしいことが、図5.151(a)図を参照して理解できます。また、アルミニウム添加率が5 mg/lの高注入率で、α_0 ≒ 0.4の場合には、浮上汚泥（浮渣）は安定で、スクレーパーにより確実に除去され、浮上槽の底への沈殿も見られませんでした。このことは、図5.144の回分浮上試験からも予測でき、北大型浮上試験機による操作の正確な予測が可能であることを示しています。

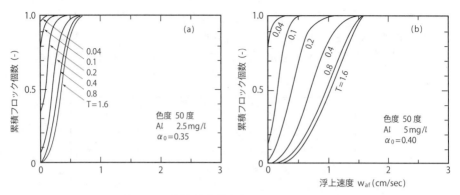

図5.150 浮上速度分布のシミュレーション

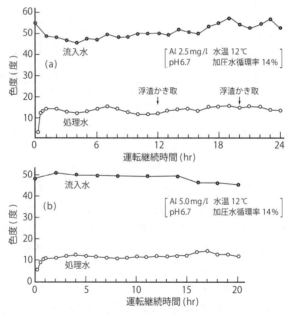

図5.151 色コロイドの連続浮上実験

　動力学式の**式5.85〜式5.90**などの必要な特性値を定めて、浮上槽における浮上除去率を前述の二つのアルミニウム添加率の異なる場合について推算したのが、**図5.152**(a)と**図5.152**(b)の2図です。横軸に気泡とフロック群の撹拌混合時間（t sec、あるいは無次元撹拌時間 T）をとって、表面負荷率ごとに、除去率の改善がどのよ

うに進行するかを示しています。T＝1.6程度で最大除去率に到達していることがわかり、$\alpha_0 \fallingdotseq 0.35$（Al：2.5mg/$l$）から$\alpha_0 \fallingdotseq 0.40$（Al：5 mg/$l$）に増加することの意味が明確に表現されています。

　これらのことから、筆者らの動力学式は、回分式浮上実験と組み合わせて、浮上処理プロセスの理論設計の基礎として的確に用いることができることを示すと考えます。

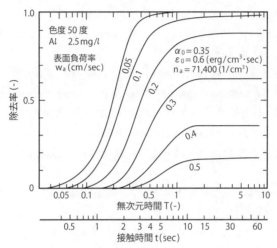

図5.152　浮上層の除去率のシミュレーション(a)

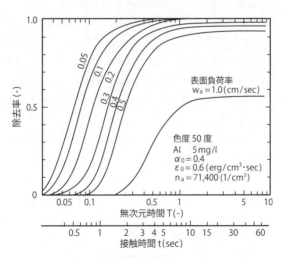

図5.152　浮上層の除去率のシミュレーション(b)

第5章 参考文献（本文中に記述したものを除く）
5.1 コロイドの凝集機構

- 丹保憲仁「水処理工学（北海道大学衛生工学科講義録（第7章コロイドの集塊）」（1970～1975年）
- 丹保憲仁「上水道（新体系土木工学88）（6-1凝集とフロック形成）」pp180～198，技報堂出版（土木学会編）（1980）
- James M. Montgomery, Consulting Engineers, Inc.「Water Treatment Principles & Design（6.Precipitation, coagulation, Flocculation）」pp.116～134, John Wiley & Sons, Inc.（1985）
- Walter J. Weber「Physicochemical Processes for Water Quality Control（2.Coagulation and Flocculation）pp.61～109, Wiley-Interscience（1972）
- 翻訳書　南部・丹保監訳「ウエバー：水質制御の物理化学プロセス（2.凝集とフロック形成）」pp.54～100、朝倉書店（1981）
- 井出哲夫編著「水処理工学：第2版（1.8、凝集分離」pp.42～80、技報堂出版（1990）
- Water Treatment Handbook Vol. 1 （3.1Coagulation-Flocculation）」pp.131～146, Degramont（1991）
- Goden M. Fair, John C. Geyer「Water and Waste-water disposal（Chapt. 23 Chemical Coagulation. Precipitation, Ion Exchange, and Stabilization）」pp.616～655, John Wiley & Sons, Inc.（1956）
- Werner Stumm, James J. Morgan「Aquatic Chemistry（Chapt. 5 Precipitation and Dissolution）」pp.230～322, John Wiley & Sons, Inc.（1981）
- Levich, V. G.「Physicochemical Hydrodynamics」Chapt. I. 4 Turbulent flow, pp.20～34, Chapt. Ⅲ Diffusion rates in Turbulent flow, pp.139～184, Chapt. V Certain Problems of Coagulation of Dispersions involving Liquid and Gas, Prentice-Hall Inc.（1962）
  Tambo, N.「A Fundamental Investigation of Coagulation and Flocculation（Chapt. 2）」北海道大学博士論文（1964）
- Samuel D. Faust, Osman M. Aly「Chemistry of Water Treatment（2nd edition）」Chapt. 6 Removal of Particulate Matter by Coagulation, pp.219～270, Lewis Publishers（1998）
- 丹保憲仁、小笠原紘一「浄水の技術―安全な飲み水をつくるために」2-1-2 凝集とフロック形成　pp.45～64、技報堂出版（1985）

- 日本粉体工業技術協会編「凝集工学」日刊工業新聞社（1982）
- 北原文雄、渡辺昌「界面電気現象－基礎・測定・応用」共立出版㈱（1972）
- 大蔵武「工業用水の化学と処理」日刊工業新聞社（1959）
- Karol J. Mysels「Introduction to Colloid Chemistry」Interscience Publishers, Inc., N. Y（1959）
- H. R. Kruit, Eddt.「Colloid Science Vol. I」Elsevier Publishing Co.（1960）
- 丹保憲仁「水処理における凝集機構の基礎的研究」
  - (I)理論的考察、水道協会雑誌361号　pp. 1～11（1964.10）
  - (II)顕微鏡電気泳動法によるゼータ電位の測定、水道協会雑誌353号、pp. 1～23（1964.12）
  - (III)硫酸アルミニウムによる粘土系濁質の凝集、水道協会雑誌365号、pp. 27～39（1965.2）
  - (IV)硫酸アルミニウムによる天然有機着色水の凝集、水道協会雑誌367号、PP. 43～50（1965.4）
- 丹保憲仁、伊藤英司「天然有機着色物質の凝集に関する電気泳動的研究」水道協会雑誌508号（1977.1）
- A. Amirtharajah「Initial Mixing」Proc. A. WWA Seminar, Coagulation and Filtration back to the Basics, pp. 1～22（1981）
- N. Tambo, T. Kamei「Evaluation of Extent of Humic-Substace Removal by Coagulation」American Chemical Society, Advances in Chemistry Series No. 219, pp453～471（1989）
- J. H. Sullivan, J. E. Singley「Reaction of Metal Ions in Dilute Aqueous Solution : Hydrolysis of Aluminum」J. AWWA, pp. 1281～1287, Nov. 1968
- E. J. E. Verway, J. TH. G. Overbeek「Theory of the Stability of Lyophobic Colloid」Elsevier Publishing Co. p. 106（1948）
- E. Metijevic, K. G. Mathai, R. H. Otterwill, M. Kerker「Detection of Metal Ion Hydrolysis by Coagulation III, Aluminum」J. Phy. Chem. Vol. 65, No826（1961）
- A. P. Black, R. F. Christman「Characteristics of Colored Surface Water」J. AWWA, Vol. 55. No 6 , (1963)
- Joseph Sapiro「Effect of Yellow Organic Acid on Iron and Other Metal in Water」J. AWWA, Vol. 55, No. 6 （1963）
- 丹保憲仁，亀井翼、高橋正宏「好気性生物化学プロセスからの代謝廃成分の挙動と性質」

(I)ゲルクロマトグラフィーによるプロセス収支の評価、下水道協会誌 VoL. 18、No. 210, pp. 1～10（1981.11）
　　(II)代謝廃成分が基質除去速度に及ぼす影響、下水道協会誌 VoL. 18、No. 211, pp. 1～9（1981.12）
- 奥山秀樹、亀井翼、丹保憲仁「好気性生物化学プロセスからの代謝廃成分の挙動と性質」(III)生物代謝廃物として発現する多糖類、下水道協会誌 VoL. 19、No. 212, pp. 1～4（1982.1）
- N. Tambo, T. Kamei「Treatability Evaluation of General Organic Matter : Matrix Conception and its Application for a Regional Water and Wastewater System」Water Research Vol. 12, pp. 931～950（1978）
- 丹保憲仁、亀井翼「処理性評価のための水質変換マトリックス」
　　[I]有機成分の凝集処理による除去の予測と評価、水道協会雑誌530号(1978.11)
　　[II]好気性生物処理による有機物除去の予測と評価、水道協会雑誌531号（1978.12）
- J. R. Baylis「Silicate as Aids to Coagulation」J. AWWA, Vol. 29, p1355（1937）
- K. Goto「Effect of pH on Polymerization of Silicic Acid」J. Physical and Colloid Chemistry, Vol. 54, No. 6（1960）
- K. Goto「Estimation of Specific Surface Area of Particles in Colloidal Silica Sols from the Rate of Dissolution」Bulletin of the Chemical Society of Japan, Vol. 31, No. 8（1958）
- 丹保憲仁「活性硅酸の生成の機構と条件（主としてBaylis法について）」土木学会衛生工学研究討論会論文集 Vol. 3．pp46～51（1966）
- T. Hasegawa, K. Hashimoto, T. Onitsuka, K. Goto, N. Tambo「Characteristics of Metalpolysilicate Coagulant」Water Science Technology, Vol. 23, pp. 1713～1722（1991）

5.2　フロック形成
- 丹保憲仁「水処理工学（北海道大学衛生工学科講義録（第7章コロイドの集塊）」（1970～1975年）
- 丹保憲仁「上水道（新体系土木工学88）（6-1凝集とフロック形成）」pp180～198, 技報堂出版（土木学会編）(1980)
- James M. Montgomery, Consulting Engineers, Inc.「Water Treatment Principles & Design（6．Precipitation, Coagulation, Flocculation）」pp. 116～134, John

Wiley & Sons, Inc. (1985)
- Walter J. Weber「Physicochemical Processes for Water Quality Control （2. Coagulation and Flocculation）pp. 61〜109, Wiley-Interscience (1972)
- 翻訳書　南部、丹保監訳「ウエバー：水質制御の物理化学プロセス（2. 凝集とフロック形成）」pp. 54〜100、朝倉書店（1981）
- Water Treatment Handbook Vol. 1 (3.1Coagulation-Flocculation)」pp. 131〜146, Degramont (1991)
- Goden M. Fair, John C. Geyer「Water and Waste-water disposal (Chapt. 23 Chemical Coagulation. Precipitation, Ion Exchange, and Stabilization)」pp. 616〜655, John Wiley & Sons, Inc. (1956)
- Werner Stumm, James J. Morgan「Aquatic Chemistry (Chapt. 5 Precipitation and Dissolution)」pp. 230〜322, John Wiley & Sons, Inc. (1981)
- Levich, V. G.「Physicochemical Hydrodynamics」Chapt. I. Turbulent flow, pp. 20〜34, Chapt. Ⅲ Diffusion rates in Turbulent flow, pp. 139〜184, Chapt. Ⅴ Certain Problems of Coagulation of Dispersions involving Liquid and Gas, Prentice-Hall Inc. (1962)
- Tambo, N.「A Fundamental Investigation of Coagulation and Flocculation (Chapt. 2)」北海道大学博士論文（1964）
- 丹保憲仁、小笠原紘一「浄水の技術―安全な飲み水をつくるために」2−1−2 凝集とフロック形成　pp. 45〜64、技報堂出版（1985）
- N. Tambo & T. Kamei : Coagulation and Flocculation on Water Quality Matrix, Wat. Sci. Tech. Vol37, No10, pp31〜41, (1998) IAWQ
- T. R. Camp & P. C. Stein : Velocity gradient and internal work in fluid motion : J. of Boston Society of Civil Engineers, Vol. 30, pp219〜237 (1943)
- T. R. Camp : Flocculation and flocculation basins, Trans. Am. Civ. Engrs. Vol. 120, pp. 1〜16 (1955)
- A. Amirtharajah「Initial Mixing」Proc. Am. Wat. Wks. Ass. Seminar, Coagulation and filtration back to the basics, pp. 1〜22 (1981)
- J. O. Heintz：「Turbulence」p. 149, McGraw-Hill (1959)
- H. E. Hudson Jr. ：Physical aspect of flocculation, J. Am. Wat. Wks. Ass. Vol. 57, pp. 885〜892 (1965)
- D. L. Swift &S. K. Friedlander : The coagulation of hydrosols by Brownian motion and laminar shear flow, J. Colloid Sci, Vol19, pp. 621〜647 (1964)

- G. M. Fair & R. S. Gemmel: A mathematical model of coagulation, J. Colloid Sci, Vol19, pp. 360〜372 (1964)
- P. W. Cockerham & M. Himmelblau: Stochastic analysis of orthokinetic flocculation, J. Envir. Engrg, Vol100, EE. 2, pp. 279〜293 (1974)
- M. v. Smoluchowski: Versuch einer mathematischen Theorie der Koagulationskinetik kolloider Lösungen, Z. phys. Chem. vol. 92, pp129〜168 (1917)
- N. Tambo & Y. Watanabe: Physical Characteristics of Flocs-I. Floc density function and Aluminum floc, Water Research Vol. 13, pp. 409〜419 (1979)
- 丹保憲仁、渡辺義公:アルミニウムフロックの密度に関する研究、水道協会雑誌、397号、pp. 2〜10 (1967, 10)
- 丹保憲仁、渡辺義公、清水慧:アルミニウムフロックの密度に関する研究(II)、水道協会雑誌、410号、pp. 14〜17 (1968, 11)
- A. L. Lagvanker & R. S. Gemmel: A size-density rerationship of flocs, J. Am. Wat. Wks. Ass. Vol. 9, p. 1040 (1968)
- M. J. Vold: Computer simulation of floc formation in a colloidal suspension, J. Colloid Sci. Vol. 187, p. 684 (1963)
- D. N. Sutherland: Commennt on Vold's simulation of floc formation, J. Colloid Interface Sci. Vol. 22, p. 300 (1966)
- D. N. Sutherland: A theoretical model of floc structure, J. Colloid Interface Sci. Vol. 25, p. 373 (1967)
- N. Tambo & H. Hozumi: Physical Characteristics of Flocs - II. Strength of floc, Water Research Vol. 13, pp. 421〜427 (1979)
- 丹保憲仁、山田浩一、穂積準:フロック強度に関する研究、水道協会雑誌、427号、pp. 4〜15 (1970, 4)
- G. K. Bachelor「The Theory of Homogeneous Turbulence」Cambridge University Press (1958)
- A. Amirtharajha, M. M. Clark, R. R. Trussell (editors)「Mixing in Coagulation and Flocculation」American water Works Association (1991), Chapt. 1 Mixing in water treatment by A. Amirthrajaha and N. Tambo, pp. 3〜33, Chapter 7 Mixing, break up and floc characteristics by N. Tambo and R. J. Francois
- N. Tambo & Y. Watanabe: Physical aspect of flocculation-I, Fundamental treaties: Water Research Vol. 13, pp. 429〜437 (1979)
- 丹保憲仁:フロック形成過程の基礎的研究(I)、Conventional型におけるフロッ

- ク形成、水道協会雑誌372号、p. 10～19（1965, 9）
- 丹保憲仁：フロック形成過程の基礎的研究(Ⅱ)、フロック形成速度の測定、水道協会雑誌381号、p. 14～22（1966, 6）
- 丹保憲仁：フロック形成過程の基礎的研究(Ⅲ)、強制攪拌下での接触フロック形成、水道協会雑誌382号、p. 9～21（1966, 7）
- G. K. Batchhlor : Kolmogoroff's theory at locally isotreopic turbulence, Trinity College, Cambridge（1946. 12）
- 丹保憲仁、穂積準、渡辺義公：フロッキュレータの合理的設計(Ⅰ)―設計の基礎となる理論―、水道協会雑誌431号、p. 1～8（1970, 8）
- 丹保憲仁、渡辺義公：フロッキュレータの合理的設計(Ⅱ)―実験的展開による理論の実用化―、水道協会雑誌441号、p. 9～21（1971, 6）
- 丹保憲仁、渡辺義公：フロッキュレータの合理的設計(Ⅲ)―数値解による理論の展開―、水道協会雑誌449号、p. 22～37（1972, 2）
- 丹保憲仁、渡辺義公：フロッキュレータの合理的設計(Ⅳ)―逆混合のある連続流フロッキュレータでのフロック形成―、水道協会雑誌454号、p. 38～48（1972, 7）
- 丹保憲仁、渡辺義公：フロッキュレータの合理的設計(Ⅴ)―設計法とフロッキュレータの機能評価―、水道協会雑誌457号、p. 49～62（1972, 10）
- N. Tambo : Criteria for flocculator design, J Watwer SRT-Aqua, Vol. 2, pp. 97～102（1991）
- 丹保憲仁：フロッキュレータ設計指標の G 値と GC_0T 値、水道協会雑誌685号、p. 11～18（1991, 10）
- N. Tambo &H. Hozumi : Physical aspect of flocculation Ⅱ Contact flocculation, Water Research Vol. 13, pp. 441～448（1979）
- N. Tambo & Y. Watanabe : Physical aspect of flocculation Ⅲ Flocculation process in a continuous flow flocculator with a back-mix flow, Water Research Vol. 18, pp. 695～707（1984）
- 丹保憲仁、阿部庄次郎：上昇流式沈澱池におけるフロックブランケットの挙動(Ⅰ)フロックブランケットの浮遊平衡－、水道協会雑誌415号 p. 7～15（1969, 4）
- 丹保憲仁、穂積準：上昇流式沈澱池におけるフロックブランケットの挙動(Ⅱ)－上澄水濁度に及ぼす運転因子の影響－　水道協会雑誌417号 p. 7～17（1969, 6）
- 丹保憲仁、穂積準、福原英夫：上昇流式沈澱池におけるフロックブランケットの挙動(Ⅲ)－沈殿池内の混合現象－　水道協会雑誌425号 p. 18～31（1971, 2）

5.3 ペレットフロック形成

- N. Tambo & X. C. Wang: Control of coagulation condition for treatment of high-turbidity water by fluidized pellet bed separation, J Water SRT-Aqua Vol. 42, No 4, pp. 212～222（1993）
- 丹保憲仁、王曉昌、松井佳彦：ペレット流動層による高濁水の高速固液分離、水道協会雑誌701号 p. 34～48（1993. 2）
- 王曉昌、丹保憲仁：ペレット流動層による高濁・色度水の処理、水道協会雑誌70号 p. 26～37（1993. 3）
- N. Tambo & X. C. Wang: Application of fluidized pellet bed technique in the treatment of highly colored and turbid water, J Water SRT-Aqua Vol. 42, No 5, pp. 301～309（1993）
- 王曉昌、丹保憲仁：ペレット流動層の動力学モデル、水道協会雑誌706号 p. 16～27（1993. 7）

5.4 気固複相の凝集・フロック形成

- 丹保憲仁「上水道（新体系土木工学88）（6.2.6浮上）」pp199～202、技報堂出版（土木学会編）（1980）
- A. M. Gauden「Flotation, second edition」McGrawhill（1957）
- E. R. Vrablik: Fundamental principle of dissolverdair flotation, 14th annual Purdue international conference, p. 744（1957）
- J. D. Melbourne & T. F. Zabel (edit.)「Flotation for water and waste treatment」Water research center, Medmenham England（1977）
- J. K. Edwald et. al. : A conceptual model for dissolved air flotation in water treatment, Water Supply Vol. 8, pp. 141～150（1990）
- K. Fukushi, N. Tambo & Y. Matsui: A kinetic model for dissolved air flotation in water and wastewater treatment, Water Sci. Tech. Vol. 31No 3 - 4, pp. 37～47（1995）
- 丹保憲仁、福士憲一、太田等：フローテーションテスターによる溶解浮上法と沈降分離法の比較、水道協会雑誌603号 pp. 17～27（1984. 12）
- 丹保憲仁、五十嵐敏文、清塚雅彦：気泡附着フロック生成の電気泳動的研究、水道協会雑誌604号、pp. 2～6（1985. 1）
- 丹保憲仁、福士憲一：加圧浮上分離の動力学過程　水道協会雑誌606号、pp. 22～30（1986. 3）

- 福士憲一、丹保憲仁、清塚雅彦：加圧浮上分離の動力学過程の実験的評価　水道協会雑誌607号、pp. 32～41（1986.4）
- 丹保憲仁、福士憲一、松井佳彦、加圧浮上法の微気泡附着過程の解析、水道協会雑誌610号、pp. 2～11（1986.7）
- 福士憲一、丹保憲仁：微気泡附着過程の解析解による気－固比の評価　水道協会雑誌630号、pp. 48～51（1987.3）
- N. Tambo & K. Fukushi : A kinetic study of dissolved air flotation, Proc. World Congress III of Chemical Engineering, Tokyo, 1986

索　引

ALT 比 ……………457, 477, 501, 504, 527, 532
BOD ………36, 55, 57, 58, 59, 61, 62, 63, 64,
　　　66, 116, 122, 135, 136
Carman-Kozeny 式……262, 264, 265, 286,
　　　325
GCT 値 ………………………450, 506, 507, 535
GT 値 ……445, 446, 449, 450, 489, 501, 503
G 値 ………445, 446, 447, 448, 483, 489, 501,
　　　505, 516, 530

ア

アコ錯体………381, 383, 385, 386, 390, 394,
　　　413, 416, 417, 418, 438, 543, 544
アルギン酸ソーダ ……………………………427
アルミニウム・ポリマー …………129, 130
アルミニウム多核錯体 …381, 383, 412, 417
イオン結合……………………………36, 357, 376
イオン交換 ………………………89, 91, 390, 406
エネルギー障壁 ……88, 274, 359, 365, 367,
　　　371, 373, 376, 397, 536, 540

カ

グイ・スターン電気2重層モデル………86
ケイ酸モノマー ……………………………431
ケーキろ過 ………………………322, 325, 328
ゲルクロマトグラフィー ……80, 115, 117,
　　　120, 123, 402, 574
コロイド懸濁液………………………34, 352, 353
コロイド粒子 ………34, 128, 129, 348, 349,
　　　351, 352, 354, 358, 365, 376, 377, 429,
　　　430, 432, 445, 517

サ

スターン層 ……87, 354, 356, 366, 367, 377,
　　　394, 396, 397, 417, 419, 428
ストークス領域 ……157, 240, 470, 471, 565
ストリータ・フェルプス式………………57
ゼータ電位………35, 86, 354, 356, 365, 373,
　　　376, 391, 394, 395, 412
せん断破壊 …………………………………394

タ

チャイナマーブル型積層球形成 ………548
テーパードフロック形成 ………………505
トリハロメタン ………41, 44, 65, 126, 135,
　　　144, 354, 401, 405

ナ

ナノろ過………………………………75, 140, 251

ハ

ファン・デル・ワールス力……21, 35, 275, 357, 359, 365, 366, 376, 397, 398
フィンドチャンネル・セパレータ……201, 202, 340
フミン酸鉄 …………………………406
フミン質………34, 44, 58, 65, 127, 354, 378, 400, 401, 402, 405, 406, 416, 542
フラクタル構造 ……………320, 470, 527
フルボ酸………124, 129, 132, 354, 403, 405, 418, 421
フロック強度 …………451, 476, 480, 527
フロック群最大成長曲線 ……………491
フロック形成撹拌強度 …………413, 460
フロック形成過程………232, 450, 451, 467, 489, 492, 499, 500
フロック形成操作………394, 450, 501, 505, 517, 566
フロックブランケット流動層 …………510
フロック密度関数………241, 456, 459, 462, 466, 470, 473, 475, 490, 522, 530, 548
ヘーゼン数 ……………179, 180, 204, 271
ペレット凝集 ………210, 427, 522, 532, 540
ペレット流動層……210, 522, 525, 527, 533, 541, 545, 550
ヘンリーの法則 ……………244, 553, 567
ポリシリカ鉄凝集剤 ………………429

マ

マトリックス要素数 …………………115
モデルフロック ……………………469

ラ

ランダム集塊 ………241, 524, 527, 529, 540
リスク評価……………………………46
ル・シャトリエの原理………………93

あ

亜硝酸細菌……………………………66
圧密沈降曲線 ………………………214
安定有機成分 …………………………44
硫黄の循環 ……………………67, 68
異化作用………………………………63
色コロイド…………354, 406, 413, 414, 415, 417, 418, 420, 421, 443, 466, 517, 543, 544, 558
陰イオン交換樹脂 …………………91, 92
易動度 ………356, 383, 414, 421, 543
塩素化有機化合物……………………44, 354
塩素殺菌 ……………44, 131, 140, 403
塩素殺菌副産物 ……………………403

か

加圧空気溶解槽 ……………243, 246, 249
加圧浮上法 ………………………242, 579
解膠現象 ……………………………377
界面沈降曲線 ……………214, 215, 225
界面電位 ………232, 276, 365, 367, 372
化学的結合力………………275, 357, 376
化学的酸素要求量……40, 57, 60, 61, 62, 64, 122
架橋アルミニウム ……………………398

架橋作用 ……… 241, 275, 379, 412, 418, 543
拡散2重層 ……… 86, 358, 366, 371, 372, 394
撹拌強度 ……… 362, 375, 376, 413, 423, 425,
　　　　　　443, 445, 446, 451, 460, 472, 475, 476,
　　　　　　517, 560
撹拌時間 ……… 446, 508, 535
撹拌槽強度評価方法 ……… 493
加水分解重合 ……… 381, 386, 387, 389, 394,
　　　　　　417, 438, 533
活性炭吸着処理 ……… 120, 140
荷電中和 ……… 354, 379, 394, 395, 398, 413,
　　　　　　414, 418, 439, 443, 445, 517, 533, 540,
　　　　　　543
過マンガン酸カリウム消費量 ……… 42, 61
環境湖 ……… 15, 16, 17
慣性衝突 ……… 270, 271
完全混合モデル ……… 184
乾燥 ……… 207, 320, 322
緩速撹拌 ……… 309, 424, 445, 449, 450
緩速砂ろ過法 ……… 44, 317
疑似2成分系 ……… 123, 135, 138
気泡付着条件 ……… 569
逆浸透 ……… 75, 112, 251
逆粒度構成ろ床 ……… 292
急速撹拌 ……… 363, 371, 376, 388, 442, 443,
　　　　　　449, 529, 536
急速ろ過法 ……… 44, 73, 317, 407, 445
吸着型凝集 ……… 418, 419
凝集性粒子群 ……… 163, 165, 176, 177, 178,
　　　　　　184, 186, 208, 210, 213
凝集速度 ……… 373, 374
凝析処理 ……… 120, 346, 444, 445
凝析領域 ……… 524

局所等方性乱流 ……… 360, 374, 442, 473, 554,
　　　　　　559
許容最大損失水頭 ……… 288
許容最大ろ過水濁度 ……… 288
許容暴露量 ……… 51
空気溶解効率 ……… 246
空隙率 ……… 212, 215, 259, 261, 267, 299, 473,
　　　　　　524, 527, 528, 535, 548, 549
傾斜管沈殿池 ……… 174, 197, 201
傾斜板沈殿池 ……… 197, 198, 201
減圧分離槽 ……… 242
限界除去寸法 ……… 80
限外ろ過 ……… 75, 140, 251
嫌気性微生物分解 ……… 124
嫌気的脱窒素処理 ……… 67
原水加圧法 ……… 551
顕微鏡泳動法 ……… 383, 390, 404, 408
高荷電アルミニウム・ポリマー ……… 129, 130
好気性分解 ……… 64, 405
公共用水域汚染制御 ……… 56
高懸濁液対応分離操作 ……… 539
硬水軟化処理 ……… 320
合成ポテンシャル ……… 88, 359, 365, 367
高分子架橋 ……… 276, 549
高分子多核アコ錯体 ……… 385
高分子腐植成分 ……… 127
高分子ポリマー ……… 378, 418, 529, 542
混合モデル ……… 184, 185

さ

最大成長平衡フロック粒径分布 ……… 506
最大成長粒子径 ……… 485

最大抑留可能量 …………………301
最適凝集域 ……………………420
最適凝集条件 …………………337
砂層膨張率 ……………………307
殺菌 ………44, 110, 112, 126, 131, 140, 401, 403
酸素補給量 ………………………56
紫外部吸光度………117, 119, 123, 126, 127, 402, 403, 558
紫外部吸光度発現物質 ……………135
自然生態系保全域………………13
集塊粒子浮上速度 ………………239
重合多価陽イオン ………………379
重（二）クロム酸化学的酸素要求量……61
終末沈降速度 …213, 216, 266, 267, 306, 454
循環型水資源……………………7
循環サイクルの階層……………9
循環水加圧法 ……………243, 245, 551
焼却 …………………………320
上向流傾斜管沈殿池 ……………201
硝酸菌……………………………66
上昇流式フロックブランケット沈殿池
　…………………………219, 511
晶析 ………………………210, 213, 523
消毒 ………65, 73, 110, 112, 354
衝突合一過程 …………………467
衝突半径 …………267, 484, 506, 511
初期阻止率 ……………277, 298, 299
初期粒子集塊数 …………………495
真空浮上法 ……………………242, 243
真空ろ過 ………………251, 323, 330
親水性コロイド……130, 335, 347, 356, 357, 358

深層ろ過………………83, 205, 251, 294
水質因子群 ……………………115
水質基準 ………40, 46, 53, 54, 105, 109
水質変換プロセス ……………116, 122
水質変換マトリックス …113, 120, 126, 402
水中不純物 ………74, 79, 89, 114, 115, 120, 121, 443
水平流式フィン付き沈殿装置 …………201
水流剪断力 ……………………278
正高荷電アルミニウム・ポリマー ……129
正高荷電コロイド粒子 …………129
生産緑地 ……………………13, 14
生態系システム………………11
成長可能最大フロック径 ………473
成長操作 ………………73, 346, 444
清澄ろ過 ……………………251, 319
生物易分解性 ……………123, 125, 126, 140
生物化学的酸素要求量……………40, 57, 62
生物代謝成分 ……………………135
生物難分解性成分 …………118, 123, 128
生物難分解性有機物…………119, 122, 126, 132, 402, 403
生物フロック ……61, 62, 73, 161, 186, 276, 377, 463, 490
生物分解性成分 ………………119, 128
生物分解性有機物 ……55, 58, 59, 122, 124, 402
生物ろ過膜 ……………269, 276, 317
精密ろ過 ………………75, 83, 140, 251
赤外線吸収スペクトル ……………124
接触角 ………………232, 233, 236, 237, 238
接触高速凝集沈殿池 ………………505
接触フロック形成速度理論 ……………478

前塩素処理 …………………135, 520
全原水加圧法 …………………243
全酸素要求量…………………59
剪断力 …………………175, 275
せん断破壊 ……………………394
全有機炭素量…………………60, 117
相互架橋 ……………………398
相互凝集 …………274, 367, 418, 421, 536
衝突速度式 ……………………483
造粒沈殿法 ……………………521
阻止率…………278, 280, 281, 282, 283, 284, 288, 292, 300
疎水性コロイド ………………347, 358

た

帯水層 …………………………406
多価金属イオン ………………126
多核錯体 ………381, 383, 390, 412, 417, 419
多成分系の凝集 ………………419
脱窒素反応 ……………………66, 67
単位操作 …………73, 74, 442, 517, 550
短絡流…………150, 180, 181, 182, 184, 194, 198, 209, 389, 442, 443, 517, 518
蓄積性毒性物質………………45
窒素の循環 ……………………66
中塩素処理 ……………………135
中間床沈殿池 …………………195
中間整流壁沈殿池 ……………194, 195
中間流出 ………………………135, 405
中性アルミニウム水和物 ……129, 130
長期暴露試験…………………53
直接ろ過………271, 276, 391, 415, 425, 426,

450, 477, 501, 504
沈降速度………152, 153, 156, 158, 165, 170, 171, 191, 205, 213, 214, 454, 459, 462, 471, 477, 522, 532
沈殿 ………61, 129, 137, 164, 171, 172, 173, 176, 177, 179, 182, 194, 195, 199, 205, 207, 208, 216, 218, 444, 449, 505, 506, 522, 541, 550, 558
沈殿除去率 ……………………192
泥炭地水 ………34, 119, 135, 390, 401, 404, 406, 407
低分子腐植質 …………………126, 129
鉄塩…………35, 67, 128, 241, 317, 378, 379, 386, 439, 452, 463, 464
電気泳動法 ……………………356, 557
電気2重層………85, 86, 273, 354, 357, 364, 365, 377, 428, 536
電気的反発力 …………………128, 357, 524
天然高分子物質 ………………427
天然有機着色水 ………400, 406, 411, 573
同心球状型成長 ………………530
等速沈降区間 …………………214, 215
等電点………35, 87, 354, 365, 383, 411, 544, 550
等方性乱流……360, 374, 447, 449, 451, 472, 474, 483, 501, 520
都市地域水代謝システム ……113

な

内部ろ過 ………………………251, 341
内分泌撹乱物質………………46
粘性渦領域 ……………………361, 474

濃縮 ……… 67, 117, 130, 148, 149, 150, 167,
　　　187, 192, 209, 218, 219, 220, 223, 228
濃縮操作 …………………… 220, 540, 547

は

曝気 …………………… 59, 126, 140, 406
発癌確率 ………………………………… 49
発癌性物質 ………………… 49, 50, 53, 110
発熱反応 …………………………… 63, 96
反発ポテンシャル …………… 87, 365, 379
微コロイド群 ………………………… 346
非循環型地下水 ………………………… 7
微生物処理 ……… 120, 126, 128, 137, 138,
　　　166, 346, 401, 402
微生物代謝廃物 ……………… 44, 58, 124
比抵抗 ……………………… 327, 334, 335
比表面積 ………… 259, 413, 418, 419, 558
表面電位 ………… 34, 35, 86, 365, 366, 523
表面負荷率 ………… 171, 173, 174, 175, 176,
　　　182, 189, 191, 193, 194, 199, 202, 527,
　　　565
表面流出 …………………………… 127, 405
微量塩素化有機化合物 ………………… 44
負荷電粒子 ……………… 130, 274, 354, 400
複層ろ床 …………………………… 252
負コロイド粒子 ………………………… 35
不純物寸法 …… 74, 78, 114, 134, 139, 346,
　　　444
不純物の処理性 ……………………… 74, 134
浮上 ……… 229, 231, 232, 235, 237, 240, 348,
　　　550, 554, 555, 558, 559, 561
浮上速度 …………… 239, 240, 554, 565, 569

浮上分離 …………………………… 230, 551
篩分け作用 …………………………… 269
分散空気浮上法 …………… 230, 231, 232
分子量分画 ………………………… 117, 120
粉末活性炭 ………………………… 130, 388
分離機能膜処理 ……………………… 133
分離限界寸法 ……………………… 121, 133
偏流 ……… 150, 175, 178, 180, 181, 182, 187,
　　　193, 194, 226
膨張率 …………… 267, 302, 303, 307, 308
泡沫分離法 ………………… 232, 235, 551
母フロック …………………………… 511, 514

ま

膜処理 ………………… 16, 121, 140, 398
膜分離法 ………………………………… 75
膜ろ過 ……………… 83, 134, 251, 391, 394
摩擦損失水頭 ……………………… 262, 312
密度流 ……… 150, 182, 183, 184, 186, 193,
　　　198, 199, 208, 209, 226, 339, 526
水環境圏（区）………………………… 15
水環境制御 ……………………………… 55
水サイクル ……………………………… 8
水システム ……… 8, 9, 10, 11, 13, 14, 17,
　　　113, 138, 541
水循環のスペクトル ………………… 8, 72
水代謝システム …… 10, 11, 17, 113, 145, 541
水文大循環 ……………… 5, 6, 8, 10, 11, 14
無害化処理 ……………………… 112, 113
無次元撹拌継続時間 …… 496, 497, 501, 514,
　　　564
無次元化累積沈降曲線 ………………… 497

無次元フロック形成時間 ………498, 503
滅菌 …………………………110, 112
目標最大許容濃度………………53

や

薬品混和池 ……………376, 529, 548
有機着色成分………………… 34, 412
有効撹拌強度 ………476, 493, 503, 560
溶解空気浮上法 ………78, 230, 231, 237, 242, 244, 249, 451, 550, 551, 558
溶解性成分…………33, 34, 35, 36, 75, 415
溶解性有機炭素量 …………………123
溶存酸素 ………37, 55, 57, 59, 64, 66, 122
溶存酸素垂下曲線………………57
溶存酸素濃度管理…………………62
溶存酸素不足概念…………………55

ら

乱流拡散………175, 179, 180, 188, 363, 364, 448

乱流拡散輸送エネルギー ……………363
乱流渦のマイクロスケール………308, 361, 474, 480, 560
乱流変動駆動領域 ……………371, 424
乱流輸送構造 ………………………449
理想的沈殿池 …………179, 181, 191, 494
流域水管理システム…………………14
硫酸還元菌…………………………68
粒子間結合力 …………………376, 400
粒子群沈降速度 ……………………222
粒状活性炭 …………………………252
流動開始速度 ………………………210
流動層………209, 210, 213, 216, 218, 252, 262, 266, 510, 511, 525, 526, 530, 532, 540, 541, 544, 550
流動層造粒操作 ……………………522
流動層粒子群 ………………………210
臨界凝集ゼータ電位………365, 373, 375, 394, 397
ろ過継続時間 ……………283, 288, 301
ろ過操作 ……………216, 251, 288, 504
ろ過損失水頭 ……………………285, 288

水処理工学の基礎（上）　　　　　　　　　　定価（本体3,750円＋税）

平成28年6月29日発行

　編　　著　丹保憲仁／小笠原紘一
　発 行 人　篠本　勝
　発 行 所　日本水道新聞社
　　　　　　〒102-0074　東京都千代田区九段南4-8-9
　　　　　　電　話　03(3264)6721
　　　　　　Ｆ Ａ Ｘ　03(3264)6725

　　　　郵便振替口座　　東京4-95382
　　　　取 引 銀 行　　東京三菱銀行市ヶ谷支店
　　　　　　　　　　　　三井住友銀行麹町支店

ⓒ2016　落丁・乱丁本はお取替えします。　　　　　印刷：第一資料印刷㈱
　　　　無断複写・転載は禁じます。
ISBN978-4-930941-55-8　C3051　￥3750E